Errico de Renzi

Pathogenese, Symptomatologie und Behandlung der Lungenschwindsucht

Errico de Renzi

Pathogenese, Symptomatologie und Behandlung der Lungenschwindsucht

ISBN/EAN: 9783743357617

Hergestellt in Europa, USA, Kanada, Australien, Japan

Cover: Foto ©berggeist007 / pixelio.de

Manufactured and distributed by brebook publishing software (www.brebook.com)

Errico de Renzi

Pathogenese, Symptomatologie und Behandlung der Lungenschwindsucht

PATHOGENESE, SYMPTOMATOLOGIE

UND

BEHANDLUNG

DER

LUNGENSCHWINDSUCHT

VON

Dr. E. DE RENZI,

PROFESSOR UND DIRECTOR DER II. MEDICINISCHEN KLINIK
AN DER UNIVERSITÄT ZU NEAPEL.

–

BEARBEITET NACH DER II. AUFLAGE DES ITALIENISCHEN ORIGINALS.

WIEN, 1894.

ALFRED HÖLDER,

K. U. K. HOF- UND UNIVERSITÄTS-BUCHHÄNDLER

ROTHENTHURMSTRASSE 15.

Vorrede zur deutschen Ausgabe.

Es gereicht mir zur hohen Befriedigung, mein Buch: „La tisichezza pulmonare" auch in einer deutschen Ausgabe erscheinen zu sehen und zu wissen, dass die Studien, denen ich den besten Theil meines Lebens gewidmet habe, nun auch in jenen Ländern, welchen gerade unsere Wissenschaft in letzterer Zeit ihren so mächtigen Aufschwung zum grossen Theil verdankt, bekannt werden.

Die hier vorliegende Uebersetzung entspricht der zweiten Auflage des Originals und enthält ausser mehreren in den Text aufgenommenen Anmerkungen ein direct für die deutsche Ausgabe geschriebenes Capitel: „Ueber die neuesten Versuche zur Behandlung der Lungenschwindsucht mittels elektrischer Ströme." Diese Methode befindet sich zur Zeit freilich noch im Stadium der Versuche; ich glaubte jedoch, dass die Wichtigkeit des Gegenstandes die Veröffentlichung meiner bisher erzielten Resultate schon jetzt rechtfertigt.

Es gibt im gesammten Gebiete der Medicin keinen Gegenstand, der nur annähernd die hohe Bedeutung hätte, wie sie der Heilung der Lungenschwindsucht zweifellos zukommt. Jeder Arzt hat daher die Pflicht, seine nach dieser Richtung hin unternommenen Versuche, sobald sie nur einen kleinen Erfolg erzielt haben, der weitesten Oeffentlichkeit zugänglich zu machen. So glaubte ich, ein Gebot der Humanität und der Wissenschaft zu erfüllen, wenn ich eine dereinst vielleicht bedeutungsvoll werdende Anregung zur Behandlung der Lungenschwindsucht in einem Buche veröffentliche, welches namentlich für die deutschen Aerzte bestimmt ist. Der hier ausgestreute Samen dürfte vielleicht in dem gelehrten Deutschland den geeignetsten Boden zu einem erspriesslichen Gedeihen finden.

Neapel, im April 1894.

Prof. E. de Renzi.

Inhaltsverzeichnis.

VI

Fünftes Capitel.

Subjective, nervöse Symptome.

Sechstes Capitel.

Functionelle Symptome.

Siebentes Capitel.

Physikalische Symptome.

Achtes Capitel.

Complicationen

IX

Drittes Capitel.

Bewegung, Gymnastik, Massage, Bäder.

Viertes Capitel.

Tuberkulöse Vaccination. Bacteriotherapie.

Fünftes Capitel.

Sechstes Capitel.

Symptomatische Behandlung

ERSTER THEIL.

—

PATHOGENESE DER LUNGENSCHWINDSUCHT.

◆ —

Synonyme.

Phthisis pulmonum.

Phthisis pulmonum, Phthisis, Tuberculosis pulmonum, Pneumonitis
caseosa. Phthisis bacillaris etc. sind synonyme Bezeichnungen, welche
zur Benennung der hier zu besprechenden Krankheit dienen. Die drei
Bezeichnungen: Phthisis pulmonum, Phthisis tubercularis und Phthisis
bacillaris entsprechen dreien Entwicklungsstufen, welche der Begriff dieser
Krankheit, ähnlich wie der einer grossen Zahl anderer Krankheiten in
der Geschichte der Medicin zurückgelegt hat; denn zuerst lernte man
nur die klinische Form kennen, erst später wurden die dieser zu Grunde
liegenden anatomischen Veränderungen und schliesslich auch die ätiologischen Momente bekannt.

Das Wort Phthisis stammt von dem griechischen φθίειν (austrocknen)
und wird für jede Krankheit angewendet, welche mit einer erheblichen
Abmagerung des Körpers einhergeht. Will man auch den Sitz und gewissermaassen auch die Natur und die Ursache der Krankheit bezeichnen, so
fügt man dem Worte Phthisis noch ein entsprechendes Eigenschaftswort
zu, also: P. gastrica, hepatica, glandularis, mesenterica, nervosa, cance-
rosa etc. Da aber die Lungenphthise die wichtigste und am häufigsten
vorkommende Krankheit ist, so versteht man unter der einfachen Bezeichnung „Phthisis" gewöhnlich die der Lunge.

Tuberculosis pulmonum.

Die zweite Periode der Kenntnis der Lungenschwindsucht kann man
von der Entdeckung der tuberkulösen Veränderungen ableiten. Wann diese
Periode begonnen hat, lässt sich jetzt nicht mit Bestimmtheit nachweisen
und es ist jetzt sehr schwer, die Frage zu beantworten, ob Hippokrates
mit der Bezeichnung φῦμα schon die wahren Tuberkeln gemeint hat
(Hirsch), oder ob dieses Wort in den hippokratischen Büchern eine
andere Bedeutung hatte (Virchow), und man das Wort Tuberkel in
unserem Sinne erst im jetzigen Jahrhundert gebraucht hat.

1*

Die Frage, ob und wie häufig das Wort Tuberkel von Areteus und anderen älteren Schriftstellern gebraucht worden ist, zu beantworten, scheint mir ziemlich unwichtig zu sein, denn die medicinische Wissenschaft legt wenig oder gar keinen Wert auf ein Wort, auf eine Bezeichnung, sie berücksichtigt nur die Entwicklung und das Wesen der entsprechenden Begriffe. Die anatomische Kenntnis der Phthisis ist aber ein Product dieses Jahrhunderts und man kann deshalb nicht erwarten, dass eine auch früher gebrauchte Benennung, welche zufällig mit einer jetzt üblichen übereinstimmt, auch denselben Begriffen entsprechen soll.

Phthisis bacillaris.

Zur deutlichen Bezeichnung und Charakterisirung der Krankheit genügt keinesfalls die anatomische Benennung Tuberkel, denn einerseits kann man eine knötchenartige Veränderung auch bei verschiedenen andern Krankheiten finden, andererseits verlaufen Affectionen, welche ihrer Natur nach der Lungenschwindsucht gleichen, unter dem Bilde der gewöhnlichen Entzündung, ohne irgend welche Knoten zu bilden. So war L. Manfredi in der Lage, durch einen neuen von ihm entdeckten Mikrococcus bei Thieren multiple Granulome zu erzeugen, welche gewöhnlich verkäsen und sich bis zur Erbsengrösse entwickeln können. Meistens erreichen sie nur den Umfang eines Hanfkorns. Die mit diesem Mikrococcus geimpften Thiere sterben schon nach wenigen Tagen, und man kann dann eine erhebliche Schwellung der parenchymatösen Organe constatiren, besonders der Milz und der Lymphdrüsèn. Hier findet man die classische Form von Tuberkeln.

Die für die Lungenschwindsucht am meisten charakteristische Eigenschaft ist zweifellos die Specificität des infectiösen Momentes. Deshalb ist nur das ätiologische Kriterium imstande, diese Krankheit von allen anderen scharf hervorzuheben. Die Lungenschwindsucht kann in der That zu Tode führen, bevor sich noch die Zeichen der Consumption entwickelt haben; sie kann entzündliche Veränderungen hervorrufen, deren tuberkulöse Natur nur schwer oder gar nicht zu erkennen ist. Eine Eigenschaft aber muss in allen Fällen vorhanden sein, wo es sich um wahre Lungenphthise handelt, nämlich die specifische Virulenz der Krankheit. Deshalb sagt Cohnheim mit Recht: Alles, was auf Thiere überimpft, Tuberkulose erzeugt, besteht aus tuberkulöser Materie.

Nichtsdestoweniger halte ich es nicht für richtig, die Lungenschwindsucht, nach dem Vorgange von Sée, als Phthisis bacillaris der Lungen zu bezeichnen. Denn von einem Bacill wird nicht bloss die Phthisis allein erzeugt. In demselben Maasse wie die bacteriologische Wissenschaft fortschreitet, erkennen wir immer mehr, dass Krankheiten, welche von der

Lungenschwindsucht in Bezug auf Veränderungen und Symptome ganz und gar verschieden sind, auch bacillären Ursprungs sind. So wird die Syphilis der Lunge, welche von der gewöhnlichen Lungenschwindsucht kaum zu unterscheiden ist, zweifellos durch einen Mikroorganismus erzeugt; mag es nun der Lustgarten'sche oder ein anderer sein, jedenfalls steht doch die Thatsache fest, dass ausser der Lungenschwindsucht auch andere Lungenkrankheiten das Attribut „bacillär" verdienen.

Andererseits ist es wohl wahr, dass der Koch'sche Tuberkelbacillus das Grundelement der reinen Phthise darstellt. Es steht aber auch die Thatsache fest, dass andere Species von pathogenen Mikroorganismen das Krankheitsbild verändern, ja sehr wesentlich verändern können. Um jeden Irrthum und jede Ungenauigkeit zu vermeiden, ist es daher angemessen, die alte Bezeichnung Phthisis auch ferner beizubehalten. Sowohl in der gewöhnlichen, wie auch in der wissenschaftlichen Sprache versteht man unter dieser Benennung die hier zu behandelnde Krankheit.

Zweites Capitel.

Der Tuberkelbacillus.

I.

Die Eigenschaften des Tuberkelbacillus.

Die Koch'sche Entdeckung.

„Die Entdeckung des Tuberkelbacillus" sagt Baumgarten in seinem classischen Lehrbuch der Mykologie, „ist das wichtigste Ereignis auf dem Gebiete der Bacteriologie und zwar nicht bloss deshalb, weil die Tuberkulose ein sehr grosses Interesse bietet, da sie die häufigste Todesursache ist, sondern auch, weil die infectiöse Natur der Krankheit von vielen Pathologen und praktischen Aerzten immer geleugnet wurde, bis Koch die Existenz eines specifischen tuberkulösen Parasiten deutlich nachwies. Wie alle grossen Entdeckungen, hatte auch diese ihre Vorgänger (nil sub sole novum). Ich erwähne nur die Arbeiten von Klebs, Schüller, Toussaint, Aufrecht. Auch Klebs war es mittels der fractionirten Cultur gelungen, sein Monas tuberculosum aus tuberkulösen Substanzen zu isoliren und Baumgarten konnte sogar durch Behandlung der Gewebe mit Kali den Bacillus erkennen. Die Entdeckung des wahren Parasiten wurde aber erst am 24. März 1882 bekannt, an dem Tage, als Koch seine Mittheilungen in der physiologischen Gesellschaft zu Berlin machte. In seinem hier gehaltenen Vortrage brachte er den mikroskopischen

Nachweis des Tuberkelbacillus so klar und deutlich, dass er, ohne den geringsten Widerspruch zu erfahren, mit folgenden bemerkenswerten Worten schliessen konnte: „Wir können mit vollem Recht behaupten, dass der Tuberkelbacillus nicht bloss die Ursache der Tuberkulose, sondern auch dass er die einzige Ursache dieser Krankheit ist, so dass ohne Tuberkelbacillen eine Tuberkulose nicht vorkommen kann."

Die Wichtigkeit dieser Mittheilung und die hohe wissenschaftliche Bedeutung der Koch'schen Entdeckung wurde überall in ihrem ganzen Werte anerkannt. Cohnheim versicherte, dass er in seinem ganzen Leben nie eine so reine Freude erlebt habe, wie damals, als er von dieser wichtigen Entdeckung hörte.

Färbung des Tuberkelbacillus.

Die Schwierigkeit, den Bacillus des Tuberkels zu finden, rührt von seinen besonderen Eigenschaften und von der Art und Weise her, wie er auf färbende Substanzen reagirt. Er unterscheidet sich mit voller Deutlichkeit von allen anderen pathogenen Mikroorganismen dadurch, dass er sich nur sehr schwer durch Anilinfarben färben lässt und dass es nicht leicht gelingt, ihn zu entfärben, nachdem Anilinfarben auf ihn eingewirkt haben. Nur der Leprabacillus zeigt in Bezug auf Färbung und Entfärbung die gleichen Eigenschaften. Koch behauptete, dass der Tuberkelbacillus sich bloss mit alkalischen Anilinlösungen oder durch Hinzufügung gewisser Substanzen, wie Anilinöl, Phenol etc. färben lässt, nicht aber durch wässerige oder verdünnte alkoholische Lösungen von Anilinfarben. Dagegen hat Baumgarten die Beobachtung gemacht, dass auch die letztgenannten einfachen Farbenlösungen den Tuberkelbacillus färben können, wenn auch freilich nicht in so intensiver und deutlicher Weise, wie es bei den zusammengesetzten Farbenlösungen der Fall ist.

Form des Tuberkelbacillus.

Die Tuberkelbacillen stellen kleine, schlanke Stäbchen ohne irgend welche Eigenbewegung dar. Man findet sie entweder einzeln oder in Gruppen zu 2 und mehreren vereint. Sie sind 2—5 μ lang, also kleiner, als rothe Blutkörperchen. Der Querdurchmesser ist sehr gering. An den Enden sind sie abgerundet und haben entweder eine geradlinige oder eine bogenförmige Gestalt (wie die eines Bassgeigenbogens).

Die Bacillen haben entweder ein homogenes Aeussere oder sie zeigen mehrere in regelmässigen Abständen aufeinander folgende helle Stellen. Diese letzteren, welche mit den gewöhnlichen Farbsubstanzen sich nicht färben lassen, werden von Koch und von dem grössten Theil der Beobachter als endogene Sporen angesehen. Für diese Ansicht können verschiedene Gründe angeführt werden; vor allem der Umstand, dass die hellen Zwischenräume umso grösser und deutlicher werden, je weiter die Entwicklung des Bacillus in Culturen oder in den Sputis fortschreitet. Ferner gleichen die mit hellen Zwischenräumen versehenen Bacillen in morphologischer Beziehung ganz und gar anderen Bacillen, deren sporenhaltiger Zustand nicht bezweifelt werden kann. Schliesslich spricht auch der Umstand für das Vorhandensein von Sporen, dass das tuberkulöse Sputum sich äusserlich einwirkenden Agentien gegenüber sehr widerstandsfähig zeigt; bekanntlich sind Sporen viel widerstandsfähiger als Bacillen. Die Resistenzfähigkeit der Tuberkelbacillen zeigt der Umstand, dass sie eine Eintrocknung Monate lang vertragen, ebenso auch eine sehr hohe Temperatur, die Einwirkung des sauren Magensaftes, der starken Fäulnis etc. und dann immer noch infectiös bleiben.

Dieser letztgenannte Beweis zu Gunsten der sporenhältigen Bacillen, der eine geringere Resistenz der nicht sporenhaltigen voraussetzt, wird durch die Untersuchungen von Völsch[1]) erschüttert, welche zweifellos dargelegt haben, dass auch die nicht sporenhältigen Bacillen sehr widerstandsfähig sind. Auch Baumgarten und Fischer haben durch sehr exacte Experimente nachgewiesen, dass nicht sporenhaltige Bacillen so resistent sind, dass sie nach der gewöhnlichen Verdauung des gesunden Magens noch den Darm inficiren können. Zu denselben Resultaten kommt auch Yersin[2]), indem er nachweist, dass die angeblichen Sporen durchaus nicht widerstandsfähiger als die Tuberkelbacillen sind; der Autor wirft dann mit Recht die Frage vom neuen wieder auf, ob jene beschriebenen hellen Zwischenräume innerhalb des Tuberkelbacillus wirklich Sporen sind.

Einige Beobachter erklären das Vorhandensein jener hellen Zwischenräume mit der Annahme einer vacuolären Degeneration der Protoplasma. Diese Erklärung scheint durch Analogie des Tuberkelbacillus mit anderen Bacillen bestätigt zu werden, welche neben Sporen auch noch leere Zwischenräume enthalten. Andererseits spricht für eine vacuoläre Degeneration auch der Umstand, dass die hellen Räume verschiedene Form und Grösse haben, so dass sie manchmal mehr als $^2/_3$ der Länge des Bacillus einnehmen. Nichtsdestoweniger wird doch allgemein angenommen, dass es sich um Sporen und also um sporenhaltige Bacillen handelt. Was nun die pleomorphe Entwicklung der Tuberkelmikroorganismen anbelangt, ferner auch die Entwicklung der Muttersporen, die der Tochtersporen, die kettenartige Anordnung derselben etc., so sind das alles Beobachtungen von Prof. Schroen, die bis heute noch von keinem andern Forscher bestätigt worden sind.

---

[1]) Völsch, Beitrag zur Frage der Tenacität der Tuberkelbacillen, 1887.

[2]) Yersin, Annales de l'Institut Pasteur, 1888.

Structur des Tuberkelbacillus.

Die Structur des Tuberkelbacillus will ich nur kurz behandeln, da die Kenntnis desselben jetzt nur einen rein wissenschaftlichen Wert hat.

Ausser den Untersuchungen von Schroen und anderen Forschern sind hier besonders die von Metschnikoff zu erwähnen. Dieser behauptet nämlich, dass im Laufe der Entwicklung des Tuberkelbacillus auch ein Stadium vorkommt, wo der fadenförmige Bacillus die Fähigkeit hat, sich durch Theilung zu vervielfältigen. Durch weiteres Wachsthum sollen die Pilze eine verzweigte Form annehmen und so unter Umständen eine bedeutende Grösse erreichen. Da die Bacillen also fadenförmige Ausläufer (Thrix) und eine harte Umhüllung (Sclera) haben, so schlägt Metschnikoff die Bezeichnung Sclerothrix Kochii vor.

Das Vorhandensein einer schützenden Bacterienhülle wurde von Ehrlich[1]) deshalb behauptet, weil durch diese Annahme am leichtesten der Umstand erklärt werden kann, dass die Tuberkelbacillen der Färbung durch Anilinfarben und der späteren Entfärbung einen so grossen Widerstand entgegensetzen. Gottstein und Unna bekämpfen diese Ansicht und behaupten, dass diese bei verschiedenen Bacillenspecies vorkommende Eigenschaft in Bezug auf Färbung und Entfärbung von der verschiedenen chemischen Affinität ihres Protoplasmas färbenden Mitteln gegenüber herrührt.

Cultur der Bacillen.

Ich will hier nicht die verschiedenen Culturmethoden besprechen, welche für den Koch'schen Bacillus angewendet wurden, sondern mich nur auf die Mittheilungen einer Anzahl hierhergehöriger Untersuchungsresultate beschränken, welche in meinem Laboratorium erzielt wurden.

Es wurden Reinculturen aus Lymphdrüsen von tuberkulösen Meerschweinchen auf sterilisirtem und coagulirtem Ochsenblutserum angelegt. Nach 10 Tagen entwickelte sich bei 38° ein dünnes graues Häutchen, welches in der Fläche und in der Tiefe allmählich an Dimension zunahm und seine grösste Ausdehnung am 20. Tage erreichte.

Von diesen Culturen wurden gewöhnliche und mit Glycerin (10 Tropfen Glycerin auf 6 ccm Blutserum) versetzte Serumröhrchen geimpft. Hier begannen sich schon nach 6—8 Tagen aus Tuberkelbacillen bestehende Colonien zu entwickeln.

Diese letzteren wurden auf drei verschiedene Röhrchen überimpft, von welchen das eine gewöhnliches sterilisirtes Serum, das zweite mit Pepton, das dritte mit Glycerin versetztes Serum enthielt. Die letzteren wurden nach der Roux'schen Methode bereitet. Hier entwickelten sich

[1]) Ehrlich, Beiträge zur Theorie der Bacillenfärbung, 1886.

die Culturen schon nach dem 6. Tage, in den Röhrchen aber, die nur reines Serum enthielten, giengen sie erst am 10. Tage auf.

Was die Einzelnheiten der Untersuchungsmethoden der Tuberkelbacillen anbelangt, verweise ich den Leser auf die entsprechenden Capitel in den Handbüchern der Bacteriologie, der Mikroskopie und der Diagnostik.

Die Stoffwechselproducte des Tuberkelbacillus und ihre toxische Wirkung.

Nach Maffucci beruhen manche tuberkulöse Läsionen auf der Wirkung des lebenden Bacillus, andere dagegen auf der seiner chemischen Producte. Letztere sind entweder entzündungserregend, oder sie haben die Eigenschaft, die Ernährungskraft des Körpers zu schwächen und die rothen Blutkörperchen zu zerstören (daher die grosse Anämie der Phthisiker). Dieses Gift wirkt je nach der vorhandenen Dosis mehr oder weniger schnell. Gelangt es nur in kleinen Dosen in den Kreislauf, so führt es erst nach langer Zeit den Tod des Versuchsthieres herbei und zwar unter den ausgeprägtesten Zeichen des Marasmus und unter gleichzeitigem Auftreten von hyperämischen, hämorrhagischen und entzündlichen Veränderungen.

Dieses Gift wird weder durch Siedhitze noch durch die Verdauungssäfte zerstört.

Die Tuberkulose kann auf den Fötus in Gestalt der Krankheitskeime übergehen, aus welchen sich später die Krankheit selbst wieder entwickelt. Es können aber unter Umständen nur so wenig auf die Frucht übergehen, dass der Fötus sie selbst noch zu zerstören vermag, nicht aber die chemischen Producte derselben. Unter solchen Umständen kommt der Fötus marantisch zur Welt und zwar unter dem Zeichen des sogenannten phthisischen Habitus. Das Stoffwechselproduct des Tuberkelbacillus kann auch durch die Placenta hindurchdringen. Dann entsteht entweder ein Abortus, wie er bei phthisischen Frauen sehr häufig vorkommt, oder der Fötus wird ausgetragen und im marantischen Zustande geboren. Nach Maffucci ist der phthisische Habitus der Kinder Tuberkulöser nichts anderes, als die Folge einer während des intrauterinen Lebens acquirirten Vergiftung.

II.

Tuberkulose ohne Bacillen.

Seit der Entdeckung des Tuberkelbacillus gab es immer Forscher, welche entweder das regelmässige Vorkommen dieses Bacillus bei der Tuberkulose oder gar das Vorhandensein dieses specifischen Mikroorganismus leugneten.

Der Koch'schen Lehre wurde nämlich die Beobachtuug entgegengehalten, dass man durch Ueberimpfung des Koch'schen Bacillus nicht den wahren Tuberkel, sondern eine ganz andere Affection erzielt habe: dass ferner Koch neue, unexacte Methoden erfunden habe, welche durchaus nicht die Vermischung mit anderen nur durch das Mikroscop erkennbaren Organismen verhindern; und dass schliesslich die Zahl seiner Experimente zu gering sei, um so weitgehende Schlüsse zu gestatten. Es wurde auch behauptet, dass diese Stäbchenform nicht einen bacillären Mikroorganismus, sondern einfache Krystalle darstelle. Die in den letzten Jahren gemachten Untersuchungen haben aber gezeigt, dass diese Einwände gegen die Richtigkeit der Koch'schen Lehre hinfällig sind. Nichtsdestoweniger lässt sich die Wichtigkeit der folgenden Einwände nicht leugnen :

1. Es kommen manchmal in tuberkulösen Producten keine Tuberkelbacillen vor, so dass man neben der bacillären Phthise auch eine nichtbacilläre Phthise annehmen muss.

2. Die Tuberkulose entsteht zwar gewöhnlich durch den Koch'schen Bacillus, kann aber auch durch andere Arten von Mikroorganismen verursacht werden, besonders durch gewisse Mikrococcen.

Die nicht bacilläre Phthise.

Die Untersuchungen von Formad, Trudeau, Prudden u. a. zeigen, dass es Kranke mit offenbar phthisischen Processen in der Lunge gibt, welche ein bacillenfreies Sputum secerniren. Trudeau untersuchte das Sputum von 30 Phthisikern. Bei 21 derselben fand er den Koch'schen Bacillus schon in den ersten Präparaten: bei 8 waren wiederholte Untersuchungen, die sich manchmal auf 2 Wochen erstreckten, nöthig, um den Bacill in befriedigender Weise zu zeigen; bei dem letzten konnten aber Tuberkelbacillen trotz sorgfältigster, häufig wiederholter und mehr als zwei Monate lang fortgesetzter Untersuchungen nicht gefunden werden. Mit diesen drei Arten von Sputum impfte Trudeau je 4 Kaninchen, und es zeigte sich, dass sich bei den mit der ersten Art geimpften Kaninchen deutliche tuberkulöse, bacillenreiche Läsionen entwickelten, dass die zweiten und dritten Sputumarten nur leichter entzündliche von Bacillen freie Veränderungen erzeugten. Aus diesen Untersuchungen ist ersichtlich,

1. dass die nicht bacilläre Phthisis eine relativ seltene Krankheit ist;

2. dass diese Form von Phthisis klinisch zwar der bacillären gleicht, sich von dieser aber dadurch unterscheidet, dass sie nicht infectiös ist;

3. dass das Vorhandensein des Bacillus eine Vorbedingung zur Uebertragbarkeit der Krankheit ist. In Uebereinstimmung mit Sternberg

und Burdon Sanderson stellt Trudeau den Satz auf, dass die iu-
fectiöse Eigenschaft einer Entzündung von einer chemischen Veränderung
der Exsudate herrührt, zu deren Erzeugung die Einwirkung von Mikroorganismen nothwendig ist.

Die Untersuchungen von Schnyder ergaben folgende Resultate:

1. Die Heredität ist das wichtigste ätiologische Moment der
chronischen Lungenphthise.

2. Die hereditäre Prädisposition übt einen grösseren Einfluss auf
Frauen als auf Männer aus. Dagegen kommt die acquirirte Phthise
häufiger beim männlichen als beim weiblichen Geschlecht vor.

3. Im Beginn der Krankheit findet man den Koch'schen Bacillus
nur hie und da: es ist wahrscheinlich, dass wenn derselbe in die Blutcirculation gelangt, er eine miliare Tuberkulose erzeugen kann.

Wenn diese Beobachtungen sich bewahrheiteten, so würde das
eigentlich einen Rückschritt in der Lehre von der Tuberkulose bedeuten,
indem man zwei streng voneinander abzusondernde Arten von Tuberkulose
unterscheiden müsste: eine bacilläre oder infectiöse, und eine nicht
bacilläre, die durch eine locale nicht infectiöse Ursache entsteht. Mit
anderen Worten gesagt, würde man wieder zu der Unterscheidung zwischen
Tuberkulose und käsiger Pneumonie zurückkehren. zu jener. namentlich
von Felix Niemeyer warm vertheidigten Lehre, die nach den über die
Ansteckungsfähigkeit aller phthisiogenen Producte gemachten Studien,
allem Anscheine nach schon auf immer verlassen werden musste.

Im Gegensatze zu den hier erwähnten negativen bacteriologischen
Untersuchungsergebnissen bei einigen Fällen von Phthise. haben aber
die Forschungen von Balmer, Fräntzel, Fraenkel u. a. gezeigt, dass
der specifische Mikroorganismus in keinem Falle von Tuberkulose fehlt.
Auch ich schliesse mich der Meinung dieser Forscher an; denn meine
zahlreichen Erfahrungen haben mich gelehrt, dass der Koch'sche Bacillus
in jedem phthisischen Sputum sicherlich zu finden ist. Findet man aber
die charakteristischen Bacillen weder im Blute noch im Sputum eines
Kranken. so kann man mit voller Bestimmtheit das Vorhandensein einer
Tuberkulose ausschliessen. Während im Sputum von Phthisikern Bacillen
immer gefunden worden sind und ebenso auch im Eiter scrophulöser
Affectionen und in den Zerfallsproducten von tuberkulöser Spondylarthrocace,
fehlten sie regelmässig im katarrhalischen und im croupösen Sputum.
Ich kann nach meinen Erfahrungen den Satz aufstellen, dass überall,
wo die Koch'schen Bacillen dauernd in einem Sputum zu finden
sind, zweifellos die Diagnose Phthise gestellt werden kann,
dass aber das Fehlen von Bacillen mit Bestimmtheit auf das
Nichtvorhandensein von Lungenschwindsucht schliessen lässt;

jedenfalls darf man im letzteren Falle annehmen, dass es sich um eine
an vollkommene Ausheilung grenzende Besserung handelt.

Dr. Melle geht sogar so weit, zu behaupten, dass die Koch'schen
Bacillen nicht bloss constant im phthisischen Sputum vorkommen, sondern,
dass sie auch im Sputum derjenigen Individuen gefunden werden können,
welche erst später die Anfangszeichen der Lungenphthise darbieten.

Das Fehlen der Bacillen bei Kranken mit phthisischen Veränderungen.

Ein langjähriges Studium über die Tuberkelbacillen in den Excreten
von Patienten hat mir die Ueberzeugung verschafft, dass es sich überall,
wo bei wirklich Phthisischen trotz mehrfach wiederholter Untersuchungen
Tuberkelbacillen nicht zu finden sind, um solche Fälle handelt, wo die
Krankheit sich definitiv zur Heilung wendet. In jedem Jahre beobachte
ich ein bis vier derartige Fälle, die immer deutlicher die Heilbarkeit der
Tuberkulose zeigen.

Lungensyphilis.

Es kommen Fälle vor, wo der Kranke alle Zeichen der Lungentuberkulose darbietet, während er in der That an irgend einer anderen
Krankheit leidet. Dahin gehört namentlich die Lungensyphilis, eine
Krankheit, die sehr leicht mit Tuberkulose verwechselt werden kann.
Deshalb habe ich in meinen Vorlesungen immer den Satz aufgestellt,
dass man überall, wo es sich um einen Kranken handelt, der trotz
phthisischer Erscheinungen ein bacillenfreies Sputum absondert, zunächst
an Lungensyphilis denken muss. Diese Affection ist bei uns durchaus
keine seltene Erscheinung. Die Statistik meiner Klinik lehrt, dass sie
sogar noch häufiger als die Syphilis der Leber und der meisten anderen
Organe vorkommt.

Die Lungensyphilis kann hereditär oder acquirirt vorkommen. Sie
zeigt kein charakteristisches Zeichen und alles, was sie in Bezug auf
Symptome und Verlauf darbietet, kann auch bei der Tuberkulose der
Lungen gefunden werden. Zur Unterscheidung zwischen diesen beiden
Affectionen dienen folgende Kriterien:

1. Das Fehlen der Tuberkelbacillen im Sputum.
2. Die Wirksamkeit einer antisyphilitischen Behandlung. Hat eine
derartige Cur keinen Erfolg, so bleibt die Diagnose nicht aufgeklärt.
3. Eine vorausgegangene syphilitische Infection, besonders wenn
dieselbe längere Zeit vorher (5 Jahre oder noch länger) stattgefunden hat.

Eine andere, besonders nach der Entdeckung des Tuberkelbacillus
bekannt gewordene Thatsache, ist die Prädisposition, welche mit Lungen-

syphilis behaftete Kranke für Tuberkulose darbieten. Zwischen dem syphilitischen Virus, welches höchstwahrscheinlich von dem Lustgarten-schen Bacillus erzeugt wird, und dem tuberkulösen Virus besteht sicherlich kein Antagonismus. Ich habe vielmehr viele Beweise dafür, dass das von einer dieser Affectionen betroffene Organ für die andere sogar empfänglicher wird. Unter den vielen derartigen Fällen, die ich zu beobachten Gelegenheit hatte, erwähne ich nur den folgenden, weil ich ihn sehr lange in der Klinik unter meinen Augen hatte.

Ein 47jähriger Händler trat am 3. Juni 1885 in die Klinik ein und gab unter Anderem an, dass er 25 Jahre vorher an Gonorrhoe und syphilitischen Geschwüren, und 10 Monate später an Hinterhauptschmerzen gelitten habe, welche nach einer Quecksilbercur vollkommen verschwanden. Die jetzige Affection soll 14 Monate vor seiner Aufnahme in die Klinik aufgetreten sein, und zwar hauptsächlich unter Verdauungs- und Respirationsstörungen.

Der sehr cachectische Patient hatte mehrere auf Druck schmerzhafte Erosionen an der Tibia und am Oberarm. Der weiche Gaumen war zerstört, die Lymphdrüsen geschwollen. Patient klagte über Schmerzen an der Stirn, in den Knien und in den Knochen.

Im Sputum konnten trotz sorgfältigster Untersuchung keine Tuberkelbacillen gefunden werden. Patient litt an Husten und expectorirte ein dickes eiteriges Sputum. In der rechten Infraclaviculargrube gedämpfter Percussionsschall, daselbst abgeschwächtes Vesiculärathmen und kleinblasiges Rasselgeräusch.

Diagnose: Cachexia syphilitica, Syphilis tertiaria mucosae, ossium et pulmonum.

Nach einer antiluetischen Behandlung wurde Patient als erheblich gebessert entlassen.

Elf Monate später kehrte Patient in die Klinik zurück. Jetzt waren die oben angegebenen Lungenveränderungen bedeutend vorgeschritten und das Sputum enthielt zahlreiche Tuberkelbacillen.

Diagnose: Tuberculosis atque syphilis pulmonum.

Es wurden nun verschiedene Behandlungsmethoden angewendet. Alles war aber vergeblich; der Kranke starb 6 Wochen nach seiner zweiten Aufnahme in die Klinik.

In diesem und in ähnlichen Fällen konnte sich der Tuberkelbacillus in dem syphilitisch afficirten Gewebe einnisten und sich daselbst schnell entwickeln. Die Syphilis trat, da sie die Lunge ergriffen hatte, unter dem Bilde der Phthise auf und konnte von der letzteren nur durch den mangelnden Bacillenbefund unterschieden werden. Man sieht hieraus, dass viele Fälle mit Unrecht als Phthisis non bacillaris diagnosticirt werden. Es handelt sich da gewöhnlich um Lungensyphilis.

Nichtsdestoweniger kann ich die Thatsache nicht leugnen, dass es Fälle gibt, wo alle Zeichen der Lungenschwindsucht vorhanden, Bacillen dagegen nicht zu finden sind, und die betreffenden Patienten nie an Syphilis gelitten hatten.

Als hierher gehörige Beispiele theile ich folgende zwei in meiner Klinik gemachten Beobachtungen mit.

I.

Eine 40jährige. stark abgemagerte Frau wurde in die Klinik aufgenommen. Sie gab an, dass sie schon seit 6 Jahren an Brustschmerzen und quälendem Husten leide.

Der Brustkasten war abgeplattet, die Intercostalräume erschienen vertieft, ebenso auch die Fossae supra- et infraclaviculares, besonders links. Hier ergab die Percussion gedämpft tympanitischen Schall und man hörte beim Auscultiren ein rauhes inspiratorisches Geräusch, verlängerte Exspiration und kleinblasiges Rasseln. In der Fossa supra- und infraspinata dieselben auscultatorischen Erscheinungen.

Im Sputum fand man weder elastische Fasern noch Tuberkelbacillen, obgleich die Untersuchung häufig wiederholt wurde. Die Patientin erhielt Jodoform (25-90 cgr täglich) und inhalirte mittels der de Renzi'schen Maske Naphthol. Nach 4 Wochen wurde sie mit einer Gewichtszunahme von 2,3 kgr erheblich gebessert entlassen.

II.

Ein 22jähriger Landmann erkrankte im Juni 1887 an starker Haemoptoe. welche sich später häufig wiederholte. Es gesellten sich auch heftiger Husten und abendliche Temperatursteigerungen hinzu. 1½ Jahre später trat er sehr abgemagert in die Klinik ein. In der rechten Supra- et Infraclaviculargrube war der Percussionsschall leicht tympanitisch und man hörte hier exspiratorisches kleinblasiges Rasselgeräusch. Die gleichen Veränderungen waren auch an den entsprechenden Stellen der hinteren Seiten wahrzunehmen. In dem reichlich expectorirten Sputum fehlten sowohl elastische Fasern wie auch Tuberkelbacillen. Patient verliess die Klinik bedeutend gebessert, nachdem er mit Jodoform und phosphorsaurem Kalk behandelt worden war.

In diesen beiden Fällen liessen sich also Tuberkelbacillen trotz häufig wiederholter Untersuchung nicht nachweisen.

Um die Sache noch weiter aufzuklären. impfte ich das Sputum auf Meerschweinchen ein, denn es konnte sich ja doch um eine bacilläre Phthise gehandelt haben, während Bacillen, weil nur in spärlicher Menge vorhanden, zufälligerweise nicht gefunden wurden. So sehen wir ja häufig, dass eine Pleuritis tuberkulöser Natur ist und wir erkennen das nur dadurch, dass wir das Exsudat mit Erfolg auf Kaninchen überimpfen, während die Pleura selbst frei von Tuberkeln ist und im Exsudat kein Tuberkelbacillus gefunden werden kann.

So wurde auch von Terillon und Regnier der Satz aufgestellt, dass es Fälle gibt, wo zur Diagnose der Tuberkulose die histologische Untersuchung allein nicht genügt, sondern noch eine Impfung erforderlich ist.

Ich machte also folgende Experimente. indem ich nach der Villemin'schen Methode verfuhr.

I.

Das Sputum der sub 1. erwähnten Patientin wurde unter die Haut eines kräftigen Meerschweinchens eingespritzt. Das Thier wurde dann 30 Tage später getödtet und man fand die Drüsen in der rechten Axillargegend (welche der geimpften Stelle entsprach) geschwellt, die Milz aufs

Doppelte vergrössert und mit einzelnen kleinen Knötchen bedeckt. In den Lungen waren einige kleine graurothe Knötchen. Alle diese Knötchen, wie auch die der Milz und auch die Lymphdrüsen, enthielten Tuberkelbacillen.

II.

In gleicher Weise wurde das Sputum des sub II. erwähnten Patienten auf 3 Meerschweinchen überimpft. Alle drei gingen nach 8 resp. 17 Tagen spontan zu Grunde. Bei der Autopsie zeigten sich nur die entsprechenden Achseldrüsen mehr oder weniger geschwellt. Die anderen Organe boten keine tuberkulösen Veränderungen dar. Tuberkelbacillen wurden nirgends gefunden.

Von den zwei Patienten, deren Krankengeschichte ich oben mitgetheilt habe, war also der eine zweifellos tuberkulös, obgleich bei der mikroskopischen Untersuchung seines Sputums keine Tuberkelbacillen gefunden wurden. Das positive Ergebnis der Impfung weist zweifellos auf die tuberkulöse Natur der Affection hin. Der zweite Fall muss aber nach dem übereinstimmend negativen Ergebnis sowohl der mikroskopischen Untersuchung, wie auch der Impfung als nicht tuberkulös betrachtet werden. Die Erklärung der beobachteten Thatsachen bietet bei der ersten Patientin keine Schwierigkeiten: Die Kranke befand sich offenbar im Zustand erheblicher Besserung. In solchem Falle neigte der schon von Naegeli erwähnte Kampf zwischen Zelle und Bacterien zu Gunsten der ersteren. Das Sputum zeigte zwar bei der mikroskopischen Untersuchung keine Bacillen; die virulenten Eigenschaften desselben rührten aber von einigen wenigen isolirten Bacillen her oder auch von einigen Sporen, dem Zerfallproduct der Bacillen. Jedenfalls handelt es sich hier um einen Fall von sogenannter „nicht bacillärer" Phthise, und man sieht, dass Trudeau eine solche mit Unrecht für nicht infectiös hält, denn in dem vorliegenden Falle war diese Art von Tuberkulose im weitesten Sinne des Wortes infectiös.

Eine Erklärung des zweiten Falles ist sicherlich nicht leicht. Jedenfalls schliesst das sowohl bei der mikroskopischen Untersuchung wie auch durch die Impfung erzielte negative Resultat die tuberkulöse Natur der Krankheit mit voller Bestimmtheit aus. Es lag also eine andere Art von Krankheit vor, nämlich eine chronische, nicht tuberkulöse Bronchopneumonie, welche von einen anderen entzündungserregenden Agens herrührte.

Das Symptomenbild, der Sitz und die Natur der grobanatomischen und mikroskopischen Läsionen, genügen offenbar nicht, um in allen Fällen eine Tuberkulose von anderen Affectionen zu unterscheiden. Da wir bisher noch kein Culturverfahren kennen, mit welchem wir imstande wären, Tuberkelbacillen leicht zu züchten, so können wir das Vorhandensein derselben nur dann constatiren, wenn wir die Bacillen entweder im Sputum direct gefunden oder auf Thiere mit positivem Erfolg geimpft haben. Liefern beide Untersuchungsarten ein negatives Resultat, so muss man die Diagnose Phthisis ausschliessen, es sei denn, dass es sich um den seltenen Fall einer in der Heilung begriffenen Phthise handelt. In einzelnen Fällen kann auch eine Lungensyphilis vorliegen oder die Affection kann ausnahmsweise durch ein anderes entzündungserregende Agens erzeugt sein.

Bei Bergarbeitern kommt die tuberkulöse Phthise nach den Untersuchungen von Kuborn, Crocq, van der Corput u. A. nur selten vor, besonders bei denjenigen, welche in Kohlen- oder Steinsalzbergwerken arbeiten. Dagegen findet man bei solchen Arbeitern häufiger Anthracosis, welche mit Tuberkulose der Lungen leicht verwechselt werden kann. Nach Crog leiden Anthracosiskranke im ersten Stadium der Krankheit an Anämie, im zweiten an Asthma und bieten im dritten die Zeichen einer Zerstörung der Lunge dar.

Durch Mikrococcen erzeugte Phthise.

Kann eine Lungentuberkulose durch einen anderen Mikroorganismus als den von Koch gefundenen, entstehen? Cornil und Babes fanden sowohl im Sputum wie auch in den Geweben kleine Körnchen, welche sich in gleicher Weise wie die Bacillen färben liessen. Malassez und Vignal beschrieben die Tuberculosis zoogleica. Bei manchen tuberkulösen Affectionen fanden sie nämlich keine Bacillen, wohl aber gewisse Zoogleaformen von Mikrococcen. Diese konnten mit Methylenblau gefärbt werden und erzeugten, auf Kaninchen geimpft, eine allgemeine Tuberkulose. Da die Färbbarkeit dieser Zoogleen sich anders als die der Kochschen Bacillen verhält, und da ferner die späteren Generationen derselben nur aus Mikrococcen bestehen, so muss man wohl annehmen, dass die Tuberculosis zoogleica und die Tuberculosis bacillaris zwei verschiedene Affectionen darstellen oder wenigstens eine Affection, welche aber von zwei verschiedenen Mikroorganismen erzeugt wird. Freilich haben Malvassez und Vignal später gefunden, dass durch sechs mit den genannten Mikroorganismen gemachte Impfungen schliesslich Bacillen entstanden.

Klebs ist noch geneigt, anzunehmen, dass nicht bloss die Kochschen Bacillen, sondern dass auch die kleinen Körnchen, wie sie in ähnlicher Form in frischem Tuberkel zu finden sind, die Tuberkulose erzeugen können. Nach Klebs stellen diese zwei Elemente die Organismen der Tuberkulose dar.

Schliesslich erwähne ich noch die Untersuchungen von Duguet und Héricourt, welche in den Geweben dreier an acuter Tuberkulose gestorbenen Individuen keinen einzigen Bacillus finden konnten. Es zeigte

sich aber in dem mikroskopischen Präparate (unter der Einwirkung von
Kali) eine Menge von Sporen und kleinen Fäden, ähnlich denen der
Ptyriasis versicolor, welche bekanntlich durch den Mikrosporon furfur
entsteht. Die genannten Autoren behaupten also, dass der Tuberkelbacillus
einen Entwicklungszustand dieses Pilzes darstelle. Diese Meinung glaubten
sie auch durch die Resultate ihrer Impfversuche bestätigt zu sehen.

Eberth spricht von einer Pseudotuberkulose, die er bei Meerschweinchen beobachtet haben will. Bei gewissen Läsionen der Meerschweinchen, welche ganz und gar den durch interperitoneale tuberkulöse Injectionen erzeugten Veränderungen entsprachen, fand er nämlich Mikrococcen-
anhäufungen, und zwar meistens in dem centralen Theile der Knötchen,
besonders der der Leber. Diese Coccen konnten durch Form, Lagerung
und Färbung nicht von anderen unterschieden werden. Nichtsdestoweniger
ist Eberth geneigt, sie als Entstehungsursache einer Krankheit zu
betrachten, welche ganz und gar der Tuberkulose ähnlich ist, obwohl die
erwähnten Mikrococcen in den käsigen Knoten und in den grösseren
Herden nicht gefunden werden konnten. Eberth scheint demnach das
Vorhandensein einer Pseudotuberkulose anzunehmen, welche von gewissen Coccen erzeugt wird, während Tuberkelbacillen in solchen Fällen
nicht gefunden werden können.

Ich glaube aber, dass die Fälle, wo angeblich eine Tuberkulose
ohne Koch'sche Bacillen gefunden worden ist, auf gewisse Untersuchungs-
fehler zurückgeführt werden müssen. Zunächst ist es wohl möglich, dass
Bacillen in den Präparaten vorhanden waren, dass sie aber wegen ihrer geringen Zahl nicht gefunden worden sind. Auch können die Untersuchungs-
proceduren die Tuberkelbacillen zu Coccen umgewandelt haben. Das kann
z. B. durch eine allzu starke Erwärmung des Präparates oder durch
Einwirkung gewisser Reagentien, wie Mineralsäuren, Jod etc., geschehen.
Kommen ja solche Coccen nicht bloss bei Tuberkelbacillen, sondern auch
in den Präparaten anderer Mikroorganismen vor, und zwar als Folge der
Einwirkung der genannten Substanzen. Uebrigens entwickeln sich gewisse
Formen von Coccen in tuberkulösen Producten neben den Tuberkelbacillen.
Ich werde später hierüber Näheres mittheilen und zeigen, dass die Verschiedenheit des klinischen Verlaufes einer Tuberkulose auf das Mitvorhandensein dieser oder jener pathogenen Mikrococcen zurückzuführen
ist. Der Fehler mancher unvollständigen Untersuchungen besteht darin,
dass gewisse zufällige Beimischungen, wie z. B. der Streptococcus der
Eiterung, beschrieben worden sind, während man das wesentliche Element,
den Koch'sche Bacillus, übersehen hatt.

Die Behauptung, dass es eine Tuberkulose gibt, welche durch einen
anderen Mikroorganismus, als den Koch'schen Bacillus, erzeugt wird, ist

demnach nicht stichhältig. Alle Erfahrungen weisen vielmehr darauf hin, dass der Koch'sche Tuberkelbacillus der wahre und einzige Erzeuger der Tuberkulose ist, und dass letztere ohne diesen Bacillus nicht vorkommen kann.

Drittes Capitel.

I.

Das Eindringen des tuberkulösen Giftes in den menschlichen Körper.

Auf der ganzen äusseren (Haut) und inneren (Schleimhaut) Oberfläche des Menschen gibt es keine Stelle, von welcher aus das tuberkulöse Gift unter gewissen Umständen nicht in den Körper eindringen könnte, oder gelegentlich eingedrungen ist. Diese Thatsache lehren sowohl die klinischen Erfahrungen, wie auch die experimentellen Untersuchungen. In der Regel aber stellt nur eine relativ beschränkte Fläche (die des Respirations- und des Digestionstractus) die Eingangspforte des Virus dar. Das Vehikel desselben ist einerseits die Luft, andererseits sind es die Speisen.

Das im Staube enthaltene tuberkulöse Gift.

Der Tuberkelbacillus muss zweifellos ausserhalb des Organismus vorkommen. Die grosse Widerstandskraft, welche der Bacill dem Eintrocknen und den Fäulnisprocessen gegenüber, wie auch der Einwirkung von starken chemischen Reagentien und hohen Temperaturen entgegensetzt, beweist schon a priori, dass die Umgebung der Phthisiker von den Krankheitserregern der Tuberkulose stark inficirt werden muss.

Die von Cornet im Koch'schen Laboratorium gemachten Untersuchungen beweisen unzweifelhaft, dass lebende Bacillen ausserhalb des Körpers vorkommen. Die entsprechenden Experimente wurden an circa 1000 Thieren angestellt und folgende Resultate erzielt:

In 21 mit Tuberkulösen belegten Krankheitssälen wurde der dort vorhandene Staub in der Weise auf Tuberkelbacillen untersucht, dass man denselben auf Thiere überimpfte; in der Hälfte der Fälle wurde Tuberkulose erzeugt.

Unter drei Irrenanstalten zeigte sich die eine mit Tuberkelbacillen inficirt.

Zwei auf Tuberkelbacillen untersuchte Zellengefängnisse ergaben ein negatives Resultat, welches aber von einem Wechsel in der Untersuchungsmethode herrühren kann.

Unter 54 von einzelnen Tuberkulösen bewohnten Zimmern wurde in 27 ein positives Resultat erzielt.

Viele von verschiedenartigen Kranken bewohnten Krankensäle, das chirurgische Auditorium etc. ergaben ein negatives Resultat.

Der von den äusseren Seiten der Häuser in verschiedenen Strassen entnommene Staub zeigte sich frei von Tuberkelbacillen.

Die Stelle im Laboratorium, wo zwar Jahre lang Hunderte von tuberkulösen Cadavern secirt, die entsprechenden antiseptischen Maassregeln aber streng durchgeführt wurden, zeigte sich frei von Tuberkelbacillen. Dieser Umstand lehrt, wie sehr wirksam diejenigen Mittel sind, welche zum Schutze vor Ansteckung gebraucht zu werden pflegen.

Unter 311 Staubproben aus solchen Localen, die von Phthisikern bewohnt wurden, ergaben 59 eine Infection; mit 77 Staubproben aus solchen Localen, die von nicht phthisischen Individuen bewohnt wurden, erzielte man immer ein negatives Resultat.

Von Wichtigkeit ist die Beobachtung, dass der Staub aus solchen Zimmern, welche von Phthisikern bewohnt waren. die sich immer eines Spucknapfes bedienten, niemals eine Infection ergab. Der infectiöse Staub rührt immer aus solchen Zimmern her, wo die Phthisiker auf den Boden oder in Taschentücher speien. Dieses Resultat war so constant. dass man die Virulenz des Staubes nach den Gewohnheiten der in dem betreffenden Zimmer wohnenden Phthistiker schon im voraus bestimmen konnte.

Diese Untersuchungen sind von grosser Bedeutung, denn sie beweisen nicht bloss in unwiderlegbarer Weise, dass Tuberkelbacillen ausserhalb des Organismus vorkommen, sondern sie belehren uns auch darüber, wie man durch eine einfache hygienische Maassregel die Ausbreitung der Phthisis verhindern kann. Freilich beantworteten diese Experimente nicht die Frage. auf welche Weise die Bacillen mittelst der eingeathmeten Luft in den Körper eindringen. Dieses Problem suchten andere Beobachter experimentell zu lösen.

Bevor ich aber hierüber Näheres berichte, muss ich zunächst noch darauf hinweisen, dass viele experimentelle Untersuchungen über das Vorkommen von Tuberkelbacillen ausserhalb des Organismus und im Staube ein negatives Resultat ergaben. Celli und Guarnieri, wie auch Bollinger impften für Tuberkulose sehr empfängliche Thiere mit dem aus Krankenzimmern, welche mit Phthisikern belegt waren, entnommenen Staube, ohne dadurch eine Infection zu erzielen. Auch die sorgfältig ausgeführten Experimente von Baumgarten ergaben immer nur ein negatives Resultat. Alle diese negativen Ergebnisse können zwar die positiven Ergebnisse nicht umstossen, wohl aber beweisen sie. dass der Staub der von Phthisikern bewohnten Zimmer nicht in allen Fällen infectiös ist. Wurde ja auch nicht in allen von Cornet ausgeführten Experimenten eine Infection erzielt. Zum Zustandekommen einer solchen sind vielmehr noch andere Bedingungen nöthig; Temperatureinflüsse, geringe Vitalität der Bacillen etc. können wohl den Staub unschädlich machen. Will man die Frage streng wissenschaftlich lösen, so müsste man eine Reihe von Experimenten machen, bei welchen man diese Momente auszuschliessen hätte. Bei diesen Experimenten würde die blosse bacterioskopische Untersuchung nicht genügen, weil diese keinen Aufschluss über die Vitalität der Bacterien ergibt. Auch das Cultur-verfahren würde nicht genügen, weil dieses sehr schwer gelingt. Man müsste vielmehr noch zu dem Thierexperiment greifen und hiezu solche Thiere wählen, welche eine starke Disposition für die Tuberkulose haben, dann aber die gewonnenen Resultate mit den entsprechenden Ergebnissen anderer Untersuchungen vergleichen, welche unter verschiedenen Be-dingungen angeführt worden sind. Hat man dann auch mit Genauigkeit erfahren, ob und wann der Zimmerstaub der Phthisiker infectiös ist, so ist damit immer noch nicht die Frage über den Weg der Infection gelöst. Hiezu sind, wie ich bereits gesagt habe, directe Experimente nöthig: ich berichte im Folgenden über einige, welche mir von Wert zu sein scheinen.

Tuberkelbacillen in der Luft.

Die Untersuchungen von Cardeac und Malet, sowie die von Strauss haben gezeigt, dass die von Phthisikern ausgeathmete Luft keine Bacillen enthält. Auch bei anderen Infectionskrankheiten wurden in der Exspirationsluft keine Bacillen gefunden.

In einer unter dem Titel „Sur l'absence de microbes dans l'air expiré" 1887 und 1888 erschienenen Schrift konnten Strauss und Dubreuil den Nachweis führen, dass die Exspirationsluft absolut gar keine Mikroorganismen enthält, und dass die in der eingeathmeten Luft suspendirten Keime in den Luftwegen zurückbleiben, indem die Luft fast alles was sie an festen Bestandtheilen enthält, namentlich alle Mikroorganismen, auf ihrem Wege durch ein System enger und mit feuchter Schleimhaut bedeckter Canäle ablagert. Das Verhältnis zwischen den in der exspirirten zu den in inspirirter Luft enthaltenen Körpern berechnet Strauss auf 1 : 600.

Celli und Guarnieri fanden Bacillen weder in der Zimmerluft, wo sich Phthisiker längere Zeit aufhielten, noch in der Luft, welche über feuchte Excrete gestrichen war. Feuchte Sputa können nach den Unter-suchungsergebnissen dieser Autoren der Luft keine Bacillen mittheilen und Phthisiker athmen mit der Exspirationsluft keine Bacillen aus.

Zu denselben Resultaten gelangten auch Zuliani, Pechini, Selmi u. a.

Dagegen behaupten Heron, Smith, Ransome, v. Ermengen und Casse, dass die Exspirationsluft Tuberkelbacillen enthalten kann. Williams war in der Lage, durch mikroscopische Untersuchungen das Vorhandensein von Tuberkelbacillen in der Luft nachzuweisen, welche aus einem Ventilationsrohr eines Phthisikerhospitals stammte.

Schliesslich berichtet Reich von einem Falle, wo 10 Kinder eines kleinen Ortes innerhalb eines Jahres an Meningitis zu Grunde gingen, und zwar deshalb, weil die betreffende Hebamme, welche an Tuberkulose litt, die böse Gewohnheit hatte, den Kindern — auch ohne dass eine Asphyxie vorhanden wäre — von Mund zu Mund Luft einzublasen.

Diese positiven Erfahrungen lassen doch einigen Zweifel an der Lehre von der Unschädlichkeit der von Phthisikern ausgeathmeten Luft aufkommen. Die im Laboratorium meiner Klinik gewonnenen Untersuchungsresultate sprechen aber gegen die Möglichkeit, dass in der Exspirationsluft von Phthisikern sich Bacillen finden könnten.

Ich goss nämlich in eine sterilisirte Eprouvette 3 *ccm* sterilisirtes Glycerin, führte dann in letzteres eine in gleicher Weise behandelte 5 *mm* im Durchmesser messende Glasröhre ein und liess Phthisiker durch diese exspiriren. Dann injicirte ich das Glycerin mehreren für Tuberkulose sehr empfindlichen Thieren. Der Erfolg war ein negativer. Wenn in Gegensatz zu meinen Untersuchungsergebnissen und denjenigen vieler anderer Autoren Smith ein positives Resultat erzielt hat, so rührt das, wie auch schon Zuliani hervorhebt, wohl daher, dass die untersuchten Phthisiker bei der Exspiration durch gelegentliche Hustenstösse kleine Sputummassen mit ausgeworfen haben.

Tuberkelbacillen in den Respirationswegen.

Sputa und andere Substanzen, welche Tuberkelbacillen enthalten, können, wenn sie zerstäubt und von Thieren eingeathmet werden, bei diesen sehr leicht eine Tuberkulose erzeugen.

Diese Thatsachen sind durch die Untersuchungen von Tappeiner, Schwenninger, Bertheau, Frerichs, Weichselbaum, Veraguth, Koch etc. festgestellt worden. Celli und Guarnieri liessen Sputa von Tuberkulösen eintrocknen und dann in einem von solchen Thieren, welche für die Tuberkulose sehr disponirt sind, bewohnten Raume zerstäuben. Die Tuberkulose entwickelte sich nicht bei allen dem Versuch ausgesetzten Thieren, sondern nur im Verhältnisse 1 : 3,5.

Die von Sante-Sirena und Pernice ausgeführten Experimente ergaben folgende Resultate:

1. Die durch Verdampfung des tuberkulösen Expectorats gewonnene Flüssigkeit enthält keine Bacillen.

2. Die phthisiogenen Bacillen, welche in feuchten Sputis enthalten sind, inficiren die umgebende Luft nicht.

3. Das dauernde Athmen in einem geschlossenen aber von tuberkulösem Sputum freien Raume, verursacht bei Thieren keine Tuberkulose.

4. Eingetrocknete und in einem engen Raume zerstäubte tuberkulöse Sputa erzeugten bei den zu den Experimenten verwendeten Thieren keine Tuberkulose.

5. Durch Injection bacillenhältiger Sputa in die Trachea wird keine Tuberkulose erzeugt. selbst bei den Thieren nicht. welche an Bronchopneunomie leiden.

Auch Baumgarten und Hildebrand konnten durch ihre Untersuchungen nachweisen, dass die Tuberkelkeime durch die Einathmung in den Körper nicht eindringen. Baumgarten liess gesunde und tuberkulöse Thiere mehr als 10 Jahre lang sich in demselben Raume aufhalten, ohne dass bei ihnen auch nur ein einziger Fall von durch Einathmung erzeugter Tuberkulose vorgekommen wäre.

Der scheinbare Widerspruch zwischen den Untersuchungsergebnissen von Tappeiner u. a. einerseits und von Sante-Sirena und Pernice andererseits wird durch die von Cadéac und Malet ausgeführten Experimente gelöst. Diese ergaben nämlich die bemerkenswerte Thatsache, dass, wenn trockenes bacillenreiches Pulver eingeathmet wird, eine Tuberkulose dadurch nur ausnahmsweise entsteht, dass aber eine Tuberkulose constant zur Entwicklung kommt, wenn Tuberkelbacillen mit einer Flüssigkeit gemischt entweder im zerstäubten Zustande oder direct in die Athmungsorgane eindringen. Als Beispiel für die Ansteckungsfähigkeit des durch die Athmung in die Luftwege eingeführten Zimmerstaubes erzählt Morfan (Union méd. 19. Nov. 1889) folgenden Fall. In einem Verwaltungsbureau, in welchem 22 Beamte arbeiteten, erkrankten von diesen im Verlaufe von 11 Jahren 15 an Lungenschwindsucht, nachdem ein tuberkulöser Beamter drei Jahre lang in demselben Raume beschäftigt war und hier viel gehustet hatte.

Locale Disposition.

Seit langer Zeit und auch heute noch herrscht die Ansicht, dass die Tuberkelbacillen sich überall. wo wir athmen, vorfinden, dass aber die Entwicklung der Tuberkelbacillen und somit auch die der Phthisis von gewissen besonderen und günstigen Umständen abhängt, welche in den Respirationswegen und in dem Organismus überhaupt zu finden sind. Ueber die allgemeine Disposition zur Tuberkulose werde ich an einer anderen Stelle sprechen, hier beschränke ich mich nur darauf, die Bedingungen der Luftwege zu untersuchen, welche die Entwicklung der Krankheit begünstigen können.

Man hat früher geglaubt, dass die Keime der Tuberkulose, besonders der Staub der trockenen tuberkulösen Sputa, eine Phthisis dadurch erzeugen, dass sie in die Luftwege eindringen und daselbst catarrhalische Läsionen und Entzündungsprocesse der Bronchialschleimheit und des Lungenparenchyms erzeugen. Diese Veränderungen würden dann als disponirende locale Ursachen anzusehen sein.

Korn hat aber nachgewiesen, dass mit der eingeathmeten Luft artificiell eingeführter Staub überhaupt gar nicht zu der Stelle der Lunge hingelangt, wo die entzündliche Infiltration sich manifestirt.

Celli und Guarnieri konnten in evidenter Weise darlegen, dass die Inhalation von Tuberkelbacillen auch dann nicht immer eine Tuberkulose erzeugt, wenn die Respirationswege vorher artificiell der physiologischen Schutzmittel durch Injection von ätzenden Substanzen in die Trachea beraubt worden sind.

Die tägliche Erfahrung lehrt, dass es unzählige Menschen gibt, welche von ihrer Geburt bis ins höchste Alter zu Hause in einer Umgebung leben, wo Lungenkatarrhe sehr häufig vorkommen, ohne dass sich bei ihnen jemals eine Phthise manifestirte. Bei einer so ungemein häufig vorkommenden Krankheit, wie es der Tracheo-Bronchialkatarrh ist, lässt sich streng wissenschaftlich gar nicht nachweisen, dass diese Affection eine prädisponirende Ursache der Tuberkulose sei. Dasselbe gilt auch von der Pneumonie, einer bekanntlich sehr häufig vorkommenden Krankheit, die doch höchst selten eine Tuberkulose im Gefolge hat.

Die Fälle von Bronchialkatarrh mit nachfolgender Tuberkulose beweisen durchaus nicht, dass es ein causales Verhältniss zwischen diesen beiden Krankheiten gibt. Sie können wohl zufällig auf einander folgen. Uebrigens kommt es ja häufig vor, dass man bei einem Patienten einen einfachen Katarrh diagnosticirt, während in der That eine Lungentuberkulose sich zu entwickeln beginnt. So kann auch eine Pneumonie gleichzeitig mit einer Tuberkulose entstehen, ohne dass erstere die Ursache der letzteren wäre.

Wäre der Katarrh eine praedisponirende Ursache der Tuberkulose, so müsste diese sich besonders häufig und zuerst im Larynx manifestiren, da dieses Organ ja bekanntlich sehr häufig der Sitz von katarrhalischen Zuständen ist und ausserdem noch an der Eingangspforte der Luftwege liegt, während die Tuberkulose des Kehlkopfes bekanntlich doch nur eine secundäre Erkrankung darstellt. Nach Ziemssen tritt der Tuberkelbacillus in den Körper bei Kindern gewöhnlich durch den Digestionstractus, bei Erwachsenen aber durch die Respirationswege ein. Nichts-

destoweniger kann Ziemssen nicht zugeben, dass eine Inhalationstuberkulose des Larynx häufig vorkommt. Solche Fälle gehören nach Z.
zu den grössten Seltenheiten, weil das Larynxepithel dem Eindringen von
Bacillen einen grossen Widerstand entgegenzusetzen vermag.

Nach meiner Ansicht spricht gegen die Möglichkeit einer Inhalationstuberkulose die Thatsache, dass tuberkulöse Veränderungen des Kehlkopfes relativ selten vorkommen, während doch tuberkulöse Sputa bei
jedem Phthisiker die Schleimhaut des Kehlkopfes fast immer berühren.
Die anatomische Configuration des Kehlkopfes bringt es sogar mit sich,
dass die exspectorirten Sputa an gewissen Theilen des Kehlkopfes
(Ventriculi Morgagni, Stimmbänder) haften bleiben. Trotzdem bleibt
der Kehlkopf in der Mehrzahl der Fälle von Tuberkulose frei von einer
entsprechenden Affection. Der Larynx muss also gewisse Schutzmittel
haben, die eine Ansteckung verhindern: dasselbe muss man auch bei
dem übrigen Theil der Respirationswege voraussetzen.

Das bisher Gesagte können wir in folgenden Sätzen zusammenfassen:

1. Die von Phthisikern ausgeathmete Luft ist nicht infectiös und
enthält keine Bacillen.

2. Die in den Sputis enthaltenen Bacillen gelangen weder durch
eine noch so intensive Exspiration, noch durch Verdunstung in die umgebende Luft.

3. Der aus den Krankenzimmern von Phthisikern entnommene Staub
kann, wenn er Thieren eingeimpft wird, nicht selten eine Tuberkulose
erzeugen.

4. Wird ein solcher oder in irgend einer andern Weise mit Bacillen
imprägnirter Staub eingeathmet, so entsteht dadurch keine Tuberkulose.

5. Feuchte bacillenhältige Sputumtheilchen können, wenn sie von
Thieren eingeathmet worden, manchmal eine Phthisis erzeugen.

6. Die directe Einführung von tuberkulösen Massen in die Respirationswege bleibt nach den Untersuchungsergebnissen einiger Autoren
wirkungslos.

7. Selbst schwere Affectionen der Lungen ergeben keine locale
Disposition zur Tuberkulose und begünstigen in keiner Weise die Entwicklung einer derartigen Erkrankung.

Wir können demnach jedenfalls die Thatsache feststellen, dass eine
Inhalationstuberkulose eine höchst seltene und nur in Ausnahmsfällen
vorkommende Erscheinung ist, und dass das directe Eindringen von
Krankheitskeimen in die Luftwege bisher noch nicht in streng wissen-
schaftlicher Weise experimentell bewiesen worden ist. Nichtsdestoweniger
haben die meisten Aerzte die Lehre von der directen Uebertragung
gewissermaassen als Axiom angenommen. Auch ich habe früher der

Lehre von der localen Infection gehuldigt und bin von dieser Ausicht erst durch den von den Thatsachen erbrachten Gegenbeweis abgekommen.

Einige gewisse specielle Verhältnisse der Luftwege können die Immunität derselben dem Eindringen von Tuberkelbacillen gegenüber erklären. Dahin gehört zunächst der Bau der Nasenhöhle, welche geeignet ist, Fremdkörper schon an dieser Eingangspforte der Respirationswege zurückzuhalten. Nach derselben Richtung hin wirken die Cilien des Flimmerepithels. Das wichtigste Schutzmittel besitzt aber die Zelle selbst, indem sie, wie schon Nägeli hervorhebt, dem Eindringen von Pilzen sich erwehrt, mit diesen jedenfalls einen Kampf aufzunehmen vermag. Von dem Ausgange dieses Kampfes hängt nicht bloss die Entwicklung der betreffenden Krankheit ab, sondern auch Leben und Tod des Individuums.

Die Lehre von dem Kampf zwischen Zelle und Mikroorganismen wurde in den letzten Jahren noch weiter von Metschnikoff ausgebaut, indem er das Vorhandensein von sogenannten Phagocyten nachwies.

Diese bacillenverschlingende Zellen können entweder weisse Blutkörperchen oder Bindegewebszellen darstellen; sie entfalten dort ihre Wirkung, wo Mikroorganismen eindringen. Nach Metschnikoff gibt es zwei Arten von Phagocyten, nämlich grosse und kleine (Makrophagi und und Mikrophagi). Die Streptococcen des Erysipels und Gonococcen werden von den Mikrophagocyten verzehrt, und diese fallen den Makrophagocyten zum Opfer.

Bei der Tuberkulose betheiligen sich nach demselben Autor an dem Kampf gegen die Bacterien beider Arten von Phagocyten in gleicher Weise.

Wahre Phagocyten sind die Riesenzellen, welche die Bacillen der Tuberkulose verschlingen. Diese Mikroben sind aber nicht zur Bildung von Riesenzellen unerlässlich; denn letztere kommen bekanntlich auch dort vor, wo Tuberkelbacillen fehlen.

Tuberkelbacillen sterben ab, sobald sie von den Riesenzellen verschlungen werden. Der todte Zustand der Bacillen zeigt sich durch eine Aenderung in ihrer Form und Färbbarkeit.

Man könnte vielleicht einwenden, dass die Bacillen ihre normale Farbreaction einbüssen, also absterben, noch bevor sie von den Phagocyten verschlungen werden (wie das ja bei gewöhnlichen Culturen vorkommt), dass die Riesenzellen also die Bacillen nicht tödten, sondern die bereits abgestorbenen verschlingen. Diese Meinung wäre aber nicht mit der Thatsache in Einklang zu bringen, dass man in den Riesenzellen neben degenerirten Formen auch andere Formen des Mikrobium findet. In der That haben diejenigen Tuberkelbacillen, welche dem Absterben nahe sind, einen hellen Hof (wie die Friedländer'schen Pneumococcen) oder besonders scharf ausgeprägte Contouren.

Ausserdem lassen sich solche Bacillen nicht mit Fuchsin, sondern vielmehr mit Hämatoxylin färben. In den vorgerückteren Stadien schwinden die Bacillen immer mehr, während die Kapsel derselben deutlich hervortritt und eine gelbliche Färbung annimmt. So entstehen eigenthümliche Formen, welche an das Bild der Tuberkelbacillen nur noch durch ihre allgemeine Configuration und durch die feine Streifung ihres Innern erinnern. Diese gelblichen Körper ballen sich später zu compacten Massen zusammen.

Alle diese Veränderungen kommen nie ausserhalb der Zelle vor und entstehen nur durch den Aufenthalt der Bacillen im Innern der Zellen, namentlich der Riesenzellen. Diese Thatsache beweist, dass der Tod der Bacillen nicht, wie Koch lehrt, das Endstadium der natürlichen Entwicklung darstellt, sondern vielmehr eine Folge der specifischen Wirkung der Phagocyten ist. Um sich gegen diese delatäre Einwirkung der Phagocyten zu schützen, bilden die Bacillen eine Schutzhülle um ihre Körper, welche aber bald von den Secretionsproducten der Zelle durchbrochen wird. Dann stirbt der Bacill und die Hülle desselben wird hart und gelb.

Es gibt Riesenzellen, welche nur todte Bacillen enthalten, andere, an deren Peripherie man noch Bacillen im normalen Zustande sieht, während die centralgelegenen bereits abgestorben sind. Diese Thatsache lässt sich durch die Annahme erklären, dass die zerstörende Kraft der Zelle erschöpft oder von Anfang an zu schwach ist. Die epitheloiden Zellen, aus welchen die Riesenzellen entstehen, werden aus makrophagen Leukocyten gebildet, aber auch mikrophage Leukocyten können Bacillen verschlingen.

Dass der Organismus eine Vertheidigungsfähigkeit besitzt und dass die Phagocyten eine sehr wohlthätige Wirkung ausüben, zeigt auch der Umstand, dass der Organismus sich dem Eindringen von Fremdkörpern (Kohlenstaub, Mineralstaub etc.) zu erwehren vermag. Das lehrt sehr deutlich die Untersuchung der von gewissen Arbeiterkategorien (Schlossern, Schmieden, Bergwerksarbeitern) abstammenden Lungen. Erst nach langdauerndem Aufenthalt in einer mit Kohlenstaub geschwängerten Luft lagern sich Kohlenpartikelchen in den Lungen ab. Sonst vermag die active Thätigkeit der Zellen den eingeathmeten Staub wieder hinauszubefördern und man findet denselben im Innern der grossen, runden expectorirten Zellen. Dieselben Zellen, welche den Staub aufnehmen, sind wohl auch im Stande, Tuberkelbacillen und andere Pilze in ihrem Innern zu bergen und dieselben zu zerstören.

Traumatische Phthisis.

Mendelsohn hat in einer im Jahre 1886 erschienenen Arbeit nachgewiesen, dass es Fälle gibt, wo die Tuberkulose nach einem Trauma (Verschlucken einer Nadel, Fall von einer Treppe, Stoss gegen den Thorax) entsteht. Für die Richtigkeit dieser Thatsache sprechen die Beobachtungen verschiedener Autoren. Mendelsohn glaubt, dass die Verletzung der Lunge das Eindringen von Bacillen in das Innere des Organes erleichtert. Die Entwicklung der Bacillen wird durch die mangelhafte Bewegung der contundirten und schmerzhaften Thoraxseite, sowie durch die nach dem Trauma folgende Entzündung begünstigt.

II.

Verdauungswege.

Beispiele von Infection.

Experimentell lässt sich eine Tuberkulose auf gastrischem Wege sehr leicht übertragen und zweifellos kann eine derartige Infection auch spontan vorkommen. Diese Thatsache war schon lange vor der Koch'schen Entdeckung den Aerzten bekannt. Malin berichtete bereits im Jahre 1839 einen Fall, wo zwei Hunde dadurch schnell an Tuberkulose zu Grunde gingen, dass sie die Gewohnheit hatten, die Sputa ihrer tuberkulösen Herrin zu verschlucken.

Auch beim Menschen kommt es nicht selten vor, dass eine Tuberkulose durch inficirte Nahrungsmittel erzeugt wird. Brush stellte in einem in der medicinischen Gesellschaft in New-York gehaltenen Vortrage den Satz auf, dass die Tuberkulose des Menschen vom Rinde herrühre. Er wies auf die wichtige Thatsache hin, dass Lungentuberkulose in den Gegenden nicht vorkommt, wo diese Thierspecies nicht zum Hausthier geworden ist. Will man die menschliche Tuberkulose gründlich beseitigen, so muss man nach Brush's Meinung zunächst die Tuberkulose beim Rinde bekämpfen.

Legroux wies nach, dass bei Kindern die Verdauungsorgane allein es sind, welche die Eingangspforte für die Tuberkelbacillen bilden. Zu ähnlichen Schlüssen gelangte auch Butel.

Infection mittels der Verdauungsorgane.

Chauveau war schon im Jahre 1868 in der Lage, eine derartige Infection experimentell nachzuweisen. Die von ihm erzielten Resultate wurden später durch die in verschiedenen Thierarzneischulen gemachten Nachprüfungen bestätigt.

Unter den in dieser Frage von den pathologischen Anatomen veröffentlichten zahlreichen Arbeiten verdient namentlich die von Wiesener
Erwähnung. Durch Ingestion von tuberkulösen Sputis entwickelte sich bei
Kaninchen eine Tuberkulose der Mesenterialdrüsen, und Koch'sche Bacillen
liessen sich in denselben nachweisen. Bei grösseren Quantitäten von Sputis
wurde später auch die Leber und die Milz von derselben Affection ergriffen.
In 80% der Fälle von Phthisis kommt eine Intestinaltuberkulose vor,
welche von der verschluckten Sputis herrührt, und umso häufiger auftritt,
je mehr die Magensecretion gestört ist. Die Mesenterialdrüsen können
auch tuberkulös sein, während der Darm noch intact bleibt. Das tuberkulöse Gift kann, wie auch Baumgarten und Bollinger hervorheben,
die normale Schleimhaut passiren und sich erst in den Lymphdrüsen
ablagern.

Das Vorkommen einer Tuberculosis ab ingestis wurde aber von
anderen Forschern bestritten. Colin führt die nach Einführung von tuberkulösen Massen in die Verdauungsorgane entstandene Tuberkulose auf den
Umstand zurück, dass bei solcher Gelegenheit kleine Partikel der viru-
lenten Stoffe die Luftwege inficiren. Schon der Magensaft müsse die
giftige Eigenschaft der tuberkulösen Masse neutralisiren. Nach Metzquer
erzeugen tuberkulöse Substanzen, wenn sie in den Magen eingeführt
werden, dort wo sie hingelangen, nur einfache Entzündungserscheinungen,
keinesfalls aber eine Lungentuberkulose.

Zahlreiche von verschiedenen Forschern gemachte Untersuchungen
haben jedoch überzeugend nachgewiesen, dass die Ansicht von Colin
und Metzquer unrichtig ist, dass vielmehr durch Ingestion tuberkulöser
Massen eine Lungentuberkulose sehr leicht erzeugt werden kann, und dass
die specifischen Veränderungen sich in den Verdauungsorganen zu entwickeln beginnen, um sich später auch auf andere zu erstrecken.

Locale Disposition.

Auch für die Verdauungsorgane wurde ebenso wie für die Respirationswege die Nothwendigkeit einer localen Disposition angenommen.

Diese Disposition besteht nach Einigen darin, dass Verdauungswege
durch stellenweisen Verlust ihres Epithels oder durch eine Veränderung
des Magensaftes des natürlichen Schutzmittels beraubt sind. Auch soll die
locale Disposition dadurch acquirirt werden können, dass tuberkulöse
Nahrungsmittel manchmal rauh und eckig sind und so leicht ein kleines
Trauma erzeugen, welches das Eindringen von Tuberkelbacillen erheblich
erleichtert.

Berücksichtigt man die Thatsache, dass sehr viele Nahrungsmittel
Tuberkelbacillen enthalten, und dass trotzdem nur relativ Wenige an

Tuberkulose erkranken, so gelangt man zu der Ueberzeugung, dass auch die Verdauungsorgane, ebenso wie die Athmungsorgane gewisse Schutzvorrichtungen enthalten, welche das Eindringen von Krankheitskeimen verhindern. Zunächst wirkt auch hier, wie in der Lunge, die zerstörende Kraft der Phagocyten, dann vermindert auch der Magensaft die Lebenskraft der Tuberkelbacillen. Die Wirkung des Magensaftes wurde früher sehr überschätzt, das ist aber ebenso unrichtig, wie es nach meiner Ansicht der Wahrheit nicht entspricht, wenn einige Forscher die Behauptung aufstellen, dass der Magensaft auf Tuberkelbacillen überhaupt gar nicht einwirkt. Ich glaube vielmehr. dass die inficirende Kraft der phthisiogenen Substanzen zum grossen Theil im Magen zugrunde geht.

Die Untersuchungen von Colin haben in Uebereinstimmung mit den von Chauveau, Villemin, Tarrot, Gerlach u. A. gefundenen Forschungsresultaten gezeigt, dass Tuberkelbacillen auch durch die intacte Schleimhaut der Verdauungswege eindringen können, selbst wenn diese keine Spur irgend welcher Erosion zeigen.

Wirkung des Magensaftes.

Die bekanntesten Experimente Spallanzani's haben die antiseptische Wirkung des Magensaftes nachgewiesen, welche, wie Albertoni zeigte, auf die der Säure zurückgeführt werden muss, während das Pepsin die Fäulnis noch begünstigt.

Man konnte also a priori annehmen, dass diese antiseptische Kraft auch zur Zerstörung des Tuberkelvirus genügend sei. Die neuerdings gemachten Beobachtungen haben jedoch gezeigt, dass selbst die Magenwände an Tuberkulose erkranken können. Einen derartigen Fall berichtet z. B. Coats. Bei einer Section fand er nämlich auf der Magenschleimhaut viele oberflächliche Ulcerationen, welche alle Eigenschaften tuberkulöser Geschwüre hatten und auch Tuberkelbacillen enthielten. Im Jahre 1887 sammelte Marson 14 Fälle von Tuberculosis gastrica. Neuerdings veröffentlichte auch Saraffini einen derartigen Fall, welchen er ausführlich, namentlich in Bezug auf die pathologisch-anatomischen Läsionen, beschrieb. Er kommt zu dem Schlusse, dass in seinem Falle die Magentuberkulose wahrscheinlich durch eine Veränderung des Magensaftes entstand, und dass die Tuberkulose sich in den tieferen Schichten der Magenwand zu entwickeln begann.

In vielen Fällen von Magentuberkulose fehlen alle localen Symptome. Es kommen verschiedene Erscheinungen vor, welche man nur schwer zur Diagnose einer tuberkulösen Erkrankung des Magens verwerten kann. Jedenfalls zeigt das Vorkommen einer Magentuberkulose, dass der Magensaft durchaus nicht imstande ist, die Entwicklung von Tuberkelbacillen zu verhindern.

Ueber die Einwirkung des Magensaftes auf Tuberkelbacillen haben uns die Untersuchungen von Wesener, Strauss, Wurtz und Zagari belehrt. Der erstere liess Stücke von tuberkulösem Gewebe in künstlichem Magensaft verdauen und impfte sie dann in das Peritoneum von Kaninchen. Strauss und Wurtz bedienten sich zu ihren Versuchen eines natürlichen, aus der Magenfistel eines gesunden jungen Hundes entnommenen Magensaftes und sahen wie dieser auf Culturen von Tuberkelbacillen einwirkte. Von dem Inhalt der verschiedenen Eprouvetten impften sie in das subcutane Bindegewebe der Kaninchen ein. Die Versuchsthiere wurden nach 30—40 Tagen getödtet. Diese Untersuchungen zeigten, dass der Tuberkelbacillus der Einwirkung des Magensaftes einen grossen Widerstand entgegensetzt.

Die Bacillen verloren erst nach 24—48 Stunden ihre Virulenz, hatte aber der Magensaft bloss 6 Stunden auf die Bacillencultur eingewirkt, so wurden die mit derselben geimpften Thiere tuberkulös.

Zagari kommt nach seinen experimentellen Untersuchungen „über den Durchgang des tuberkulösen Virus durch die Verdauungswege des Hundes" zu folgenden Schlüssen:

1. Die Tuberkelbacillen behalten ihre pathogene Eigenschaft, auch nachdem sie den ganzen Verdauungstractus des Hundes passirt haben. Demnach ist der Magensaft des Hundes, und umsoweniger der des Menschen imstande, die Virulenz der Bacillen während der gewöhnlichen Verdauungszeit zu zerstören.

2. Die Berührung des Verdauungssaftes des Hundes mit Tuberkelbacillen in dem Zeitraume von 2—3 Stunden (gewöhnliche Verdauungszeit), vermag nur die Widerstandsfähigkeit der Tuberkelbacillen gegenüber der Eintrocknung zu vermindern, zur Schwächung der pathogenen Kraft ist eine Einwirkung von 7—9 Stunden nothwendig, und um dieselben völlig zu vernichten, muss der Magensaft 18—24 Stunden lang auf die Tuberkelbacillen wirken.

Man kann also heute nicht mehr die Behauptung aufstellen, dass der Magensaft die Tuberkelbacillen zerstört; denn letztere wurden einerseits häufig in den Magenwänden selbst gefunden, andererseits können sie, wie die Experimente gezeigt haben, 6 Stunden lang und noch länger der Einwirkung des Magensaftes widerstehen. Dies wird noch um soviel weniger unter normalen Zuständen der Fall sein, als ja hier der Magensaft durch die eingeführten Speisen verdünnt und so minder wirksam gemacht wird.

Mit Rücksicht auf diese Erwägung behaupte ich jedoch, dass wenn der Magensaft auch nicht imstande ist, Tuberkelbacillen in kurzer Zeit zu tödten. er doch wahrscheinlich die Vitalität derselben zu vermindern vermag. In den Magen gesunder Menschen gelangen tuberkulöse Massen sehr leicht; bei Tuberkulösen ist das unvermeidlich der Fall, und doch kommt eine Magentuberkulose bei diesen nur ausnahmsweise selten vor. Prof. Schroen beobachtete diese Affection während seiner 25jährigen Lehrthätigkeit als pathologischer Anatom in Neapel nur ein einziges Mal.

Wenn die Bacillen, wie das Experiment lehrt, selbst nachdem sie 6 Stunden lang der Einwirkung des Magensaftes ausgesetzt waren, noch im Stande sind, Meerschweinchen und Kaninchen zu tödten, so darf man daraus durchaus nicht den Schluss ziehen, dass sie unter den gewöhnlichen Umständen auch beim Meerschweinchen ihre pathogene Kraft beibehalten. Denn erstens sind die genannten Thiere viel empfänglicher für Tuberkulose und dann haben ja die Bacillen beim Menschen zunächst den Widerstand von Seiten des Epithels zu überwinden, während sie beim Thierexperiment direct in das subcutane Bindegewebe oder in die Abdominalhöhle eingespritzt werden. Schliesslich wurden die in den Magen eingeführten Tuberkelbacillen, nachdem sie dieses Organ passirt haben, auch noch der Einwirkung anderer Verdauungssecrete ausgesetzt, welche auf dieselben zersetzend einwirken.

Demnach bin ich geneigt, dem Magensaft eine schwächende Kraft auf das Tuberkelgift zuzuschreiben. Diese Wirkung kann jedoch nicht verhindern, dass die Verdauungsorgane eine Haupteingangspforte für das Tuberkelgift darstellen.

Phthisiogene Substanzen. Fleisch.

Eine Phthisis ab ingestis kann nicht bloss durch solche Speisen und Getränke erzeugt werden, welche direct mit Bacillen verunreinigt sind, sondern auch durch solche Substanzen, welche zufällig mit tuberkulösen Massen vermischt sind, z. B. dadurch, dass man sie in entsprechend verunreinigten Gefässen gewaschen hat.

Gewöhnlich werden aber Tuberkelbacillen durch zwei Hauptnahrungsmittel in den Magen eingeführt, nämlich durch Fleisch und durch Milch.

Die Tuberkulose ist eine Krankheit, welche bei Rindern ungemein häufig vorkommt. Sie tritt hier unter der Form der Perlseuche auf, während die wahre Lungentuberkulose mehr bei Schweinen vorkommt. Tuberkel findet man bei Rindern im Fleisch und in den Knochen.

Der Ernährungszustand der tuberkulösen Rinder ist gewöhnlich sehr schlecht, die Thiere sind meistens abgemagert. Aber auch ganz fette und gut entwickelte Rinder sind nicht immer frei von tuberkulösen Erkrankungen. Man kann auch bei solchen nicht bloss eine tuberkulöse Affection der Brustorgane und der im Thorax und in der Bauchhöhle gelegenen

Lymphdrüsen, sondern auch tuberkulöse Lymphdrüsen an verschiedenen Stellen des Fleisches finden. Will man also das von einem Thiere abstammende Fleisch in Bezug auf seine Eigenschaft als gesundes Nahrungsmittel richtig beurtheilen, so kommt es weniger auf den Ernährungszustand, als vielmehr auf den Umfang und den Entwicklungsgrad der tuberkulösen Erkrankung an.

Die in verschiedenen Schlachthäusern gemachten Erfahrungen lehren, dass unter allen dort geschlachteten Thierspecies, die Rinder sich am häufigsten als tuberkulös erweisen. Von diesen gehen im allgemeinen sogar 2% an der Tuberkulose zu Grunde; man sieht hieraus wie häufig diese Krankheit bei denselben vorkommt.

In Berlin sind unter den in den Schlachthäusern getödteten Thieren 4—5% tuberkulös befunden worden, in Dänemark mindestens 10%, in manchen Staaten Amerikas sogar 20%. Man sieht hieraus, wie häufig tuberkulöses Fleisch gegessen wird.

Robcis spricht die Ansicht aus, dass bei der Pathogenese der Tuberkulose bei Kühen die Rasse eine Hauptrolle spielt. Während bei der Untersuchung von 290 Kühen einer Rasse nur 9 als tuberkulös befunden wurden, wurde diese Affection bei den einer anderen Rasse angehörigen Kühen viel häufiger constatirt.

Es wäre von grosser hygienischer Wichtigkeit, die Tuberkulose bei Thieren frühzeitig zu diagnosticiren. Leider ist aber die Diagnose der Tuberkulose bei Rindern schwerer, als die irgend einer anderen Krankheit zu erkennen. Man kann das Uebel nur in den vorgerückteren Stadien und auch nur dann feststellen, wenn die Lunge von demselben afficirt ist. Hat aber die Affection unter Freilassung der Brustorgane nur die des Abdomens ergriffen, so entzieht sie sich der veterinären Untersuchung. Grisonnanche behauptet zwar, dass die Diagnose der Lungenphthise bei Rindern sehr leicht sei und dass sie schon in ihren Anfängen sich durch folgende Veränderungen manifestirt: Schwellung der Retropharyegaldrüsen, unregelmässige Respirationsbewegungen, bei der Inspiration rauhes Reibegeräusch am Thorax, schwacher und mühsamer Husten, der durch Druck auf die Trachea nicht leicht ausgelöst wird, Schmerzhaftigkeit der Rippen bei der Percussion, welche hustenerregend wirkt.

Man braucht nur eine allgemeine medicinische Bildung zu besitzen, um, selbst ohne Kenntniss der Verterinärkunst, zu der Ueberzeugung zu gelangen, dass man mit Berücksichtigung dieser Symptome durchaus nicht imstande ist, eine Lungentuberkulose bei Thieren in ihren ersten Anfängen zu diagnosticiren. Keins dieser hier angegebenen Zeichen besitzt einen charakteristischen Wert, um eine beginnende Phthise mit Sicherheit erkennen zu lassen und eine andere Affection mit Bestimmtheit auszuschliessen.

Aus dem Gesagten ist jedenfalls zu erkennen, dass die Tuberkulose bei den Thieren, deren Fleisch wir als Nahrungsmittel benützen, sehr häufig vorkommt. Dass das Fleisch selbst Tuberkelbacillen enthalten kann, ist leicht begreiflich, wenn man erwägt, dass letztere ja auch im Blute von Tuberkulösen zu finden sind. Blaine hat direct experimentell nachgewiesen, dass man durch Fütterung mit dem von tuberkulosen Thieren herrührenden Fleische eine Tuberkulose bei Thieren erzeugen kann.

Wir haben also erkannt, dass die Tuberkulose bei Thieren nicht selten vorkommt, dass das Fleisch der so erkrankten Thiere eine infectiöse Kraft hat, und dass der Magensaft nicht im Stande ist, die letztere zu vernichten. Daraus ist also die Gefahr deutlich zu erkennen, welche der Genuss des von tuberkulösen Thieren stammenden Fleisches als Nahrungsmittel mit sich bringt.

Andere Nahrungsmittel.

Ausser dem Rind- und Schweinefleisch können noch viele andere Nahrungsmittel als Träger der Tuberkelbacillen dienen, weil sie entweder selbst mit Tuberkelbacillen inficirt oder zufällig mit solchen in Berührung gekommen sind.

Es ist selbstverständlich, dass der gewöhnliche Fleischsaft eine Infection erzeugen kann, da der Fleischsaft ja aus dem im Fleische circulirenden Blute herrührt. Bei diffuser oder acut verlaufender Tuberkulose, bei tuberkulöser Meningitis etc. wurden Koch'sche Bacillen im Blute gefunden.

Die neueren Untersuchungen über die infectiöse Kraft des Fleisches haben widersprechende Resultate ergeben. Während Kastner durch Injection von Fleischsaft tuberkulöser Thiere in die Peritonealhöhle von Meerschweinchen keine Tuberkulose erzielen konnte, führten die entsprechenden Untersuchungen von Steinheil zu positiven Resultaten.

Galtier hat neulich auf die Gefahren hingewiesen, welche Molken und Käse von Milch tuberkulöser Kühe mit sich bringen. Durch zahlreiche Untersuchungen gelangte er zu folgenden Schlüssen:

1. Die in der Milch tuberkulöser Thiere enthaltenen Krankheitskeime sind nicht bloss dann für Menschen und Thiere gefährlich, wenn die Milch im rohen Zustande genossen wird, sondern auch dann, wenn die Producte derselben, wie sie die Meiereiindustrie liefert, als Nahrungsmittel gebraucht werden. Man findet jene Krankheitskeime in der Molke und im Käse, selbst dann wenn Labsaft angewendet worden ist,

2. Der Mensch kann wahrscheinlich dadurch mit Tuberkulose inficirt werden, dass er entweder die von tuberkulösen Kühen stammende Milch im rohen oder geronnenen Zustande, oder frischen oder trockenen Käse, welcher von solcher Milch bereitet worden ist, geniesst.

3. Hausvögel und Schweine können tuberkulös dadurch werden, dass sie mit Molken, welche von der Milch tuberkulöser Thiere bereitet worden sind, gefüttert wurden.

Galtier konnte auch nachweisen, dass das Tuberkelgift eine Zeit lang der Einwirkung von Alkohol Widerstand leistet, besonders wenn der Alkohol sich in verdünntem Zustande befindet. Daher sind diejenigen Weine suspect, welche mit frischem, von tuberkulösen Thieren stammenden Blute geklärt worden sind, selbst dann, wenn das Blut nur kurze Zeit auf den Wein gewirkt hat. Demnach hätten die Inspectoren von Schlachthäusern zu verhindern, dass das Blut von tuberkulösen Thieren zum Weinklären gebraucht werde.

Schliesslich ist der Gebrauch von Blut als Arzneimittel besonders bei Anämie, Chlorose, Tuberkulose etc. nicht ungefährlich.

Die Hühnertuberkulose.

Ueber das Vorkommen einer Tuberkulose der Hühner und über die Möglichkeit, dass der Mensch sich durch den Genuss von tuberkulösem Hühnerfleisch eine gleiche Erkrankung zuzieht, ist viel discutirt worden. Bei uns kommt die Tuberkulose bei Hühnern zweifellos sehr häufig vor. Ich habe selbst in den Bauchorganen von Hühnern, namentlich in der Leber derselben, nicht selten ausgedehnte Verkäsungen constatiren können.

Strauss und Wurtz haben jedoch in dem Congress zum Studium der Tuberkulose 1888 die auf experimentellen Ergebnissen beruhende Behauptung aufgestellt, dass Hühner gegen die Tuberkulose per ingestionem resistent sind, dass Hühner gesund bleiben, selbst wenn sie eine Zeit lang bedeutende Mengen von tuberkulösen Substanzen genossen haben.

Andere Forscher sind aber zu den entgegengesetzten Resultaten gekommen. So z. B. Vallin und Cagny.

In der Gazette médicale de Paris 1886 wird ein Beispiel von dreifacher Uebertragung der Tuberkulose mitgetheilt und zwar:

1. von Menschen auf Menschen,
2. von Menschen auf Thiere (Hühner),
3. von Thieren (Hühnern) auf Menschen.

De Malleréc theilt nämlich folgenden interessanten Fall mit:

In einem 415 Meter über dem Meeresspiegel, mitten im Walde gelegenen Dörfchen, wohnten etwa 10 recht kräftige, gesunde Familien. Seit Menschengedenken kamen hier Todesfälle nur im höchsten Alter vor.

Da liess sich in dieser Ortschaft im Jahre 1872 ein an chronischer Bronchitis leidender Holzschneider M. nieder, heiratete ein kräftiges, gesundes 24jähriges Weib, welches ihm nach 9 Monaten ein Kind gebar.

Bald darauf starb der Mann und nun begannen phthisische Erscheinungen sich bei Mutter und Kind zu entwickeln. Der Verfasser wurde auch in ein anderes Haus gerufen, um eine junge Frau B. zu behandeln, welche auch an Phthise litt. Es liess sich nun feststellen, dass Frau B. in einem Zeitraum von 4 Monaten 11 Hühner verzehrt hatte, welche in dem Hause der Frau M. zu Grunde gegangen waren. Um eine, ihrer Meinung nach, recht kräftige Nahrung zu sich zu nehmen, ass sie das Fleisch im blutenden Zustande. Der Verfasser konnte nun feststellen, dass in dem Hause der Frau M. eine Menge Hühner das von den Kranken ausgeworfene Sputum zu verzehren pflegten. Bei einigen dieser Hühner wurden nun deutliche tuberkulöse Veränderungen am Darm und an der Leber constatirt.

Daraus lässt sich nun schliessen:

1. Dass die spontane Tuberkulose nicht selten bei Hühnern vorkommt,

2. dass diese Affection vom Menschen auf Thiere übergeht,

3. dass die Tuberkulose von Hühnern auf Menschen übertragen werden kann.

Das unter 2. bezeichnete positive Ergebnis kann durch das gegentheilige Untersuchungsresultat anderer Forscher nicht alterirt werden. Wie bei anderen biologischen Problemen sind auch hier gewisse Schwierigkeiten zu lösen und Hindernisse zu überwinden, weil der in Frage kommende Gegenstand sehr complicirt ist. Dieser Umstand erklärt die so häufig in der Medicin vorkommende Divergenz der Meinungen, welche die Laien so sehr befremdet. Das negative Ergebnis mancher über Hühnertuberkulose gemachten Untersuchungen kann z. B. schon dadurch entstanden sein, dass manche Forscher mit nicht tuberkelbacillenhältigem Sputum experimentirten, da letzteres vielleicht von solchen Patienten stammte, welche wohl alle äusseren Merkmale der Tuberkulose boten, ohne wirklich an dieser Krankheit zu leiden. Innerhalb weniger Monate kamen in meiner Klinik drei Patienten zur Beobachtung, welche keine Bacillen im Sputum hatten, obwohl alle anderen Erscheinungen zu Gunsten der Diagnose, Tuberkulose der Lungen sprachen.

Infection durch Wasser.

Die Möglichkeit, dass durch Wassertrinken eine tuberkulöse Infection zustande kommt, lässt sich nicht ganz von der Hand weisen, obwohl die niedrige Temperatur des Trinkwassers die Vitalität der Tuberkelbacillen beeinträchtigt. Das Tuberkelvirus, welches im kalten Wasser im geschwächten Zustande sich vorfindet, kann aber, wenn es in den Verdauungswegen eine höhere Temperatur erreicht, zu einer grösseren Wirkungskraft gelangen ebenso, wie ich das bei dem pneumonischen Virus constatirt habe. Die bei einer Temperatur von 25° erzielten Culturen des Fränkel'schen Pneumococcus wirken nur schwach auf Thiere; sie werden aber ungemein giftig, sobald man Temperatur von 38° erhält.

In dem „Congress zum Studium der Tuberkulose" wurden That-sachen mitgetheilt, welche darauf hinweisen, dass Keime von Tuberkulose sich im Flusswasser erhalten können und dass das Trinken auf diese Weise einer Tuberkulose zu verbreiten im Stande ist.

Infection durch Milch.

Es kann kein Zweifel darüber herrschen, dass die Milch eines der hauptsächlichen Uebertragungsmittel der Infectionskrankheiten und ebenso auch der Tuberkulose ist. Abgesehen von der bekannten That-sache, dass Typhus durch Genuss solcher Milch entstehen kann, welche aus einem mit inficirtem Wasser gewaschenen Gefässe stammt, wurden ähnliche Erfahrungen auch bei anderen minder häufig vorkom-menden Krankheiten gemacht. So haben Lecuyer und Dupré in der medicinischen Gesellschaft zu Paris (1886) zwei Fälle von Pleuropneu-monie mitgetheilt, welche sehr schnell zum Tode führten und dadurch entstanden waren, dass die Kinder Milch von solchen Kühen tranken, welche an Peripneumonie contagiosa litten. Die genannten Autoren kommen zu dem Schlusse, dass die erwähnte Krankheit mit der Milch übertragen werden kann und dass man daher letztere nur in gekochtem Zustande geniessen soll.

Monti spricht die Ansicht aus, dass die Milch einer an Cholera leidenden Mutter oder Amme eine gleiche Krankheit bei dem Säugling erzeugen kann.

Es gibt auch Beispiele, von durch Milch übertragener Scarlatina.

Airy (Vierteljahrsschrift für Gerichts-Medicin, 1880) berichtet von einer Scharlachepidemie, welche durch die aus einem und demselben Kuhstall entnommene Milch verbreitet wurde.

Power beobachtete in London eine Scarlatinaepidemie, welch durch Genuss der Milch einer kranken Kuh entstanden war. Klein will eine entsprechende Krankheit bei Kühen constatirt haben. Diese Affection soll sich u. a. auch durch Geschwürsbildung an dem Euter und beson-ders den Warzen manifestiren, die aus der Tiefe dieser Ulcerationen ent-nommene Lymphe erzeugt, auf Gelatine geimpft, einen Mikrococcus, welcher als für Scarlatina specifisch gehalten wird. Andere Forscher betrachten diesen Coccus für identisch mit dem Mikrococcus pyogenes. Jedenfalls ist das Problem der Aetiologie der Scarlatina noch nicht vollkommen gelöst.

Was nun die Uebertragung der Tuberkulose durch Milch anbelangt, so haben die schon im Jahre 1878 von Gerlach gemachten Experimente deutlich gezeigt, dass eine solche in der That sehr leicht möglich ist.

Mit der von perlsüchtigen Thieren stammenden Milch fütterte er nämlich Kälber, Kaninchen und Schafe. Bei allen diesen Thieren entwickelte sich die Tuberkulose. Zu gleichen Resultaten gelangte auch Klebs.

Die von Martin und Stein im Jahre 1883 gemachten Experimente bestätigen die Untersuchungsergebnisse von Gerlach. Der erstere impfte nämlich Milch, welche im guten Zustande von auswärts nach Paris eingeführt wurde, in das Peritoneum von Kaninchen und Meerschweinchen und erzielte dadurch häufig positive Resultate. Diese Milch stammte aus solchen Ställen, welche sich noch in viel besserem Zustande befanden, als die in directer Umgebung von Paris gelegenen. Stein impfte die Milch perlsüchtiger Kühe auf gesunde Thiere und erzeugte so immer eine Tuberkulose.

Bollinger und Koch sind der Ansicht, dass die Milch phthisischer Kühe nur dann gefährlich ist, wenn auch die Euter von der Krankheit ergriffen sind.

Die unter Leitung Bollingers von May ausgeführten Untersuchungen ergaben folgende Resultate:

1. Die Gefahr der Uebertragung von Tuberkulose mittelst der Milch perlsüchtiger Thiere ist nicht so gross, wie man allgemein glaubt. So lange die Krankheit auf die Lungen sich beschränkt, so lange sie also localisirt bleibt, ist die Milch durchaus nicht gefährlich; diese wird nur dann virulent, wenn es sich um eine allgemeine Tuberkulose handelt.

2. Durch Kochen wird die Virulenz in allen Fällen vernichtet.

3. Die Milch ist immer virulent, wenn die Warzen oder die Euter der Kuh tuberkulös sind.

Mit Beziehung auf die festgestellte Thatsache, dass die Virulenz der Milch sich nur auf die Fälle beschränkt, wo die Euter erkrankt sind, muss noch der Umstand hervorgehoben werden, dass die von einer einzigen tuberkulosen Kuh stammende Milch im Stande ist, die ganze Sammelmilch zu inficiren, selbst wenn es sich um eine grosse Menge Milch handelt. Auf diese Weise kann auch die Tuberkulose von den Thieren auf die Kälber übertragen werden. Eine einzige tuberkulöse Kuh im Stall kann alle Kälber anstecken.

Im Gegensatze zu den Untersuchungen Gerlach's haben andere Forscher, wie Harmes, Günther und Schreiber immer negative Resultate erzielt. Sie konnten nie einen Schaden durch den Gebrauch von solcher Milch constatiren, welche von tuberkulösen Thieren stammte. Schreiber fütterte 18 Kaninchen und drei Meerschweinchen mit Milch von tuberkulösen Kühen, und es zeigte sich, dass keines dieser Thiere tuberkulös wurde.

Diese negativen Resultate beweisen jedoch nicht, dass Milch von tuberkulösen Thieren nicht virulent ist; man kann aus denselben viel-

mehr nur erkennen, dass sie nicht constant virulent ist. In der
That haben ja Chauveau, Koch und Nocard gezeigt, dass Milch von
tuberkulösen Thieren mit gesundem Euter nicht virulent ist, eine Thatsache, deren Richtigkeit auch von Bollinger bestätigt wurde.

Nach Bang kommt eine Tuberkulose der Kuheuter nicht selten
vor. Diese Affection entwickelt sich unter dem Bilde einer Mastitis,
ohne dass die Kühe hierbei eine erhebliche Ernährungsstörung zeigten.
Die von solchen anscheinend ganz gesunden Thieren entnommene Milch
enthält eine grosse Menge Tuberkelbacillen, so dass man in einem
mikroskopischen Gesichtsfeld häufig mehr als 200 Bacillen zählen kann.
Die Mastitis tuberculosa kann zu einer bereits vorhandenen Phthise hinzutreten. Sie kann auch die erste Manifestation einer acuten oder sub-
acuten Phthise sein, welche 2—4 Monate dauert. Die Impfung mit solcher
Milch hat immer positive Resultate ergeben. Wurden Kaninchen mit
Milch, welche aus den gesunden Theilen der tuberkulösen Drüse stammte,
gefüttert, so entwickelte sich bei diesen eine Intestinaltuberkulose. Auf
einem Gute, wo man die Milch einer an tuberkulöser Mastitis erkrankten
Kuh verwendete, wurde das Kalb derselben, sowie auch eine schwangere Frau
und ein 6 Monate altes Kind, welche von dieser Milch genossen, tuberkulös.

Ich glaube nicht, dass wir nach dem heutigen Standpunkte unseres
Wissens in der Lage sind, die Frage definitiv zu lösen, ob und unter
welchen Umständen eine Phthisis durch Milchgenuss entsteht.

Ich meine aber, dass folgende Thatsachen als feststehend zu betrachten sind:

1. Die als Nahrungsmittel dienende Milch kann leicht tuberkulös
sein und enthält in mehr oder weniger häufigen Fällen Tuberkelbacillen.

2. Die Möglichkeit einer tuberkulösen Infection mit Milch kann
sicherlich nicht bestritten werden; sowohl zahlreiche klinische Erfahrungen wie auch experimentelle Untersuchungen sprechen hierfür.

3. Die Milch tuberkulöser Kühe kann die Krankheit übertragen,
wenn das Thier an allgemeiner Tuberkulose leidet, selbst dann, wenn
Zeichen einer Erkrankung der Brustdrüsen nicht vorliegen.

4. Bei einer Mastitis tuberculosa ist die Milch sicher inficirt.
Diese Affection kann bei Thieren vorkommen, welche sonst gar keine
Störung des allgemeinen Gesundheitszustandes zeigen.

Zerstörung des tuberkulösen Giftes in den Speisen.

Wenn auch dieses Capitel eigentlich in den Abschnitt über Pro-
phylaxe der Tuberkulose gehört, will ich doch dasselbe hierhersetzen,
weil ich an dieser Stelle Alles zusammenfassen möchte, was über die
Uebertragung der Tuberkulose mittelst Speisen bekannt ist.

Die zu diesem Zwecke üblichen Maassregeln sind nicht überall gleich; in Paris ist man z. B. weniger streng als in Berlin, Lyon und Dijon. In Berlin wird auch gut aussehendes Fleisch mit Beschlag belegt, wenn das betreffende Thier die Zeichen allgemeiner Tuberkulose darbietet, während solches in München noch passiren darf. In Italien sind strenge Maassregeln zur Vernichtung inficirten Fleisches fast unbekannt.

In hygienischen und veterinären Congressen wurden immer strenge Maassregeln nach dieser Richtung hin gefordert. Gegen ein allzu rücksichtsloses Vorgehen sprechen aber manche Bedenken. Zunächst würde dadurch ein fühlbarer Fleischmangel entstehen und es würde namentlich der minder begüterte Theil der Bevölkerung einen erheblichen Geldverlust erleiden, wenn man das Fleisch einer so grossen Zahl von Thieren, wie die tuberkulösen sie darstellen, vernichten wollte. Dann würde auch dadurch die Landwirtschaft und der Handel in Mitleidenschaft gezogen werden.

Bedenkt man, dass 5% des in die Schlachthäuser eingeführten Viehes mit Tuberkulose behaftet sind, so würde, wie Thomassen berechnet, der durch die erwähnte Maassregel entstehende Verlust für Preussen allein 10 Millionen Mark jährlich betragen. Das kann aber ohne erhebliche Schädigung grosser Interessentenkreise nicht geschehen.

Andererseits muss man aber auch den grossen Schaden in Betracht ziehen, den die öffentliche Gesundheit und die sociale Oekonomie durch die Ausbreitung einer so schrecklichen Krankheit, wie es die Tuberkulose ist, erleidet. Mit Recht beklagt Brush in New-York, dass, während die Regierung der Vereinigten Staaten jährlich Millionen von Dollar ausgibt, um die Rinder-Peripneumonie zu bekämpfen, welche bekanntlich Menschen nicht befällt, sie die schreckliche Tuberkulose in ihrem Zerstörungswerk schrankenlos walten lässt. Man brauchte nur die Entwicklung der Rindertuberkulose zu verhindern, um nach Brush auch die Ausbreitung der Tuberkulose unter den Menschen erheblich einzuschränken.

Eine in Baden aufgestellte sorgfältige Statistik zeigt die Beziehung zwischen der Mortalität an Phthise beim Menschen und der bei Rindern. Beide Curven fallen zusammen: Dort wo sehr viele Menschen an Phthise zugrunde gehen, kommt die Perlsucht auch sehr häufig vor, in anderen Gegenden aber, wo nur wenige Menschen von der Phthise hingerafft worden, findet man auch die entsprechende Krankheit bei Rindern nur selten.

Bevor ich aber die Maassregeln bespreche, welche zur Zerstörung des tuberkulösen Virus vorgeschlagen wurden, halte ich es für angemessen, hier noch die von Galtier festgesetzten Thatsachen anzuführen, welche die grosse Widerstandskraft dieses Giftes beweisen:

In einem in der Akademie der Wissenschaften zu Paris (1887) gehaltenen Vortrage berichtet er über seine nach dieser Richtung hin gemachten Experimente und fasst die Resultate derselben in folgenden Worten zusammen.

„Das tuberkulöse Gift bleibt auch dann noch wirksam, nachdem es 20 Minuten lang im verschlossenen Röhrchen einer Temperatur von 60°, oder 10 Minuten lang einer Temperatur von 71° ausgesetzt worden ist. Daher verdient der von Toussaint gegebene Rath, tuberkulöses oder auf Tuberkulose verdächtiges Fleisch im rohen Zustand nicht zu essen, volle Beachtung.

Durch das Austrocknen des Fleisches bei einer bestimmten Temperatur wird es weder conservirbarer gemacht, noch wird das in demselben enthaltene tuberkulöse Gift zerstört.

Lässt man tuberkulöse Substanzen längere Zeit im Wasser, welches nicht erneuert wird, liegen, so bleibt die Virulenz unberührt. Denselben negativen Erfolg erzielt auch die Fäulnis in freier Luft.

Setzt man tuberkulöse Substanzen 6 Stunden lang oder noch länger der Einwirkung des Salzes aus, so bleiben sie dadurch nach wie vor giftig. Ein Gleiches gilt von der Temperatur bis 8° unter Null.“

Um die Ausbreitung der Tuberkulose zu verhindern, wurde empfohlen:

1. Eine Freibank einzurichten.
2. das Einsalzen anzuordnen.
3. die afficirten Organe oder die erkrankten Thiere im Ganzen auszuschliessen.

Der Freibank sprach besonders Dr. Nosotti in Pavia das Wort. Hier werden alle mit florider Tuberkulose behafteten Thiere zusammengebracht und geschlachtet. Das Fleisch derselben wird mit einer entsprechenden Etiquette versehen, damit der Käufer erfahre, mit welcher Art von Fleisch er es zu thun hat, um dieses durch Kochen unschädlich machen zu können.

Das Einsalzen bietet nach Boccalari alle Vortheile der Freibank, ohne mit dem in vielen Städten üblichen Usus zu collidiren. Die Technik des Einsalzens ist sehr einfach. Hat man bei einem Rinde das Vorhandensein einer floriden Tuberkulose erkannt, so wird das Fleisch in Stücke zerschnitten, deren jedes nicht über 5 kg wiegen darf. Diese Stücke werden dann mit gewöhnlichem Kochsalz bestreut und zwar in der Weise, dass 100—120 g Salz auf jedes Kilogramm Fleisch kommen. Das chlorsaure Natron dringt allmählich zwischen die Muskelfasern ein, imprägnirt das Fleisch vollständig und bildet so eine Lake. Das Fleisch wird erst, nachdem es auf diese Weise behandelt worden ist, dem Käufer überlassen. Durch diese überall leicht auszuführende Methode wird das gesalzene Fleisch sehr gut conservirt und braucht dann nur lange gekocht zu werden, um recht schmackhaft zu sein.

Dass das Einsalzen in der That im Stande ist, das tuberkulöse Gift zu zerstören, ist eine Thatsache, welche auch von G a l t i e r, M a u d e r a u und N o c a r d bestätigt wurde.

Das Verbot der afficirten Organe und ganzer Thiere, wenn sie sehr abgemagert sind, ist eine prophylaktische Maass-nahme, welche sehr häufig empfohlen wurde. Man geht aber von einer irrthümlichen Voraussetzung aus, wenn man annimmt, dass Tuberkel-bacillen nur im Fleische sehr abgemagerter Thiere vorkommen. Nichts-destoweniger ist das Fleisch tuberkulöser Thiere, unabhängig von der erwähnten Bedingung, an sich selbst nicht selten infectiös.

Ueber den Grad der Ansteckungsfähigkeit stimmen die Autoren nicht überein. So meint z. B. N o c a r d, dass die Gefahr, Fleisch, welches von tuberkulösen Thieren stammt, zu gebrauchen, eine sehr minimale sei. Von 40 Thieren, welche mit dem Muskelsaft tuberkulöser Thiere geimpft wurden, erwies sich nur ein einziges als inficirt.

Dagegen erzielte G a l t i e r bei 22 auf diese Weise geimpften Thieren fünf Mal eine Tuberkulose, A r l o i n g und C h a u v e a u sogar bei jeder zweiten Impfung.

Da man mit absoluter Gewissheit a priori nicht wissen kann, ob das Fleisch eines tuberkulösen Thieres infectiös ist oder nicht, so scheint mir das partielle Verbot weder logisch noch opportun zu sein. Der im Jahre 1885 in Paris abgehaltene nationale Congress der Thierärzte einigte sich über folgende Sätze:

„Das von tuberkulösen Thieren stammende Fleisch muss dann verboten werden. wenn die Tuberkulose der Eingeweide oder eine der serösen Häute die Tendenz zur allgemeinen Ausbreitung. d. h. zur Ueber-schreitung der afficirten Lymphdrüsen zeigt.

In den Fällen. wo das Fleisch tuberkulöser Thiere als Nahrungs-mittel zugelassen werden darf, muss man jedenfalls die tuberkulösen Organe und die nächsten Lymphdrüsen zerstören."

B e r i l l e t stellte auf Grund zahlreicher Untersuchungen folgende Sätze auf:

1. Das Fleisch, welches von solchen tuberkulösen Thieren herrührt, bei welchen die Tuberkulose den ganzen Organismus ergriffen und eine absolute oder relative Abmagerung erzeugt hat, muss entschieden ver-boten werden.

2. Handelt es sich um Thiere in blühendem Gesundheitszustand, die intra vitam keinen Anlass gegeben haben. eine Tuberkulose zu ver-muthen, so liegt keine Veranlassung vor, das ganze Fleisch zu verbieten,

es sei denn, dass alle parenchymatösen Organe tuberkulöse Veränderungen darböten.

3. Hat sich bei Thieren mit gutem Ernährungszustande die Tuberkulose nur in einzelnen Organen entwickelt, so soll man nur diese und die entsprechenden Lymphdrüsen, sowie auch die benachbarten muskulösen Theile von dem Gebrauch als Nahrungsmittel ausschliessen.

In demselben Sinne spricht sich auch Schmidt (Mühlheim) in der „Zeitschrift für Fleischbeschau und Fleischproduction" aus: „Das Fleisch von Thieren mit florider Tuberkulose", sagt er, „kann nach Entfernung der tuberkulösen Theile unter der Aufsicht eines Inspectors verkauft werden. Es soll jedoch an den verkauften Stücken eine Bezeichnung angebracht sein, aus welcher der Käufer ersehen kann, dass er das Fleisch zuerst gehörig durchkochen lassen muss."

Auf Grund der hier mitgetheilten Anschauungen wird in den meisten grossstädtischen Schlachthäusern Europas nur ein theilweises Verbot von Fleisch tuberkulöser Thiere durchgeführt. Nur dann wird dasjenige von an Tuberkulose und käsiger Pneumonie leidenden Thieren gänzlich verboten, wenn diese Krankheiten eine allgemeine Ernährungsstörung erzeugt, oder wenn sich im Fleisch und in den Knochen tuberkulöse Massen gebildet haben.

In dem schon mehrfach erwähnten Congress zum Studium der Tuberkulose wurde aber mit allen gegen 3 Stimmen folgende Resolution angenommen:

Der Congress glaubt, dass man unter Schadloshaltung der Interessenten mit allen Mitteln versuchen muss, das Princip energisch durchzuführen, dass das von tuberkulösen Thieren — gleichviel wie intensiv und extensiv diese Krankheit aufgetreten ist — abstammende Fleisch gänzlich verboten oder zerstört werde.

Eine derartige radicale Maassregel, welche erhebliche ökonomische Interessen schädigen und die zur Verfügung stehende Menge eines so wichtigen Nahrungsmittels, wie das Fleisch es ist, bedeutend vermindern würde, kann man aber nur allmählich durchführen. Vorläufig muss man sich damit begnügen, für die allgemeine Durchführung folgender Maassregeln zu sorgen:

1. Wissenschaftlich und praktisch durchgebildete Thierärzte müssen das in den Schlachthäusern producirte Fleisch untersuchen.

2. Das Fleisch von tuberkulösen Thieren mit schweren Allgemeinerscheinungen und auffallender Abmagerung muss gänzlich vom Verkaufe ausgeschlossen werden.

3. Bei florider Phthise hat sich das Verbot nur auf die erkrankten Organe zu beschränken.

4. Das Fleisch solcher Thiere, welche auch nur die geringste tuberkulöse Läsion haben, darf nicht wie das anderer Thiere verkauft werden. Es muss vielmehr in die Freibank gebracht oder vorher gründlich eingesalzt werden.

5. Durch populäre hygienische Belehrungen muss energisch darauf hingewiesen werden, dass man Fleisch lange kochen lassen soll, um sich dadurch nicht bloss gegen Tuberkulose, sondern auch gegen verschiedene andere Krankheiten zu schützen. Ich weise hier nur auf die so häufig vorkommende Enthelminthiasis hin.

6. Fleisch, welches noch blutet, muss entschieden verboten werden, weil solches sehr gefährlich ist; auch auf 50—60° erwärmt, ist es noch nicht unschädlich.

7. Will man sich des rohen Fleisches bedienen, oder will man Blut zu Heil- oder Industriezwecken (Weinklären) verwenden, so ist das Fleisch respective Blut von Schafen und Ziegen vorzuziehen. Freilich ist auch hier eine Verunreinigung mit Tuberkelbacillen nicht absolut sicher auszuschliessen; die Gefahr ist aber immerhin geringer und nicht im entferntesten mit der durch Verwendung von Rindfleisch und Rinderblut bedingten Gefahr zu vergleichen.

Zerstörung des tuberkulösen Giftes in der Milch.

Die Zerstörung des Tuberkelgiftes in der Milch ist noch schwerer als die Vernichtung desselben Virus im Fleisch, weil die Milchkühe nicht einer strengen thierärztlichen Untersuchung unterworfen werden, und weil man beim lebenden Vieh eine Tuberkulose namentlich in ihren ersten Stadien nicht leicht diagnosticiren kann. Die öffentliche Gesundheitspflege erfordert dringend eine sanitätspolizeiliche Controle der Kuhställe und eine Schadloshaltung der Besitzer tuberkulöser Kühe.

Das einzige und vollkommen sichere Mittel, die in der Milch vorhandenen Tuberkelbacillen zu zerstören, besteht im Kochen dieses Nahrungsmittels.

Bang in Kopenhagen hat nach dieser Richtung hin sehr überzeugende Versuche angestellt und folgende Resultate erzielt:

Ein 5 Minuten langes Erwärmen auf 50—60° hat nicht den geringsten Effect. Höhere Temperaturgrade schwächen aber das Gift schon in deutlicher Weise ab. Solche Milch kann aber noch die Tuberkulose mittels Impfung übertragen.

Nach dem Ergebnisse seiner ersten Experimente genügt eine Erwärmung auf 70—72° um das Virus vollkommen zu zerstören, da dieses Resultat sich aber nicht constant zeigte, so wiederholte der genannte Autor die Experimente in grösserer Zahl.

In zwei Reihen von Experimenten mit inficirter und dann auf 80° erwärmter Milch konnte er durch Impfung noch eine Tuberkulose erzeugen: zwei andere Experimentserien fielen negativ aus. Die Erhitzung auf 85° wurde in drei Untersuchungsreihen eingetheilt. Die auf diese Temperatur gebrachte Milch zeigte sich immer unschädlich. Schliesslich untersuchte Bang den Einfluss des Kochens und es zeigte sich natürlich, dass die Siedehitze die Tuberkelbacillen vollkommen zerstört.

Eine Abschwächung des Giftes durch eine Temperatur zwischen 60° und 75° zeigte sich deutlich in einer Untersuchungsreihe, bei welcher Kaninchen und Schweine mit der inficirten Milch gefüttert wurden.

Will man also die Gefahr einer Uebertragung der Tuberkulose durch Milchgenuss mit Sicherheit vermeiden, so darf man Milch nicht anders trinken, als nachdem man sie vorher bis zur Siedehitze gebracht hat. In grossen Städten ist die Milch immer verdächtig. Hier darf man nur gekochte Milch geniessen. Will man aber rohe Milch trinken, so muss man jedenfalls die Kuhmilch vermeiden und Ziegenmilch vorziehen. Ziegen sind nämlich gewöhnlich frei von Tuberkulose.

Die Ausbreitung der Tuberkelbacillen durch Fliegen.

Wie Cholera und andere infectiöse Krankheiten so kann auch die Tuberkulose durch Insecten ausgebreitet werden. Auch in diesem Falle sind es mit aller Wahrscheinlichkeit die Verdauungswege, welche die Eingangspforte darstellen.

Haushalter und Spillmann haben in der Akademie der Wissenschaften zu Paris im Jahre 1887 recht interessante Mittheilungen über diesen Gegenstand gemacht. Sie fanden nämlich Tuberkelbacillen in den Excrementen von Fliegen, nachdem diese mit tuberkulösen Excreten zusammen unter einer Glasglocke eingeschlossen worden waren. Tuberkelbacillen konnten auch in den Excrementen der Fliegen nachgewiesen werden, welche am Fenster und an der Wand von Sälen, welche mit Phthisikern belegt waren, sich aufgehalten hatten.

Die genannten Autoren vervollständigten ihre wichtigen Untersuchungen noch dadurch, dass sie die in den Fliegenexcrementen gefundenen Tuberkelbacillen auf Thiere überimpften, um zu sehen, ob die Bacillen ihre Vitalität und Virulenz noch erhalten haben, selbst nachdem sie den Thierkörper passirt hatten. Die mit den bezeichneten Bacillen geimpften Meerschweinchen wurden tuberkulös und man konnte in den zahlreichen tuberkulösen Gewebsveränderungen derselben Koch'sche Bacillen nachweisen. Dieselbe Krankheit entstand auch durch Ueberimpfung eines Theiles der Epiploen dieses Thieres auf ein anderes.

In einer anderen Untersuchungsreihe stürzten die Autoren eine Glasglocke über einen mit tuberkulösen Sputis gefüllten Spucknapf und stellten auch ein mit Zuckerlösung gefülltes Schälchen unter die Glasglocke, in welche sie dann 20 Fliegen einsperrten. Ein Cubikcentimeter der Zuckerlösung wurde dann mit Wasser verdünnt in das Peritoneum eines Meerschweinchens eingespritzt. Dieses starb nach 2 Monaten unter dem deutlichen Zeichen einer Tuberkulose. Zwei Stückchen Lunge und Epiploon dieses Thieres auf andere übergeimpft erzeugten auch hier die gleiche Krankheit. Man sieht also hieraus, dass die Fliegen, welche abwechselnd von dem Sputum auf die Zuckerlösung flogen, die letztere mit Tuberkelbacillen inficirten. Fliegen können also das Contagium der Tuberkulose ausbreiten. Schon deshalb müssen die Sputa Tuberkuloser sterilisirt oder jedenfalls nur in verschlossenen Gefässen gesammelt werden.

III.

Haut und Schleimhäute.

Aeusseres Integument.

Es ist kein sicheres Beispiel dafür bekannt, dass die Keime der Tuberkulose durch die unverletzte äussere Haut in den Körper eindringen können.

Nichtsdestoweniger beschreibt Riehl eine warzenartige diffuse Erkrankung der Haut, welche mit Röthung auftritt und häufig das Bild einer in Plaques angeordneten Ichthyosis der Haut darbietet. In dem neugebildeten Gewebe findet man Riesenzellen und eine bedeutende Menge Bacillen.

Diese eminent chronisch verlaufende Affection kommt nach Riehl bei solchen Menschen vor, welche berufsmässig mit Fleisch und anderen Theilen von Thieren zu thun haben. Wenn diese Affection auch scheinbar durch directe Einimpfung des tuberkulösen Giftes auf die unverletzte Haut entstanden zu sein scheint, so ist doch einerseits die Widerstandsfähigkeit zu berücksichtigen, welche die Haut allen Mikroorganismen gegenüber zeigt, selbst denjenigen, welche sich normalerweise zwischen den Epidermisschichten befinden, andererseits hat man zu erwägen, dass die Ausübung mancher Handwerke leichte Verletzungen der äusseren Haut erzeugt. Die oben erwähnte Ansteckung scheint also durch irgend eine zufällige Läsion der Haut zu entstehen. Durch zahlreiche Untersuchungen ist in der That unzweifelhaft festgestellt worden, dass Tuberkelbacillen nicht bloss nicht durch eine unverletzte Haut, sondern auch nicht einmal durch eine intacte Schleimhaut in den Organismus eindringen können.

Viel schwieriger ist aber die Lösung der Frage, ob eine Inoculation mit tuberkulösem Gifte an den Stellen möglich ist, wo die Haut nur von der Epidermis entblösst ist. Villemin machte nach dieser Richtung hin schon im Jahre 1869 Versuche und gelangte zu positiven Ergebnissen. Dagegen haben die Untersuchungen von Koch, Bollinger und Baumgarten zu negativen Resultaten geführt. Sie zeigten nämlich, dass, wenn man auch stark virulente Massen von Tuberkelbacillen auf eine frei gelegte Cutisfläche einreibt, oder wenn man grosse Quantitäten derselben in den Conjunctivalsack einführt, dadurch doch in keinem Fall selbst bei sehr empfänglicher Theorie eine Tuberkulose erzeugt werden kann. Bei einfacher Epidermisabschuppung, auch bei flachen Wunden der Haut, welche nicht bis auf das subcutane Bindegewebe dringen, oder bei Wunden der Cornea entsteht durch Ueberimpfung von Tuberkulose nur ausnahmsweise eine Infection (Baumgarten).

Die Erklärung der Thatsache, dass die Cutis dem Eindringen des tuberkulösen Giftes einen so heftigen Widerstand entgegensetzt, wurde in verschiedener Weise versucht.

Bei der sehr langsamen Entwicklung des Tuberkelbacillus kann dieser während des Vernarbungsprocesses isolirt und ausgestossen werden, bevor er noch an Ort und Stelle sich anzusiedeln vermag. Auch kann das Einreiben und die Bewegung der Haut die Entwicklung des Tuberkelbacillus verhindern, welche nur in einem im Ruhezustand befindlichen Gewebe zu Stande kommt (Villemin). Die eigenthümliche rigide Structur der Haut kann der Entwicklung von Tuberkelbacillus ein Hindernis entgegensetzen. Schliesslich weist der Umstand, dass eine Hauttuberkulose sich selten zu einer allgemeinen Tuberkulose entwickelt, auf die lose Beziehung zwischen den Lymphgefässen der Haut mit den Blutgefässen hin. (Lesser.)

Nach meiner Ansicht kann eine locale und dann eine allgemeine Tuberkulose deshalb in der Haut sich nur schwer entwickeln, weil diese, sowie auch die Cornea eine nur sehr niedrige Temperatur hat. Es fehlt auf der Oberfläche der Haut jener Grad von Wärme, welcher zum Leben des Tuberkelbacillus unbedingt erforderlich ist.

Wenn aber auch der eben erwähnte Umstand die Entwicklung des Bacillus erschwert, so setzt er derselben doch keinen unüberwindlichen Widerstand entgegen. Dafür spricht das freilich seltene Vorkommen von Haut- und die Corneatuberkulose. Valude, der Leiter der ophthalmologischen Klinik der medicinischen Facultät zu Paris meint, dass eine Tuberkulose der Cornea ungemein selten vorkommt. Es sind nur etwa ein Dutzend derartiger Fälle bekannt, unter Hinzurechnung der von Panas und Vasseau bei Kaninchen experimentell erzeugten Fälle. Nur in drei Fällen kam die Tuberkulose der Cornea selbständig ohne entsprechende Mitbetheiligung des Auges vor.

Bei dieser Gelegenheit erinnere ich daran, dass Prof. Armanni in Neapel sich schon im Jahre 1872, also fünf Jahre vor Cohnheim, für die Specificität und die Virulenz der käsigen und tuberkulösen Massen ausgesprochen hat. Er schlug sogar auch die Einimpfung der virulenten Massen ins Auge vor und führte dieses Verfahren selbst mit dem Erfolge aus, dass sich zunächst eine locale und dann eine allgemeine Tuberkulose entwickelte.

Valude zeigte vor kurzem durch entsprechende Experimente, dass die Thränenflüssigkeit im Stande ist, Tuberkelbacillen zu zerstören. Die specifische Wirkung des Giftes wird demnach in dem Conjunctivalsack vernichtet, wahrscheinlich durch Einwirkung von zahlreichen Mikroorganismen, welche die Entwicklung des Mikroben der Tuberkulose verhindert.

Subcutane Einimpfung der Tuberkulose.

Eine solche Impfung kann leicht bei Thieren ausgeführt werden. Beim Menschen kommen derartige Fälle unter den Hebräern vor, welche die Circumcision ausüben. Wenn nämlich die bei dieser Operation erzeugte Wunde zum Zwecke der Blutstillung von tuberkulösen Individuen ausgesogen wird, so kann dadurch sehr leicht die Tuberkulose auf das Kind übertragen werden. Lindemann berichtete im Jahre 1872 zwei derartige Beispiele, 10 andere wurden von Lehmann beobachtet. Auch Hofmoke, Elsenberg und andere theilten solche Fälle mit.

Ein Beispiel von eingeimpfter Tuberkulose hat Laennaec an seiner eigenen Person erfahren. Dieser berühmte Forscher hatte das Malheur, sich bei der Durchsägung einer tuberkulösen Wirbelsäule am Finger zu verletzen. Nach drei Jahren musste Laennaec seine Beschäftigung aufgeben, weil er an Lungentuberkulose erkrankt war und nach sieben Jahren ging er an dieser Affection zugrunde. Nach Verneuil, Hérard, Cornil, Lée und anderen Autoren fand die erwähnte Verwundung Laennaecs 20 Jahre vor seinem Tode statt.

Ich will aber noch andere, überzeugendere Beispiele solcher Impfungen anführen. Demet, Paraskova und Zablonis aus Syrien impften einem 55jährigen Mann, welcher infolge einer Obliteration der Arteria femoralis an Gangrän der linken Fusszehen litt, tuberkulöses Sputum in den oberen Theil des rechten Unterschenkels ein. Die Lunge wurde zuvor genau untersucht und als vollkommen gesund befunden. Nach drei Wochen zeigten sich an der rechten Lungenspitze die Zeichen einer beginnenden Induration, 38 Tage nach der Einimpfung starb die Versuchsperson an Gangrän. Bei der Autopsie zeigten sich an der rechten Lungenspitze

zahlreiche Tuberkeln, einige waren auch an der linken Lungenspitze und
an der Leber zu finden. Dieses Experiment (welches besonders die unglaub-
liche Roheit der Autoren beweist — der Uebersetzer) steht einzig da:
es ist auch nicht zu wünschen — wie auch Hérard, Cornil und Haudt
mit Recht betonen — dass dasselbe wiederholt werde.

Im Jahre 1884 theilte Verneuil die Beobachtung eines Arztes
mit, der sich bei der Ausführung der Section eines Phthisikers verletzte
und dann selbst an Tuberkulose erkrankte. Ueber einen ähnlichen Fall
berichtet auch Verchére in seiner Inauguraldissertation.

In den letzten Jahren wurden solche Fälle von zahlreichen Autoren
veröffentlicht (Merkel. Tschering, Karg und Thiersch, Axel Holst,
Martin du Magny, Hanot, Vidal und Raymond). Sehr beweisend
ist der von Tschering in Kopenhagen erzählte Fall. Ein Dienstmädchen,
welches keinerlei Disposition zur Tuberkulose zeigte, zog sich an einem
von einem Phthisiker gebrauchten und dann zerbrochenen Spucknapf
eine Verletzung am Finger zu. Es entwickelte sich an der betreffenden
Stelle zuerst eine Panaritium, welches mit Carbolsäure geheilt wurde,
dann aber schwollen die Cubital- und Axillaredrüsen an. Diese wurden exstirpirt und es zeigte sich, dass sie eine Menge Tuberkelbacillen enthielten.

Tschering beobachtete auch einen anderen Fall bei einem Thier-
arzte, welcher sich bei einer Autopsie eine Risswunde am Finger zuzog.
Die erkrankte Stelle wurde excidirt und man fand in derselben sehr zahlreiche Tuberkelbacillen. Alle anderen Organe waren durchaus gesund.

Ich führe noch einen von Lesser mitgetheilten Fall an, welcher
die Thatsache beweist, dass die Tuberkulose auch durch die unverletzte
Haut eingeimpft werden kann. Eine 48jährige, bis dahin ganz gesunde
Frau wusch die Wäsche ihres an schwerer Miliartuberkulose erkrankten
Mannes. Es entwickelte sich bei ihr am rechten Handgelenk ein kirsch-
grosser Tumor, welcher nach der Exstirpation eine alveolare Structur mit
centraler Verkäsung zeigte.

Deneke berichtete neuerdings einen Fall von Impftuberkulose bei
einem kleinen Knaben, der sich mit den Scherben eines von einem
Phthisiker gebrauchten Spucknapfes eine Verwundung am Kopfe zuzog.
Sechs Wochen später entwickelten sich an den kleinen Wunden torpide
Granulationen von zweifellos tuberkulösem Charakter.

Der Hauttuberkel der Anatomen rührt von einer Hautimpfung her
und ist nach den Ergebnissen zahlreicher Untersucher tuberkulöser Natur.
Dasselbe gilt von vielen anderen cutanen und subcutanen Affectionen,
von vielen Hautentzündungen und Verschwärungen, kalten Abscessen etc.
Alle diese Veränderungen sind tuberkulöser Natur, können isolirt vorkommen, ohne die Lunge in Mitleidenschaft zu ziehen und entstehen
in vielen Fällen durch Hautimpfung.

Deshalb lässt es sich heutzutage nicht mehr bezweifeln, dass die Tuberkulose in vielen Fällen dem Menschen von der Haut aus eingeimpft werden kann. Solche Fälle würden sicherlich bei der vielfachen berufsmässigen Beschäftigung mit Fleisch viel häufiger vorkommen, wenn nicht gewisse besondere Bedingungen das Eindringen und die Entwicklung specifischer Bacillen verhinderten.

Tuberkulose und Vaccination.

Die Aerzte haben sich seit langem mit der Beantwortung der folgenden zwei wichtigen Fragen beschäftigt:

1. Können Tuberkelbacillen in die Vaccinelymphe in der Weise übergehen, dass diese virulent wird?

2. Kann eine bacillenhaltige und virulente Vaccine durch gewöhnliche Impfung eine Tuberkulose erzeugen?

Die zur Lösung der ersten Frage unternommenen Experimente haben in der That fast immer ein negatives Resultat ergeben. Sie haben gezeigt, dass die Vaccinelymphe keine Koch'schen Bacillen enthält und also auch nicht die Tuberkulose zu übermitteln im Stande ist. Lothar Meyer und Guttmann fanden den Tuberkelbacillus niemals in der von Phthisikern stammenden Lymphe.

Andererseits haben die Untersuchungen von Fritz Schmidt (von Bollinger citirt) gelehrt, dass man eine Tuberkulose nicht dadurch erzeugen kann, dass man nach Abschabung der Epidermis virulente Massen auf die vorletzten Stellen einimpft. Demnach ist das gewöhnliche Impfverfahren auch nicht geeignet, Tuberkulose zu übertragen. Dieselben Resultate erzielte auch Josserand mit seinen Untersuchungen.

Dagegen kam Toussaint auf experimentellem Wege zu den entgegengesetzten Schlüssen. Sie zeigen, dass die von perlsüchtigen Kühen stammende Kuhlymphe durch Ueberimpfung auf andere Thiere eine Tuberkulose zu erzeugen vermag. Das beweist aber nicht, dass durch das Impfen auch beim Menschen eine Tuberkulose erzeugt werden kann. Auch ist die bei den Experimenten übliche Impfung ganz verschieden von der nur oberflächlichen und schon deshalb unschädlichen, wie man sie beim Menschen auszuführen pflegt. Nichtsdestoweniger genügen die Untersuchungsergebnisse von Toussaint, um die Furcht zu rechtfertigen, welche Pepper, Degive und andere und selbst Chauveau nicht ganz von der Hand weisen konnten, dass nämlich die von tuberkulösen Kälbern stammende Lymphe ausnahmsweise tuberkulöses Gift enthalten und die Tuberkulose übertragen könne.

Fasse ich die Ergebnisse der experimentellen Untersuchungen und die aus denselben resultirenden Folgerungen zusammen, so glaube ich folgende Sätze aufstellen zu können:

1. Bis jetzt ist auch nicht ein einziger Fall von eigentlicher Impftuberkulose beim Menschen festgestellt worden. Diejenigen, welche an die
Möglichkeit eines derartigen Vorkommens glauben, werden hierbei nur
von theoretischen Erwägungen geleitet. Freilich fällt es bei dem langen
Incubationsstadium der Tuberkulose schwer, einen durch Vaccineimpfung
entstandenen Ursprung derselben festzustellen.

2. Die zur Impfung verwendete Lymphe wird sowohl bei Menschen
wie auch bei Thieren nur von sehr jungen Individuen entnommen, welche
gewöhnlich noch nicht an Tuberkulose leiden. Perlsucht kommt höchst
selten bei jungen Kälbern vor, deshalb ist bei der Verwendung von Lymphe,
welche von jungen Kälbern stammt, die Gefahr, eine Tuberkulose zu
überimpfen, höchst geringfügig.

3. Selbst wenn das mit der Vaccinepustel behaftete Individuum tuberkulös ist, so enthält das Serum der Pustel wahrscheinlich keine Tuberkelkeime.

4. Sollte auch die Impfflüssigkeit Tuberkelbacillen enthalten, so
kann doch eine Infection durch solch einen oberflächlichen Ritz, wie man
ihn bei der Impfung auszuführen pflegt, nicht zu Stande kommen.

5. Die vollste Sicherheit darüber, dass die Vaccinelymphe keine
Tuberkelkeime enthält, kann man nur dadurch erlangen, dass man das
zur Production von Lymphe verwendete Kalb tödtet und dann secirt.
Erweisen sich die inneren Organe als gesund, so kann man mit voller
Bestimmtheit die Lymphe als unschädlich erklären. Dieses Verfahren
wird in Belgien befolgt und verdient, überall angewendet zu werden.

Ausbreitung der Tuberkulose durch Würmer.

Ich theile hier den von Leloir in Lille berichteten Fall mit, weil
es sich um eine Impfung in die Haut handelt, und weil ich zeigen will,
auf welchen verschiedenen Wegen das Contagium der Tuberkulose sich
ausbreiten kann.

Im Jahre 1885 nahm er ein Kind in Behandlung, welches an Lupus
des Ohrläppchens litt. Die Anamnese ergab, dass das Kind vor einigen
Jahren mit einem Hautausschlag des Gesichtes behaftet war, weshalb
man es mit einem, in der Heimat des Patienten gebräuchlichen Haus-
mittel behandelte. Dieses bestand in der Application von Regenwürmern
in Form von Cataplasmen. Die bei dem Patienten verwendeten Würmer
wurden aus einem Garten entnommen, wo ein an Lungentuberkulose
Verstorbener begraben lag. Leloir legte sich nun die Frage vor, ob
Regenwürmer im Stande sind, Tuberkulose zu verbreiten, wie das ja von
Milzbrand bekannt ist. Wenn diese Frage auch nicht mit Sicherheit zu
bejahen ist, so ist es doch nicht unwahrscheinlich, dass in dem bezeichneten
Falle die Würmer die Tuberkulose übertragen haben.

Schleimhäute.

Abgesehen von der gastro-intestinalen Schleimhaut, wissen wir
von der Inoculation der Tuberkulose auf andere Schleimhäute sehr
wenig. Ich habe bereits auf das eigenthümliche Verhalten der Conjunctiva
den Tuberkelbacillen gegenüber hingewiesen. Man kann annehmen, dass
die Einimpfung von Tuberkulose auf andere Schleimhäute nicht schwer
ist, sobald Tuberkelbacillen mit denselben in Berührung kommen. Ich
glaube das deshalb, weil eine primäre Tuberkulose der Schleimhäute nicht
selten vorkommt. Es ist aber nicht unwahrscheinlich, dass die Affection sich
infolge einer localen Einimpfung entwickelt. So konnte Bryson Delavau
eine grössere Anzahl von Fällen beobachten, wo die Tuberkulose als
Primäraffection sich auf die Zunge allein beschränkte. Viele chronische
Affectionen der Schleimhaut, die sich jeder Behandlungsmethode gegenüber
als sehr hartnäckig zeigen, sind häufig auf Tuberkulose zurückzuführen.

Der wichtigste Beweis für diese Annahme liegt in der Thatsache,
dass die Tuberkulose durch die Genitalorgane per coitum übertragen
werden kann. Diese Organe können zweifellos der Sitz einer primären
oder secundären Tuberkulose sein, welche durch den Beischlaf von einem
Individuum auf das dem anderen Geschlecht angehörige Individuum
übertragen wird. Bei Frauen findet das überimpfte Virus in Bezug auf
Wärme und Ruhe sehr günstige Bedingungen zur Weiterentwicklung;
wird aber das tuberkulöse Gift beim Coitus von der Frau auf den Mann
übertragen, so kann es durch den Urinstrahl wieder leicht eliminirt werden.

Nach Cohnheim kann durch die Genitalorgane eine Tuberkulose
übertragen werden. Enthält das Sperma eines an Phthise leidenden
Mannes tuberkulöses Gift, so kann die genitale Schleimhaut des Weibes,
welches mit einem solchen Phthisiker geschlechtlich verkehrt, tuberkulös
erkranken. Andererseits kann der Mann selbst sich eine Tuberkulose zu-
ziehen, wenn er mit einer an Uterin- oder Vaginaltuberkulose leidenden
Frau den Coitus ausführt.

Verneuil vertheidigte in einem an Fournier gerichteten Schreiben
die Hypothese Cohnheims sehr geschickt, indem er zeigt, wie Tuberkulose durch directe Contagion per vias genitales entsteht.

Fernet theilte mehrere Beispiele von Uebertragung der Tuberkulose
mittels der Genitalorgane mit und gelangte zu folgenden Schlüssen:

1. Die Genitaltuberkulose kann infolge des während des Geschlechts-
acts stattfindenden Contacts zu Stande kommen.

2. Die indolente Blennorrhöe, welche als solche primär auftritt und
nicht auf eine wahre Blennorrhöe folgt, muss als suspect angesehen
werden. Ueber ihre wahre Natur entscheidet die Untersuchung auf
Bacillen; dasselbe gilt von der Leucorrhöe. (Hier muss ich aber hinzufügen,

4*

dass man auch durch directe Untersuchung auf Bacillen noch kein bestimmtes Urtheil aussprechen darf. Nur die Impfung auf Kaninchen und Meerschweinchen vermag jeden Zweifel zu lösen.)

3. Der sexuelle Verkehr zwischen Gatten, von welchen der eine tuberkulös ist, muss als schädlich angesehen werden.

4. Die Genitaltuberkulose kann den Ausgangspunkt einer allgemeinen Tuberkulose bilden, sie muss daher mit geeigneten medicinisch-chirurgischen Mitteln energisch behandelt werden.

Frégis geht von dem Gedanken aus, dass eine Tuberkulose durch sexuellen Contact sehr leicht entstehen kann und weist auf die Möglichkeit hin, dass ein zum Belegen vieler Kühe verwendeter Stier, wenn er tuberkulös ist, sehr leicht eine grosse Anzahl der weiblichen Thiere und deren Nachkommen inficiren kann. Deshalb soll jeder Stier, bevor er zum Belegen von Kühen verwendet wird, zuvor von einem erfahrenen Thierarzt untersucht werden.

<hr>

Viertes Capitel.

Heredität und individuelle Disposition.

I.

Heredität.

Das Vorkommen der hereditären Phthise.

Schon seit langer Zeit haben viele Aerzte die Behauptung aufgestellt, dass eine hereditäre Uebertragung der Phthise nicht vorkommt, und dass diejenigen Fälle, welche man als durch Vererbung entstanden bezeichnet, von einer Entwicklung der Krankheit nach der Geburt herrühren. Diese Ansicht fand in den Untersuchungsergebnissen von Villemin und Koch ihre Bestätigung. Selbst Sée, der der hereditären Uebertragung einen grossen Einfluss auf die Entstehung der Lungenschwindsucht zuschreibt, gibt ohne Weiteres zu, dass eine gewisse Zahl von Phthisisfällen ausschliesslich einer Ansteckung ihr Dasein verdanken. Das Kind einer tuberkulösen Mutter wird nämlich unter solchen Verhältnissen geboren, welche eine Ansteckung sehr leicht ermöglichen: es kann auch durch die Muttermilch die Krankheitskeime in sich aufnehmen.

In seinen — 1868 erschienenen „Studien über die Tuberkulose" macht Villemin folgende Betrachtung: „Im Hospital Cochin starben innerhalb dreier Jahre 609 Kranke, von diesen giengen 427 an anderen Krankheiten und 182 oder $^{11}/_{37}$ an Phthise zu Grunde. Nimmt man an, dass dieses Verhältnis auch der Ausdruck der allgemeinen Mortalität an Phthise ist, so kann man die Behauptung aufstellen, dass $^{11}/_{37}$ der Pariser Bevölkerung an Phthise sterben und wohl auch früher starben und dass also unter je 37 Bewohnern von Paris 11 tuberkulöse Antecedentien haben. Dasselbe Verhältnis wäre also auch bei den Vorfahren unserer an Phthise gestorbenen Patienten zu constatiren gewesen; es kann also von einer erheblichen Bedeutung des hereditären Einflusses nicht die Rede sein. Zu denselben Schlüssen gelangt auch Beriquet mit einer freilich nur kleinen Statistik, während nach den Angaben von Louis in einer tuberkulösen Erkrankung der Vorfahren nicht bloss keine Ursache der entsprechenden Affection bei den Nachkommen, sondern sogar ein gewisses Präservativ gegen eine gleiche Krankheit erblickt werden müsste.

Diese Meinung ist aber entschieden falsch, was auch durch directe Beobachtungen beim Menschen bewiesen werden kann. Stellt man nämlich eine Statistik der tuberkulösen Erkrankungen der Eltern der gewöhnlichen Hospitalpatienten auf, und eine andere, welche die tuberkulösen Erkrankungen der Eltern unserer Phthisiker umfasst, so zeigt sich, dass die letztere eine bedeutend höhere Erkrankungsziffer aufweist.

Eine derartige vergleichende Statistik habe ich aus den anamnestischen Daten der Patienten meiner Klinik zusammengestellt und nur solche Zahlen verwertet, die vorher, soweit wie möglich, auf ihre Richtigkeit geprüft worden waren. Es hat sich nun ergeben, dass von 100 an verschiedenen, nicht tuberkulösen Krankheiten leidenden Patienten nur 8 angeben konnten, dass ihre Eltern oder einer derselben an irgend einer tuberkulösen Affection gelitten hatte. Einer oder beide Eltern zweier Patienten waren an Lungenschwindsucht gestorben und es ist bemerkenswert, dass zwei von diesen Patienten an Diabetes litten. Dagegen hatten unter 40 tuberkulösen Kranken 13 (oder 33%) in gleicher Weise erkrankte Eltern, indem einer derselben oder beide an Tuberkulose zu Grunde gegangen waren.

Experimentelle Beweise des Autors.

Es wurden 18 Meerschweinchen mit tuberkulösen Substanzen geimpft und die 4—182 Tage nach der Impfung der Mutter geborenen jungen Meerschweinchen, resp. die betreffenden Föten, untersucht und folgende Resultate erzielt:

1. In 5 Fällen konnte man nachweisen, dass die Mutter der tuberkulös erkrankten Fötus an derselben Affection litten, eine Thatsache, die umso bemerkenswerter ist, als eine spontane Tuberkulose bei Meerschweinchen und Kaninchen in unserer Gegend sehr selten vorkommt. Diese Fälle von Tuberkulose bei den Föten können nicht durch Ansteckung von seiten der Mütter nach der Geburt entstanden sein, weil die Föten schon mit specifisch tuberkulösen Läsionen geboren wurden, und weil es sich zeigte, dass gesunde Meerschweinchen, welche in einem

Käfig mit tuberkulösen Meerschweinchen zusammenlebten, von diesen nie angesteckt wurden.

2. Die hereditäre Tuberkulose tritt beim Fötus nie auf, wenn derselbe vor dem 34. Tag nach der Impfung der Mutter geboren wird. Dies rührt daher, weil die locale Tuberkulose nur langsam fortschreitet und erst nach einem Monat zur allgemeinen Tuberkulose wird.

3. Werden die Meerschweinchen in engen und fest abgeschlossenen Käfigen gehalten, so bricht die hereditäre Tuberkulose immer aus, seltener aber, wenn sie sich in weiten, luftigen Räumen befinden.

4. Mehr als der vierte Theil der von tuberkulösen Müttern geborenen Meerschweinchen zeigt eine mehr oder minder starke Vergrösserung der Lymphdrüsen des Halses, des Mediastinum und des Peritoneum.

5. Fast die Hälfte der von tuberkulösen Müttern geborenen Thiere zeigt einen mangelhaften Ernährungszustand und Anämie.

6. Bei tuberkulösen Meerschweinchen kommt ein Abortus sehr häufig vor und die jungen Thiere sind nach der Geburt sehr lebensschwach. Hierin zeigt die Tuberkulose eine bemerkenswerte Analogie mit der Syphilis. Bei der Syphilis des Menschen kommt bekanntlich der Abortus sehr häufig vor und die syphilitisch geborenen Kinder sind auch nach der Geburt immer atrophisch, haben das bekannte greisenhafte Aussehen.

7. Diejenigen Meerschweinchen, welche von tuberkulösen Müttern scheinbar gesund und kräftig geboren werden, gehen leicht an Tuberkulose zu Grunde, wenn sie mit dem entsprechenden Virus geimpft werden.

8. Die hereditäre Tuberkulose kann bei Meerschweinchen wie beim Menschen latent verlaufen und erst nach langer Zeit manifest werden.

9. Nicht alle Föten, welche von ein und derselben tuberkulösen Mutter geboren werden, sind in gleicher Weise afficirt. Manchmal erkrankt bloss einer derselben, während die anderen gesund bleiben.

Die Häufigkeit der hereditären Tuberkulose.

Die Verschiedenheit der hierüber geäusserten Ansichten erklärt sich dadurch, dass es ungemein schwer ist, von den Patienten zuverlässige Angaben über hereditäre Verhältnisse zu erlangen. So finden wir denn, dass L o u i s den Einfluss der Heredität auf die Entstehung der Tuberkulose leugnet oder denselben auf nur $\frac{1}{10}$ der Fälle beschränkt wissen will, während andere, z. B. M o n n e r e t fast alle Fälle von Tuberkulose auf hereditäre Einflüsse zurückführen. Zwischen diesen extremen Ansichten bewegen sich die der anderen Forscher. So nehmen Rilliet und Barthez Heredität in $\frac{1}{7}$ der Fälle an, während Lebert $\frac{1}{4}$, Pidoux, Piorry und Walshe $\frac{1}{4}$, Briquet und Cotton mehr als $\frac{1}{3}$ der Tuberkulösen als hereditären Ursprungs betrachten. Harard, Cornil und

Hanot stellten bei 100 Phthisikern sorgfältige Nachforschungen an und fanden, dass bei 38 derselben zweifellos eine hereditäre Uebertragung stattgefunden habe. Dabei berücksichtigten diese Autoren nur den Gesundheitszustand der Eltern, aber nicht den der Grosseltern. Wollte man die Untersuchung auch auf diese ausdehnen, so würde man — so meinen diese Autoren — wohl zweifellos die Hälfte der Fälle als erblich betrachten müssen.

Hérard, Cornil und Hanot haben aber wohl den Einfluss, den die Vererbung ausübt, etwas übertrieben. Sie betrachten nämlich auch dann die Phthisis als hereditär, wenn zwar die Eltern gesund waren und an einer anderen Krankheit starben, aber eines der Geschwister an Tuberkulose zu Grunde ging.

Sée schreibt der hereditären Uebertragung eine sehr grosse Bedeutung zu, und meint, dass die grössten Aerzte immer bestrebt waren, das Niveau der Heredität zu erheben, so dass man jetzt behaupten kann, die Heredität sei unter 10 Fällen neunmal die Ursache der Phthise.

Die in Schleswig-Holstein auf Veranlassung von Bockendahl ausgeführte Sammelstatistik, welche sich auf 3000 Fälle erstreckte, zeigte, dass die hereditäre Phthise bei der Hälfte der Fälle vorkommt und dass die erworbene Phthise in Städten viel häufiger als die erbliche ist.

Vallin meint: „Es lässt sich nicht leugnen, dass die Heredität einen grossen Einfluss auf die Entstehung der Phthise ausübt. Man kann aber die Grenzen dieses Einflusses nicht genau bestimmen; sie umfassen vielleicht nicht mehr als die Hälfte der Fälle. Eine gewisse Zahl von tuberkulösen Erkrankungen, welche man der Heredität zuschreibt, ist wohl auf eine Ansteckung innerhalb der Familie zurückzuführen." Mit Berücksichtigung der meisten Statistiken und der Möglichkeit eines Irrthums, scheint mir die in meiner Klinik gefundene Zahl $1/_3$ der Wahrheit am nächsten zu kommen.

Uebertragung der hereditären Tuberkulose.

Ueber die Art und Weise wie die erbliche Uebertragung vor sich geht, ob sie eine directe oder eine indirecte ist, darüber sind die Ansichten der Autoren getheilt. Einige nehmen einen directen Uebergang, ähnlich wie er bei der Syphilis stattfindet, an. Andere aber glauben, dass die Erblichkeit sich nur in einer gewissen Schwäche des Körpers äussert, in einer organischen Prädisposition, durch welche er sehr leicht für die Tuberkulose empfänglich wird.

a) Indirecte Heredität.

Villemin, der als Urheber der Lehre von der Infectiosität der Tuberkulose betrachtet werden kann, nimmt nur diese Art von Erblichkeit an.

Firket, der sich sehr viel mit der hereditären Uebertragung der Tuberkulose beschäftigt hat, stellt folgende Sätze auf:

1. Die Uebertragung von der Mutter auf den Fötus mittels der Placenta wird nur in den Fällen beobachtet, wo das Blut inficirt ist, oder wo es sich um eine offenbar parasitäre Krankheit handelt (Recurrens, Typhus, Milzbrand) oder eine solche angenommen wird (Variola, Syphilis).

2. Bei der gewöhnlichen primären Lungentuberkulose fehlen meistens die anatomischen Zeichen einer parasitären Infection des Blutes. Bei den meisten Fällen von Lungentuberkulose können wir also, bis das Gegentheil bewiesen ist, nicht annehmen, dass eine parasitäre Infection des Fötus durch die Placentarwege stattgefunden habe.

3. Eine tuberkulöse Infection durch die Placentarwege muss als möglich betrachtet werden; sie erklärt manche Fälle von Tuberkulose ausserhalb der Lungen. Die Häufigkeit derselben muss erst statistisch festgestellt werden. Die angeborene Tuberkulose ergreift nicht die Lungen besonders; die Thatsache, dass besonders in diesem Organ die primäre Tuberkulose sich entwickelt, scheint darauf hinzudeuten, dass die primäre Lungentuberkulose nicht von der placentaren Infection herrührt.

Firket bezweifelt, dass die Tuberkelbacillen mit den Spermatozoen in das Ei eindringen. Wäre das der Fall und würde das Ei in seinem Theilungsprocess durch den Tuberkelbacillus gestört worden, so entstände, so meint Firket, nicht ein tuberkulöser Fötus, sondern ein wahres Monstrum. Deshalb leugnet er in der grössten Zahl der Fälle die directe Heredität der Tuberkulose oder hält sie wenigstens als nicht genügend erwiesen.

Auch die von Cornet im Koch'schen Laboratorium ausgeführten Versuche sprechen nicht zu Gunsten einer directen hereditären Uebertragung, denn dieser Autor konnte nachweisen, dass auch in Fällen, wo die Placenta und alle anderen Organe der Mutter virulent waren, das Embryo doch gesund blieb.

Charrin und Karth fanden in zwei von tuberkulösen Frauen stammenden Placenten keine Tuberkelbacillen. Malvoz behauptet, dass Mikroorganismen nur infolge einer Läsion der Placenta, aber nicht durch eine gewöhnliche Filtration von der Mutter auf die Frucht übergehen können. Bei Milzbrand und bei Hühnercholera gehen zwar die Bacterien von dem geimpften Thiere auf den Fötus über, man findet aber in solchen Fällen hämorrhagische Veränderungen an der Placenta entsprechend dem von Wissokowitsch aufgestellten Gesetz über die Nichtausscheidung von Bacterien aus gesunden Organen. Es müsste also auch bei der Tuberkulose in der Placenta irgend eine Läsion, etwa ein erweichter Tuberkel, vorhanden sein, damit die Bacillen durch diese zu dem Fötus gelangen.

Solche Veränderungen sind aber höchst selten, weil hier eine allgemeine Infection des Blutes überaus selten vorkommt. Demnach ist nach Malvoz der Fötus gegen eine tuberkulöse Infection sehr wohl geschützt und es kommt eine angeborene Tuberkulose sehr selten, nur ausnahmsweise vor.

Auch Stich leugnet den Uebergang des Bacillus von der Mutter auf den Fötus; er nimmt vielmehr an, dass eine gewisse Disposition zur Tuberkulose, eine gewisse Schwäche der Gewebe sich von den Eltern übertrage, ganz ebenso wie das bei gewissen Eigenschaften der Augen, der Haut etc. der Fall ist. Peter spricht diese Ansicht noch prägnanter mit den Worten aus: „Man wird nicht tuberkulös, sondern höchstens nur tuberkulisirbar geboren.“

Für die Behauptung, dass bei der Tuberkulose nur die Disposition, nicht aber die Krankheit selbst übertragbar ist, wurde der Umstand als Beweis angeführt, dass bei der als hereditär betrachteten Phthise hauptsächlich die Lungen afficirt sind, während doch andere Organe erkrankt sein müssten, wenn der Koch'sche Bacillus durch das Sperma oder die Placenta auf den Fötus überginge.

Diese Argumentation ist aber nicht richtig. Denn die tuberkulöse Läsion entspricht nicht immer der Eintrittstelle der Bacillen. Das beweisen die Fälle von tuberkulöser Meningitis, das beweist auch der, namentlich von Rühle hervorgehobene Umstand, dass wenn man auch die Bacillen in das Blut einimpft, die Tuberkulose sich doch fast immer zunächst in den Lungen manifestirt.

b) Directe Heredität.

Im Jahre 1883 stellte Baumgarten die Theorie auf, dass der Bacill von einem tuberkulösen Vater vermittels des Spermas auf den Fötus übergehe. Im selben Jahre suchten Landouzy und Martin die Heredität der Tuberkulose auf experimentellem Wege nachzuweisen.

Sie führten nämlich Partikelchen gesunder Lunge eines von einer tuberkulösen Mutter stammenden Fötus in das Peritoneum eines Meerschweinchens ein. Nach 4 Monaten war dieses Thier von einer allgemeinen Tuberkulose befallen. Eine zweite Reihe von Untersuchungen stellten sie in folgender Weise an:

1. Sie überimpften gesunde Placentarstückchen, welche von einer phthisischen Frau herrührten, auf ein Kaninchen und erzielten nach 40 Tagen eine allgemeine Tuberkulose in ganz gleicher Weise, wie sie durch Ueberimpfung der tuberkulösen Lunge entsteht.

2. Das Herzblut eines von einer phthisischen Mutter stammenden Fötus, welcher noch nicht geathmet hatte, wurde auf ein Meerschweinchen

übergeimpft. Nach zwei Monaten entstand eine allgemeine Tuberkulose. Diese Thatsachen beweisen das Vorhandensein einer Heredität mütterlicherseits.

Was nun die Uebertragung der Tuberkulose mittels Spermas anbelangt, so liegen hier die Untersuchungsresultate von Landouzy und Martin vor.

Ein tuberkulöses Meerschweinchen wurde im moribunden Zustand getödtet: man impfte dann mit dem aus den Samenbläschen entnommenen Sperma zwei Meerschweinchen, ebenso auch mit dem aus dem linken Testikel stammenden Sperma zwei andere. Von den zwei ersteren Thieren starb das eine an deutlich ausgesprochener Tuberkulose. Die Milz war vergrössert, mit gelben Knötchen versehen, die Leber war mit den typischen grauen miliaren Knötchen bestreut. Eine Mesenterialdrüse erzeugte, auf ein anderes Thier überimpft, sehr schnell eine heftige Tuberkulose. Auch von den mit dem Testikelsperma geimpften Thieren ging das eine an Tuberkulose zu Grunde. Aehnliche Resultate wurden auch mit noch anderen in gleicher Weise geimpften Thieren erzielt und später auch von Curt Jani (in einer im Jahre 1886 in Virchows Archiv veröffentlichten Arbeit) experimentell bestätigt. Dieser Autor hat nämlich nachgewiesen, dass Tuberkelbacillen sowohl im Sperma wie im gesunden Genitalapparat tuberkulöser Kranken vorkommen. Dieselben Beobachtungen machte auch Niepce. Strauss und Chamberland wiesen nach, dass Tuberkelbacillen die Placenta passirten. Auch Sirena und Pernice erzielten Tuberkulose dadurch, dass sie Partikel von gesundem Eierstocke und Testikel tuberkulöser Individuen auf gesunde Thiere überimpften. Sehr wichtig scheinen mir nach dieser Richtung hin jene Untersuchungen von Prof. Maffucci zu sein, welche unter den Titeln: „Contribuzione sperimentale alla patologia delle infezioni della vita embrionale" 1887, und „Ueber die tuberkulöse Infection der Hühnerembryonen" veröffentlicht wurden. In der ersten Arbeit beweist der Autor, dass die embryonalen Gewebe den pathogenen Mikroorganismen acuter Infectionen gegenüber sehr widerstandsfähig sind, und dass diese Mikroorganismen erst nach der Geburt sich leichter entwickeln können. In der zweiten Arbeit beschäftigt sich der Autor mit dem Virus, welches chronisch verlaufende Krankheiten erzeugt, und beweist, dass ein solches Virus, z. B. das der Tuberkulose, in die Gewebe des Embryo eindringt, um erst später nach der Geburt eine Tuberkulose zu erzeugen.

Die Untersuchungen von Maffucci haben also gezeigt, dass der Tuberkelbacillus der Hühner in das Gewebe der Embryonen eindringt, hier aber nicht zerstört wird, sondern lebendig bleibt, um später seine verderbliche Wirkung in dem neuen Organismus zu entfalten.

Gegenüber diesen für die directe Uebertragung der Tuberkulose sprechenden Experimenten, existiren andere, die, wenn sie auch nicht das Gegentheil beweisen, jedenfalls nicht zu Gunsten der Uebertragbarkeit sprechen. Galtier studirte die hereditäre Tuberkulose in folgender Weise. Er machte weibliche Meerschweinchen vor dem Coitus tuberkulös, tödtete die Jungen bald nach der Geburt und überimpfte von diesen auf andere Thiere mit negativem Erfolg.

In einem anderen Falle liess er ein tuberkulöses Meerschweinchen abortiren und fand, dass der Fötus nicht virulent war.

Ein weibliches Kaninchen wurde 15 Tage vor dem Coitus tuberkulös gemacht. Von den 5 Jungen waren nur drei inficirt. In einem anderen Falle wurde ein weibliches Kaninchen nach einem fruchtbaren Coitus vermittels intravenöser Injectionen inficirt. Es starb zwei Wochen nach dem Partus. Die Jungen wurden getödtet und als gesund befunden. Fassen wir alle hier angeführten Thatsachen zusammen, so sehen wir, dass die intrauterine Uebertragung der Tuberkulose zwar möglich ist, aber nicht häufig vorkommt.

Auch meine Untersuchungen zeigen, dass die von tuberkulösen Müttern geborenen Meerschweinchen durchaus nicht immer tuberkulös sind. Das widerspricht freilich nicht der Lehre von der Heredität der Phthise. Es lässt sich aus den negativen Resultaten nur darauf schliessen, dass eine hereditäre Phthise sich in dem gegebenen Falle aus irgend einer Ursache nicht manifestiren konnte.

Die Erfahrung lehrt übrigens ja auch, dass offenbar tuberkulöse Läsionen bei Föten, welche von tuberkulösen Eltern abstammen, ungemein selten vorkommen. Es sprechen aber sowohl manche Ergebnisse der Thierexperimente, sowie zahlreiche bei Menschen gemachten Beobachtungen zweifellos für die directe Uebertragung der hereditären Phthise.

Schleus, Grothaus und Johne haben angeborene Tuberkulose bei Rinderföten beobachtet. Auch beim menschlichen Fötus und bei Neugeborenen wurde die hereditäre Tuberkulose von Laenaec, Andral, Billard, Bouchardat, Peter, Chauveau, Merkel, Charrin, Lanelongue, Demme, Jacobi, Sabourand etc. constatirt; letzterer konnte sogar durch mikrobiologische Untersuchungen bei der Frucht das Vorhandensein von Tuberkelbacillen nachweisen. Auch ist es nicht unwahrscheinlich, dass viele Läsionen des Fötus, welche auf einen anderen Ursprung zurückgeführt werden, in der That tuberkulöser Natur sind.

Der Lehre von der hereditären Uebertragung der Tuberkulose lassen sich die folgenden zwei Einwürfe entgegen halten.

1. Wäre die Tuberkulose erblicher Natur, so dürfte sie sich nicht meistens in der Lunge, sondern hauptsächlich in denjenigen Theilen des Körpers manifestiren, welche der Eingangspforte entsprechen.

2. Es ist sehr schwer, sich vorzustellen, dass der congenital dem Fötus überimpfte Bacillus sich manchmal erst nach 20 Jahren der Latenz entwickeln soll.

Was den ersten Einwurf anbelangt, so glaube ich die Unrichtigkeit desselben bereits nachgewiesen zu haben. Der zweite dagegen scheint von solchem Wert zu sein, dass er im Stande wäre, die Lehre von der Erblichkeit der Tuberkulose vollkommen zu zerstören. In der That kann aber die Affection sehr langsame locale Fortschritte machen, ähnlich wie die hereditäre Syphilis, welche doch zweifellos eine durch directe Heredität übertragbare Krankheit ist und sich doch bekanntlich erst nach vielen Jahren der Latenz zu entwickeln beginnt. So haben, z. B. F o u r n i e r und B a r d u z z i gezeigt, dass es eine tardive Form von hereditärer Syphilis gibt, welche 10, ja 40 Jahre nach der Geburt sich zu entwickeln beginnt.

Manchmal erkranken die Eltern von Tuberkulösen an derselben Krankheit erst mehrere Jahre nach der Geburt der Kinder. In solchen Fällen hält L e b e r t die Annahme einer hereditären Uebertragung für unwahrscheinlich und ungerechtfertigt. Meiner Meinung nach ist diese Ansicht nicht richtig, denn so wie das Virus oder die tuberkulöse Disposition bei den Nachkommen lange Jahre hindurch latent bleiben kann, ebenso kann a priori die Möglichkeit nicht bestritten werden, dass Eltern auf die Kinder den tuberkulösen Keim oder die Disposition zu dieser Krankheit zu einer Zeit übertragen, wo sie selbst auch nur diese Disposition in sich bergen.

Schon im Jahre 1872 hat D a m a s c h i n o in einer Arbeit über Aetiologie der Tuberkulose folgende Sätze aufgestellt:

1. Der erbliche Einfluss spielt bei der Uebertragung der Tuberkulose eine bedeutende Rolle.

2. Dieser Einfluss nimmt mit der Zahl der afficirten Generationen zu.

3. Er kann sich in verschiedener Weise manifestiren: er kann bei vielen Individuen latent bleiben oder sie gänzlich verschonen; es können eine oder zwei Generationen von Tuberkulose frei bleiben.

Diese Regeln scheinen der Thatsache zu entsprechen und sind mit wenigen Ausnahmen bis jetzt immer bestätigt geblieben. Nur die Erklärung der Thatsachen hat sich geändert.

Besonderheiten der hereditären Uebertragung.

L a n d o u z y und M a r t i n behaupten, dass wie bei der Syphilis auch bei der Tuberkulose die Heredität d u r c h d e n m ä n n l i c h e n S a m e n übertragen werden kann, ohne dass die Mutter miterkrankt. Die Uebertragung findet, nach diesen Autoren, im Moment der Conception in der Weise statt, dass die Spermatozoen das Ei direct

inficiren. Auf diese Weise soll auch die grosse Mortalität der von tuberkulösen Männern abstammenden Kinder erklärt werden.

Ueber das relative Verhältnis der hereditären Tuberkulose von Seite
der Mutter und des Vaters existiren bis jetzt keine zuverlässigen statistischen Angaben. Nach Füller verhält sich die Uebertragung väter-
licherseits zu der mütterlicherseits wie 48 : 40. Dieser geringe Unterschied
rührt vielleicht von der verschiedenen Vertheilung der beiden Geschlechter her.
Dasselbe Verhältnis zeigt sich auch bei der Uebertragung von der Seiten-
linie her, die Zahl der tuberkulösen Onkel und Tanten ist ziemlich gleich
bei der väterlichen wie bei der mütterlichen Familie.

Unter den Bedingungen, welche die Potenz der hereditäten Uebertragung vergrössern, erwähne ich zunächst die Uebertragung der Tuberkulose von Seiten beider Eltern. Auch in meiner Privatpraxis habe ich
die Erfahrung gemacht, dass, wenn beide Eltern an Tuberkulose gestorben
sind, die Kinder nur ausnahmsweise derselben Erkrankung entgehen.
Füller, der zwar den unvermeidlichen Einfluss der Vererbung nicht zugibt,
stimmt doch dem eben ausgesprochenen Satze zu.

Die hereditäre Uebertragung der Tuberkulose nimmt mit
der Zahl der von dieser Krankheit ergriffenen Generationen
zu. Das Virus wird mit der fortschreitenden Zahl der mit demselben
inficirten Generationen in seiner hereditären Wirkung immer schädlicher.

Die Kraft des Virus scheint sich auch mit dem zunehmenden
Alter des Patienten zu steigern. So erkläre ich mir die Thatsache,
dass die jüngeren Kinder häufiger als die älteren erkranken. Dasselbe
Gesetz gilt für die Kinder aus zweiter und dritter Ehe. So sagt auch
Blanc: „Wenn ein Phthisiker nacheinander zwei Frauen heiratet, so
sind die Kinder der beiden Frauen in verschiedenerem Grade für die
Krankheit des Vaters disponirt: diejenigen, welche aus der zweiten Ehe
stammen, erkranken viel leichter an Tuberkulose, als diejenigen, welche
aus der ersten Ehe hervorgehen. Ist die erste Frau phthisisch, die zweite
aber gesund, so sind die Kinder aus der ersten Ehe mehr für Tuberkulose disponirt, als die in der zweiten Ehe geborenen.

Was die collaterale Heredität anbelangt, so behauptet Vallin,
dass sie nur selten vorkommt. Nach Smith ergibt sich folgende Statistik:
Grosseltern 2·8%, Geschwister 23%, Onkel und Tanten 9%. Die Zahl 23
bei Geschwistern nimmt noch in den Fällen zu, wo beide Eltern an
Phthise zu Grunde gegangen sind; sie kann in solchen Fällen bis 40%
steigen. Smith präcisirt den collateralen hereditären Einfluss noch besser
dadurch, dass er denselben mit der directen Heredität vergleicht. Letztere
entspricht der Zahl 25·7%, wenn einer oder beide Eltern an Phthise
erkrankt sind. Fügt man noch die nahen Verwandten (17%) hinzu, so
erhält man eine Heredität von ca. 43%, und eine Heredität von 60%.

wenn man auch die entsprechenden Erkrankungsfälle bei entfernten Verwandten mit berücksichtigt.

Manchmal gehen die Kinder noch vor den Eltern an Tuberkulose zu Grunde. Diese Erscheinung kommt in zahlreichen Familien vor und lässt sich mit der Verschiedenheit der Widerstandskraft erklären. Die Kinder sind weniger resistenzfähig, weil sie schon von einem geschwächten Organismus abstammen. Auch kann hier der Einfluss der Ansteckung vorliegen, welcher sich bei den Kindern früh geltend macht, weil sie häufig in demselben Bette schlafen.

Tuberculosis praecox.

Viele Kinderärzte, wie z. B. Papaoine, Rilliet und Barthez haben die Erfahrung gemacht, dass die Tuberkulose bei Kindern innerhalb der zwei ersten Lebensjahre nur sehr selten und im ersten Lebensjahre nur ausnahmsweise vorkommt. Unter 1000 Todesfällen wegen Phthise betreffen nach Gerhardt:

$$50 — 60 \text{ das Alter von } 0—5 \text{ Jahren}$$
$$20 - 30 \quad . \quad . \quad . \quad 5—10 \quad .$$
$$20 \quad 30 \quad . \quad . \quad . \quad 10-15 \quad .$$
$$\text{je } 200 \quad 250 \quad . \quad . \quad . \quad 15—25 \quad .$$
$$\text{und } 25—35 \quad .$$

Marc d'Espine fand unter 375 tuberkulösen Kindern

$$\text{von } 0 - 5 \text{ Jahren } 40 \text{ Fälle } = \tfrac{1}{19}$$
$$5 \quad 10 \quad . \quad 21 \quad . \quad = \tfrac{1}{16}$$
$$. \ 10 \quad 15 \quad . \quad 23 \quad . \quad = \tfrac{1}{16}$$

Nach Gerhardt kommen die Todesfälle an Phthise am häufigsten im ersten Lebensjahre vor.

$$\text{Auf das 1.} \quad \text{Lebensjahr fallen} \quad 20 \text{ Todesfälle}$$
$$. \quad . \ 2. \quad . \quad . \quad 16—19 \quad .$$
$$. \quad . \ 3. \quad . \quad . \quad 10—20 \quad .$$
$$. \quad . \ 4. \text{ u. } 5. \quad . \text{ je } 5— 7 \quad .$$

Fast gleiche Zahlen haben auch die in England gemachten statistischen Untersuchungen ergeben.

Hervieux fand bei 996 Sectionen von Kindesleichen unter zwei Jahren nur 18 mal Tuberkulose; unter diesen waren zwei nicht älter als 15 Tage.

Froebelius constatirte bei 16581 innerhalb 10 Jahren gemachten Sectionen von Kindesleichen im Alter von 1—4 Monaten 416 (= 0,4 %) Tuberkulöse.

Demme fand bei 36148 kranken Kindern 1932 Mal Tuberkulose.

Biedert diagnostirte dieselbe Affection in 6,8 % der Kinder im ersten Lebensjahre.

S c h w e r gibt folgende Statistik an:

263 Kinder im Alter von	1		Tag —	4 Wochen	0	Tuberkulose auf 100				
123	.	.	„	.	5 Wochen —	9	„	1	.	= 0.8
144	.	.	.	.	9	„	— 5 Monate 15		.	= 10.4
160	.	.	.	.	6 Monaten —	12	.	28	„	= 17.5
188	.	.	.	.	2 Jahren	—·		49	„	= 26.0
104	.	.	.	.	3	.	—	47	.	=: 45.2
82	.	.	„	.	4	.	--	27	.	= 32.9
53	.	.	„	.	5	.	--	20	„	= 37.7
112	.	.	.	„	6	.	-· 10 Jahren 40		.	= 35.7
89	.	.	„	.	11	„	-- 15	.	28	„	= 31.5

Die Statistik von L a n e l o n g u e umfasst 1005 Fälle von äusserer Tuberkulose bei Kindern von 0—15 Jahren (subcutane tuberkulöse Abscesse. Osteitis tuberc. Malum Potti etc.). Von diesen kamen 87 im ersten Lebensjahr vor:

auf das	2. Lebensjahr kommen	144 Fälle			
.	.	3.	.	.	107 .
„	„	4.	„	.	108 .
„	.	5.	.	.	99 .
„	„	6.	„	.	95 .
.	.	7.	.	„	73 .
.	.	8.	„	„	55 .
.	.	9.	.	.	28 .
.	.	10.	.	.	48 „
.	„	11.	„	.	39 „
.	.	12.	.	.	28 .
.	.	13.	.	.	38 .
„	.	14.	.	.	19 .
„	„	15.	.	„	9 .

Diese chirurgische Statistik stimmt mit der von S c h w e r für Lungentuberkulose aufgestellten Statistik insofern überein, als sie deutlich zeigt, dass die Lungentuberkulose der Kinder besonders vorwiegend im Alter von 2—10 Jahren auftritt.

Zweifellos sind zahlreiche derartige Fälle angeboren. So fand D e m m e bei zwei Leichen von Kindern, welche am 21. resp. am 29. Lebenstage zu Grunde gingen, die Zeichen fortgeschrittener Tuberkulose. Offenbar muss die Infection schon im fötalen Leben zu Stande gekommen sein. Andererseits kommen auch Fälle vor, wo eine als Kindertuberkulose diagnosticirte Affection in der That nicht tuberkulöser Natur ist.

Wahrscheinlich handelt es sich in solchen Fällen von infantiler Tuberkulose um eine besondere nicht bloss tuberkulöse Erkrankung. Darüber müsste die bacteriologische Untersuchung näheren Aufschluss geben.

In den von Queyrat mitgetheilten Fällen handelte es sich um eine gewöhnliche Tuberkulose mit der besonderen Erscheinung, dass fast immer auch kleine in der Mitte erweichte broncho-pneumonische Herde vorhanden waren.

Als besondere der Tuberkulose des frühen Kindesalters zukommende Erscheinung bezeichnen Landouzy und Queyrat den Umstand, dass die tuberkulösen Veränderungen der Lunge und anderer Organe verhältnismässig gering sind, während die Krankheit unter sehr schweren Erscheinungen verläuft und leicht zum Tode führt. Die Kinder gehen unter heftigen Fiebererscheinungen zu Grunde, bevor sich noch schwere Veränderungen in den Organen entwickelt haben.

Queyrat beschreibt vier klinische Typen der Tuberkulose der ersten Kindheit: 1. Die chronische Form; 2. die subacute Form, die mit einer klassischen Bronchopneumonie anfängt. Diese heilt aus, während der allgemeine Zustand des Kindes sich immer mehr verschlimmert, so dass der kleine Patient schon nach 1—2 Monaten der Krankheit erliegt; 3. die schnell, innerhalb weniger Tage tödtlich endende tuberkulobacilläre Bronchopneumonie; 4. die acute diffuse miliäre Tuberkulose.

II.

Individuelle Disposition.

Die Ansicht von Baumgarten.

Das Vorhandensein einer individuellen Disposition wird allgemein angenommen und soll ja auch die hereditäre Uebertragung erklären. Erst in der letzten Zeit wurde die Behauptung aufgestellt, und namentlich von Baumgarten vertheidigt, dass es gar keine individuelle Disposition gibt.

Da das Werk dieses ausgezeichneten Beobachters ausserordentlich wertvoll ist, weil es nicht bloss eine Zusammenstellung aller bisher gemachten bacteriologischen Untersuchungen, sondern auch eine strenge und zugleich unparteiische Kritik der gefundenen Thatsachen enthält, so halte ich es für nothwendig, im Nachfolgenden diejenigen von Baumgarten angegebenen Gründe auseinanderzusetzen, welche das Nichtvorhandensein einer hereditären Anlage beweisen sollen.

Wollen wir, sagt Baumgarten, die Bedingungen kennen lernen, unter welchen eine tuberkulöse Infection zu Stande kommt, so müssen wir zwei Hauptmomente genauer ins Auge fassen, nämlich die speciellen Verhältnisse des von den Bacillen bedrohten Organismus und die der Tuberkelbacillen selbst. Was nun die ersteren anbelangt, so haben wir zunächst die Frage zu beantworten, ob es eine Art von Individuen gibt, die gegen den Tuberkelbacillus immun ist. Unter den Warmblütern gibt es zweifellos gewisse Thierspecies, die sich unter gewöhnlichen Verhältnissen dem genannten Bacill gegenüber als refractär erweisen. Eine absolute Immunität gegen Tuberkulose kommt aber bei k e i n e r warmblütigen Thierspecies vor, wie das von K o c h nachgewiesen worden ist. Dagegen sind die Kaltblüter der tuberkulösen Infection gegenüber vollkommen refractär. Die niedrige Temperatur des Blutes verhindert eben die Entwicklung der Tuberkelbacillen. Die relative Immunität gewisser Species von Warmblütern kann nur dadurch erklärt werden, dass die Bacillen hier einen weniger günstigen Nährboden finden.

Was nun die individuelle Disposition zur Tuberkulose anbelangt, so ist zunächst daran zu erinnern, dass es keine besondere Eigenschaft des Individuums gibt, die auf die Entwicklung einer Tuberkulose bei den für diese Krankheit empfänglichen Thierspecies einen Einfluss hätte. So werden z. B. grosse und kleine, starke und schwache, junge und alte Kaninchen in gleicher Weise von der Tuberkulose befallen. Es ist aber sehr unwahrscheinlich, dass bei dem Menschen besondere Gesetze in Bezug auf die Tuberkulose gelten sollen. Wenn es kein Kaninchen gibt, welches auf eine artificielle Infection mit tuberkulösem Gifte nicht mit einer tuberkulösen Erkrankung reagirt, so darf man nach den allgemeinen Gesetzen der Mykologie mit Recht daraus schliessen, dass in gegebener Veranlassung auch kein Kaninchen s p o n t a n (nach einer spontanen Infection) von der Tuberkulose verschont bleibt. Der Mensch ist unter allen lebenden Wesen am meisten für Tuberkulose disponirt, mehr noch als selbst Kaninchen, und es ist daher sehr unwahrscheinlich, dass er eine individuelle Immunität gegen die Krankheit haben soll, die bei minder empfänglichen Thieren nicht vorkommt. Allgemein wird zwar die Behauptung als wahr angenommen, dass die individuelle Disposition einen grossen Einfluss auf die Entstehung der Tuberkulose ausübt und dass der Tuberkelbacillus nur für diejenigen Personen schädlich ist, welche eine individuelle Prädisposition für die Tuberkulose haben. Diese Lehre findet aber weder im Thierexperiment noch durch die beim Menschen gemachten Beobachtungen eine Stütze.

Auch die Anhänger der Dispositionstheorie müssen zugeben, dass man die Disposition weder exact definiren noch erkennen kann. Nichtsdestoweniger wird von dieser Disposition überall als von einer feststehenden Thatsache gesprochen, weil man glaubt, dass nur diese allein die Erscheinung erklären kann, dass nur relativ wenige, und zwar besonders hereditär behaftete Menschen an Tuberkulose erkranken, obwohl die Keime dieser Krankheit überall zerstreut sind.

In der That ist es hauptsächlich die hereditäre Uebertragung, welche die Ausbreitung der Tuberkulose vermittelt. In Anbetracht der grossen Verbreitung der Tuberkulose unter den Menschen und den Thieren, in Anbetracht des Umstandes, dass unzählige Mengen von Tuberkelbacillen sich im Expectorat der Kranken finden, und dass diese Parasiten auch in der Milch und anderen Nahrungsmitteln vorkommen, ist doch die Gefahr durch Infection von aussen, durch Einimpfung, durch Inhalation und Deglution von specifischen Bacillen zu erkranken, ausserordentlich gering im Vergleich zu der der hereditären Uebertragung der Krankheit. Der menschliche Organismus verfügt über eine Reihe von Schutzmitteln (sowohl natürlichen Ursprunges, wie auch solche, die der menschlichen Vorsicht ihr Dasein verdanken), welche im Stande sind, eine Infection von aussen zu hindern.

Das Vorhandensein einer individuellen Disposition.

Die Ansicht von Baumgarten habe ich hier ausführlich mitgetheilt, weil ich überzeugt bin, dass sie etwas Wahres enthält. Sie wendet zunächst die Aufmerksamkeit der Aerzte auf die hereditäre Uebertragung der Tuberkulose hin, auf einen Gegenstand, der bis jetzt weniger als die andern Uebertragungsarten erforscht worden ist. Die Thatsache, dass Kaninchen, welche eine geringere Disposition zur Tuberkulose als Menschen haben, durch Inoculation an Tuberkulose erkranken gleichviel, in welchem Zustande sie sich befinden, ob sie jung oder alt, schwach oder kräftig sind, scheint jedenfalls ein wichtiges Argument zur Unterstützung der oben ausgesprochenen Ansicht zu sein.

Bei näherer Betrachtung zeigt es sich jedoch, dass die Prämisse nicht als richtig erwiesen und mithin, dass die Folgerung nicht von der ersteren abgeleitet werden kann.

Es steht nämlich gar nicht so unerschütterlich fest, dass Kaninchen weniger als Menschen zur Tuberkulose disponirt sind. Als einziger Beweis, der zur Unterstützung dieser Ansicht angeführt werden könnte, wäre die Thatsache zu erwähnen, dass die Kaninchen im allgemeinen seltener an Tuberkulose erkranken als Menschen. Man muss aber die verschiedenen Lebensbedingungen in Betracht ziehen, unter welchen Kaninchen und Menschen leben. Während erstere ihr Dasein im Freien verbringen, sind Menschen durch ihre Lebensweise viel mehr der Ansteckung ausgesetzt. Wir sehen in der That, dass Menschen umso leichter der Tuberkulose zum Opfer fallen, je mehr sie in geschlossenen Räumen leben. Soldaten erkranken viel häufiger in der Kaserne als im offenen Lager; die Baschkiren und die Kirgisen sind der Phthise gegenüber immun, während, im Gegensatz zu diesen, Gefangene ungemein häufig an Tuberkulose leiden.

Die Mortalität an dieser Krankheit beträgt in Gefängnissen 40—50%, während die der allgemeinen Bevölkerung sich nur auf 14—15% beläuft.

Wenn Kaninchen in jedem Zustande und Alter sehr leicht durch Impfung inficirt werden, so rührt das von der starken Virulenz der inficirenden Substanz her. Würde man eine geringe Menge von Bacillen oder weniger giftige Bacillen einimpfen, so bekäme man ein negatives Resultat. Ein gleicher Unterschied zeigt sich auch bei den mit Tuberkelbacillen inficirten Speisen. Nur eine grosse Menge mit den Nahrungsmitteln aufgenommener Tuberkelbacillen können deutlich erkennbare Krankheitsherde erzeugen, während geringere Mengen wirkungslos bleiben, ganz gleich, ob es sich um Menschen oder Thiere handelt.

Zu Gunsten des Vorhandenseins einer Prädisposition zur Tuberkulose sprechen aber auch noch directe Gründe. Eine derartige Prädisposition kommt ja auch gegenüber anderen pathogenen Mikroorganismen vor. Weshalb sollen gerade Tuberkelbacillen hierin eine Ausnahme machen? Thierspecies, die einander sehr ähnlich sind: und Individuen derselben Species zeigen in Bezug auf Ansteckungsfähigkeit bedeutende Unterschiede. So inficirt z. B. der Mikrococcus tetragenus weisse Mäuse, bleibt aber bei grauen ganz wirkungslos; der Bacillus anthracis greift sehr leicht Rinder an, lässt aber eine in Algier vorkommende Schafspecies intact.

Eine individuelle Disposition zeigt sich beim Menschen sehr deutlich in Bezug auf contagiöse und miasmatisch-contagiöse Krankheiten.

Für das Vorhandensein einer individuellen Disposition zur Tuberkulose spricht meiner Meinung nach besonders der ausserordentlich verschiedene Verlauf dieser Krankheit. Ich habe in meiner Klinik immer Phthisiker, von denen die einen nur sehr geringe Veränderungen an der Lunge zeigen, obgleich sie schon seit vielen Jahren krank sind, während die anderen schon nach sehr kurzer Zeit elend ihrem Ende entgegengehen. Wir sehen also, dass die Krankheit einen erheblichen Unterschied in ihrem Verlaufe bietet, selbst nachdem der Organismus mit Tuberkelbacillen inficirt worden ist. Dieser Unterschied kann doch nur einzig und allein in dem Nährboden gefunden werden, auf welchem sich die Bacillen entwickeln, mit andern Worten: in der speciellen und individuellen Disposition des Menschen.

Die Bedingungen der tuberkulösen Disposition.

Nach den Angaben der meisten Beobachter kommt die Tuberkulose am häufigsten im Alter von 15—35 Jahren vor. Nach der von C o r r a d i aufgestellten Mortalitätsstatistik liegt das Frequenzmaximum zwischen dem 20. und 30. Lebensjahre.

Die Tuberkulose kommt häufiger bei Frauen als bei Männern vor. Da dieser Unterschied sich aber erst nach der Pubertät zeigt, so scheint derselbe auf Verschiedenheit der socialen Verhältnisse zu beruhen.

Ein angeboren engerer Bau des oberen Theiles des Thorax disponirt nach Hirtz zur Acquisition einer Tuberkulose. Den engen Bau des Thorax führt Hirtz auf eine ab initio mangelhafte Entwicklung der Lungen zurück.

Freund weist auf die frühzeitige Ossification der ersten Rippe als Veranlassung zur Entstehung einer Lungentuberkulose hin. Dadurch wird nämlich die Beweglichkeit der Lunge beeinträchtigt und so die Entwicklung der Tuberkulose begünstigt. Nach Freund ist der Knorpel der ersten Rippe manchmal schon im jugendlichen Alter verknöchert, und zwar entweder nur auf einer oder auf beiden Seiten. Heilt die Tuberkulose aus, so wird die durch die Verknöcherung verhindert gewesene Beweglichkeit durch eine Art Gelenkbildung an der ersten Rippe wieder hergestellt.

Liharzik weist auf die grosse Bedeutung der Enge des Brustkorbes hin. Er stellte hierüber Untersuchungen an, indem er bei mehr als 3000 Individuen den grössten Umfang des Thorax mit dem des Kopfes verglich und zunächst feststellte, dass die entsprechenden Zahlen bei gesunden Kindern gleich sind (circa 33 cm), wenn man nämlich einerseits den Kopf in seinem grössten Umfange, andererseits den Thorax in der Papillarlinie misst. Ist aber die Thoraxcircumferenz kleiner als die des Kopfes, so zeigt das auf eine schwache Constitution hin, und das betreffende Individuum neigt zur Rhachitis, Scrophulose und Tuberkulose.

Hutchinson schreibt der respiratorischen vitalen Capacität eine grosse Wichtigkeit zu. Ein gesundes Individuum scheidet bei jeder starken Exspiration immer eine gleiche Menge Luft aus, welche in naher Beziehung zum Alter, Geschlecht, Gewicht und zur Höhe des Körpers steht. Wird das Minimum dieser vitalen Capacität überschritten, so wird das betreffende Individuum später tuberkulös, selbst wenn bisher gar keine Zeichen bestehen, welche auf eine so schwere Krankheit hinweisen.

Lebert behauptet, dass die angeborenen Herzfehler, besonders die Stenose der Pulmonalis, sehr zu Tuberkulose disponiren. „Zu allen andern ungünstigen Ausgängen, die die angeborenen Herzfehler nehmen können, wie plötzlicher Tod, fortschreitende Insufficienz des Kreislaufes, Hydrops, Cachexie etc., kommt noch die merkwürdige Tendenz, besonders wenn es sich um eine Stenose der Pulmonalis handelt, sich mit Lungentuberkulose zu compliciren, welche den Tod beschleunigt. Es gibt vielleicht keine andere Krankheit, in deren Gefolge eine Tuberkulose so häufig sich entwickelte, wie es bei der Pulmonalstenose der Fall ist.“

Viele Autoren haben auf die Beziehung z w i s c h e n dem A n g u l u s Ludovici und der Entwicklung der Tuberkulose hingewiesen. L u s c h k a sagt in seinem classischen Werke „Die Anatomie des Menschen": „An der Vereinigungsstelle des Corpus sterni mit dem Manubrium, dort, wo das zweite Rippenpaar sich anlegt, sieht man eine transversal gelegene Prominenz, welche A n g u l u s L u d o v i c i genannt wird. Derselbe tritt umso deutlicher hervor, je mehr das erste Rippenpaar eingesenkt ist, weil dadurch auch das Sternum niedergedrückt wird. Das kommt besonders beim tuberkulösen Habitus vor."

Ich habe vor einigen Jahren bei mehreren hundert Kranken diesen Winkel gemessen und gefunden, dass der Angulus Ludovici ebenso bei schwachen, cachektischen, bleichen, mageren Individuen wie bei solchen von kräftiger Constitution entwickelt ist, die nicht die geringste Neigung zur Phthise haben. Dagegen konnte ich feststellen, dass bei Individuen mit bereits entwickelter Lungentuberkulose das Hervortreten des Angulus Ludovici eine der häufigsten Krankheitserscheinungen war. Ich erkläre mir diese Erscheinung mit der Thatsache, dass in solchen Fällen eine zur Cirrhose neigende chronische Pneumonie gleichzeitig mit der Phthise auftritt. Meine Beobachtungen über diesen Gegenstand fasse ich in folgenden Sätzen zusammen:

1. Der Angulus Ludovici ist bei Individuen von schwacher Constitution und schlechtem Ernährungszustande nicht mehr als gewöhnlich entwickelt.

2. Die Hervorragung des bezeichneten Winkels kommt fast constant bei Lungenphthise vor. Unter 100 Phthisikern fehlt der Angulus Ludovici nur etwa in 8—10 Fällen.

3. Je länger die Krankheit andauert, desto stärker ist der Angulus Ludovici entwickelt.

4. Beschränkt sich eine käsige Pneumonie nur auf den mittleren und unteren Lappen, so fehlt der Angulus Ludovici gewöhnlich.

5. Auch bei Personen, die frei von Phthise sind, wurde der Angulus Ludovici zuweilen constatirt. Solche Individuen leiden aber gewöhnlich an chronischer Bronchitis, und es ist zweifelhaft, ob langsam verlaufende Entzündungsprocesse des Lungengewebes vorliegen, oder ob die eine Lungenspitze sich weniger als die andere an den Respirationsbewegungen betheiligt.

6. Der Angulus Ludovici entsteht wahrscheinlich durch ein Einsinken der ersten Rippe, eine Veränderung, welche ihrerseits wiederum durch eine Aenderung in den anatomisch-physiologischen Bedingungen der Lungenspitze erzeugt wird.

D i e L u n g e n s p i t z e n. Dass die Lungenspitzen zur Tuberkulose disponirt sind, ist eine unleugbare Thatsache. Die Tuberkulose kann sich aber auch zuweilen an der Basis entwickeln, und zwar ausnahmsweise auch derart, dass der Krankheitsprocess sich auf diese Region beschränkt, während die Spitzen intact bleiben.

Die Tuberkeln haben eine so deutlich ausgesprochene Prädilection für die Spitzen, dass ich in jedem Falle, wo ich sie an der Basis constatire, immer zu der Ansicht mich berechtigt halte, dass hier noch andere Bedingungen vorliegen müssen, welche die Entwicklung der Tuberkulose im Unterlappen veranlasst haben. Gewöhnlich handelt es sich um eine früher vorhanden gewesene Syphilis.

Warum sind aber besonders die Lungenspitzen zur Tuberkulose disponirt? Fast alle Schriftsteller (mit Ausnahme von Gay) führen diesen Umstand auf die geringere m a n g e l h a f t e, functionelle Thätigkeit und auf die mangelhafte Blutcirculation in den Spitzen zurück. R i n d f l e i s c h legt besonders auf den letzteren Umstand Wert und nimmt als Ursache desselben besonders die verticale Haltung des Menschen an. C a n t a n i erkennt die angegebenen Momente zwar als richtig an, glaubt aber ausserdem noch, dass die Lungenspitzen eine gewisse Affinität für das Tuberkelgift haben. L a v e r a n und T e i s s i e r legen einen besonderen Wert auf die Adenopathia bronchialis, welche die Circulation in der Arteria pulmonalis behindern und so eine locale Anämie als Grundlage zur Entwicklung von Tuberkeln erzeugen soll. B a r e t y weist noch darauf hin, dass der Zweig der Arteria pulmonalis, welcher die Lungenspitze versorgt, in Beziehung zu einer stark entwickelten Lymphdrüsenkette steht; S t r ü m p e l l, P a o l u c c i, M a r a g l i a n o und Z u l i a n i behaupten mit Berücksichtigung der Koch'schen Entdeckung, dass der Krankheitsprocess sich deshalb vorwiegend an den Lungenspitzen bildet, weil hier, wegen der geringeren Bewegung und schwächeren Blutcirculation die besten und günstigsten Bedingungen zur Entwicklung von Mikroparasiten gegeben sind. Die geringere Resistenz der Lungenspitzen führt P e s t a l o z z a auch auf hereditäre Einflüsse zurück. Er weist nämlich auf die Thatsache hin, dass ein Organ umso mehr zu erkranken geneigt ist, je häufiger sich in demselben bereits eine Affection etablirt hat. In ähnlicher Weise äussern sich auch die erblichen Einflüsse. Die so häufig afficirte Lungenspitze bleibt in Bezug auf hereditäre Uebertragung stets ein Locus minoris resistentiae.

Neuerdings hat H a n a u eine neue Theorie zur Erklärung der Prädilection der Lungenspitze für die tuberkulöse Phthise aufgestellt. Z i e m s s e n stimmt derselben bei. Die Lungenspitzen functioniren nämlich nach H a n a u energischer, wie es ja auch die Prädilection derselben für die Pneumoconiosis beweist: denn bei den entsprechenden Handwerkern erkranken die Lungenspitzen früher und intensiver als andere Theile der

Lunge. Befindet sich ein Individuum in gebeugter Stellung, so wird selbst der bei Männern physiologisch-costo-abdominale Athmungstypus fast rein costal, da die Bewegung des Diaphragma behindert ist. Bei Frauen kann von einer mangelhaften Ausdehnung der Lungenspitzen überhaupt nicht die Rede sein, weil beim weiblichen Geschlecht der costale Typus physiologische Regel ist. Demnach kann eine mangelhafte inspiratorische Ausdehnung der Lungenspitzen nicht die Ursache der Prädilection derselben für die Tuberkulose sein. Hanau verwirft daher die inspiratorische Theorie und setzt an deren Stelle eine andere, die er exspiratorische Theorie nennt. Bei starker Exspiration kommt es nämlich zu einer Rückstauung der Luft in den Oberlappen, weil der obere Theil des Thorax keine Muskeln hat, welche im Stande wären, denselben activ zu verengen. Bei Hustenstössen stagnirt deshalb nicht bloss die Luft in den Oberlappen und steht daselbst unter einem stärkeren Druck, sondern die Ausscheidung von Fremdkörpern und besonders von Bacterien wird durch das Zurückstauen des Luftstroms erschwert. So dringt der Inhalt der Luftröhren in die Alveolen ein.

Aus allem bisher Gesagten erhellt jedenfalls deutlich, dass die hier mitgetheilten Theorien nicht im Stande sind, die Frage, warum die Lungenspitzen eine so deutlich ausgesprochene Prädilection für Tuberkulose zeigen, definitiv zu lösen.

Nach meiner Ansicht genügen zur Erklärung dieser Erscheinung: 1. Die allgemeine Prädilection der Tuberkulose für die Lunge; 2. die relative aber nicht absolute Unbeweglichkeit derjenigen Theile der Lunge, welche die obere Thoraxapertur überragen. Dass die Lunge ganz besonders zu einer tuberkulösen Erkrankung disponirt ist, beweist die Extensität und Intensität der tuberkulösen Processe, welche sich in diesem Organe entwickeln, andererseits lässt es sich nicht verkennen, dass, wenn auch nicht die ganze Lungenspitze, so doch jedenfalls derjenige Theil derselben, welcher über die obere Oeffnung des Brustkorbes hinüberragt, eine gewisse functionelle Schwäche zeigt. Bietet die Unbeweglichkeit der Gewebe eine günstige Bedingung zur Ansiedelung von Mikroorganismen in demselben, so ist es auch nicht unwahrscheinlich, dass die relative Ruhestellung des oberen Lungenendes die Ursache der in Rede stehenden Prädilection ist.

Diese Theorie findet eine Stütze in den von mir bei Meerschweinchen, welche bekanntlich sehr zu Tuberkulose disponirt sind, gemachten Erfahrungen. Hier sind nämlich die tuberkulösen Veränderungen über die verschiedenen Theile der Lunge zerstreut; hier gibt es keine Prädilection für einen bestimmten Theil der Lunge. Untersucht man genau die Lage der Lungen, ohne die Pleura zu eröffnen, und fixirt man letztere durch Hindurchstecken von Nadeln, so überzeugt man sich leicht, dass bei den

Thieren derjenige Theil vollständig fehlt, welcher beim Menschen der Pars supraclavicularis entspricht. Vorn und hinten überschreitet die Lunge bei Meerschweinchen die erste Rippe nicht, so dass der extrathoracische Theil derselben fehlt. in welchem beim Menschen der Tuberkelbacillus wegen der Unbeweglichkeit dieses Theils der Lunge sich anzunisten pflegt.

Die Erklärung H a n a u s, nach welcher die Lungenspitzen am günstigsten für die Inspiration und am ungünstigsten für die Ausstossung von Staub und Mikroorganismen gelegen sein sollen, genügt nach meiner Meinung deshalb nicht, weil ja die Voraussetzung, dass die Lunge die Eingangspforte für die Mikroorganismen bilden soll, bisher noch gar nicht erwiesen ist. Die neueren Untersuchungen weisen vielmehr, wie ich das oben auseinandergesetzt habe, darauf hin, dass die Verdauungsorgane und die Heredität bei der Uebertragung von Tuberkulose die Hauptrolle spielen.

P h y s i o l o g i s c h e D ü r f t i g k e i t. Alles, was die organische Constitution abschwächt und so die Widerstandskraft des Körpers oermindert, bildet diejenigen Bedingungen, welche B o u c h a r d a t mit Recht „physiologische Dürftigkeit" nennt und welche die Entwicklung des Tuberkelbacillus offenbar sehr begünstigt.

P h t h i s i s c h e r H a b i t u s. F r e u n d hat besonders auf die Bedeutung der paralytischen Thoraxform hingewiesen. Durch einen angeborenen Fehler, besonders durch mangelhafte Entwicklung einiger Muskeln bleibt der Thorax platt. hat eine übermässig langgestreckte Form, während der Durchmesser von vorn nach hinten verkürzt ist. Die Intercosталräume sind vergrössert. Der Thorax behält. mit anderen Worten gesagt, eine inspiratorische Form. Die drei ersten Rippen sind besonders kurz, der Hals ist dünn und lang, die Haut bleich, der Panniculus adiposus spärlich entwickelt. Diese und andere Eigenschaften des phthisischen Habitus sind aber mehr die Folge als die Ursache der Tuberkulose. Jedenfalls kann heutzutage niemand mehr behaupten, dass der phthisische Habitus eine nothwendige Voraussetzung zur Phthise ist. An dieser Krankheit sterben vielmehr auch Personen mit vorzüglicher Ausbildung der Thorax und reichlicher Entwicklung des Panniculus adiposus.

B e s c h r ä n k t e r L u f t r a u m. In Gefängnissen, Klöstern, Kasernen. Werkstätten, stark bevölkerten Städten, kurz überall, wo relativ viele Menschen in engem Luftraum zusammenleben, kommt die Tuberkulose sehr häufig vor. Hier entwickelt sich diese Krankheit nicht bloss sehr zahlreich. sondern sie nimmt auch dann einen sehr schnellen Verlauf. Diese Thatsache beweist schon der Umstand, dass die Phthisis bei Soldaten, welche im Winter in den Kasernen leben. viel häufiger vorkommt, als im Sommer. selbst bei den grössten körperlichen Strapazen. In der Schweiz ist die Mortalität an Tuberkulose in den industriellen Städten mehr als doppelt so stark als die entsprechende Sterblichkeit bei der Landbevölkerung (2,5 : 1,1.)

Brown-Séquard kommt auf Grund der von ihm selbst sowie von Stokes und Blake gemachten klinischen Erfahrungen zu dem Schlusse, dass tuberkulöse Kranke, welche im Freien leben und auch in freier Luft schlafen, von ihrem Leiden geheilt werden können. Brown-Séquard (und später auch Arsonval) construirte daher besondere Apparate, welche dem Phthisiker ermöglichen, stets freie und immer sich erneuernde Luft zu athmen.

Die Anhäufung von vielen Personen in einem engen Luftraum wirkt nicht etwa deshalb schädlich, weil die von kranken Individuen exspirirte Luft Bacillen enthält und mit diesen von gesunden Personen eingeathmet werden kann. Diese Möglichkeit ist namentlich nach den neueren exacten Untersuchungen von Celli und Guarnieri, Grancher, Charrin, Straus u. A. nicht zu fürchten, weil die Exspirationsluft der Phthisiker keine Bacillen enthält. Die Schädlichkeit rührt vielmehr wahrscheinlich von anderen Umständen her. Dicht zusammenwohnende Personen können nämlich sehr leicht einander anstecken, auch kommt hier der schädliche und toxische Einfluss in Betracht, den auch die Exspirationsluft ganz gesunder Menschen ausübt.

Schlechte hygienische Bedingungen. Mangelhafte und schlechte Ernährung, sitzende Lebensweise, Einathmung von Staub etc., prädisponiren zur Phthise. Das Gleiche gilt auch von depressiven Gemüthsbewegungen. Laennaec sagt mit Recht: „Unter den Ursachen der Phthise wirkt nach meiner Meinung keine mit solcher Sicherheit, wie depressive Gemüthseindrücke, besonders, wenn sie lange andauern und die Seele tief erschüttern."

Auch alle Krankheitszustände, welche den Organismus sehr schwächen, können die Entwicklung der Phthise begünstigen. Nach dieser Richtung scheinen zu wirken: Heftige und langdauernde Blutungen, Samenverluste, übermässig langdauernde Lactation, Oesophagusstenosen, Infectionskrankheiten, Morbillen, Variola, Malaria etc.

Diabeteskranke sind besonders zur Tuberkulose disponirt. Nach Griesinger sind von 100 Diabetikern 43 phthisisch. Auch diese Thatsache spricht deutlich zu Gunsten einer individuellen Disposition.

Fünftes Capitel.

Die Tuberkulose.

I.

Einwirkung des Tuberkelbacillus auf den Organismus.

Leucomaine und Ptomaine.

Bis jetzt ist die Frage noch nicht gelöst, ob die Tuberkulose hauptsächlich in Folge einer Infection (Vorhandensein von Tuberkelbacillen in den Geweben) oder einer Intoxication (Vorhandensein von toxisch wirkenden Substanzen [Ptomaine]) entsteht. Bekanntlich entwickeln sich durch gewöhnliche biologische und durch krankhafte Processe gewisse toxische Substanzen, welche nach Gautier im ersteren Falle Leucomaine, im letzteren Ptomaine genannt werden. Die Bezeichnung Ptomaine wurde, beiläufig gesagt, von Selmi in die Wissenschaft eingeführt, nachdem er zuerst gewisse toxische Alkaloide in den Producten der Leichenfäulnis entdeckt hatte. Die Leucomaine, welche bei den gewöhnlichen physiologischen Processen gebildet werden, stammen von der Haut, von den Därmen, den Lungen und besonders von den Nieren ab.

Brown-Séquard beschäftigte sich besonders mit dem Studium der Toxicität der exspirirten Luft. Er meint, dass, wenn es möglich wäre, das Toxin der Exspirationsluft zu isoliren, dasselbe sich so giftig erweisen würde, dass 1 *mgr* im Stande wäre, den Tod herbeizuführen.

Manche Krankheiten, welche unter dem Bilde einer Spontaninfection verlaufen, und welche durch eine Veränderung des Stoffwechsels entstehen, rühren wahrscheinlich von der Bildung von Leucomainen her. Solche Selbstvergiftungen sind z. B. Urämie und Diabetes.

Die pathogenen Mikroorganismen produciren zahlreiche toxische Substanzen, welche sowohl in den Culturen, wie auch in den Excrementen des Organismus zu erkennen sind.

Die Einimpfung solcher Substanzen erzeugt dieselben Symptome, wie sie durch die Bacillen selbst entstehen. Daraus schliessen viele Forscher, dass nicht die pathogenen Mikroorganismen direct die Krankheit erzeugen, sondern nur durch Vermittlung der von denselben producirten giftigen Substanzen. Ferner wird allgemein angenommen, dass auch bei gewissen besonderen Modificationen des Stoffwechsels auch toxische Substanzen erzeugt werden, deren Wirkung sich in verschiedenen Krankheitserscheinungen äussert.

Pouchet fand in den Dejectionen von Cholerakranken das Choleratoxin, ein ungemein giftiges Ptomain. Dasselbe kommt auch in

den Culturen von Commabacillen vor. Impft man eine kleine Menge Choleratoxin auf Thiere, so entstehen bei diesen die charakteristischen Zeichen
der Cholera. — Das Vorhandensein eines Choleratoxins wurde auch von
Tizzoni und Cattani wie auch von Gautier bestätigt.

Brieger fand ein eigenthümliches Ptomain in den Dejectionen
von Typhuskranken und in den Culturen der Koch-Eberth'schen
Bacillen, welches er Typhotoxin nennt. Sirotinin impfte sterilisirte
Culturen von Typhusbacillen auf Thiere und erzeugte dadurch ein Fieber,
welches in seiner Dauer und Intensität der Qualität und dem Alter der
geimpften Culturen entsprach.

Aehnliche Experimente wurden auch von Serafini mit Pneumo-
coccenculturen ausgeführt, und wurden mit diesen gleiche Erfolge erzielt.

Brieger, der sich unter den deutschen Forschern besonders eingehend mit dem Studium der Ptomaine beschäftigt, entdeckte noch die
toxische Substanz des Tetanus. Das aus dem Bacillus tetani
traumatici entstehende Gift ist eine zusammengesetzte Substanz und
besteht aus Tetanin, Tetanotoxin etc.

Ptomaine der Tuberkulose.

Philipp studirte die Ptomaine der Tuberkulose, indem er besonders
bestrebt war, die Todesursache dieser Krankheit zu finden. Zu diesem
Zwecke bereitete er unter besonderen Cautelen ein möglichst reines Extract
aus bacillenreichem Sputum, impfte dasselbe auf Frösche, Mäuse und
Kaninchen, und zwar zuerst in relativ grossen Dosen, und dann in kleinen
täglich wiederholten Dosen.

Der Autor erzielte nun Resultate, die er in folgenden Schlusssätzen
zusammenfasst:

1. Ein Causalnexus zwischen dem Tuberkelbacillus und dem phthisiogenen Process lässt sich nicht feststellen. Die klinischen Erscheinungen
und der gewöhnlich funeste Ausgang der Tuberkulose können durch
directe Wirkung der Koch'schen Bacillen nicht erklärt werden.

2. Es ist wahrscheinlich, dass eine von den Bacillen erzeugte
toxische Substanz den deletären Einfluss auf den Körper ausübt.

3. Die klinischen und experimentellen Erfahrungen weisen darauf
hin, dass die pathologischen Secrete der Respirationsoberfläche einen
geeigneten Boden zur Entwicklung des Tuberkelbacillus und dementsprechend auch zur Entstehung der erwähnten Producte desselben darstellen.

4. Diese Producte kann man aus den in geeigneter Weise gesammelten und entsprechend behandelten Sputis isoliren.

5. Dieselben haben besondere physiologische Eigenschaften, erweisen sich für Frösche, Mäuse und andere Thiere als ausserordentlich giftig.

6. Die toxische Wirkung ist, im allgemeinen ausgedrückt, depressiver Natur, sie manifestirt sich besonders bei den Hemmungsnerven des Herzens.

7. Die toxische Wirkung kann mehr oder weniger vollständig durch Atropin neutralisirt werden.

8. Die Quantität des Toxins, welches sich aus dem Sputum abscheiden lässt, steht im geraden Verhältnis zu dem Bacillengehalt desselben.

9. Das Toxin wird höchst wahrscheinlich durch die Lymphbahnen resorbirt.

Die hier mitgetheilten Untersuchungsergebnisse von Philipp erklären noch nicht in genügender Weise, wie die Wirkung der Bacillen und der von ihnen abgesonderten Ptomaine zustande kommt. Auch scheint mir die von ihm angegebene Untersuchungsart viel zu plump angelegt zu sein, wenn sie auch leicht ausführbar ist. Das Expectorat von Phthisikern enthält bekanntlich ausser den Tuberkelbacillen noch mehrere andere pathogene Mikroorganismen, so z. B. den Fränkel'schen Pneumococcus. Dieser kann selbst Fieber und viele andere bei Phthisikern vorkommende Erscheinungen erzeugen. Demnach haben die oben angegebenen Untersuchungsresultate von Philipp keinen Wert, weil der Autor bei seinen Untersuchungen nicht das reine, nur von den Tuberkelbacillen allein abgesonderte Product verwendet hat.

Philipp selbst gibt übrigens zu, dass das von ihm angewendete Extract sich durch Invasion von Pilzen sehr leicht zersetzte.

Ich habe vor kurzem mit Hilfe meiner Assistenten Marotta und Reale eine Reihe von Untersuchungen angestellt, um die Natur der reinen toxischen Producte der Tuberkelbacillen festzustellen.

Von einer Reihe mit sterilisirtem Blutserum gefüllten Röhrchen, welche im Brutofen auf einer Temperatur von 38° erhalten wurden, impften wir einige mit reinen Tuberkelbacillenculturen, andere mit Culturen nicht pathogener Mikroorganismen, und liessen eine dritte Reihe der Röhrchen ohne Impfung unter denselben Feuchtigkeits- und Temperaturverhältnissen zu Vergleiche stehen. Solche Untersuchungen sind schwer und langwierig, weil die Tuberkelbacillen sich nur sehr langsam entwickeln und weil man dann noch den Ausgang der Impfung der reinen Culturen auf Thiere abwarten muss, um einen unwiderlegbaren Beweis für die vollkommene Sterilisation zu haben.

Ich habe bis jetzt einige Untersuchungen mit wässerigem und mit alkoholischem Extract von Tuberkelbacillenculturen ausgeführt und die die hier gewonnenen Resultate mit den Untersuchungsergebnissen der Extracte solcher Culturen verglichen, welche keine Tuberkelbacillen enthielten, aber ähnliche klinische Erscheinungen wie die der Tuberkulose erzeugten.

Ich wendete folgendes Verfahren an:

Die an einem Tage von einem Phthisiker expectorirte Sputum-Menge wurde gesammelt, gemessen und in eine Schale gegossen, dann wurde die doppelte Quantität Wasser hinzugefügt, und das Ganze mit einem Glasstab so lange umgerührt, bis eine Art Emulsion entstand. So blieb die Schale 24 Stunden lang in milder Temperatur stehen, dann wurde der flüssige Inhalt im Wasserbade verdampft, bis ein syrupartiger Rückstand übrig blieb. Dieser wurde mit Alkohol behandelt und dann filtrirt, das Filtrat wieder verdampft, bis ein Rückstand von wenigen Cubikcentimetern übrig blieb, welcher zu Impfungen verwendet wurde.

Zunächst impfte ich 3 Kaninchen mit je einem Cubikcentimeter der auf der bezeichneten Weise erzielten Flüssigkeit. Nach einigen Minuten zeigte sich bei den drei Thieren eine grosse Erregung, welche eine halbe Stunde andauerte. Bei einem der Kaninchen und zwar bei dem am stärksten afficirten, trat dann eine Lähmung der hinteren Extremitäten ein, welche nach vier Stunden verschwand.

Die Temperatur erlitt keine Veränderung, die Respirationszahl steigerte sich aber, und zwar bei zwei Thieren um $\frac{1}{5}$ und beim dritten um das Doppelte. Auch diese Veränderung nahm allmählich ab, und war nach 12 Stunden gänzlich verschwunden.

Bei zweien der geimpften Thiere entwickelte sich an der Impfstelle eine Ecthymapustel, welche aber keine Koch'schen Bacillen enthielt.

Das Körpergewicht aller geimpften Thiere erlitt keine Veränderung.

Zum Vergleich wurden andere Thiere mit solcher Flüssigkeit geimpft, welche ich nach dem oben beschriebenen Verfahren aus dem Sputum von an chronischer Bronchitis leidenden Patienten extrahirt hatte. Der Impferfolg war ein durchaus negativer.

Cimbali kommt in einer im Jahre 1889 veröffentlichten Arbeit zu dem Schluss, dass Ptomaine die Ursache des klinischen Bildes der Infectionskrankheiten sind. Während die pathogenen Mikroorganismen nur locale Veränderungen erzeugen, schädigen sie den ganzen Organismus dadurch, dass sie Producte ihres Stoffwechsels (Ptomaine) absondern, die ungemein giftig wirken. Bei den Infectionskrankheiten muss man immer streng unterscheiden, zwischen Infection, d. h. dem localen durch die Mikroorganismen erzeugten Krankheitszustand, und Intoxication, der allgemeinen von den Ptomainen herrührenden Erkrankung des ganzen Organismus. In vielen Krankheitsfällen bleiben alle Veränderungen auf blosse Infection beschränkt, meistens folgt aber auf diese eine Intoxication.

Betrachtet man die Art und Weise, wie sich eine Tuberkulose fortschreitend entwickelt, genau, berücksichtigt man einerseits die allmählich aufeinander folgende Erkrankung der Lymphdrüsen und der verschiedenen Organe, und andererseits die schweren Localstörungen, so gewinnt man die Ueberzeugung, dass die Infection einen grossen Theil des klinischen Bildes der Lungentuberkulose ausfüllt.

Aber auch die Untersuchungsergebnisse von P h i l i p p und die in meiner Klinik, wie auch die sehr interessanten von Koch erzielten Resultate lassen noch die Frage als ungelöst offen, ob diese oder jene Erscheinungen der Tuberkulose, mit Ausnahme des Fiebers, eine Folge der durch Ptomainentwicklung bewirkten Intoxication, oder ob sie als Ausdruck der Infection zu betrachten sind.

II.

Zusammenwirkung verschiedener Mikroorganismen.

Gemeinschaftliche Wirkung mehrerer Mikroben im allgemeinen.

Durch die Entdeckung des Tuberkelbacillus wurden der Wirkung dieses Mikroorganismus alle Erscheinungen der Phthisis ohne Weiteres zugeschrieben. Auch die Anhänger der chemischen Theorie der Infection führen alle Krankheitserscheinungen auf gewisse Ptomaine zurück, welche von dem Tuberkelbacillus producirt werden; sie finden demnach die phthisiogene Kraft nur einzig und allein in dem Tuberkelbacillus. Die klinischen Erscheinungen der Phthise und die pathologisch-anatomischen Veränderungen dieser Affection sind aber so ungemein verschieden, dass alle unmöglich das Product eines und desselben Mikroorganismus sein können. Wir müssen vielmehr annehmen, dass hier verschiedene pathogene Elemente gemeinschaftlich wirken.

Die Thatsache, dass zwei und noch mehr verschiedenartige pathogene oder nicht pathogene Mikroorganismen zusammenwirken können, lässt sich heutzutage nicht mehr bestreiten. Zahlreiche Versuche haben ferner gezeigt, dass das Vorhandensein des einen die Wirkung des andern steigert oder herabsetzt. Nach dieser Richtung hin scheint mir eine von Prof. R o g e r in Paris neuerdings gemachte Mittheilung von Wichtigkeit zu sein. Er fand nämlich, dass zwei Mikroben, welche gesondert auf Kaninchen applicirt werden, keine Wirkung ausüben, dass sie aber das Thier dann tödten, wenn sie gleichzeitig eingeimpft werden. Der eine dieser Mikroben ist der Prodigiosus, der die Gesundheit des Thieres gar nicht beeinträchtigt, so dass man, ohne dem Thiere zu schaden, zwei Cubikcentimeter einer Reincultur des Prodigiosus unter die Haut einspritzen kann. Der andere ist ein anaerober Bacillus, welcher das Thier innerhalb 24 Stunden unter den Erscheinungen einer Gangrän tödtet. Impft man die durch diese Gangrän producirte Gewebsflüssigkeit auf Thiere, so erzeugt das keinerlei Gesundheitsstörung.

Impft man aber eine Mischung dieser Flüssigkeit mit einer geringen Menge Prodigiosuscultur, so geht das Thier daran unfehlbar nach 24 Stunden zu Grunde.

Charrin weist darauf hin, dass diese von Roger mitgetheilte Thatsache durchaus nicht einzig in ihrer Art dasteht. Es gibt vielmehr noch andere Beispiele für die Thatsache, dass die Zusammenwirkung gewisser Mikroben die Intensität eines Virus vermehrt, während andere Mikroben zusammen die Intensität desselben vermindern. Diese Erscheinung muss durch die Wirkung eines chemischen Agens erklärt werden. So kann durch Milchsäure die Wirkung des Milzbrandbacillus gesteigert werden und zwar nicht etwa durch eine specifische Kraft dieser Säure, sondern nur deshalb, weil letztere die von den Bacillen angegriffenen Zellen schwächt. Andererseits kann die Wirkung des Milzbrandbacillus dadurch beeinträchtigt werden, dass man dem Thiere den Bacillus pyocyaneus oder die löslichen Producte dieses Bacillus einimpft. Auch Milzbrandculturen können allmählich ganz ungiftig gemacht werden, wenn man sie der Einwirkung des Bacillus pyocyaneus aussetzt.

Charrin stellt zur Erklärung dieser Erscheinung folgende Theorie auf: Wenn ein Mikrobe in den thierischen Organismus eindringt, so entwickelt sich ein Kampf mit den Zellen. ·Dieser Kampf kann durch das Vorhandensein einer chemischen Substanz modificirt werden. Ist die direct hinzugefügte (Milchsäure) oder indirect durch die Secretion eines Mikroorganismus (Prodigiosus, Pyocyaneus) entstandene Substanz besonders der Thierzelle schädlich, so wird dadurch die verheerende Wirkung des pathogenen Mikroorganismus unterstützt und gesteigert. Ist aber die hinzugefügte Substanz von solcher Beschaffenheit, dass sie dem pathogenen Agens gegenüber sich als deletär erweist, so wird letzteres abgeschwächt.

Zusammenwirkung von Mikroben beim Menschen.

In der menschlichen Pathologie kommen häufig Fälle vor, wo zwei oder mehrere Mikroorganismen ihre Wirkung gleichzeitig oder nach einander entfalten, und zwar in der Art, dass die Wirkung des einen die des anderen wesentlich beeinträchtigt. Zahlreiche Studien (Brieger, Ehrlich, Babes) haben ergeben, dass die Todesursache mancher Individuen, welche an Infectionskrankheiten zu Grunde gehen, nicht auf den diese Infection selbst erzeugenden Mikroorganismus, sondern auf eine Complication mit anderen Infectionsträgern zurückzuführen ist. So entsteht die Hautgangrän, welche bei Pustula maligna vorkommt, durch das Vorhandensein von Mikrococcen, welche immer den Milzbrandbacillus begleiten. Bei Scarlatina tritt ein tödtlicher Ausgang nicht sowohl durch das Scarlatinagift, als vielmehr durch das gleichzeitig sich entwickelnde Diphtheritisvirus ein.

Auch bei nicht infectiösen Krankheiten und bei solchen von zweifelhaft parasitärem Ursprung kann das tödtliche Ende durch eine später hinzutretende Infection verursacht werden. Das beobachten wir zum Beispiel bei gewissen Rückenmarkskrankheiten, welche trophische Störungen der Haut erzeugen. Die hier im späteren Verlauf der Krankheit sich entwickelnden Ulcerationen der Haut sind auf eine septicämische Infection zurückzuführen. Manche Tumoren: (Uterus- oder Mammacarcinom, Nasenpolypen) können die Quelle einer Infection sein, welche schliesslich den Tod des Individuums herbeiführt.

Beobachten wir den Verlauf einer Infectionskrankheit bei verschiedenen Individuen, so sehen wir, dass sich hier in Bezug auf Dauer und Manifestation der Krankheit grosse Unterschiede zeigen. So kommt es vor, dass das Fieber bei dem einen Morbillenkranken bald nach der Eruption aufhört, worauf eine kurze Reconvalescenz mit vollkommener Heilung folgt. Bei einem andern Morbillenkranken hört zwar das Fieber nach der Eruption auf, nach einigen Tagen wird aber der Patient von heftigen Ohrenschmerzen befallen: es erneuert sich das Fieber, die Schmerzen nehmen bald an Intensität zu, es entwickeln sich Cerebralstörungen, welche schliesslich mit dem Tode enden. Bei der Autopsie findet man eine Otitis media und einen Cerebralabscess. So verläuft dieselbe Krankheit bei zwei Individuen ganz verschieden. Bei der bacterioskopischen Untersuchung findet man pyogene Bacterien. Dieser Umstand weist darauf hin, dass die Morbillen selbst dem Patienten nicht geschadet, sondern nur den Weg zum Eindringen einer anderen Infection eröffnet haben. Die diese Infection erzeugenden Mikroorganismen haben schwache Gewebe, nämlich solche Zellen vorgefunden, deren Widerstandskraft durch ihren Kampf gegen andere Mikroorganismen bereits geschwächt war. Ich könnte noch zahlreiche andere ähnliche Beispiele anführen; die Praxis bietet solche sehr häufig dar. Ich beschränke mich aber darauf, nur ein namentlich von Zagari eingehend studirtes Beispiel von bacteriologischem Antagonismus anzuführen.

Emmerich konnte bekanntlich durch Impfung von frischen Erysipelculturen bei Kaninchen, nicht aber bei Meerschweinchen, eine Immunität gegenüber dem Milzbrand erzielen. Zagari bestätigte diese Thatsache und zeigte:

1. Dass zwei intravenöse Injectionen (0·5 *ccm*) von frischen Erysipelculturen genügen, um, wenn sie in Intervallen von 5—10 Tagen ausgeführt werden, ein Kaninchen gegen Milzbrand refractär zu machen:

2. dass man gut entwickelten Kaninchen gleichzeitig den Bacillus anthracis und den Fehleisen'schen Streptococcus einimpfen kann, indem

man letztere in der Umgebung der Milzbrandimpfstelle oder gar in die Vene injicirt, ohne dass das Thier dadurch an Milzbrand zu Grunde geht;

3. dass es gelingt, die Entwicklung des Milzbrandes bei Thieren zu verhindern, wenn man 6—12 Stunden nach der Milzbrandimpfung Erysipelcoccen injicirt.

Diese Thatsachen habe ich deshalb angeführt, weil analoge Verhältnisse auch in der menschlichen Pathologie vorkommen. So verschwinden z. B. Bobonen, wenn man Erysipelcoccen injicirt, und Keuchhustenanfälle pflegen mit dem Auftreten von Fieber aufzuhören.

Diesen Gedanken weiter verfolgend, hat Cantani versucht, eine Bacteriotherapie zu schaffen, d. h. Infectionskrankheiten durch Einführung eines anderen Mikroben zu beseitigen. Anstatt einen pathogenen Mikroorganismus anzuwenden, schlägt er vor, unschädliche Mikroben zu gebrauchen, um eine Infectionskrankheit zu beseitigen. „Allen, welche sich mit bacteriologischen Untersuchungen beschäftigen," sagt Cantani, „ist die Thatsache bekannt, dass gewisse Mikrophyten, wenn sie in Culturen von pathogenen Schizomyceten gerathen, die letzteren vollkommen zerstören, indem sie ihnen die Nahrung entziehen und die Lebensbedingungen derselben ungünstig beeinflussen. Diese Betrachtung und gleichzeitig auch die Berücksichtigung des Nutzens, welche Luftwechsel und der Genuss gewisser Wässer bei vielen Krankheiten gewährt, brachten mich auf den Gedanken, das Eindringen unschädlicher Bacterien zur Bekämpfung der Wirkung pathogener Mikroorganismen zu verwerten." So entstand im Jahre 1883 die Bacteriotherapie.

Neben manchen günstigen Erfolgen dieser Heilmethode der Tuberkulose wurden aber auch recht ungünstige, resp. negative Resultate erzielt. Ich werde diesen Gegenstand im 3. Theil dieses Werkes ausführlich behandeln.

Zusammenwirkung verschiedener Bacterien bei der Tuberkulose.

In Lungencavernen wurde von Koch ein Mikroorganismus gefunden, den Gaffky später beschrieb und als Mikrococcus tetragonus bezeichnete. Dieser wurde auch im Sputum von Phthisikern und auch in dem Expectorate gesunder Personen gefunden. Unter 50 Personen, welche keine Spur einer Lungenkrankheit hatten, fand Biondi den Mikrococcus tetragonus dreimal. Demnach hat dieser Mikroorganismus keine Beziehung zur Tuberkulose und zu anderen Krankheiten.

Der Mikrococcus tetragonus gehört zur Classe der äroben Bacterien. Er ist ein μ. gross und besteht aus vier Theilen, welche von einer starken gelatinösen oder schleimigen Hülle umgeben sind; diese zeigt sich jedoch nur dann, wenn der Mikrococcus sich im thierischen

Organismus entwickelt. Nach dieser Richtung hin hat er eine gewisse Verwandtschaft mit dem Fränkel'schen und dem Friedländer'schen Kapselcoccus. Er lässt sich mit Anilinfarben intensiv färben, während die Kapsel nur sehr wenig Farbe annimmt. Auch kann man hier die Gram'sche Methode mit Vortheil anwenden. Der Mikrococcus tetragonus hat wohl manche Aehnlichkeit mit der Sarcine, unterscheidet sich aber von dieser dadurch, dass er nicht nach drei, sondern nur nach zwei Richtungen getheilt ist. Deshalb bilden die Tetragonuskugeln zusammen keine würfelartige Form, sondern nur eine Platte, deren Elemente in einer Ebene liegen.

Die Culturen des Mikrococcus tetragonus gedeihen auf jedem Nährboden. Der Mikrococcus bedarf, obwohl er zu äroben gehört, nur wenig Sauerstoff; er entwickelt sich sogar bei völligem Luftmangel. Auf Gelatinplatten treten nach 24—48 Stunden kleine weisse Punkte auf, welche zuerst innerhalb des Nährbodens sich entwickeln, bald aber an die Oberfläche desselben treten. Sie sehen dann wie weiss glänzende Porzellanknöpfchen aus.

Impft man den Mikrococcus tetragonus auf Gelatineröhrchen, so sieht man längs des ganzen Impfstiches runde Massen sich entwickeln, welche zuerst klein anfangen und dann immer grösser, immer umfangreicher werden, bis sie schliesslich auf der Oberfläche einen halbkugelförmigen, mit einer Delle in der Mitte versehenen, milchweissen Knopf bilden.

Die geringste Menge dieser Culturen erweist sich für weisse Mäuse und für Meerschweinchen als virulent, dagegen zeigen sich gewöhnliche Mäuse, Kaninchen und Hunde fast ganz refractär. Sie vertragen selbst eine subcutane oder eine intravenöse Injection dieser Culturen.

Die Virulenz dieser Culturen bleibt lange Zeit hindurch unverändert bestehen, nach Biondi sogar 20 Wochen lang. Eine im hygienischen Institut in Berlin häufig erneuerte Cultur war noch nach 4 Jahren virulent.

Die Zusammenwirkung verschiedener Bacterien bei der Tuberkulose wurde besonders eingehend von Babes studirt. Dieser Autor erzielte folgende Resultate:

Bei der Untersuchung tuberkulöser Veränderungen verschiedener Organe fand er neben dem Koch'schen Bacillus noch verschiedene andere Mikroorganismen, besonders den Streptococcus aureus und albus.

Der gangränisirte Theil tuberkulöser Herde und die Schleimhautgeschwüre enthalten mehr oder weniger virulente saprogene Bacterien oder auch andere Bacterien, welche sich im Organismus ausbreiten und besonders Blutungen, sowie einen schnellen Zerfall der tuberkulösen Producte erzeugen.

Bei der tuberkulösen Pneumonie, auch selbst bei Pleuritis, Peritonitis und Meningitis findet man neben dem Koch'schen Bacillus noch
andere Mikroorganismen. Diese sind es besonders, welche die Entzündung
in dem betroffenen Organe erzeugen. Es handelt sich je nach vorliegendem
Falle um den Mikrococcus lanceolatus capsulatus um den Fränkel'schen
oder um den Friedländer'schen Kapselcoccus.

Die Tuberkulose an sich ohne Complicationen führt, namentlich bei
Kindern, sehr selten zum Tode. Gewöhnlich öffnen die tuberkulösen Veränderungen den Weg für andere Bacterien. In anderen Fällen kann man
dagegen annehmen, dass die saprogenen Bacillen die Entwicklung des
Koch'schen Bacillus begünstigen, wenn sie in tuberkulöse Herde eindringen. Die latente Tuberkulose, welche bei Kindern unter der Form
der Lymphdrüsentuberkulose sehr häufig vorkommt, kann unter dem
Einfluss anderer Mikroben, welche die erste Infection compliciren, activ
hervortreten.

Solles beschrieb einen Mikroorganismus, der neben dem Kochschen Bacillus in tuberkulösen Lungen der Menschen vorkommt. Dieser
Mikroorganismus lässt sich nachweisen:

1. Durch Impfung auf Kaninchen, in Folge deren diese innerhalb
1—12 Monaten an einer Krankheit sterben, welche sich durch gewisse
constante und charakteristische Läsionen von der Tuberkulose unterscheidet;

2. durch Culturen auf Kaninchenblut:

Der in Rede stehende Mikroorganismus kommt auch im Expectorat
und im Blute Tuberkulöser vor.

Im Sputum ist der Nachweis der Bacillen leicht, schwieriger gelingt
derselbe im Blute, weil das Fibrin bald gerinnt.

Massalongo fand bei zwei Tuberkulösen, welche an acuter
lobärer pneumonischer Infiltration zu Grunde gegangen waren, zahlreiche
Pneumococcen in dem hepatisirten Theile der Lungen, während die oberen
Lungenlappen nur den Koch'schen Bacillus enthielten.

Eigene Beobachtungen.

Bei einer so eminent lange dauernden Krankheit, wie sie die Tuberkulose in den meisten Fällen darstellt, ist es leicht begreiflich, dass sich
verschiedene Mikroorganismen in den kranken Theilen ansiedeln, welche,
direct oder indirect wirkend, den Tod des Patienten nach längerer oder
kürzerer Zeit herbeiführen können. Ich habe bereits oben darauf hingewiesen, dass die Mikroorganismen der Tuberkulose und die der Syphilis
ein prägnantes Beispiel von Symbiose darstellen. Der Tuberkelbacillus
findet in Lungen mit syphilitischen Läsionen einen sehr günstigen
Nährboden.

Umgekehrt kommt es aber, wie mich die Erfahrungen in meiner Praxis gelehrt haben, vor, dass die Syphilis sich besonders leicht und schnell bei solchen Personen entwickelt, die an Lungenphthise leiden.

Bei ein und derselben Thiergattung verläuft eine Impfung mit Tuberkelvirus ganz verschieden. Manche Meerschweinchen gehen nach einem Monat unter den Zeichen einer beginnenden Tuberkulose zu Grunde, andere aber leben, stark abmagernd, noch 4—5 Monate, während tuberkulöse Infiltrationen sich in den meisten Organen entwickeln.

Diese bei Meerschweinchen wie auch bei anderen Thieren häufig gemachten Beobachtungen, wie auch die Thatsache, dass die menschliche Phthise einen so ungemein verschiedenartigen Verlauf und verschiedene Complicationen darbietet, haben mich veranlasst, denjenigen Mikroorganismen eine grössere Aufmerksamkeit zuzuwenden, welche sich in den aus tuberkulösem Material der Meerschweinchen hergestellten Culturen vorfinden.

Zu dem bezeichneten Zwecke legte ich sieben Serien von Culturen an, indem ich als Nährboden coagulirtes Rinderblutserum und Gelatine verwendete. In vieren dieser Culturen entwickelten sich Bacillen, welche von den Tuberkelbacillen wohl zu unterscheiden waren. In zwei Culturen fand ich einen aus 5 —10 kettenartig angeordneten Coccen bestehenden Mikroorganismus. Jeder dieser Coccen hatte einen Durchmesser von 1 μ. Dieser Mikroorganismus entwickelte sich in der Nährgelatine schon bei gewöhnlicher Temperatur, besser aber noch bei 25° längs der von der Impfnadel zurückgelegten Strecke, und stellte einen dünnen knotigen Faden dar. Die Gelatine wurde nicht verflüssigt. Auf Blutserum nahm die Cultur eine streifenförmige Gestalt an und hatte eine grauweisse Färbung, sie glich also dem Streptococcus pyogenes.

Aus der dritten Cultur erhielt ich Micrococcus tetragonus, indem jedes Individuum aus vier Elementen bestand. In den Gelatineröhrchen sahen die Culturen grauweiss aus. Sie entwickelten sich sowohl im Innern der Gelatine, den Spuren der Impfnadel folgend, wie auch in grösserem Umfange an der Oberfläche. Die Gelatine wurde von diesem Mikroorganismus nicht verflüssigt. Auf Blutserum sahen die Culturen weiss aus. Sie glichen ganz und gar dem Micrococcus tetragonus, den Koch im Sputum und in den Cavernen von Tuberkulosen fand.

Die vierte Cultur enthielt einen eigenthümlichen Bacillus, wie ich ihn noch nie bei einem an Tuberkulose verendeten Thiere gefunden habe. Es handelte sich um einen dünnen, 0·4—0·6 μ breiten, verschieden langen Bacill, der bald nur wenige Mikromillimeter mass, bald über das ganze Gesichtsfeld sich erstreckte. Die längeren Bacillen bestanden aus zwei bis drei Gliedern. Es fanden sich auch viele freiliegende, ovale, stark lichtbrechende Kapseln.

Der beschriebene Bacillus entwickelt sich auf Blutserum, dagegen nicht auf Nährgelatine. Zur Entwicklung desselben genügen 30⁰ C., schneller vermehrt er sich aber bei 38⁰ C.

Bei allen in meinem Laboratorium angestellten Versuchen konnte der von Soller beschriebene und von diesem Autor bei Tuberkulösen gefundene Bacillus nicht constatirt werden.

Erklärung der verschiedenen Krankheitstypen der Tuberkulose.

Die hier mitgetheilten Untersuchungsresultate geben die Erklärung der grossen Verschiedenheit, durch welche sich die Tuberkulose in Bezug auf Symptome und Verlauf auszeichnet, an die Hand. Die Tuberkulose bleibt freilich auch nach den heutigen Anschauungen eine eigene Krankheitsspecies, sie ist nur zahlreichen Modalitäten unterworfen, welche in den einzelnen Fällen auftreten. Gewöhnlich rührt die tuberkulöse Krankheit nicht bloss von der Wirkung der Koch'schen Bacillen, sondern auch von derjenigen verschiedener pathogener und nicht pathogener Mikroorganismen her. Unter diesen scheinen die pyogenen Mikrococcen die Hauptrolle zu spielen. Das Vorhandensein derselben erklärt auch den eiterigen Katarrh, die Erweichung der Gewebe und die wahren Abscesse, welche in Begleitung von tuberkulösen Läsionen aufzutreten pflegen.

Zweifellos gesellt sich zu dem tuberkulösen Processe in eiteriger Process hinzu. Bei dieser Erscheinung lassen sich zwei Erklärungsgründe anführen: die Eiterung kann entweder sich durch die Einwirkung der Tuberkelbacillen selbst entwickeln oder aber sie entsteht dadurch, dass der von den Tuberkelbacillen betroffene Organismus einen günstigen Boden zur Entwicklung der pyogenen Mikrococcen bildet. Nach meiner Meinung trifft die letztere Erklärung für die meisten Fälle zu.

Nach Hueter kommt eine Eiterung nur durch Einwirkung von Bacterien zu Stande. „Es gibt keine Eiterung", sagt er, „ohne lebendige Mikroorganismen." Grawitz aber behauptet, dass Bacterien allein noch nicht im Stande sind, eine Eiterung zu erzeugen; es müssen noch andere Factoren hinzutreten, nämlich eine offene Wunde oder, in Ermanglung einer solchen, chemische oder mechanische Einflüsse, welche den Boden zum Gedeihen der Coccen vorbereiten. Auch einfache chemische Substanzen verschiedener Art (Ammoniak, Silbernitrat, Terpentinöl, Ptomaine) können, selbst wenn sie ganz und gar frei von Bacterien sind, einen deutlich ausgesprochenen Eiterungsprocess erzeugen. Wenn ich auch die Möglichkeit, dass Eiterungsprocesse bloss in Folge von chemischen Substanzen entstehen, nicht gänzlich ableugnen will, so schliesse ich mich doch der Ansicht Baumgartens an, dass nichtbacterielle Eiterungsprocesse nur einen secundären Wert den bacteriellen gegenüber haben. Die letzteren kommen am häufigsten vor und können entweder local oder auf metastatischem Wege fortschreiten. Diese Eigenschaft findet man nicht bei den durch chemische Einwirkung zustande gekommenen Eiterungen.

Die experimentellen und die bacteriologischen Untersuchungen haben gezeigt, dass es einige ganz bestimmte Mikroorganismen, gibt, welche die Eiterung erzeugen und dann constant bei jedem Eiterungsprocess gefunden werden können, mag es sich um einen kleinen Furunkel oder um eine weit ausgedehnte Phlegmone handeln. Diese Thatsache ist durch die Untersuchungen von Ogston, Rosenbach, Strauss, Scheurlen, Passet, Klemperer und Biondi zweifellos festgestellt worden.

Ebenso wie chemische, reizende Agentien, wie z. B. Terpentin und Crotonöl, eine Eiterung erzeugen können, ist es durchaus nicht unwahrscheinlich, dass auch Tuberkelbacillen durch Vermittlung gewisser Ptomaine denselben Effect zu erzielen vermögen. Hat ja Fränkel sogar nachgewiesen, dass wahrer Eiter nie durch die Wirkung von Tuberkelbacillen entstehen kann. Auf Grund mehrerer Cultur- und Thierversuche und gewisser Leichenbefunde scheint mir die Annahme richtig zu sein, dass der Tuberkelbacillus gewöhnlich eine Neubildung erzeugt, welche zur Reihe der Infectionstumoren (Cohnheim) gehört. Dieselben Tuberkelbacillen rufen aber theils durch einen specifischen Reiz, theils durch den Einfluss gewisser Ptomaine einen reactiven Entzündungsprocess hervor, der aber nur catarrhalischer, exsudativer, interstitieller, nicht aber eiteriger Natur ist. Es tritt dann als unausbleibliche Folge eine regressive Metamorphose der Neubildung ein, wie sie besonders von Weigert studirt wurde. Diese Umwandlung hängt von einem partiellen Tode ab, von einer Coagulationsnekrose der zelligen Elemente. In diesen drei verschiedenen Phasen spielt sich der tuberkulöse Process im Wesentlichen ab.

Es entwickelt sich also zuerst eine infectiöse Neubildung, die nicht so sehr durch Auswanderung von weissen Blutkörperchen, als vielmehr durch Proliferation der festen Gewebszellen erzeugt wird. Hieran betheiligen sich die Bindegewebe und die Epithelialzellen; durch Kerntheilung entstehen aus epitheloiden Zellen Riesenzellen.

Die zweite Phase ist durch verschiedene reactive Processe charakterisirt. Diese stellen verschiedene Formen von Entzündung dar, mit Ausnahme der eiterigen.

In der dritten Phase treten schliesslich käsige Metamorphosen auf, und zwar wahrscheinlich durch die Wirkung der Bacillen selbst, nicht aber, wie bisher allgemein gelehrt wurde, durch das Fehlen von Blutgefässen in dem neugebildeten Gewebe.

Die erste Phase kann in manchen Fällen fehlen, so dass nur
gewöhnliche katarrhalische Entzündungsprocesse als einziges Product der
tuberkulösen Infection auftreten. Auch die dritte Phase der localen Veränderungen kann ausfallen.

Was nun die Eiterungsprocesse anbelangt, so kommen sie gewöhnlich
im Verein mit den tuberkulösen Veränderungen vor; sie entstehen dann
durch Einwirkung pyogener Mikrococcen. Gelingt es nämlich, mit grosser
Vorsicht, Reinculturen von Tuberkelbacillen zu überimpfen, so entstehen,
wie ich es später zeigen werde, ganz andere Resultate, als nach gewöhnlichen Impfungen.

Was nun den in tuberkulösen Producten so häufig vorkommenden
Mikrococcus tetragonus anbelangt, so ist es nicht unwahrscheinlich,
dass er das gewöhnliche Bild der Lungenschwindsucht erheblich zu
modificiren vermag. Man hat bis jetzt noch nicht feststellen können, ob
dieser Mikroorganismus für den Menschen schädlich ist oder nicht. Impfversuche müssen nach meiner Ansicht verworfen werden, selbst wenn
man sie zu Heilzwecken ausführt. Nur eine unschädliche Bacteriotherapie,
wie sie Cantani vorgeschlagen hat, darf allein als zulässig erachtet werden.
Wir haben aber ein indirectes Mittel in Händen, um festzustellen, ob der
Mikrococcus tetragonus eine schädliche Wirkung auf den menschlichen Körper
ausübt. Man braucht ja bloss diejenigen klinischen Fälle, wo der genannte
Mikroorganismus vorwiegt, mit anderen zu vergleichen, in welchen keine
Spur dieses Coccus zu finden ist. Unterscheiden sich diese beiden
klinischen Krankheitsgruppen von einander?

Bietet die eine gewisse Merkmale, die der anderen abgehen?

Ich habe nach dieser Richtung hin seit einiger Zeit in meiner
Klinik Untersuchungen angestellt. Sie dauern aber viel zu lange, als dass
ich jetzt schon in der Lage wäre, obige Fragen zu beantworten. Ebenso-
wenig kann ich jetzt schon sagen, ob der oben erwähnte, von mir
gefundene dünne Bacillus eine pathogene Wirkung hat.

Andererseits ist es zweifellos, dass die pyogenen Mikrococcen sich
neben einigen weniger häufigen und wichtigen Mikroorganismen in tuberkulösem Gewebe sehr gut entwickeln und die Form, den Verlauf und die
Natur der tuberkulösen Krankheit sehr erheblich modificiren. So kommt
es, dass das Krankheitsbild bei verschiedenen Personen ein ganz ver-
schiedenes Gepräge annimmt.

Drittes Capitel.

I.

Locale und allgemeine Tuberkulose.

Hauttuberkulose.

Die Localtuberkulose werde ich hier, wo es sich besonders um die Lungentuberkulose handelt, sehr kurz besprechen. Sie interessirt ja hauptsächlich nur die Chirurgen.

Die Tuberkulose kann sich auf der Haut primär oder secundär entwickeln. Ich übergehe hier alle zweifelhaften Fälle und bespreche nur einige von denjenigen, welche nach den Entdeckungen von Koch und Villemin beschrieben worden sind.

In der Klinik von Kaposi in Wien beobachtete Riehl zwei Fälle von Hauttuberkulose. Bei einem derselben waren neben vielen Geschwüren an der Schleimhaut des Mundes, des Larynx und der Trachea ein Geschwür an der Oberlippe zwischen Nase und Mundschleimhaut vorhanden. Der andere Patient hatte ein Geschwür, welches das linke äussere Nasenloch umgab, und ausserdem noch Geschwüre an der Lippenschleimhaut und am Zahnfleisch. Beide Patienten litten gleichzeitig an Darmtuberkulose, während die Lungen bei dem einen intact waren. Die Ränder der Hautgeschwüre waren insofern charakteristisch, als sie eine Reihe kleiner Krankheitsherde zeigten. Es waren hellgelbe durchscheinende Miliarknötchen, welche später zerfielen und so wieder kleine Geschwüre bildeten.

Peyrot berichtete im zweiten chirurgischen Congress zu Paris (1886) von einem Falle, wo ein Mann an chronischem Rheumatismus litt und periarticuläre Ablagerungen an der Phalanx des Mittelfingers hatte. Wegen einer acuten Entzündung machte man bei diesem Patienten eine Incision und fand in der Tiefe der Operationswunde einen käsigen Herd. An den Lungenspitzen waren einige zweifelhafte Veränderungen wahrzunehmen, der amputirte Finger enthielt tuberkulöse Substanzen. Tricomi beschreibt einen in der Klinik von Professor D'Antona beobachteten Fall, welcher einen zweijährigen, mit multiplen Tuberkelherden der Haut, der Knochen, der Synovialkapsel und der Testikel behafteten Knaben betraf. Die Untersuchung der Brust- und Bauchorgane ergab ein negatives Resultat. Die Granulationen und die käsigen Massen enthielten keine Koch'schen Bacillen. Dagegen zeigten die angelegten Culturen, wie auch die Impfungen auf Meerschweinchen und Kaninchen, dass die localen Veränderungen zweifellos tuberkulöser Natur waren.

Als merkwürdige Beispiele von Hauttuberkulose erwähne ich die von Riehl und Paltauf beschriebenen. Sie wurden in diesem Buche bereits erwähnt und kamen in der Klinik von Professor Kaposi zur Beobachtung.

Die Affection ergreift beide Geschlechter, besonders aber das männliche. Sie kommt auf dem Rücken einer oder beider Hände vor, manchmal auch auf der Rückenfläche der Finger, zwischen einem und dem anderen Finger, und selten auf der Palma manus und am unteren Theile des Vorderarmes. Auf den ersten Blick könnte man die Affection des Lupus verrucosus auffassen, weil besonders Gruppen von entzündlichen Knötchen auffallen. Deshalb hat man die Affection als Tuberculosis verrucosa cutis bezeichnet. Sie tritt in Form von Plaques auf, welche eine runde, ovale oder eine serpiginöse Gestalt haben, wenn mehrere kleinere Plaques sich an den Rändern berühren. Die Plaques vergrössern sich dadurch, dass sich an der Peripherie neue kleine Heerde bilden. Deshalb sieht man an den älteren Plaques, dass die Ränder die ersten Stadien der Affection zeigen, während der Process im Centrum die Acme schon erreicht oder bereits überschritten hat. Bei den in Vergrösserung begriffenen Plaques beobachtet man daher einen erythematösen Rand, welcher eine braune oder livide aus kleinen disseminirten Pusteln bestehende Prominenz umgibt.

Während der Entwicklung der Krankheit leiden die betreffenden Individuen an einem Druckgefühl, welches sich bei Berührung mit der Hand zu einer Schmerzempfindung umwandelt. --- Die an der beschriebenen Affection erkrankten Individuen sind gewöhnlich solche Personen, welche sich berufsmässig viel mit Vieh zu beschäftigen haben. — Die Krankheit nimmt einen chronischen Verlauf. — Histologisch bietet sie die Zeichen einer tuberkulösen Infiltration mit Riesenzellen. In diesen Zellen und anderwärts findet man Tuberkelbacillen.

Leloir beschreibt ausserdem noch eine andere Form von Hauttuberkulose, die sich durch Eiterung charakterisirt.

Hanot hat ferner einen Fall von tuberkulösen Geschwüren am Vorderarm beschrieben. Dieselben hatten eine serpiginöse Form und boten das Bild einer Lymphangoitis ulcerosa oder progressiva dar. Der Eiter, die Ränder und der Boden dieser Geschwüre zeigten eine beträchtliche Quantität von Tuberkelbacillen. Der Patient starb an Lungentuberkulose.

Auf dem medicinischen Congress zu Pavia (1887) theilte Prof. Campana in einem Vortrag über „Tuberkulose der Haut und der Genitalien" drei entsprechende Fälle mit. Bei dem einen war eine Tuberkulose verrucosa der Hand vorhanden. Der zweite zeigte tuberkulöse Ulcerationen der Genitalien.

Campana weist auf die Möglichkeit einer Uebertragung der Tuberkulose mittels Coitus hin. Wenn die Genitalien tuberkulös erkrankt sind, so könnte die entsprechende Affection durch den Beischlaf gewissermaassen überimpft werden.

Es würde mich zu weit führen, wollte ich noch alle anderen Fälle von Hauttuberkulose aus der Literatur anführen. Wichtiger als diese Casuistik scheinen mir aber die Studien über die Natur des anatomischen Tuberkels und des Lupus zu sein.

Manche Anatomen zeigen eine grosse Resistenz gegenüber dem sogenannten anatomischen Tuberkel, und leiden nur selten an dieser Affection, obwohl sie Jahre lang zahlreiche Sectionen ausführen.

Die Krankheit heilt sehr leicht, entweder spontan oder infolge einer localen Behandlung. Hérard, Cornil und Hanot beobachteten Fälle von anatomischem Tuberkel, ohne in diesem Tuberkelbacillen finden zu können. Dieses negative Resultat beweist jedoch nicht, dass die bezeichnete Affection nicht tuberkulöser Natur ist; denn nur bei bacterioskopischer Untersuchung konnte man Tuberkelbacillen nicht finden, eine Impfung hätte doch wohl ein positives Resultat ergeben.

Der Lupus wird jetzt allgemein — von wenigen Ausnahmen abgesehen — als eine tuberkulöse Krankheit betrachtet.

Die tuberkulöse Natur des Lupus wurde von vielen Beobachtern schon vor der Koch'schen Entdeckung richtig erkannt. Diese Ansicht vertheidigte Alibert in Frankreich und Friedländer in Deutschland. Der erstere wies auf die scrophulöse Natur des Lupus hin, während der letztere zeigte, dass der Lupus aus einer tuberkulösen Neubildung besteht.

Koch fand in Lupusherden Tuberkelbacillen, eine Beobachtung, welche später auch von vielen anderen Forschern bestätigt wurde.

Der Tuberkelbacillus kommt vor im Lupus scleroticus und im Lupus vulgaris oder tuberculosus, und zwar sowohl in der ulcerirten wie auch in der nicht ulcerirten Form desselben (Lupus exedens und non exedens). Der Lupus tuberculosus fängt mit kleinen harten Knötchen an, die in der Tiefe des Cutis liegen und entweder isolirt bleiben oder im weiteren Verlaufe der Krankheit confluiren. Im letzteren Falle bilden sie kleine, röthliche, gelbliche oder bräunliche Gruppen. Manchmal blättert sich die Epidermis ab (Lupus exfoliativus) und bildet ohne Ulcerationen eine weisse eingesenkte Narbe. In anderen Fällen kommt es zu mehr oder weniger ausgedehnten Geschwüren (Lupus ulcerosus). — Der Lupus scleroticus sieht wie Papillome oder Warzen aus. Es kommt entweder primär oder secundär, dem Lupus tuberculosus sich anschliessend, vor. Der sclerotisirende Process beginnt am Rande und schreitet von hier nach dem Centrum hin fort.

Die tuberkulöse Natur des Lupus wurde übrigens von einigen geleugnet. Ich erwähne nur Schwimmer, welcher seine Ansichten durch folgende Gründe stützt:

1. Die bekannte Seltenheit der Hauttuberkulose bei der relativen Häufigkeit des Lupus und der Unterschied in der Entwicklung beider Affectionen.

2. Die Tuberkulose tritt zuerst und fast ausschliesslich auf der Schleimhaut auf und erstreckt sich erst secundär auf die Haut. Beim Lupus ist das Umgekehrte der Fall.

3. Der verschiedene Einfluss, den lupöse und tuberkulöse Läsionen auf den Allgemeinzustand des Körpers ausüben. Nach Lupus tritt eine Allgemeintuberkulose sehr selten auf.

4. Man kann 20—30 Schnitte von Lupus untersuchen, ohne einen einzigen Tuberkelbacillus zu finden, während solcher in dem Gewebe der Hauttuberkulose so häufig wie im Expectorat der Phthisiker vorkommt.

Alle die hier angeführten Argumente lassen sich aber widerlegen. Wie viele anderen tuberkulösen Läsionen, so enthalten auch die des Lupus nur sehr wenige Bacillen. Cornil und Leloir haben unter 12 Fällen von Lupus den Tuberkelbacillus nur ein einziges Mal gefunden

Malassez untersuchte mehrere Fälle von Lupus auf Tuberkelbacillen mit negativem Erfolge. Auch Koch musste in einem Falle 27 Schnitte und in einem anderen 43 Schnitte untersuchen, bis es ihm gelang, einen einzigen Tuberkelbacillus zu finden. Dieses seltene Vorkommen specifischer Mikroorganismen beweist sicherlich nicht, dass die Krankheit nicht tuberkulöser Natur ist. Die von Leloir, Cornil und Koch ausgeführten Impfungen und die Entwicklung der auf Rinderblutserum angelegten Culturen lehren, dass man es mit einer tuberkulösen Krankheit zu thun hat.

Mikropolyadenopathia diffusa oder Polyadenopathia diffusa (Grancher). Unter dieser Bezeichnung wurden von Legroux und später von Marinescu und Grancher die kleinen, gewöhnlich runden, harten und indolenten Lymphdrüsen beschrieben, welche direct unter der Haut liegen, sich wie Erbsen anfühlen und weder untereinander, noch mit der Haut oder mit der Unterlage verwachsen sind. Solche Drüsen findet man hauptsächlich in der Inguinalgegend, in dem Triangulum Scarpae; sie liegen dort zwischen der Haut und der Fascia cribrosa und sind sehr leicht zu finden, während die unterhalb des Arcus cruralis gelegenen Drüsen eine eingehende und sorgfältige Untersuchung erfordern. Die Drüsen am Halse sind wegen der hier vorhandenen sehr dünnen Haut sogar leicht sichtbar. Gewöhnlich sind auch die Achseldrüsen vergrössert.

Legroux fasst seine Untersuchungen über die Polyadenopathia diffusa in folgenden Sätzen zusammen:

1. Jeder an einer localen Tuberkulose (Coxalgie, Tumor albus, Malum Pottii) leidende Patient zeigt ohne Ausnahme die oben beschriebene Polyadenopathie.

2. Wenn ein an allgemeiner Lymphdrüsenerkrankung leidender Patient an irgend einer accidentellen Krankheit zu Grunde geht, so findet man bei der Section immer deutlich ausgesprochene tuberkulöse Veränderungen (verkäste Lymphdrüsen an der Trachea, an den Bronchien und im Mediastinum), ja manchmal sogar eine Pleuris oder eine tuberkulöse Peritonitis, die bis dahin latent geblieben ist.

3. Liegen auch meningitische Veränderungen vor, die an sich zweifelhafter Natur sind, so muss man sie als tuberkulös ansehen, wenn gleichzeitig eine Polyadenopathia diffusa vorhanden ist.

4. Zeigt ein Kind nach überstandenem Keuchhusten oder Masern Unterleibsbeschwerden, fieberhafte Erscheinungen oder allgemeine Körperschwäche, so deutet das gleichzeitige Vorhandensein einer allgemeinen Adenopathie auf die tuberkulöse Natur des Leidens hin.

Grancher stimmt diesen Sätzen zwar zu, bezweifelt jedoch die regelmässige Beziehung zwischen Mikroadenopathie und Tuberkulose. Nach den Erfahrungen meiner Praxis muss ich aber der Ansicht Legroux. zustimmen, dass nämlich eine Polyadenopathia diffusa stets als eine tuberkulöse Affection aufzufassen ist.

Tuberkulose der Schleimhaut.

Die Tuberkulose kommt auf der Schleimhaut in primärer und secundärer Form vor. Manchmal zeigt sich eine scheinbar nur einfach katarrhalische Affection bei genauer Untersuchung als tuberkulöser Natur.

Wie Thierversuche dargethan haben, kann eine Tuberkulose des Fauces sehr leicht durch solche Nahrungsmittel entstehen, welche Tuberkelbacillen enthalten. Ausser dieser primären Affection des folliculären Apparats des Pharynx kann sich diese Affection hier auch in secundärer Weise dadurch manifestiren, dass das Excret grosser Lungencavernen ansteckend wirkt. So findet man auch bei der Section von tuberkulösen Leichen mit Lungencavernen sehr häufig Intestinalgeschwüre und, wie Strassmann gezeigt hat, nicht selten sogar tuberkulöse Knötchen in den Tonsillen. Erwägt man nun, dass diese Affectionen neben den Lungenveränderungen die einzigen erkennbaren Manifestationen des tuberkulösen Processes im Körper des Phthisikers sind, so lässt sich das nicht anders erklären, als durch die Annahme, dass die Darmveränderungen durch verschluckte Sputa entstanden sind.

Verneuil theilt einen Fall von Tuberkulose der Unterlippe mit: Einem jungen Manne wurde ein Tumor exstirpirt, welcher die ganze innere Fläche der Unterlippe einnahm. Man bemerkte hier eine unregelmässige, etwa dreieckige Geschwulst. Dieselbe hatte sich scheinbar unterhalb der Schleimhaut entwickelt und war mit dieser verwachsen. Zur Ulceration kam es jedoch nicht, auch war die Schleimhaut nicht verfärbt. Andere Veränderungen mit Ausnahme einer alten Narbe scrophulösen Ursprungs konnten bei dem Patienten nicht gefunden werden. Die Affection musste als locale Tuberkulose diagnostirt werden. Diese hatte sich wahrscheinlich in einer Lymphdrüse entwickelt und blieb daselbst lange Zeit hindurch in latentem Zustand.

In der Umgebung der Drüse war es zu Reizerscheinungen gekommen, welche durch allmähliche Sclerotisirung schliesslich zur Heilung geführt hatten.

Bryson Delavau theilte sieben Fälle in einer Arbeit mit, in welcher er 114 ähnliche Fälle aus der Literatur zusammenstellt. Von diesen entfallen auf:

Zunge	51 Fälle	= 45 %
Pharyux	24 ,	= 21 ,
Mundschleimhaut .	22 ,	= 19 .
Velum pend.	8 ,	= 7 ,
Tonsillen	4 .	= 3·5
Nasenhöhle	5 .	= 4·5

Zungentuberkulose kommt demnach am häufigsten unter allen tuberkulösen Manifestationen des Mundes vor. Bei Frauen trifft man sie seltener als bei Männern. In sehr vielen Fällen zeigt sie sich als primäre Affection. Man findet sie gewöhnlich an der Spitze der Zunge und in der Nähe derselben vor, am seltensten auf dem hinteren Theile der Zunge Zungentuberkulose kommt in jedem Alter vor, gewöhnlich jedoch im mittleren Lebensalter. Die Affection dauert wahrscheinlich nur sehr kurze Zeit. Delavau, der die hier angeführten Thatsachen feststellt, weist besonders darauf hin, dass während secundäre Ulcerationen der Zunge relativ leicht zu diagnosticiren sind, die primäre Form dieser Affection sich sehr schwer feststellen lässt; denn die Zeichen und die Symptome dieser Affection haben wenige charakteristische Merkmale an sich. Findet man Tuberkelbacillen, so spricht das mit Bestimmtheit für die tuberkulöse Natur der Krankheit: diese kann aber nicht mit Bestimmtheit ausgeschlossen werden, wenn Tuberkelbacillen in dem Geschwüre sich nicht feststellen lassen.

Die Prognose der Zungentuberkulose ist sehr infaust.

Baginsky demonstrirte in der medicinischen Gesellschaft zu Berlin (1887) zwei Kranke mit tuberkulösen Eruptionen am Zahnfleisch und an den Mandeln. Der eine dieser Patienten war ein 32jähriger Mann, der sechs Jahre vorher an einer acuten Pleuritis gelitten hatte. Es folgten dann entsprechende Affectionen der Lunge und des Kehlkopfes.

und schliesslich erkrankte auch das Zahnfleisch an Tuberkulose. An dem Zahnfleischrande des Oberkiefers sah man kleine Miliarknötchen und solche waren auch am harten Gaumen wahrzunehmen. An den hier bezeichneten Stellen wie auch am Velum pendulum sah man ausserdem mehrere Geschwüre, deren Excret eine geringe Menge Tuberkelbacillen enthielt. — Der zweite Patient war 38 Jahre alt und litt schon zwei Jahre an Larynxtuberkulose, dann entwickelte sich die gleiche Affection an den Mandeln, und man konnte auch hier das Vorhandensein von Tuberkelbacillen constatiren.

Bonome beschrieb im Jahre 1883 einen Fall von isolirter Tuberkulose des Pharynx. Späth theilt zwei Fälle von Tuberkulose der weiblichen Geschlechtsorgane mit, welche in der Freund'schen Frauenklinik beobachtet wurden. In dem einen Fall war eine primäre Tuberkulose in den Eileitern, den Eierstöcken und auf der Gebärmutterschleimhaut wahrzunehmen. In anderen Organen entwickelte sich die Tuberkulose später. Die zweite Patientin litt an einer deutlich ausgesprochenen tuberkulösen Endometritis mit weit ausgedehnten tuberkulösen Geschwüren an der Portio vaginalis. Ausserdem war noch eine tuberkulöse Salpingitis und Peritonitis vorhanden. Späth stellte in seiner Arbeit 119 Fälle von Tuberkulose der weiblichen Geschlechtsorgane zusammen von welchen $28 = 25 \cdot 5\%$ als primäre Tuberkulose aufgefasst werden mussten.

Unter den einzelnen von der Tuberkulose afficirten Organen des Genitalapparates sind es die Eileiter, welche am häufigsten von der Affection betroffen werden (in 86% der Fälle), während die Vagina am seltesten an Tuberkulose erkrankt.

In meiner Klinik wurde der folgende Fall von isolirter Larynxtuberkulose beobachtet. Ich führe denselben hier deshalb an, weil viele Autoren die Möglichkeit einer isolirten auf den Larynx sich beschränkenden Tuberkulose geleugnet haben. Diese Ansicht vertritt z. B. Ziemssen.

Eine 23jährige Frau, welche früher an Lues gelitten hatte, erkrankte ein Jahr vor ihrer Aufnahme in die Klinik unter Fiebererscheinungen an Halsschmerzen, welche besonders das Schlucken sehr erschwerten. Später traten auch Stimmstörungen hinzu. Patientin wurde schliesslich ganz aphonisch.

Bei der Untersuchung war die ganze innere Larynxoberfläche in ein Geschwür umgewandelt, die Epyglottis fast vollkommen zerstört. Die Untersuchung des direct aus dem Kehlkopfe entnommenen Excrets ergab das Vorhandensein von Tuberkelbacillen. Lunge gesund.

Man hatte es also mit einer auf luetischer Basis entstandenen primären Tuberkulose der Larynx zu thun.

Patientin erhielt innerlich Jodnatron (1,2 — 2.4 pro die) und inhalirte eine Zerstäubung von 4 Jodoform auf 100 Terpentinöl ein. Nach 5 Wochen wurde die Patientin geheilt aus der Klinik entlassen.

Ich könnte noch andere Fälle von localer Tuberkulose der Schleimhaut anführen. Ich bin sogar überzeugt, dass solche Fälle viel häufiger vorkommen als man allgemein glaubt. Viele Katarrhe bei scrophulösen Individuen beruhen auf Einwirkung des Koch'schen Bacillus. Meine Ansicht über den beregten Gegenstand kann ich in folgenden Sätzen zusammenfassen:

1. Die primäre oder isolirte Tuberkulose der Schleimhaut ist durchaus keine Ausnahmeerscheinung.

2. Manche scheinbar auf allgemeinen Ursachen beruhende Katarrhe sind in der That tuberkulöser Natur.

3. Durch bacterioskopische Untersuchung oder durch Impfung lässt sich die wahre Natur einer Schleimhautaffection unbekannten Ursprungs, welche den gewöhnlichen Heilungsversuchen grossen Widerstand entgegensetzt, mit Bestimmtheit erkennen.

II.

Tuberkulose der tiefer gelegenen Organe.

Sie kommt gewöhnlich als eine symptomatische Affection vor, und entwickelt sich infolge einer Lungen- oder Allgemeintuberkulose.

Hier will ich nur einige wenige Localtuberkulosen behandeln und beabsichtige hauptsächlich darzuthun, dass manche Affectionen, welche man bisher allgemein als entzündlicher Natur betrachtet hat, in der That auf eine tuberkulöse Infection zurückzuführen sind und dass die Tuberkulose ferner die Lungen und die gewöhnlich von derselben afficirten Organe verschonen und sich an einer ganz anderen Stelle des Organismus entwickeln kann.

Locale Tuberkulose der Nieren.

Im Jahre 1884 beschrieb Prof. d'Antona einen Fall von Nephrectomie wegen Nierentuberkulose. Die Affection hatte nur die eine Niere sehr intensiv ergriffen, während die andere Niere und alle anderen Organe gesund blieben.

Grauer in New-York demonstrirte in der dortigen medicinischen Gesellschaft die Nieren eines im Krankenhause gestorbenen Patienten, von welchem keine anamnestischen Daten vorlagen. An der linken Niere wurden die Zeichen einer Pyelonephritis constatirt, die rechte Niere zeigte einige disseminirte Tuberkel. Der tuberkulöse Process erstreckte sich nach abwärts bis in die Blase und hatte hier eine Cystitis tuberculosa erzeugt. Den Grad der Nierenerkrankung im Vergleich zu dem der Blasenaffection und das Fehlen von Tuberkeln in anderen Organen betrachtet Grauer als

genügend sichere Kriterien, um das Vorhandensein einer primären Tuberkulose der Niere anzunehmen.

Gouley bemerkte in derselben Sitzung, dass er viele Fälle beobachtet habe, wo die Tuberkulose von der Urethra oder der Blase aus-
gegangen war und sich dann später auf die Nieren erstreckt hatte.

Nach Hérard, Cornil und Hanot ist die Nierentuberkulose durchaus
keine sehr seltene Erkrankung. Sie ergreift bald nur eine, bald beide Nieren.
Aber auch dann ist eine derselben gewöhnlich weniger afficirt als die andere.
Der Anfang der Erkrankung lässt sich histologisch besser an einer weniger
erkrankten Niere studiren. Die Tuberkulose beginnt gewöhnlich in der
Corticalis, in der Nähe der zwischen den Ferrein'schen Pyramiden ge-
legenen kleinen Arterien. Längst dieser Gefässe entwickeln sich in der
Rindensubstanz Gruppen von tuberkulösen Granulationen. Die Epithelial-
zellen der Tubuli fallen einer körnig-fettigen Entartung anheim und die
Tubuli werden in ihrem Lumen dadurch verengt, dass sich eine starke
Zellenproliferation in den Bindegewebszwischenräumen bildet und so die
Tubuli comprimirt.

Von den Glomerulis sind manche käsig entartet, die meisten aber
atrophisch.

Bei denjenigen Individuen, welche an einer primären Nierentuberkulose zu Grunde gehen, befinden sich gewöhnlich auch die Harn- und
Geschlechtsorgane in einem krankhaften Zustand.

Vor einigen Jahren berichtete Küster in der medicinischen Gesellschaft zu Berlin von einem Falle von localer Tuberkulose der Niere. Es
handelte sich um einen 22jährigen fiebernden jungen Mann, der einen an
Tuberkelbacillen reichen Urin entleerte. Da die linke Niere als geschwellt
erkannt wurde, exstirpirte Küster dieselbe. Der Erfolg war eine vollkommene Heilung. — In der exstirpirten Niere fand man einige käsige
Herde, die meisten in der Corticalsubstanz. Das Nierenbecken war
mitafficirt. Der Autor ist der Meinung, dass die Affection des Beckens
die grosse Zahl der in dem Urin gefundenen Tuberkelbacillen erklärt und
dass der Ausgangspunkt der Nierentuberkulose im Nierenbecken zu
suchen ist.

Neuerdings theilte auch Mac Cornac (The Lancet 8. Febr. 1890)
einen ähnlichen Fall mit. Bei einer 27jährigen Frau, welche mit Nieren-
steinbeschwerde behaftet war, wurde die erkrankte Niere exstirpirt. Diese
enthielt aber gar keinen Stein, wohl aber zeigte sie eine grosse Zahl von
Tuberkeln an der Oberfläche und käsige Massen im Innern des Organes.
Die Diagnose wurde auch durch die histologische Untersuchung bestätigt.
Die völlige Heilung der Patientin wurde lange nach der Ausführung der
Operation bestätigt.

III.

Pleuritis tuberculosa.

In Folgendem bespreche ich nur die locale Tuberkulose. Ich übergehe deshalb an dieser Stelle die Pleuritis symptomatica und die im Gefolge der Lungentuberkulose entstehende Pleuritis. Ich will hier auch nicht den Grund auseinandersetzen, warum Pleuritiker später sehr häufig der Tuberkulose zum Opfer fallen. Die Beziehungen zwischen Pleuritis und Tuberkulose werden deutlich erkennbar hervortreten, nachdem ich einige Eigenthümlichkeiten der Aetiologie der Pleuritis auseinandergesetzt haben werde.

Primäre tuberkulöse Pleuritis.

Alle Kliniker und pathologische Anatomen haben die Beobachtung gemacht, dass Tuberkulose und Pleuritis sehr häufig zusammen vorkommen. Es ist aber das Verdienst der neueren Beobachter, erkannt zu haben, dass auch die primäre und idiopathische Pleuritis, die sogenannte rheumatische Brustfellentzündung, tuberkulöser Natur ist, selbst dann, wenn das betreffende Individuum in den anderen Organen noch gar keine Zeichen einer Tuberkulose bietet.

Landouzy, Kelsch und Vaillard behaupten, dass die acute, primäre, idiopathische Erkältungspleuritis immer tuberkulöser Natur ist. Landouzy führte nämlich in seinen 1883 erschienenen Leçons clinique de la Charité den Gedanken aus, dass jeder Pleuritiker tuberkulös ist, selbst wenn er jung, kräftig, gross, stark, von vortrefflicher Constitution und frei von hereditären Antecedentien ist. Eine Ausnahme von dieser Regel bilden nur diejenigen Fälle, wo die Pleuritis offenbar in Folge einer anderen Infection (Scarlatina, Puerperium etc.), einer Dyscrasie (Rheumatismus) oder eines Trauma (Rippenfractur) entstanden ist. Landouzy stellt schliesslich folgende Sätze auf:

1. Die acute, freie, exsudative, primäre Pleuritis, welche von vielen als einfache, durch Erkältung erzeugte Krankheit besprochen wurde, ist als solche durchaus nicht festgestellt.

2. Die sogenannte Erkältungspleuritis ist nicht, wie etwa die Pneumonie, eine Krankheit sui generis, sondern sie hat als Krankheitszustand nur eine symptomatische Bedeutung.

3. Die Erkältung hat bei Pleuritis ebenso wie bei Pneumonie, Erysipel etc. nur eine occasionelle Bedeutung, die wahre Ursache ist bis zum Moment einer Erkältung latent geblieben.

4. Die wahre Entstehungsursache der Pleuritis ist die Tuberkulose, welche häufig unerkannt bleibt, weil sie sich unter dem pleuralen Erguss entwickelt.

Kelsch und Vaillard behaupten, dass die Erkältungspleuritis immer tuberkulöser Natur ist, da sie bei 16 Autopsieen immer Tuberkeln in der Pleura fanden.

Auch Cornil und Babes betrachten manche scheinbar einfache Pleuritiden als tuberkulös. „Es gibt pleuritische Ergüsse,“ sagen sie, „welche von Anfang an einfachen Pleuritiden anzugehören scheinen. Diese verlaufen zwar langsam, es kommt aber schliesslich doch zur Resorption der Flüssigkeit und es bleiben organisirte Pseudomembranen als Residuen zurück. Trotzdem erweisen sie sich als tuberkulösen Ursprungs. Wenn man auch bei der bacterioskopischen Untersuchung keine Bacillen findet, so ergibt doch die Impfung positive Resultate. Man kann aber in den pleuritischen Exsudaten manchmal sogar directe Tuberkelbacillen finden.“

Andere Resultate erzielte aber Ehrlich in der Gerhardt'schen Klinik in Berlin. Er entzog mittels einer Pravaz'schen Spritze je 2 ccm vom Pleuraexsudat. Nachdem der Inhalt der Spritze coagulirt war, machte er aus demselben Trockenpräparate und behandelte diese nach der Koch-Ehrlich'schen Färbungsmethode. Auf diese Weise untersuchte Ehrlich 45 Fälle von Pleuritis, bei welchen alle Formen dieser Affection vertreten waren. Bei 20 Fällen gewöhnlicher Pleuritis fand er keine Tuberkelbacillen, und zwar war nicht bloss das Pleuraexsudat, sondern auch das Exspectorat bacillenfrei. Bei neun Fällen von Pleuritis mit Lungenphthise fand er im Exsudat zweimal Tuberkelbacillen. Sechs Fälle von Pleuritis infolge von Krebs waren bacillenfrei und schliesslich konnte festgestellt werden, dass von neun Fällen eitriger Pleuritis sechs keinen einzigen Bacillus enthielten. Die schnelle Heilung derselben nach der Operation, sagt Ehrlich, weist deutlich darauf hin, dass es sich nicht um tuberkulöse Manifestationen gehandelt habe.

In der auf diese Mittheilung Ehrlichs folgenden Discussion führte A. Fränkel aus, dass er in sero-fibrinösen Pleuraexsudaten nie Tuberkelbacillen gefunden habe, selbst nicht in den Fällen, wo es sich um solche Individuen handelte, deren Sputum Tuberkelbacillen enthielt. Er meint aber, dass dieses negative Resultat auf eine Mangelhaftigkeit der Färbungsmethode zurückzuführen ist.

Im medicinischen Congress zu Rom stellte Ronsisvalle jüngst die Behauptung auf, dass eine gewisse Zahl von Pleuritisfällen auf die Wirkung bestimmter pathogener Mikroorganismen zurückzuführen ist. Es handelt sich hier nämlich um einen nicht in Kapseln eingeschlossenen Diplococcus, welcher dem Fränkel'schen Pneumococcus der Form nach ähnlich ist. Ronsisvalle glaubt, dass dieser Pneumococcus in einer bestimmten Phase seiner Entwicklung die Kapsel einbüssen kann. Auch lässt der Autor die Möglichkeit zu, dass der von ihm beschriebene Mikrococcus ein Organismus sui generis ist, dessen biologische Gesetze noch eines weiteren Studiums bedürfen. Jedenfalls spricht er die Ueberzeugung aus, dass man die Pleuritis nicht, wie einige französische Forscher es thun, mit der tuberkulösen, von dem Koch'schen Bacillus erzeugten, confundiren darf.

Ich habe nun versucht, die Frage, welcher Natur die gewöhnliche Pleuritis ist, auf experimentellem Wege zu beantworten. Zu diesem Zwecke erschien es mir vortheilhaft, die infectiöse Kraft, welche Pleuraexsudate auf Thiere ausüben, einer Prüfung zu unterziehen. Ich wählte zu den entsprechenden Impfversuchen solche Thiere, welche zur Tuberkulose sehr disponirt sind, namentlich Meerschweinchen. Hier muss ein pleuritisches Exsudat Tuberkulose erzeugen, wenn es überhaupt tuberkulöser Natur ist, selbst dann, wenn sich bei directer mikroskopischer Untersuchung sich aus irgend einer zufälligen Ursache keine Tuberkelbacillen nachweisen lassen. So können Tuberkelbacillen, wenn sie in geringer Zahl im Exsudat vorhanden sind, der mikroskopischen Beobachtung sehr leicht entgehen, während aber eine Impfung dieser Exsudate auf stark disponirte Thiere immer eine Tuberkulose erzeugt.

Zu den von mir ausgeführten Impfungen verwendete ich nur das Exsudat der primären Pleuritis und suchte, so weit wie möglich, solche Pleuraexsudate zu vermeiden, die von Tuberkulösen oder solchen Personen abstammen, welche suspect waren, an Lungenschwindsucht zu leiden.

Auf diese Weise suchte ich die Virulenz des Pleuraexsudats an 14 aufs Gerathewohl gewählten, an einfacher, nicht complicirter Pleuritis leidenden Patienten festzustellen. Von diesen war der Impferfolg bei dem einen zweifelhaft, bei 4 anderen wurde aber ein positives, und bei den übrigen 9 ein negatives Resultat erzielt. Man sieht also, dass es eine grosse Uebertreibung ist, jeden Fall von primärer Pleuritis als tuberkulös aufzufassen.

Man darf aber nicht aus dem Umstande, dass ein Fall von Pleuritis vollkommen ausheilt, den Schluss ziehen, dass derselbe nicht auf eine Tuberkulose zurückzuführen ist. Die Erfahrung lehrt vielmehr, dass es Fälle von Pleuritis gibt, die sich nach den positiven Impfergebnissen als entschieden tuberkulös erweisen und schliesslich doch vollkommen ausheilen. Wir wissen ja übrigens, dass auch eine locale Tuberkulose anderer Organe ganz verheilen kann.

Schon seit langen Jahren war den Klinikern die Thatsache bekannt, dass Pleuritiskranke später sehr leicht an Tuberkulose zu Grunde gehen. Wir finden diese Ansicht schon in den älteren Lehrbüchern, wie in den von Felix Niemeyer, Lebert u. A. ausgeführt, und es werden für dieselbe verschiedene Gründe angegeben. Die älteren Schriftsteller betrachten die Anämie und die Compression der Lunge als Ursache der

7*

nachfolgenden Tuberkulose. Nach D e p l a t z rührt diese aber von einer Atrophie der Brust- und Schultermuskeln her, wie sie bei Pleuritikern vorzukommen pflegt. Die in meiner Klinik ausgeführten Untersuchungen haben aber gezeigt, dass die elektrische Degenerationsreaction und die Atrophie der Muskeln nicht bloss bei Pleuritis, sondern auch bei Pneumonie vorkommt, und doch pflegt auf die letztere Affection nur sehr selten Lungentuberkulose zu folgen. J a c c o u d legt einen besonders grossen Wert auf die pleuritischen Verwachsungen, welche die Blutcirculation behindern und die Respiration beeinträchtigen, wodurch die Entwicklung der Tuberkelbacillen begünstigt werden soll.

Die Entwicklung von Lungenschwindsucht bei manchen Personen, die eine Pleuritis überstanden haben, ist uns jetzt, nach dem oben Ausgeführten, sehr leicht begreiflich. In solchen Fällen war nämlich schon die Pleuritis eine Folge der Einwirkung des tuberkulösen Virus, desselben Agens, welches später die Entwicklung der Lungenschwindsucht bedingt.

Bei dieser Gelegenheit muss ich noch hinzufügen, dass auch meine Untersuchungen gelehrt haben, dass der Ursprung mancher Fälle von isolirter nicht mit Lungenaffection complicirter Pleuritis auf das Vorhandensein des P n e u m o c o c c u s F r ä n k e l zurückzuführen ist. In einem am medicinischen Congresse zu Pavia (1887) gehaltenen Vortrage habe ich ausgeführt, dass man den genannten Coccus mit demselben Rechte als Pleurococcus wie als Pneumococcus bezeichnen kann.

B o z z o l o und später F o a, B o r d o n e - U f f r e d d u z z i u. A. haben gezeigt, dass der Pneumococcus sehr leicht auch eine Pleuritis oder eine Cerebrospinal-Meningitis erzeugen kann. Neuerdings war S e r a - f i n i in der Lage, den F r ä n k e l'schen Diplococcus aus dem Exsudat einer acuten primären Pleuritis zu isoliren.

B o z z o l o beschrieb schon im Jahre 1882 und später im Jahre 1885 eine infectiöse, maligne Erkrankung beim Menschen, welche durch gleichzeitiges Auftreten von lobärer Pneumonie, Pleuritis, Endocarditis, Pericarditis und cerebrospinaler Meningitis charakterisirt ist und auf die Einwirkung ein und desselben Krankheitserregers, also eines besonderen Schizomyceten zurückgeführt werden muss.

Im Jahre 1883 zeigten S a l v i o l i und Z ä s l e i n durch Versuche, die sie in dem klinischen Institute des Prof. M a r a g l i a n o in Genua anstellten, dass der Mikroorganismus der Pneumonie ein serösfibrinöses Exsudat zu erzeugen vermag, wenn man denselben in die Pleura einimpft. Mit einer Culturflüssigkeit, welche den bezeichneten Mikroorganismus enthält, konnten sie bei Thieren eine Pleuritis mit serösfibrinösem Exsudat erzeugen.

IV.

Scrophulose.

Secundäre Tuberkulose.

Die Scrophulose findet ihren Platz zwischen der localen und der diffusen Tuberkulose. Man kann die Scrophulose definiren als: „e i n e b e s o n d e r s b e i K i n d e r n s i c h, e n t w i c k e l n d e T u b e r k u l o s e, w e l c h e n a m e n t l i c h e i n e l o c a l e I n f e c t i o n d e r L y m p h - d r ü s e n, d e r H a u t u n d d e r S c h l e i m h ä u t e e r z e u g t u n d a u s s e r d e m e i n e s p e c i e l l e I n t o x i c a t i o n d e s O r g a n i s - m u s h e r v o r b r i n g t. S o e n t s t e h e n a l l g e m e i n e E r n ä h r u n g s - s t ö r u n g e n u n t e r d e r F o r m d e s s c r o p h u l o s e n H a b i t u s.“ Aus dieser Definition ergibt sich also, dass die localen Manifestationen der Scrophulose ohne Zweifel tuberkulöser Natur sind.

Es gibt wohl auch Formen von Anämie und organischer Constitutionsschwäche, welche dem sogenannten scrophulösen Habitus sehr ähnlich sind; es gibt auch Affectionen der Schleimhäute, der Haut und der Lymphdrüsen, welche lange andauern und bei schwachen, anämischen Personen vorkommen, so dass man diese letzteren auf den ersten Blick als tuberkulös halten könnte. Wir dürfen aber heutzutage als Grundlage der Pathologie nicht das zufällige Element der äusseren Krankheitsform, sondern das wahre innere Wesen desselben (das der Aetiologie) ansehen. Von diesem Gesichtspunkte aus betrachtet, können wir als scrophulöse Affection nur diejenigen Gewebsveränderungen ansehen, welche von dem tuberkulösen Princip herrühren.

Viele Praktiker geben zwar zu, dass manche scrophulöse Erscheinungen tuberkulöser Natur sind; sie verstehen aber unter dem Begriffe: scrophulöser Habitus eine gewisse Constitutionsschwäche, eine Schlaffheit der Gewebe, durch welche diese leicht erkranken aber schwer heilen. Diese und andere Charaktere, die ganz unabhängig von irgend einer tuberkulösen Läsion sind, schreiben sie der Scrophulose zu. Es ist aber leicht begreiflich, dass jene vagen und unbestimmten Eigenschaften sich praktisch nicht verwerten lassen. In vielen Fällen genügen sie wohl, um den scrophulösen Habitus zu charakterisiren, in anderen aber muss die Scrophulose als e i n e C a c h e x i e betrachtet werden, w e l c h e d u r c h e i n e p h y - s i o l o g i s c h e D ü r f t i g k e i t o d e r d u r c h v e r s c h i e d e n e i n - f e c t i ö s e u n d t o x i s c h e A g e n t i e n e r z e u g t w i r d.

Bald nach der Entdeckung des Tuberkelbacillus kam ich wie auch viele andere Beobachter auf die Idee, diesen Mikroorganismus in den scrophulösen Veränderungen zu suchen. Diese Untersuchungen und die

Impfungen von scrophulösen und tuberkulösen Producten verschafften mir die Ueberzeugung, dass zwischen beiden Krankheiten nur ein gradueller, nicht ein wesentlicher Unterschied besteht.

Für diese meine Ansicht ist besonders folgende, in meiner Klinik festgestellte Thatsache maassgebend. Impft man tuberkulöse Massen in die Bauchhöhle von Thieren ein, so schwellen 4—8 Tage nach der Impfung die Lymphdrüsen des Mesenterium und des Epiploon, sowie die retroperitonalen, tracheobronchialen Hals- und Achseldrüsen an. Das Thier ist also scrophulös. Nach zwanzig Tagen oder noch etwas später zeigen sich Tuberkeln in der Lunge und in den anderen Organen und wenn das Thier nicht an Scrophulose stirbt, so geht es an Tuberkulose zu Grunde. Man sieht also, dass die Scrophulose nicht eine Krankheit sui generis, sondern ein Anfangsstadium der Tuberkulose ist. Deshalb können wir bei der Tuberkulöse zwei Stadien unterscheiden: 1. Das scrophulöse, 2. das tuberkulöse. In den Lymphdrüsen der Meerschweinchen und Kaninchen, welche scrophulös aussehen, findet man immer Koch'sche Tuberkelbacillen. Meerschweinchen und Kaninchen zeigen eine sehr schnelle Entwicklung der Scrophulose und Tuberkulose: nach 20 Tagen werden sie scrophulös, nach 1—2 Monaten tuberkulös und gehen constant innerhalb weniger Monate zu Grunde, nachdem sie mit käsigen Massen geimpft worden sind, gleichviel, ob diese scrophulösen oder tuberkulösen Ursprungs sind.

Beim Menschen ist die Disposition zur Scrophulose und zur Tuberkulose nicht so durchsichtig, da mehrere Jahre vergehen, bis sich bei ihnen der Krankheitsprocess vollzogen hat, welcher bei Kaninchen innerhalb weniger (2—4) Monate abläuft. So ist eine Woche des Krankheitsverlaufes bei letzteren gleichwertig einem Jahre und manchmal einer noch längeren Zeit beim Menschen.

Die Scrophulose gehört im allgemeinen dem Kindesalter, die Tuberkulose aber dem Jünglingsalter an. Jene entspricht etwa der secundären Form der Syphilis, während die Tuberkulose der tertiären Lues analog ist. Beide stellen aber eine und dieselbe Krankheit dar, nämlich die tuberkulöse Krankheit in verschiedenen Stadien der Entwicklung.

Betrachten wir die klinischen Erscheinungen von diesem Standpunkte aus, so finden wir die hier ausgesprochene Ansicht insofern bestätigt, als wir in manchen Fällen von Phthisis noch Residuen einer äusseren Scrophulose sehen. Auch lernen wir in der Klinik manche Fälle von innerer Scrophulose kennen, die uns früher entgangen sind.

Manchmal bleibt die scrophulöse Periode, die, wie oben hervorgehoben wurde, nach der Impfung mit scrophulösen oder tuberkulösen Massen sich bei Thieren gewöhnlich zu entwickeln beginnt, ganz latent, da nur die inneren Lymphdrüsen vergrössert werden, während die äusseren ganz oder fast ganz unverändert bleiben. Das gleiche kommt auch beim Menschen vor. Auch hier kann die scrophulöse Periode unbeachtet ablaufen, so dass die ganze Krankheit mit dem Auftreten der tuberkulösen Periode zu beginnen scheint.

In manchen Fällen von Lungentuberkulose konnte ich die vorausgegangene Scrophulose an vorhandenen Halsnarben erkennen, wenn auch die betreffenden Individuen über den Ursprung der vorhanden gewesenen Drüsenaffection und über die Zeit, wann sie an derselben gelitten hatten, nichts bestimmtes sagen konnten.

Das Scrophulose und Tuberkulose identisch sind, konnte auch Schüppel vom anatomischen Standpunkte aus bestätigen, da er in scrophulösen Drüsen epitheloide und Riesenzellen fand und feststellen konnte, dass die Gruppirung derselben denjenigen gleicht, wie sie in wahren Tuberkeln vorkommt.

Aus den hier gemachten Angaben und Erwägungen folgt aber auch, dass der Tuberkelbacillus mittelst der Verdauungsorgane in den Organismus eindringt. Denn, da die in der Nähe der Impfstelle gelegenen Lymphdrüsen zuerst anschwellen, so kann man wohl behaupten, dass die Lymphdrüsenschwellung des Halses auf das Eindringen von Bacillen in den oberen Theil des Verdauungstractus zurückzuführen ist.

Arloing hat indessen in einem in der Académie des sciences gehaltenen Vortrage (1886) folgende Sätze aufgestellt:

1. Der Lungentuberkel erzeugt bei Kaninchen und Meerschweinchen eine Infection;

2. die wahre Lymphdrüsenscrophulose erzeugt keine Lungentuberkulose und keine entsprechende viscerale Affection bei Kaninchen.

Der Autor ist nun der Meinung, dass den beiden Affectionen entweder zwei verschiedene Gifte zu Grunde liegen, oder dass sie durch ein und dasselbe Virus von verschiedener Concentration verursacht werden. In stärkerer Verdünnung, wie es bei Scrophulose der Fall ist, wirkt das Virus nicht auf Kaninchen, da diese der Tuberkulose einen grösseren Widerstand entgegenzusetzen vermögen als Meerschweinchen.

Die Ansicht Arloings wird aber durch folgende Thatsachen widerlegt. Ich habe nämlich in den Producten der Scrophulose dieselben Bacillen gefunden, wie sie für die Tuberkulose charakteristisch sind. Es haben ferner die mit scrophulösen Substanzen ausgeführten Impfungen bei Thieren eine wahre Tuberkulose erzeugt. Ganz besonders wichtig scheint mir das folgende Experiment zu sein, da es sich um eine Patientin handelt, welche ausser einem scrophulösen Habitus kein anderes Krankheitszeichen darbot.

Es wurde im März 1885 ein 14jähriges Mädchen in meine Klinik aufgenommen welches von sehr schwacher, schlaffer Constitution war und an häufigem Nasenbluten litt. Dem ganzen Aussehen der Patientin nach, lag hier die sogenannte torpide Form des scrophulösen Habitus vor. Ganz besonders auffallend war eine ödematöse Schwellung des Gesichts, welche namentlich in der Gegend des Augenlides stark ausgeprägt war.

Aus der suborbitalen Gegend wurden nun 2 Tropfen mit Serum vermischten Blutes entnommen und zweien Meerschweinchen subcutan injicirt.

Nach 83 Tagen wurde das eine der Thiere getödtet und zeigte eine vorgeschrittene Tuberkulose; das zweite blieb freilich gesund.

Fassen wir die Ergebnisse der bisher mitgetheilten Beobachtungen und Experimente zusammen, so können wir folgende Sätze aufstellen:

1. Das scrophulöse Virus ist mit dem tuberkulösen identisch und erzeugt bei entsprechend disponirten Thieren dieselbe Affection;

2. das Virus der scrophulösen Lymphdrüsen erzeugt bei Kaninchen und bei Meerschweinchen viscerale Läsionen und Lungentuberkeln;

3. dass das scrophulöse Virus ein abgeschwächtes tuberkulöses Gift ist, wurde bisher durch das Thierexperiment nicht bestätigt.

Nach Kiemer kommt die scrophulöse Form bei Thieren oder wenigstens bei Meerschweinchen nicht vor. Mag man scrophulöse Producte oder tuberkulöse Sputa des Menschen auf Thiere impfen, so entsteht bei diesen — nach Kiemer's Erfahrungen — immer eine tuberkulöse Affection. Bei seinen Impfversuchen (zu welchen er immer Meerschweinchen verwendete) konnte er nie eine Affection erzeugen, welche durch ihre Localisation, Dauer, Heilbarkeit und Recidivirung der menschlichen Scrophulose gliche. So leugnet Kiemer das Vorkommen einer Scrophulose bei Meerschweinchen.

In der That hat dieser Autor aber nicht die erste Periode der Tuberkulose berücksichtigt, welche constant unter dem Bilde der Scrophulose auftritt, mag man eine tuberkulöse oder scrophulöse Materie zur Impfung verwendet haben. Auch hat er nicht die enorme Verschiedenheit in Rechnung gezogen, welche der Verlauf der scrophulo-tuberkulösen Krankheit des Menschen im Vergleich zu dem des Meerschweinchens darbietet. Will man aber aus den angeführten Thatsachen einen vorurtheilsfreien Schluss ziehen, so muss man gestehen, dass bei den Thieren eine isolirte Scrophulose nicht vorkommt, jedenfalls nicht eine solche von langer Dauer.

Beschränkung der scrophulösen Veränderungen.

Nimmt man, und zwar mit Recht, an, dass scrophulöse Veränderungen tuberkulöser Natur sind, so erscheint es zunächst nicht leicht verständlich, warum die Krankheit bei scrophulösen Individuen circumscript bleibt, während die eigentliche Tuberkulose sich sehr schnell dem ganzen Körper mittheilt. Wir sehen nämlich, dass die Scrophulose eine umgrenzte Affection ist, welche das Parenchym der inneren Organe verschont, dass aber die Tuberkulose als Allgemeinerkrankung auftritt und sich auch auf die erwähnten Organe erstreckt. Einige in meiner Klinik ausgeführten Versuche können vielleicht einen Beitrag zum Verständnis der hier hervorgehobenen Thatsachen liefern.

Im Jahre 1885 untersuchte ich nämlich das Blut von 59 verschiedenen Kranken auf seine chemische Reaction. Bei mehreren Patienten wurde die Untersuchung öfters, und zwar unter verschiedenen Bedingungen wiederholt. Mit Ausnahme von Icteruskranken boten alle anderen eine mehr oder weniger deutlich ausgesprochene alkalische Beschaffenheit des Blutes. In Bezug auf den Grad der Alkalescenz liessen sich alle Kranken in drei Kategorien eintheilen: 1. Kranke mit Blut von kaum wahrnehmbarer Alkalescenz; 2. Kranke mit Blut von rein alkalischer Reaction; 3. Kranke mit ausgeprägt alkalisch reagirendem Blut; 15 Tuberkulöse hatten schwach alkalisches Blut und 8 von diesen gehörten zur 1. Kategorie, 7 zur 2. Derartige Untersuchungen wurden in den folgenden Jahren wiederholt und ergaben immer dasselbe Resultat, dass nämlich das Blut von Phthisikern weniger alkalisch ist, als das Anderer. Ich untersuchte nun das Blut zweier scrophulösen Individuen und fand eine normale alkalische Reaction. Die Verschiedenheit in Bezug auf die Reaction des Blutes kann vielleicht den Unterschied zwischen Scrophulose und Tuberkulose erklären. Wir sehen ja auch sonst, dass die Entwicklung der Mikroorganismen von sehr geringen Unterschieden in der Beschaffenheit des Nährbodens abhängt. So ist es denn sehr wahrscheinlich, dass der so erhebliche Einfluss, wie ihn die chemische Reaction des Blutes ausübt, die Entwicklung der Tuberkelbacillen sehr erheblich ändert: bei der Scrophulose ist sie träge und erzeugt nur circumscripte Processe; bei der Tuberkulose aber geht sie rapider vor sich, und es entsteht dann eine Allgemeinerkrankung.

Die hier vorgetragene Ansicht wird noch durch zwei Thatsachen unterstützt; die eine besteht darin, dass das Blut im Allgemeinen umsoweniger alkalisch ist, als die Lungenschwindsucht in ihrer Entwicklung mehr vorgeschritten ist. Die andere betrifft die schädliche Wirkung der Säuren bei Tuberkulose. Dass nämlich tuberkulose Individuen Säuren schlecht vertragen können, und dass die Krankheit unter dem Einflusse der letzteren schnell fortschreitet, habe ich öfters erfahren, als ich Phthisikern zur Verminderung der starken Schweisssecretion und auch zu anderen Zwecken Haller'sche Säure verschrieb. Ich musste diese Medication aussetzen, weil in Folge derselben die Krankheit gewöhnlich sehr rasche Fortschritte machte.

Scrophulöse Schwellung der Lymphdrüsen.

Impft man Kaninchen oder Meerschweinchen mit tuberkulösen Substanzen, so schwellen zunächst die der Impfstelle am nächsten gelegenen Lymphdrüsen an und später erst die entfernteren. Häufig ist bloss eine einzige Drüse in der Nähe der Impfstelle geschwellt, und weit entfernt von derselben ist dann eine Gruppe von Drüsen vergrössert.

Die Impfstelle bildet das Centrum, von welchem der tuberkulöse Process sich, den Lymphbahnen folgend, ausbreitet. Impft man also z. B. das Virus in die Abdominalhöhle, so werden zuerst die Peritoneal- und die Retroperitonealdrüsen vergrössert, dann die des vorderen Mediastinum und schliesslich die Cervical- und Axillardrüsen. Ausserdem entwickeln sich Tuberkeln zuerst in der Leber und in der Milz und erst später in den Lungen. Tödtet man die mit tuberkulösen Massen geimpften Meerschweinchen in verschiedenen Zeiten nach der Einimpfung, so kann man in jedem Falle bestätigt finden, dass die Krankheit langsam fortschreitet.

Führt man die Impfungen auf der Haut des rechten Hypochondrium aus, so findet man schon nach 17—20 Tagen die Mesenterial- und Retroperitonealdrüsen tuberkulös afficirt. Auch die Milz und die Leber sind von der Krankheit ergriffen, die Lungen aber sind zu dieser Zeit noch vollkommen gesund.

Impft man aber in die Lunge, so kann man nach 20—30 Tagen eine starke Vergrösserung der Peribronchial- und Retrosternaldrüsen constatiren, gleichzeitig aber auch zahlreiche Tuberkeln in den Lungen. Die anderen Lymphdrüsen und Organe erweisen sich als vollkommen gesund.

Zahllos sind die Experimente, die ich zum Beweise für die Thatsache anführen könnte, dass die Schwellung der Lymphdrüsen in progressiver Weise vor sich geht, dass zuerst die der Impfstelle zunächst gelegenen Drüsen anschwellen und erst später die entfernteren. Da die von mir erzielten Resultate nach dieser Richtung hin mit denen anderer Beobachter übereinstimmen, so brauche ich hier keine Einzelheiten anzuführen und beschränke mich bloss, darauf hinzuweisen, dass die Tuberkulose der Lymphdrüsen bei Meerschweinchen und bei Kaninchen in den meisten Fällen am 4. Tage nach stattgehabter Impfung beginnt und ungefähr am 20. Tage endet.

Die durch Tuberkulose und durch andere Infection entstehenden Lymphdrüsenschwellungen gleichen einander fast vollkommen. Velpeau hat zuerst den Satz aufgestellt, dass jede Schwellung einer Lymphdrüse auf einer Entzündung im Gebiete ihrer Gefässe zurückzuführen ist. Diese Entzündung gehört zu jener Kategorie, welche die heutigen Chirurgen als eine infectiöse bezeichnen. Auch Bergmann lehrt in seiner Arbeit über „Krankheiten der Lymphdrüsen", dass sowohl die allgemeine Schwellung der Lymphdrüsen, welche sich über den ganzen Körper ausbreitet, sowie auch die Schwellung einer einzelnen Drüsengruppe immer infectiösen Ursprungs ist. Nach Bergmann wirken die von aussen kommenden krankheitserzeugenden Einflüsse als Reize auf die Gewebe, als Entzündungsreize. Die Schwellung der Lymphdrüsen steht in geradem Verhältnis zur Specificität und Intensität des localen Processes, welcher vorausgegangen ist und die Schwellung erzeugt hat. Letztere nimmt in gleicher Weise wie die sie erzeugende Krankheit zu und macht nach überschrittener Acme mit dieser auch die Rückbildung durch. Bei einer circumscripten Affection der Haut oder der Schleimhaut schwellen zuerst bloss wenige aber immer mehr als eine Lymphdrüse an, dann werden alle zu dieser Gruppe gehörigen Drüsen mit ergriffen. Später erkranken auch die benachbarten, in der Richtung des Lymphstromes gelegenen Drüsengruppen. Immer sind aber die Veränderungen in den letzteren geringer, als in den primär afficirten Drüsen.

Bergmanns Untersuchungen über Adenitis acuta und chronica haben über die bei verschiedenen Infectionskrankheiten vorkommenden Lymphdrüsenaffectionen Licht verbreitet. Ich halte es nicht für nöthig, an dieser Stelle alle anatomischen und experimentellen Argumente anzuführen, welche beweisen, dass zwischen scrophulösen und tuberkulösen Lymphdrüsen ein Unterschied nicht vorhanden ist. Ich weise nur auf zwei besondere Verschiedenheiten der scrophulösen (tuberkulösen) Adenitis hin, welche bei anderen infectiösen Adenitiden fehlen.

1. Tödtet man die Thiere einige Tage nach der tuberkulösen Impfung, so findet man bloss eine einzige Drüse beträchtlich angeschwollen, nicht aber schon eine ganze Gruppe von Drüsen afficirt. Es ist wahrscheinlich, dass beim Menschen dasselbe der Fall ist. Mit Bestimmtheit lässt sich das aber nicht behaupten.

2. Hat eine tuberkulöse Infection einmal stattgefunden, so ist die Läsion der Drüsen ganz unabhängig von der localen Affection. Sie nimmt mit der Vermehrung des Virus in den Lymphdrüsen zu. So kommt es, dass während die locale Läsion, welche der Eintrittsstelle des Virus entspricht, schon geheilt ist, die Lymphdrüsen selbständig verdicken, und zwar ebenfalls zuerst in den benachbarten, dann an den entfernteren Stellen.

V.

Allgemeine Tuberkulose.

Ausbreitung des Virus.

Ich habe bereits darauf hingewiesen, dass die Tuberkulose eine Krankheit ist. welche in Bezug auf Verlauf und Symptome ganz ungemein grosse Verschiedenheiten darbietet. Dieser der Tuberkulose eigenthümliche Polymorphismus ist eine von der Virulenz der Bacillen und dem Boden. auf welchem dasselbe sich entwickelt, abhängige Eigenschaft. Aber auch das Hinzutreten anderer Mikroben trägt zu der Vielgestaltigkeit der

Krankheit bei. Denn neben dem K o c h'schen Tuberkelbacillus wirken gleichzeitig noch andere Mikroorganismen und erzeugen das complicirte Bild der Tuberkulose. Diese pathogenen Mikroorganismen beschleunigen die Ausbreitung und die Entwicklung der Tuberkelbacillen.

Impft man nämlich Sputum von Phthisikern auf Meerschweinchen und Kaninchen, so tritt der Tod der Thiere nach wenigen Tagen ein, und zwar unter den Erscheinungen einer septischen Infection und sehr acuten Entzündungsprocessen in verschiedenen Organen. Untersucht man, wie ich es häufig gethan habe, die pneumonischen und die Drüseninfiltrationen, so findet man eine beträchtliche Menge von Tuberkelbacillen.

Was nun die verschiedene Virulenz der Tuberkelbacillen anbelangt, so haben die im Laboratorium von Prof. G r a n c h e r in Paris von D a - r e m b e r g ausgeführten Experimente gezeigt, dass die Entwicklung der Tuberkulose verschieden lange Zeit in Anspruch nimmt: je nach dem Alter und der Species des Thieres und je nach dem Grade der Vitalität und nach der Quantität des eingeimpften Virus.

Die Ausbreitung des Tuberkelgiftes im Organismus geht sehr schnell vor sich. Impft man tuberkulöse Substanzen in die vordere Augen- kammer, so gelangen die Bacillen schon drei Tage später in die am Ohre gelegenen Lymphdrüsen und führen den Tod des Thieres herbei, wenn man auch den afficirten Bulbus exstirpirt. Man sieht also, dass die Exstirpation der an primärer Tuberkulose erkrankten Organe die weitere Entwicklung der Krankheit nicht verhindern kann (B a u m g a r t e n). Auch V e r n e u i l spricht die durch directe Beweise gestützte Ansicht aus, dass gewisse kleine partielle Operationen (Incisionen, Auskratzungen, Resectionen), an peripheren tuberkulösen Herden ausgeführt, bereits vor- handene viscerale Läsion sehr schnell verschlimmern und das Auftreten einer allgemeinen Tuberkulose erzeugen können, obwohl sie allem Anscheine nach eine conservative Tendenz haben. Es entwickelt sich dann zuweilen eine Miliartuberkulose der serösen Häute, eine tuberkulöse Meningitis etc.

Deshalb sind manche Chirurgen der Meinung, dass das Vorhanden- sein einer auch im Anfangsstadium sich befindlichen Lungentuberkulose als Contraindication für jeden operativen Eingriff angesehen werden muss, da letzterer die Verallgemeinerung der Krankheit begünstigen kann. D e - m a r s theilte zwar Fälle von Tuberkulose des Hodens mit, bei welchen bis zur Castration kein Zeichen einer Lungenaffection wahrzunehmen war. In beiden Fällen entwickelte sich aber eine sehr rapid verlaufende Lungenschwindsucht, nachdem die erkrankten Hoden auf chirurgischem Wege beseitigt worden waren. Auch die neuerdings von V e r n e u i l an- geführten Thatsachen beweisen immer mehr, wie sehr ein chirurgisches Trauma auf den Allgemeinzustand von Phthisikern verschlimmernd wirken kann.

Es wurden verschiedene Hypothesen aufgestellt, um die Ausbreitung des Tuberkelgiftes im Körper zu erklären. Die meisten führen diese Erscheinung auf das Eindringen des Giftes in den Kreislauf zurück.

Nach R ü h l bewirkt eine infectiöse Flüssigkeit die allgemeine Ausbreitung der Krankheit dadurch, dass sie in den Blutkreislauf gelangt.

P o n f i c k erklärt die Verallgemeinerung der Tuberkulose als Folge der Tuberkulose des Ductus thoracicus. Da dieser sich bekanntlich in die Vena subclavia entleert, so gelangt eine grosse Menge von Tuberkelbacillen in den Kreislauf und inficirt den ganzen Körper.

W e i g e r t war der erste, der durch besondere Untersuchungen die Allgemeininfection des Blutes durch tuberkulöse Herde nachwies. Er stellt drei Typen von verallgemeinerter Tuberkulose auf und ist der Meinung, dass diese von einer Tuberkulose der Venen herrührt. Die Tuberkulose des Ductus thoracicus kann nach W e i g e r t in eigener Weise eine acute Miliartuberkulose erzeugen. Es sind aber hauptsächlich tuberkulöse Lymphdrüsen, welche, mit den Gefässwänden (besonders mit denen der Lungenvenen) verwachsen, schliesslich zur Perforation führen. Auf diese Weise gelangt das Virus in die Venen und inficirt den ganzen Körper. Nach W e i g e r t kommt eine allgemeine Infection durch die Lymphwege nicht leicht zu Stande. Die Lymphdrüsen spielen dem tuberkulösen Gifte gegenüber dieselbe Rolle, wie gegenüber anderen kleinen Theilchen, mögen diese infectiöser oder nicht infectiöser Natur sein: sie nehmen sie in sich auf und verhindern ihre weitere Ausbreitung.

Dieser Erklärung der Allgemeintuberkulose schliesst sich eine ähnliche an, die von K o c h herrührt. Nach diesem Autor entwickelt sich der Tuberkel in den Arterien und gelangt das Virus auf diese Weise in den Kreislauf. Mehrere andere Forscher meinen, dass diese Entstehungsart der Allgemeintuberkulose nicht unwahrscheinlich ist, wenn man auch nicht bestimmt behaupten kann, dass sie constant vorkommt.

Verschiedene klinische Beobachtungen wurden zur Stütze der hier mitgetheilten Ansichten, besonders der W e i g e r t'schen, angeführt. D i t t r i c h theilt in der „Zeitschrift für Heilkunde" einen sehr gut beobachteten Fall von Allgemeintuberkulose mit, wo der tuberkulöse Process von einer Lymphdrüse ausgehend, sich auf die Wände der Aorta ausgebreitet, und so eine Infection des Blutes bewirkte.

Einige Beobachtungen scheinen jedoch nicht zu Gunsten der Auffassung zu sprechen, dass die Tuberkulose sich mittels des Blutes ausbreitet. In manchen Fällen von chronischer allgemeiner Miliartuberkulose und auch in einigen Fällen von acuter Miliartuberkulose lassen sich an Gefässwänden keine alten Tuberkelherde nachweisen. Das gibt W e i g e r t

selbst zu und das wurde auch von Bergkammer und von Baum-
garten bestätigt. Bringt man ferner eine beträchtliche Masse von
Tuberkelbacillen in die Venen, so beobachtet man, dass sie schon nach
kurzer Zeit verschwinden und dass man nach 2—3 Tagen mit grosser
Mühe kaum einige Bacillen an den Wänden der Capillaren oder in den
Geweben finden kann. Erst nach einigen Wochen entwickeln sich zahlreiche Herde in verschiedenen Organen, besonders in den Lungen. Diese
Thatsache, nämlich die Latenz der Krankheit und das Verschwinden der
Bacillen bald nach der Impfung, rührt wahrscheinlich von der zerstörenden
Wirkung her, welche die Gewebselemente, namentlich die weissen Blutkörperchen auf Tuberkelbacillen und auf andere pathogene Mikroorga-
nismen ausüben. Es ist auch ferner wahrscheinlich, dass locale Herde in
den am meisten disponirten Organen erst dann sich zu entwickeln beginnen, wenn die organische Resistenz von der infectiösen Kraft der
Bacterien bereits besiegt worden ist.

Die Meinung Weigerts, dass die Allgemeinausbreitung der Tuberkulose desshalb mittels des Blutes zu Stande kommen muss, weil die
Bacillen in den Hauptbahnen von den Lymphdrüsen in ihrem Fortschreiten
aufgehalten werden würden, widerspricht der täglichen Beobachtung. Das
Tuberkelgift wird nicht bloss besonders in den Lymphbahnen fortgeführt,
wie die anatomischen Untersuchungen es zeigen, sondern es kann auch
durch die Lymphdrüsen dringen, wo es in grosser Menge reproducirt wird,
um schliesslich durch Vermittlung der Vasa efferentia die benachbarten
Lymphdrüsen anzugreifen.

Mir stehen keine experimentellen Thatsachen zur Verfügung, um
die Allgemeinausbreitung der Tuberkulose durch das Eindringen von
Tuberkelbacillen in den Kreislauf zu leugnen. Es ist sogar möglich, dass
die Allgemeininfection manchmal auf diese Weise zu Stande kommt.
Ich glaube aber nicht, dass man gewöhnlich den Ursprung der
Allgemeintuberkulose auf das Eindringen von Tuberkelbacillen in die Blutgefässe zurückführen darf.

Wenn die Krankheit einen schnellen Verlauf nimmt, so rührt das
von einer speciellen Disposition des Organismus her.
Es ist ja eine bekannte Thatsache, dass pathogene Mikroorganismen bei
verschiedenen Personen ganz verschiedene Wirkungen erzeugen, je nach
dem Zustande des Nährbodens (Prädisposition). So sehen wir z. B. in
ein und derselben Typhusepidemie neben sehr schweren und letal endenden
Krankheitsfällen andere, welche leichter, ja sogar ambulatorisch verlaufen. Unabhängig von der Virulenz der Krankheitskeime und von der
Zusammenwirkung mehrerer Mikroben, zeigt auch die Tuberkulose ungemein grosse Verschiedenheit in Bezug auf Verlauf und Ausbreitung
der Krankheit. Welche unendlich verschiedenartige Krankheitsbilder gibt

es zwischen der acuten Miliartuberkulose und der langsam, schleichend verlaufenden chronischen Phthise! Das rührt eben von der Verschiedenheit des Nährbodens, mit anderen Worten von der individuellen Prädisposition des Kranken her. Desshalb glaube ich, dass eine Allgemeintuberkulose dann zu Stande kommt, wenn das betreffende Individuum eine grössere Disposition hat, sich eine solche zuzuziehen.

Wie bei verschiedenen Individuen des socialen Organismus, bemerken wir bei verschiedenen Organen ein und desselben Organismus eine erhebliche Verschiedenheit in Bezug ouf die Disposition zur Tuberkulose. Zweifellos ist es die Lunge, welche sich am meisten disponirt zeigt. Bei manchen Individuen werden aber andere Organe besonders von Tuberkulose betroffen. Es gibt also noch eine s p e c i e l l e   D i s p o s i t i o n, durch welche die locale Tuberkulose sich meistens zwar in der Lunge, manchmal aber auch in der Pleura, in den Meningen, in den Nieren etc. manifestirt.

VI.

Tuberkelbacillen im Blute.

Mikroskopische Untersuchungen des Blutes.

Schon im Jahre 1882 haben die in meiner Klinik von P e n t a ausgeführten Untersuchungen gezeigt, dass der Tuberkelbacillus im Blute vieler Phthisiker vorkommt. Diese Thatsache wurde namentlich bei der Miliartuberkulose von W e i c h s e l b a u m, M e i s e l s und Anderen bestätigt. Es ist aber zweifellos, dass das Blut von Phthisikern den genannten Bacillus g e w ö h n l i c h bei mikroskopischer Untersuchung nicht zeigt.

Dieses Resultat ist aber durchaus nicht überraschend, da man ja auch in anderen, offenbar tuberkulösen und infectiösen Flüssigkeiten, selbst bei sehr sorgfältiger mikroskopischer Untersuchung häufig keine Spur von einem Tuberkelbacillus finden kann. Man kann sich von dieser Thatsache leicht überzeugen, wenn man den Eiter eines kalten Abscesses, das pleuritische Exsudat etc. einer genauen Untersuchung unterzieht. Wahrscheinlich rührt aber dieses negative Resultat von einem Fehler der Untersuchungsmethode, nicht aber von der wirklichen Abwesenheit der genannten Mikroorganismen her. Ich habe in der That mit der Methode P i t t i o n - R o u x eine weit grössere Menge von Bacillen gefunden, als ich sie mit anderen Methoden feststellen konnte. Man sieht also, dass viele Bacillen sich der nach der E h r l i c h - W e i g e r t'schen Methode ausgeführten bacterioskopischen Untersuchung entziehen, sei es durch eine Mangelhaftigkeit der Färbung oder durch irgend eine andere Ursache.

Im Blute kommen die Bacillen wahrscheinlich in einem Zustande geringerer Färbbarkeit vor, wenn sie auch eine starke infectiöse Kraft besitzen.

Manche Fälle von localer Tuberculose können nicht leicht erklärt werden, wenn man nicht annimmt, dass die in das Blut eingedrungenen Bacillen in diesen Organen, welche einen günstigen Boden für die Entwicklung derselben darbieten, liegen bleiben. So lässt sich die Tuberkulose im Innern des Schädels erklären. Hierhin kann der Tuberkelbacillus ja nur auf dem Wege der Blutbahn gelangen. Die von W e i g e r t und später auch von C o h n h e i m ausgesprochene Ansicht, dass das Tuberkelvirus in den Schädel von der Nase aus durch die Lamina cribrosa eindringe, ist doch sehr unwahrscheinlich, denn die Canales ethmoidales münden doch in der Nase nicht mit freien Oeffnungen; die Nasenhöhle und die Löcher des Siebbeins sind vielmehr durch Schleimhaut, Gefässe und Nerven ganz und gar abgeschlossen. Dagegen können die Bacillen mit dem Blutstrome sehr wohl in das Innere des Schädels eindringen.

Das Vorhandensein von Bacillen im Blute konnte ich im Jahre 1882 sehr deutlich bei zwei Patienten nachweisen, von welchen der eine an Pleuritis, der andere an Pneumothorax litt. Das Blut derselben enthielt eine sehr erhebliche Menge von Tuberkelbacillen. Bei beiden Patienten entwickelten sich bald Erscheinungen sehr acuter Phthise und beide magerten sehr stark ab. Erst später waren Bacillen auch im Sputum nachzuweisen. Wir sehen also, dass die Möglichkeit einer schnellen Allgemeininfection durch das Blut nicht weggeleugnet werden kann.

Infectiöse Kraft des Blutes von Phthisikern.

Das Vorhandensein von Tuberkelbacillen im Blute von Phthisikern kann noch deutlicher durch die Impfmethode als durch bacterioskopische Untersuchungen nachgewiesen werden.

Ich habe oben (Seite 103) ein Experiment mitgetheilt durch welches es mir gelungen ist, eine Tuberkulose dadurch zu erzeugen, dass ich die aus dem ödematös geschwellten Lide eines scrophulösen Kindes entnommene blutige Flüssigkeit auf Thiere überimpfte. Man könnte also auf den ersten Blick aus dieser Thatsache schliessen, dass das Blut scrophulöser Kinder Tuberkelbacillen enthält. Dieser Schluss kann aber ohne andere entscheidenden Beweise als berechtigt nicht angesehen werden. Es ist ja möglich dass diese Bacillen in dem angeführten Falle nicht im Blute sondern in der beigemischten serösen Flüssigkeit sich befanden. Es müssen also noch weitere Experimente ausgeführt werden um zu entscheiden, ob das Blut von Scrophulösen virulent ist oder nicht. Ich hoffe binnen kurzem in der Lage zu sein, diese Frage durch exacte Untersuchungen zu beantworten.

Bis jetzt habe ich nur mit dem Blute solcher Patienten experimentirt, welche an Tuberkulose der Lungen oder anderer Organe litten. Ich erzielte folgende Resultate.

1. Im Blute eines an primärer tuberkulöser Meningitis erkrankten Patienten fand sich zweifellos das tuberkulöse Virus. Das konnte durch Impfung zweier Meerschweinchen mit positivem Resultat bewiesen werden. Ebenso war das Blut eines anderen Patienten virulent, welcher an secundärer Meningitis tuberculosa litt.

2. Das Blut von vier Phthisikern wurde auf 16 Meerschweinchen geimpft und erzeugte nur bei vier derselben eine Tuberkulose. Die positiven Resultate zeigen jedenfalls zweifellos, dass das mit grossen Cautelen von Phthisikern entnommene Blut das Tuberkelvirus oder, mit anderen Worten, den Koch'schen Bacillus enthält. Die Menge dieses Virus ist aber sehr minimal, jedenfalls unvergleichlich geringer als sie in den Sputa zu finden ist. Dieser Umstand erklärt die Thatsache, dass viele Impfungen erfolglos bleiben und macht es auch begreiflich, dass viele Beobachter den Koch'schen Bacillus im Blute nicht zu finden vermochten.

3. Je intensiver die Phthise auftritt und je schneller sie verläuft, desto infectiöser erweist sich das Blut. In den Fällen von tuberkulöser Meningitis und in einem Falle von typhoider Tuberkulose enthielt das Blut die specifischen Bacillen constant.

4. Das Blut ein und desselben Kranken kann bei Thieren bald Tuberkulose erzeugen, bald nicht. Diese Erscheinung ist leicht durch den Umstand erklärlich, dass das Blut nur sehr wenige Bacillen enthält, und dass die verschiedenen Thiere dem Tuberkelgifte gegenüber eine verschiedene Resistenz zeigen. Auch beim Menschen lässt sich die Verallgemeinerung der Erkrankung an Tuberkulose besser als durch andere Theorieen mit der Annahme erklären, dass die Gewebe des menschlichen Organismus dem Tuberkelvirus gegenüber eine geringe Widerstandsfähigkeit haben. Jedenfalls hat diese Ansicht mehr für sich als die oben mitgetheilten Hypothesen von Kühl, Ponfick, Weigert und Koch.

Nur in einem einzigen Falle konnte ich eine Ausnahme constatiren. Es waren hier nämlich alle Symptome einer tuberkulösen Meningitis vorhanden, und trotzdem hatte das Blut dieser Kranken keine infectiöse Kraft. Ich will die betreffende Krankengeschichte hier kurz mittheilen, um zu zeigen, dass die bacterioskopische Untersuchung und das Kriterium der Impfung für die Diagnose der Tuberkulose wertvoller als irgend eines der Symptome sind.

N. J., 55 Jahre alt, wurde am 4. Mai 1887 in die Klinik aufgenommen. Der Patient war blass, abgemagert, klagte über heftige Kopfschmerzen, welche am intensivsten an der linken Schläfe auftraten, und litt beim Gehen und Stehen an Schwindel.

Der Patellarsehnenreflex war abgeschwächt, die andern Reflexe waren gut erhalten. Die Muskelkraft der unteren Extremitäten vermindert. Das rechte Bein hob ein Gewicht von 3·7 *kg* 30 *cm* hoch, das linke ein solches von 4·7 *kg* ebenso hoch. Die Sensibilität zeigte sich erhalten. Es bestand eine erhebliche Sprachstörung (Dysartrie). Patient konnte die Zunge und die Lippen fast gar nicht bewegen. An der linken Lungenspitze klingendes Rasseln. Milz etwas vergrössert, Sputum bacillenfrei, andauernde Verstopfung. Die hier erwähnten Symptome verschlimmerten sich immer mehr, indem der Kopfschmerz an Intensität zunahm, die Sprache schwieriger wurde, die Intelligenz abnahm. Dann traten Nackenschmerzen hinzu. Der Nacken wurde steif, die Pupillen erweitert, die Reflexe gesteigert. Patient erbrach häufig. Das Athmen wurde schwieriger, stertorös, und so starb Patient 10 Tage nach seinem Eintritt in die Klinik unter comatösen Erscheinungen.

Das durch einen Stich in den Finger entnommene Blut wurde auf 4 Meerschweinchen geimpft; dieselben blieben aber gesund.

Aus dieser Krankengeschichte sieht man also, welche Irrthümer man bei der Diagnose einer Lungen- und Hirnhaut-Tuberkulose begehen kann. Je mehr man die Diagnose einer Tuberkulose mit absolut sicheren Kriterien zu stützen sucht, desto mehr wird man zu der Erkenntnis gelangen, dass es viele ähnliche Affectionen gibt, die man jedoch ohne bacteriologische Untersuchung und besonders ohne Impfung nicht gut unterscheiden kann.

Die angeführten Thatsachen lehren aber auch, dass man bei den Experimenten sehr vorsichtig zu Werke gehen muss, und dass man die Resultate der von Andern ausgeführten Experimente nicht ohne Misstrauen betrachten soll. Man glaubt manchmal mit tuberkulösen Substanzen zu experimentiren, während man in der That ganz andere Substanzen verwendet. Hätte ich z. B. das Sputum des Patienten, dessen Krankengeschichte ich eben mitgetheilt habe, ohne Weiteres als tuberkulös betrachtet, so wäre ich zu dem irrthümlichen Schluss gekommen, dass das Blut eines Kranken mit Meningealtuberkulose keine infectiöse Kraft besitzt.

Impfung von Tuberkelbacillen in das Blut.

Wäre die Ansicht Weigert's richtig, dass nämlich die Allgemeintuberkulose von einer Infection des Blutes herrührt, so müsste man eine schnelle und allgemeine Affection mit Sicherheit durch Einimpfung von Koch'schen Bacillen in den Blutkreislauf erzeugen können. Die Frage, ob dies in der That zu ermöglichen ist, suchte ich durch vergleichende Experimente zu lösen.

Ich impfte nämlich tuberkulöse Substanzen bei zwei Kaninchen A. und B. direct in die Vene, bei zwei anderen C. und D. in die Lunge, und schliesslich bei zwei, E. und F. in das subcutane Zellgewebe des Bauches. Die erzielten Resultate waren nun folgende:

Bei A. und B. waren später an der Leber und an der Milz zahlreiche kleine graugelbe Knötchen zu sehen, weniger zahlreich fanden sich solche auch in der Lunge. Die retrosternalen und peribronchialen Lymphdrüsen waren vergrössert.

Die Kaninchen C. und D. hatten zahlreiche Knötchen auf dem Pericard, linke Lunge gesund; Milz nur stark vergrössert; in der rechten Lunge und Pleura sehr zahlreiche Knötchen von verschiedener Grösse, in der linken Lunge eines Kaninchens nur drei Knötchen an der Spitze. Die retrosternalen und peribronchialen Lymphdrüsen vergrössert.

Die Kaninchen E. und F. zeigten dieselben Veränderungen wie C. und D.

Man sieht also, dass die directe Einimpfung von Tuberkelgift in den Kreislauf keine acute Miliartuberkulose erzeugt. Ja, es entwickelt sich nicht einmal eine sehr schnell verlaufende Allgemeintuberkulose. Deshalb scheint mir die Lehre Weigert's dass die Allgemeinausbreitung der Tuberkulose durch das Eindringen des Virus in die Blutbahn zu Stande kommen soll, nicht richtig zu sein. Dieser Vorgang kann jedenfalls nicht bei einer grossen Zahl von Fällen Geltung haben. Andererseits muss man indirect zu dem Schlusse gelangen, dass die bezeichnete Ausbreitung speciell in Beziehung der Disposition des Organismus für das Tuberkelgift stehe.

Siebentes Capitel.

Allgemeine Betrachtungen.

I.

Das Eindringen der Tuberkelbacillen.

Verschiedene Formen von Tuberkulose.

Die Tuberkulose ist eine Krankheit, welche durch das Vorhandensein eines specifischen ätiologischen Moments, des Koch'schen Bacillus charakterisirt werden kann. Bis jetzt gibt es keinen überzeugenden Beweis für das Vorkommen einer nicht bacillären Tuberkulose.

Die tuberkulösen Affectionen, welche durch die Wirkung des specifischen Bacillus und der von demselben erzeugten Ptomaine entstehen, sind ungemein verschieden: sie variiren zwischen einer einfachen Hyperämie und einer tiefgehenden und weitumfassenden Organzerstörung. Zum Beweis für das proteusartige Auftreten der Krankheit will ich nur einige Thatsachen anführen:

In einem Falle von Onychia maligna konnte Meyer durch den Nachweis von Tuberkelbacillen die tuberkulöse Natur der Affection feststellen. Diese hatte sich bei einem mit tuberkulöser Heredität behafteten Individuum infolge eines Trauma entwickelt.

Graser beschreibt einen Tumor am Kopfe eines Kindes, welcher wie ein Sarcom aussah und als solcher auch diagnosticirt wurde. Bei genauer Untersuchung zeigte es sich aber, dass derselbe tuberkulöser Natur war. Das konnte auch durch Impfung mit dem von dem Kinde entnommenen Blute festgestellt werden. So sind ferner auch tuberkulöser Natur: anatomische Tuberkel, verschiedene Hautkrankheiten wie Lupus, manche chronische Eczeme und impetiginöse Exantheme, ferner gewisse Schleimhautaffectionen, scrophulöse Katarrhe, (Bronchitis, Rhinorrhoë, Otorrhoë), kalte Abscesse, (Synovitis fungosa, Arthritis fungosa, käsige Processe in den Apophysen) und Periostitiden, Osteomylitis. Dasselbe gilt von manchen Lymphdrüsenaffectionen, besonders von denjenigen Schwellungen der Lymphdrüsen, welche in Begleitung von käsigen Affectionen auftreten. Schliesslich gehören hierher auch manche Fälle von Pneumonie und Pleuritis.

Für das Vorhandensein einer Tuberkulose sprechen besonders zwei Kriterien: Der Nachweis von Tuberkelbacillen und die Reproduction der Tuberkelkrankheit mittelst Impfung auf Thiere, welche zu dieser Affection disponirt sind, wie Kaninchen und Meerschweinchen. Solche bacterioskopische und experimentelle Untersuchungen zeigen aber, dass dieselbe Affection, wenn sie auch typische anatomische Eigenschaften zeigt, doch nicht immer tuberkulöser Natur ist. Ich erwähne hier beispielsweise den Fungus des Hodens. Deville wies nämlich schon im Jahre 1853 nach, dass diese Affection wenigstens in ihrer gewöhnlichen Form tuberkulöser Natur ist und als eine Form von Genitaltuberkulose aufgefasst werden muss. Ich habe aber einmal in meiner Klinik einen Patienten behandelt, bei welchem nach den klinischen Erscheinungen die Diagnose Fungus testiculi (locale Tuberkulose) gestellt wurde; die mit erkrankten Gewebspartikelchen ausgeführten Impfungen ergaben aber ein negatives Resultat, ebenso auch die bacterioskopische Untersuchung. Dass die Affection in der That nicht tuberkulöser Natur war, konnte übrigens auch durch den weiteren Verlauf derselben festgestellt werden. Die Krankheit heilte nämlich bei innerlichem Gebrauch von Jodkali vollkommen aus.

Ich bin freilich weit entfernt, zu behaupten, dass der Fungus testiculi nicht auf Tuberkulose zurückzuführen ist; ich bin aber überzeugt, dass es Affectionen gibt, welche wie eine tuberkulöse Hodenaffection aussehen, in der That aber ganz anderer Natur sind.

So sehen wir auch, dass selbst der Lupus, der doch gewiss eine wohl charakterisirte und immer gleiche Hautaffection zu sein scheint, in den meisten Fällen wohl tuberkulöser Natur ist, manchmal jedoch auf einen ganz anderen Ursprung zurückgeführt werden muss. Das lässt sich durch mikroskopische Untersuchung und Impfversuche mit Bestimmtheit beweisen.

Die durch den Tuberkelbacillus hervorgerufenen Krankheitsprocesse sind sehr verschiedenartig. Eine einfache Hyperämie in einem Organe, eine katarrhalische Affection kann ebenso tuberkulösen Ursprungs sein, wie auf tiefgreifende heftige Entzündungs- und Degenerationsprocesse hinweisen. Durch das Tuberkelvirus kann sogar ein Infectionstumor sich bilden, auch Eiterungen können durch Einwirkungen desselben oder durch das gleichzeitige Vorhandensein von pyogener Micrococcen entstehen.

Was nun den Polymorphismus der Tuberkulose und die Verschiedenheit im Verlauf und in der Ausbreitung dieses Krankheitsprocesses anbelangt, so sind diese Erscheinungen auf die verschiedene Virulenz des infectirten Agens und auf das Mitvorhandensein anderer Mikroorganismen zurückzuführen, welche auf den Verlauf der Tuberkulose beschleunigend einwirken können. Mehr aber noch als jede andere Ursache scheinen Sitz und Ausdehnung des Krankheitsprocesses von einer localen und allgemeinen Disposition des Organismus herzurühren, durch welche das infectiöse Princip einen geeigneten Boden zu seiner Entwicklung und Reproduction findet.

Der Sitz des tuberkulösen Processes eines oder des anderen Organes kann von der Eingangspforte des Mikroorganismus herrühren, durch welche diejenigen Organe von der Krankheit ergriffen werden, die zuerst von dem infectiösen Agens betroffen worden sind. Auch kann hier die specielle Disposition eines bestimmten Organes eine gewisse Rolle spielen. In manchen Körpertheilen entwickelt sich eben der specifische Bacillus besser, weil sie einen besseren Nährboden für diesen Mikroorganismus gewähren. Jedenfalls — mag diese oder jene Erklärung zutreffen — lässt es sich nicht leugnen, dass die Tuberkulose sich bald in diesem, bald in jenem Organe manifestirt. In dem 24. Jahresbericht aus der Jenner'schen Kinderklinik theilt Demme die interessante Thatsache mit, dass von 35 Fällen von Tuberkulose die zur Section kamen, 17-mal tuberkulöse Meningitis, 11-mal Lungentuberkulose, 7-mal isolirte Tuberkulose der Mesenterial- und Intestinaldrüsen sich fanden.

Demme gibt ferner noch folgende Statistik an, die 1932 Fälle und die relative Frequenz der einzelnen Localisationen der Tuberkulose (nach den ersten Symptomen beurtheilt) umfasst.

Affectionen der Knochen und Gelenke .		$42 \cdot 5\%$
„ „ peripheren Lymphdrüsen		$35 \cdot 8$ „
„ „ Lungen		$10 \cdot 6$ „
„ des Darmes . . .		$3 \cdot 5$ „

Affectionen der Pia mater . . . . $0\cdot3\%$

     „   „ Haut . . . . $2\cdot6$.

     „   „ Nieren . . . . $0\cdot4$.

isolirter Tuberkel des Gehirnes . . . . . $0\cdot8$.

Tuberkel der Sexualorgane . . . . $0\cdot5$,

Im späteren Verlauf der Krankheit zeigte sich folgendes Verhältnis:

Tuberkulose der Lungen . . . . $23\cdot6\%$

     „   „ Pia mater . . . . $6\cdot3$.

     „   des Darmes . . . . . . $6\cdot1$.

     „   der Nieren . . . . $1\cdot1$.

     „   „ Nebenhoden . . . . $0\cdot8$ „

Am häufigsten sind nach Demme die Bronchial- und die Mesenterial-drüsen afficirt.

Nach Biedert erkrankten an Tuberkulose:

der Lungen	$91\cdot2\%$	Erwachsene,	$79\cdot6\%$	Kinder
des Darmes	$40\cdot7$.	.	$31\cdot6$.	„
der Lymphdrüsen	$2\cdot6$.	.	$88\cdot0$.	.
des Peritoneum	18 „	.	$18\cdot3$.	.

Hertz gibt folgende Statistik über Tuberkulose der Kinder an:

Tuberkulose der Lungen . . . . 247 Fälle $= 75$ $\%$

     „   „ Knochen und Gelenke . . 35 „ $= 10$ „

     „   „ peripheren Drüsen . . . 31 „ $= 9$ „

     „   des Gehirns und seiner Häute . 13 „ $= 4$ „

     „   „ Hodens und Nebenhodens . . 3 „ $= 1$ „

     „   der Haut und der weichen Theile 1 Fall $= 0\cdot3$ „

Eintrittsstelle des Tuberkelbacillus.

Eine hereditäre Tuberkulose kommt zweifellos vor und zwar nach meiner kleinen Statistik in $32\cdot5\%$ der Fälle. Die Thierexperimente beweisen zweifellos, dass eine hereditäre Uebertragung möglich ist und dass dieselbe durch Uebergang des Bacillus von Eltern auf die Frucht stattfindet. Diese wird häufig schon mit den Zeichen der allgemeinen Atrophie und mit Lymphdrüsenvergrösserung geboren, ohne eigentliche tuberkulöse Läsionen zu zeigen.

Das Tuberkelgift kann zufälliger Weise an jeder Stelle der äusseren Körperoberfläche (Haut) oder der inneren Fläche (Schleimhaut) in den Organismus eindringen. Die Verdauungsorgane scheinen aber die Haupt-eingangspforte darzustellen. Wenn auch die Lungen es sind, welche, wenigstens bei Erwachsenen, am häufigsten von Tuberkulose ergriffen werden, so weist dieser Umstand nur darauf hin, dass die Lungen für tuberkulöse Affectionen am meisten disponirt sind, nicht aber, dass der Tuberkel-bacillus besonders mit der äusseren Luft in die Respirationswege und von hier in das Innere des Organismus eindringt.

Offenbar hat man die Frequenz der tuberkulösen Infection von Seite der Respirationsorgane bedeutend überschätzt. Die sorgfältigsten Experimente zeigen, dass das virulente Agens weder in den Dampf erhitzter Tuberkelbacillen enthaltender Flüssigkeit übergeht, noch in dem Luftstrom sich entwickelt, welcher über eine derartige Flüssigkeit streicht. Auch inficiren tuberkulöse Substanzen nicht, wenn sie pulverförmig eingeathmet werden. Die Exspirationsluft der Phthisiker ist bekanntlich nicht virulent. So kann also das Contagium mittelst der Respirationsluft nicht in den Körper eindringen und wenn das auch ausnahmsweise einmal vorkommt, so findet dasselbe so ungünstige Bedingungen vor, dass es sich im Körper nicht weiter entwickeln kann.

Durch nicht ganz exact ausgeführte Untersuchungen kann man leicht zu dem hier bekämpften irrthümlichen Schluss kommen. So habe ich einmal gesehen, dass eine Tuberkulose sich bei zwei Meerschweinchen entwickelte, nachdem ich sie mit Glycerin geimpft, in welches ein Phthisiker eine halbe Stunde lang exspirirt hatte. Als ich aber die einzelnen Bedingungen, unter welchen das Experiment ausgeführt worden war, einer genauen Prüfung unterzog, zeigte es sich, dass sich erhebliche Fehlerquellen eingeschlichen hatten. Ich erwähne nur folgenden Umstand. Das Experiment wurde mitten im Winter bei sehr kalter Temperatur ausgeführt. Dadurch schlug sich der in der Exspirationsluft enthaltene Wasserdampf nieder. Es bildete sich im Innern der Röhre eine Wasserschicht, welche vom Munde des Patienten bis zur Oberfläche des Glycerins reichte und so letztere mit der bacillenhaltigen Flüssigkeit, welche sich natürlich im Munde des Patienten befand, direct verband. Das Glycerin wurde also nicht durch die Exspirationsluft, sondern vielmehr durch den Inhalt des Mundes des Patienten inficirt.

Der Gegenbeweis liess sich leicht zweifellos dadurch erbringen, dass ich das besagte Experiment so wiederholte, dass die Mundflüssigkeit nicht in die Glycerin enthaltende Röhre eindringen konnte.

Ich füllte einen Theil einer Eprouvette mit Glycerin, steckte einen Schenkel einer rechtwinklig gebogenen Glasröhre in das Glycerin und liess einen Phthisiker durch den anderen Schenkel der Röhre exspiriren, so dass die Exspirationsluft, und nur diese allein in das Glycerin eindrang. Von dem letzteren entnahm ich eine kleine Quantität und injicirte sie in die Bauchhöhle zweier Meerschweinchen. Diese wurden nach drei Wochen getödtet und erwiesen sich als völlig gesund. Als ich aber das Experiment in der Weise wiederholte, dass ich den Patienten direct in das Glycerin enthaltende Röhrchen exspiriren liess, so zeigte es sich, dass das Glycerin inficirt wird.

Die Tuberkulose wird durch Nahrungsmittel, hauptsächlich durch Fleisch und Milch, welche von tuberkulösen Thieren herrührt, übertragen. Es ist daher durchaus nothwendig, diese Nahrungsmittel nicht anders als nach vorausgegangener Abkochung zu geniessen. Nur so lässt sich die Gefahr, durch dieselbe mit Tuberkulose inficirt zu werden, vermeiden.

Das Tuberkelvirus kann sicherlich auch durch die Haut eindringen. Wir kennen zahlreiche Beispiele, wo nach gewissen Hautläsionen eine locale Tuberkulose und später in einzelnen Fällen sogar eine entsprechende Affection der Lungen sich entwickelte. Eine derartige Ansteckung kann bei gewissen Berufsarten sogar sehr leicht entstehen.

Dagegen muss hier darauf hingewiesen werden, dass die Möglickeit, das Tuberkelgift mit der Vaccinelymphe zu übertragen (wenn diese von einem tuberkulösen Kinde und einem tuberkulosen Thiere herrührt), eine sehr geringe ist. Der Koch'sche Bacillus kann nämlich nur sehr schwer durch einen so oberflächlichen Ritz, wie man ihn bei der Impfung aus-zuführen pflegt, in den Körper eindringen. Uebrigens kommt der Koch'sche Bacillus in der Impfpustel gewöhnlich nicht vor. Um aber jede auch sehr entfernte Gefahr zu vermeiden, sind die in Brüssel üblichen Vorsichts-maassregeln sehr zu empfehlen. Dort wird nämlich das Kalb, von welchem die Lymphe entnommen ist, getödtet und letztere nur dann zur Impfung verwendet, wenn das Thier sich bei der Section als gesund erweist.

Auch der geschlechtliche Verkehr ist nicht selten die Ursache einer tuberkulösen Infection. Haarstick beobachtete, dass ein tuberkulöser Stier 60 bis dahin gesunde Thiere ansteckte. Es gibt noch andere derartige Beispiele von Uebertragung des tuberkulösen Giftes auf Thiere. Eine gesunde Frau kann in derselben Weise durch den Coitus mit einem tuberkulösen Manne angesteckt werden, besonders wenn dieser an einer tuberkulösen Affection der Genitalien leidet. Deville theilt für diese Thatsache mehrere Beispiele mit. Besonders interessant ist ein Fall. der einen Mann mit tuberkulöser Degeneration der Genitalorgane betraf. Eine Frau, welche bis dahin vollkommen gesund war, verkehrte mit diesem Manne geschlechtlich und erkrankte dann an einer primären Tuberkulose der Geschlechtsorgane. Eine derartige Ansteckung kann aber auch dann zu Stande kommen, wenn der tuberkulöse Mann nicht an einer tuberkulösen Erkrankung der Geschlechtsorgane leidet. Landouzy und Martin, Sirena und Pernice konnten bei Thieren eine Tuberkulose durch Sperma erzeugen, welches von tuberkulösen Individuen herrührte, obwohl in der Spermaflüssigkeit kein einziger Bacillus entdeckt werden konnte.

Es gibt auch Beispiele dafür, dass eine tuberkulöse Frau die Krank-heit mittelst Coitus auf den Mann übertragen kann. Je mehr die Untersuchungsmethoden vervollkommnet und die Beobachtungen exacter gemacht werden, desto deutlicher zeigt es sich, dass tuberkulöse Affectionen der weiblichen Geschlechtsorgane durchaus nicht selten vorkommen.

Thiere, besonders Fliegen, können das Tuberkelvirus auf den menschlichen Körper übertragen. Das kann z. B. in der Weise geschehen, dass Fliegen inficirendes Agens aus dem Spucknapf eines Phthisikers entnehmen und dasselbe dann auf Speisen oder direct auf die Schleimhaut niederlegen. Ausser den Forschungen von Spillmann und Haushalter haben die Untersuchungen von Hoffmann diese Thatsache sehr wahrscheinlich gemacht.

II.

Entwicklung der Tuberkulose.

Wenn der Tuberkelbacillus in irgend einer Weise in den Organismus eindringt, so erzeugt er daselbst einen Entzündungsprocess oder eine Neubildung (Infectionstumor). Dies ist dann die primäre Läsion, welche sehr leicht unbeachtet bleiben kann. Die Tuberkelbacillen können auch durch die Schleimhaut in das Innere des Körpers gelangen, ohne überhaupt irgend eine wahrnehmbare und dauernde Veränderung zu erzeugen. So scheint es, als ob die tuberkulöse Affection mit secundären Läsionen begänne.

Als secundäre Tuberkulose ist namentlich die Scrophel aufzufassen. Die scrophulosen Producte zeigen die Structur und die käsige Degeneration wie sie den wohl charakterisirten tuberkulösen Producten eigen ist. Die Impfung von tuberkulösem Virus auf entsprechend disponirte Thiere (Kaninchen und Meerschweinchen) erzeugt eine Krankheit, welche gewöhnlich 2—4 Monate dauert. Ausser der localen Läsion entwickelt sich 4—8 Tage nach der Impfung eine Vergrösserung der Lymphdrüsen (scrophulöse Periode) und erst nach 20 Tagen eine Tuberkulose der verschiedenen Organe (tuberkulöse, tertiäre Periode). Zu allen Zeiten war es den Aerzten eine bekannte Thatsache, dass die Lymphdrüsen am Halse kleiner Kinder sehr häufig vergrössert sind. Man nannte diese Affection: scrophulöse oder lymphatische Krankheit. Legroux bezeichnet dieselbe aber als Mikropolyadenopathia infantilis und spricht die Ueberzeugung aus, dass es sich um eine Adenotuberculosis handelt. Die kleinen Knötchen sind rund oder oval, mehr oder weniger fixirt, entschlüpfen gewöhnlich unter dem Fingerdrucke. Die einzelnen Drüsenknoten sind mit einander nicht verwachsen, ebenso auch nicht mit der Haut und mit den tiefgelegenen Theilen des Halses. Sie sind auch nicht schmerzhaft; ihr charakteristisches Merkmal ist sogar die Indolenz. — Daremberg sah sogar einige Male, dass diese specifische Adenopathie des Halses in Begleitung von tuberkulöser Amygdalitis auftrat. Die Kinder ziehen sich eine derartige

Mandelentzündung gewöhnlich durch den innigen Verkehr mit ihren tuberkulösen Eltern zu. Die Mandel ist dann erheblich vergrössert und mit einer eigenen Schicht bedeckt, in welcher der Autor den specifischen Bacillus fand.

Die geringe Ausbreitung der scrophulösen Affection und die Immunität der tieferen Organe, besonders der Lunge, rührt wahrscheinlich von einer entsprechenden Blutbeschaffenheit her.

Das Blut scrophulöser Individuen zeigt nämlich eine normale Reaction, während Kranke, welche an eigentlicher Tuberkulose leiden, schwach alkalisch reagirendes Blut und solche, die mit einer schweren Tuberkulose behaftet sind, sogar neutral reagirendes Blut haben.

Das Tuberkelgift manifestirt sich, wenn es in den Organismus eingedrungen ist, zuerst durch das Auftreten primärer localer Processe (Tuberkel, Abscesse an der Impfstelle), später durch secundäre Veränderungen (infectiöse Lymphome, welche sich nach einander, zuerst an der Impfstelle und dann in entfernteren Körperregionen entwickeln) und durch Entwicklung von Tuberkeln in den verschiedenen Parenchymen. In der That existirt schon die Tuberkulose fast in dem ganzen Organismus, selbst zu einer Zeit, wo mikroskopisch wahrnembare Gewebsveränderungen noch nicht vorhanden sind. Impft man Tuberkulose auf Kaninchen, so wird dieselbe schon 10 Minuten bis spätestens 24 Stunden nach geschehener Impfung verallgemeinert (Jeannel).

Deshalb unterscheidet sich die acute Miliartuberkulose und die auf ein oder wenige Organe beschränkte Tuberkulose durchaus nicht in Bezug auf das Eindringen des Virus in das Blut. Es müssen die einzelnen Organe ein und desselben Organismus jedenfalls eine ganz verschieden grosse Disposition zur Tuberkulose haben.

Unterzieht man sich der Mühe, in einem Falle von scheinbar localer Tuberkulose auch die anderen Organe sorgfältig zu untersuchen, so sieht man, dass sich es fast immer schon um eine Verallgemeinung der Krankheit handelt. Der Gedanke, dass die Tuberkulose eine der Lunge eigenthümliche Krankheit sei, verliert mit jedem Tage an Stütze.

Vierordt führt den Umstand, dass die Miliartuberkulose bei tuberkulöser Pleuritis und Peritonitis sehr selten vorkommt, auf das Wesen der Krankheit selbst zurück. Die serösen Ergüsse verlegen nämlich die Lymphlacunen und verhindern so das weitere Vordringen der Bacillen. Da aber diese sehr leicht in das Blut eindringen, ohne eine allgemeine Tuberkulose zu erzeugen, so glaube ich, dass man die Beschränkung des tuberkulosen Processes auf die serösen Häute in anderer Weise erklären muss: Diese Theile haben eben eine grössere Disposition zur Tuberkulose-Erkrankung.

Im Blute von Phthisikern kommen zweifellos Tuberkelbacillen vor, obwohl die von Villemin, Mairet, Gosselin u. A. ausgeführten Untersuchungen ein entgegengesetztes Resultat ergeben haben. Liouville. Toussaint und Raymond konnten durch Impfung von Blut tuberkulöser Individuen immer eine Tuberkulose erzeugen. Die in meiner Klinik ausgeführten Untersuchungen haben gezeigt, dass man im Blute mancher Phthisiker sehr leicht den Koch'schen Bacillus finden kann und dass man durch Impfung von wenigen Tropfen solchen Blutes manchmal eine Tuberkulose erzielt, manchmal nicht. Die Verschiedenheit des Impferfolges rührt von der grösseren oder geringeren im Blute enthaltenen Zahl von Tuberkellbacillen her. Auch sind nicht alle zur Impfung benutzten Thiere in gleicher Weise für das Tuberkelgift empfänglich. Bei Kranken mit weit vorgeschrittener Phthise und bei solchen, deren Leiden einen sehr schnellen Verlauf nimmt, enthält das Blut gewöhnlich eine grosse Menge von Bacillen und ist dementsprechend auch infectiöser. Das Blut solcher Individuen, die an tuberkulöser Meningitis leiden, hat constant eine deutlich ausgeprägte infectiöse Kraft.

Unter der Bezeichnung tuberkulöse Affection fasst man Krankheitsprocesse zusammen, die nach Sitz und Natur ungemein verschieden sind und ausser dem gemeinschaftlichen Ursprung nichts Identisches haben. Sehr häufig kommen locale Affectionen mit benignem oder fast benignem Charakter vor, trotzdem sie offenbar tuberkulöser Natur sind, z. B. die Tuberkel der Anatomen Peritonitis, Pleuritis und Schleimhautkatarrhe. In anderen Fällen verläuft die Affection sehr rapid und geht mit tiefen Gewebszerstörungen einher. Gewöhnlich sind dann noch andere Mikroorganismen vorhanden (Eiterungsmikrococcen, M. tetragonus. pneumoniae etc.). War in dem Organismus schon das syphilitische Virus vorhanden, so wirkt dann das tuberkulöse Gift viel deletärer. So stellt also die tuberkulöse Läsion ein sehr complicirtes und verschiedenartig gestaltetes Krankheitsbild dar, ein Umstand, welcher von der gleichzeitigen Mitwirkung mehrere Mikroorganismen herrührt. Daher rührt der bekannte Polymorphismus der Tuberkulose. Wenn auch die Koch'schen Bacillen zur Entstehung einer Tuberkulose unerlässlich sind, so müssen doch manche Krankheitserscheinungen der Phthise von besonderen chemischen Substanzen herrühren, welche im Organismus durch das Vorhandensein der Bacillen erzeugt werden.

Der verschiedene Verlauf der Krankheit rührt besonders von der Verschiedenheit in der allgemeinen Disposition der Organismen her, indem der Krankheitskeim in dem einen Organismus einen günstigeren Boden zu seiner Entwicklung findet, als in dem anderen. Auch die in die Lymphbahnen eingedrungenen Bacillen entwickeln sich bald an dieser bald an einer anderen Stelle des Organismus, je nach der verschiedenen localen Disposition.

In derselben Weise wie der Tuberkelbacillus bei der hereditären Phthise 20 Jahre und noch länger im Organismus latent bleiben kann und erst dann sich zu entwickeln beginnt, ebenso kann der Bacillus in erblicher Weise sich bei den Kindern entwickeln, während er die Eltern, weil sie eine geringere Disposition haben, verschont. Dass verschiedene Organismen dem Koch'schen Bacillus gegenüber nicht in gleicher Weise resistent sind und dass derselbe auf einem minder günstigen Boden sehr lange Zeit hindurch lebendig bleibt, diese Thatsachen wurden durch die Untersuchungen von Landouzy und Martin nachgewiesen. Diese Forscher stellen auf Grund der von ihnen ausgeführten Experimente folgenden Satz auf: „Die tuberkulösen Keime können mehrere Wochen und mehrere Monate sich im Organismus verschiedener refractären Thiere aufhalten daselbst eine Art latentes Leben führen und ihre infectiöse Kraft in der Weise bewahren, dass diese sich erst später manifestirt, wenn sich ein günstiger Entwicklungsboden darbietet." Wenn also der Tuberkelbacillus in einer Taube mehrere Monate latent bleiben kann, so muss man mit Berücksichtigung der viel grösseren Lebensdauer der Menschen zu dem Schlusse gelangen, dass derselbe Mikroorganismus beim Menschen mehrere Jahre latent zu bleiben vermag. Ausserdem folgt aus dieser Erwägung, dass die Tuberkulose auf den Menschen auch durch Genuss von solchem Fleisch übertragen werden kann, welches scheinbar gesund und frei von tuberkulösen Läsionen ist.

Für die lange Latenz der Tuberkelvirus spricht auch die verschiedene Frequenz, in welcher die Tuberkulose bei Kälbern und Kühen vorkommt. Es ist eine von fast allen Thierärzten bestätigte Thatsache, dass ältere Rinder und Kühe häufig an Tuberkulose leiden, während junge Kälber nur sehr selten von dieser Krankheit betroffen worden. Da es sich nun hier um Herbivoren handelt, so kann das tuberkulöse Gift nur auf hereditärem Wege oder während der Saugperiode in ihren Organismus gelangt sein, demnach ist es höchst wahrscheinlich, dass das Tuberkelvirus bei Rindern fast während der ganzen Lebensdauer latent bleibt und sich erst im höherem Alter zu entwickeln beginnt.

ZWEITER THEIL.

KLINIK DER LUNGENSCHWINDSUCHT.

Sichere diagnostische Merkmale der Lungentuberkulose.

Weder die Symptome noch der Verlauf der Krankheit haben einen sicheren und constanten Wert für die Diagnose der Lungentuberkulose. Wer nur diese Anhaltspunkte gelten lässt, begeht zweifellos viele diagnostische Fehler. Die Wissenschaft hat aber noch zwei sichere Methoden hinzugefügt, die bacterioskopische Untersuchung und die Impfung auf Thiere. Die letztere dauert bis zur Entscheidung der Frage viel zu lang, auch ist sie zu schwierig, um in die Praxis eingeführt zu werden. Die bacterioskopische Untersuchung dagegen lässt sich aber so schnell und leicht ausführen, dass kein Grund vorhanden ist, dieselbe zu übergehen.

I.

Die Untersuchung auf Tuberkelbacillen.

Die Färbung von Tuberkelbacillen ist sehr wichtig, um einen vorliegenden Zweifel über das Vorhandensein von Tuberkulose in einem Organe zu lösen. Von dieser Krankheit werden aber die Lungen am häufigsten afficirt, und diese entleeren dann ein mehr oder minder bacillenreiches Secret. Im Folgenden sollen nun die verschiedenen zur Färbung von Tuberkelbacillen vorgeschlagenen Methoden besprochen werden, so weit sie sich in der praktischen Ausführung als empfehlenswert erwiesen haben.

Die älteste Methode ist die von Koch im Jahre 1882 angegebene. In seiner ersten Publication über Tuberkulose empfiehlt er die folgende Farbflüssigkeit:

Concentrirte alkohol. Methylenblaulösung 1 *ccm*
Aqua destillata . . . . 200 -
10% Kalilösung . . . . 0·02 „

Die Präparate (eingetrocknetes Sputum oder Gewebsschnitte) bleiben in dieser Flüssigkeit 2—24 Stunden liegen, und zwar bei gewöhnlicher Temperatur. Will man die Färbung in kurzer Zeit erzielen, so erwärmt man die Farbflüssigkeit auf 40° und lässt die Präparate nur ½—1 Stunde in derselben liegen. Schnitte werden direct in die Farbflüssigkeit gelegt, Sputum muss aber vorher in folgender Weise behandelt werden. Man bringt eine kleine Menge von Sputum, auf ein Deckgläschen und legt auf dieses dann ein anderes. Die beiden Deckgläschen werden aneinander gerieben, so dass das Sputum in einer dünnen Schichte vertheilt wird, dann lässt man letztere bei gewöhnlicher Temperatur eintrocknen, zieht das Deckgläschen 2—3 Mal durch eine Flamme und legt es dann in die Farbflüssigkeit ein. Hier bleibt es so lange, wie oben angegeben, liegen, wird dann mit Wasser abgespült und hierauf mit einigen Tropfen concentrirter Vesuvinlösung bedeckt, wodurch es bald eine braune Färbung annimmt. Jetzt wird auch diese Flüssigkeit abgespült, und das Präparat ist zur mikroskopischen Untersuchung fertig. Will man das Präparat in Canadabalsam einbetten, so muss es zuvor durch Alkohol von dem anhaftenden Wasser befreit werden. Die Bacillen erscheinen in blauer Farbe auf braunem Grund.

Die Bacillen lassen sich nur mit einer alkalischen Flüssigkeit färben. Anstatt des Methylenblau kann man auch eine andere Anilinfarbe wählen: sie muss sich nur von der braunen Farbe unterscheiden.

Die hier angegebene Methode hat aber den Fehler, dass sie zur Fertigstellung eine längere Zeit erfordert, weil das Alkali nicht so schnell auf die Bacillen einwirkt.

Ehrlich modificirte die Methode in folgender Weise:

1. Anstatt des Kali fügte er der Farbflüssigkeit eine kleine Menge Anilin bei, welches alkalisch reagirt und wegen seiner öligen Beschaffenheit im Handel als Anilinöl bezeichnet wird.

2. Bevor das Präparat in eine Contrastfarbe eingelegt wird, behandelt er dasselbe mit verdünnter Mineralsäure, welche die Eigenschaft hat, alle anderen Elemente und Bacillen mit alleiniger Ausnahme der Tuberkel- und Leprabacillen zu entfärben. Koch nahm diese Methode an; sie ist jetzt unter dem Namen Koch-Ehrlich'sche Methode bekannt. Die specielle Ausführung derselben geschieht in folgender Weise:

4 ccm Anilinöl werden mit 100 ccm Wasser gemischt und tüchtig durchgeschüttelt. Man hat dann eine gesättigte Lösung, welche filtrirt wird. Man fügt zu derselben 11 ccm eines gesättigten alkoholischen Fuchsin- oder Methylenviolett und 10 ccm absoluten Alkohols hinzu. In diesem Gemisch bleiben die Präparate bei gewöhnlicher Temperatur 12 Stunden oder bei 50° C. 10 Minuten lang liegen werden, hierauf mit destillirtem Wasser abgespült und dann höchstens 50 Secunden in einer 35% Salpetersäurelösung gehalten. Nun werden sie sofort mit 60% Alkohol abgewaschen und dann einige Minuten lang mit einer wässerigen Vesuvinlösung oder Methylenblaulösung gefärbt (je nachdem die erste Färbung mit Gentianaviolett oder mit Fuchsin ausgeführt worden ist). Man wäscht die Präparate jetzt abermals mit Alkohol ab, um einerseits die überflüssige Farbe zu entfernen und andererseits das Präparat zu klären.

Untersucht man jetzt die Präparate mikroskopisch, so sieht man
roth oder violett gefärbte Bacillen auf blauem oder braunem Grunde, je
nachdem man diese oder jene der oben bezeichneten Farben gewählt hat.
Zur Untersuchung genügt ein Trockensystem mit einer Vergrösserung
von 6—700, ohne besondere Beleuchtungsapparate.

Ehrlich war bei Feststellung der hier beschriebenen Methode der
Ansicht, dass Tuberkelbacillen sich ausschliesslich in alkalischer Flüssigkeit färben lassen. Wie Koch setzte er voraus, dass die Tuberkelbacillen mit einer Hülle umgeben sind, in die von selbst starke
Mineralsäurelösungen nicht eindringen können. Die neueren Untersuchungen von Ziehl haben jedoch gezeigt, dass Tuberkelbacillen auch
dann sich färben lassen, wenn man zu der Farbflüssigkeit eine sauer
reagirende Substanz, wie Pyrogallussäure, Resorcin, Phenol etc. hinzufügt. Lichtheim, De Giaconini u. a. erzielten eine Färbung durch
blosse Anwendung von basischen Anilinfarben.

Baumgarten zeigte, dass Tuberkelbacillen nicht bloss ohne Hinzufügung eines Alkali zur Farbflüssigkeit sich färben lassen, sondern
auch, dass sie sich von anderen Mikroorganismen, ohne nachfolgende Entfärbung mittels Säuren differenziren.

In Nachfolgendem beschreibe ich kurz Baumgarten's Methode,
wenn sie auch nur einen theoretischen Wert hat.

Einfache Färbung. 4—5 Tropfen einer gesättigten Methylenviolettlösung werden in ein mit Wasser gefülltes Uhrschälchen gethan. Hier
bleibt das Präparat bei gewöhnlicher Temperatur 12—24 Stunden oder
10—12 Minuten, wenn man das Schälchen bis zum Aufsteigen von
Dämpfen erwärmt. Das Präparat kommt dann in eine Lösung von kohlensaurem Kali, verbleibt hier 5 Minuten lang und wird dann 5—10 Minuten
lang in absolutem Alkohol entfärbt. Während die Gewebe und andere
Mikroorganismen die Farbe einbüssen, bleiben die Tuberkelbacillen gefärbt.

Doppelfärbung. Das Präparat wird zunächst, wie angegeben, mit
Methylenviolett gefärbt und dann, ohne mit kohlensaurem Kali behandelt
zu werden, sofort mit Alkohol übergossen. Dann wird es in eine mit
Essigsäure leicht angesäuerte concentrirte Lösung von Bismarckbraun
gelegt. Hier bleibt es 5 Minuten lang liegen und wird hierauf wie
gewöhnlich behandelt. Die Tuberkelbacillen (und nur diese) erscheinen
dann violett auf braunem Grunde. Diese Methode hat keinen praktischen
Wert, weil man bei Anwendung derselben die Tuberkelbacillen nicht sehr
leicht finden kann.

Die Koch-Ehrlich'sche Methode bleibt die beste; sie wurde später
in verschiedener Weise modificirt.

Modification von van Ermengem. Von der Thatsache ausgehend,
dass die Alkalescenz der Farbflüssigkeit von grosser Wichtigkeit ist,

suchte er die Thatsache zu verwerten, dass Anilin sich leichter in Alkohol als in Wasser löst. Zu diesem Zwecke löste er 2 *gr* der Farbe in 40 *ccm* absoluten Alkohols und fügte 4 *ccm* Anilinöl hinzu, welche er mit einem gleichen Volum destillirten Wassers mischte. Das Ganze wurde dann filtrirt. Am dauerhaftesten unter den färbenden Substanzen erwiesen sich ihm Rosanilin und Methylviolett 5 B. Man muss das Präparat namentlich wenn es sich um Schnitte handelt, besonders sorgfältig mit Wasser abwaschen, damit von der Säure auch nicht die geringste Spur zurückbleibe. Als Contrastfarbe wendet van Ermengem eine wässerige Farblösung, welche 5—10 Minuten geschüttelt wird, an.

So erhält man eine gute sich deutlich vom Untergrund abhebende Färbung.

Modification von Rindfleisch. Diese ändert die Technik des Verfahrens nur in sehr geringer Weise, ist aber sehr wichtig, weil sie die ganze Procedur sehr schnell auszuführen ermöglicht. Rindfleisch lässt nämlich die in einem Uhrschälchen befindliche Farbflüssigkeit direct über einer Flamme erwärmen, so lang bis Dämpfe aufsteigen. In dieser Flüssigkeit bleiben die Präparate 10—15 Minuten, um gut gefärbt zu werden.

Das hier angegebene Verfahren wurde von Allen angenommen und wird jetzt bei jeder Färbung angewendet, wenn man eine solche sehr schnell erzielen will. Besonders wenn es sich um Gewebsschnitte handelt.

Modification von Weigert. Dieser Autor legt auf die alkalische Reaction der Farbflüssigkeit einen besonderen Wert und ersetzt das Anilinöl durch Ammoniak, indem er folgende Mischung anwendet:

Aqua destillata . . . . 90 *gr*
Alkohol absolutiss. . . . . 10 „
Gentianaviolett . . . . 2 „
Ammoniak . . . . 0·5 „

Im übrigen verfährt er nach Koch-Ehrlich.

Die Weigert'sche Modification hat eine grosse Ausbreitung in der Praxis gefunden und ist geeignet, mit der Originalvorschrift von Koch-Ehrlich zu concurriren.

Modification von Fränkel. Von einer Lösung, welche aus:

3 *gr* Anilinöl (oder Toluidinöl),
7 *gr* absoluten Alkohols,
90 *gr* destillirten Wassers — besteht, werden 5 *ccm* entnommen und auf 100° C. erwärmt, dann fügt man tropfenweise eine gesättigte Fuchsin- oder Methylenviolettlösung hinzu, bis die Lösung eine opalescirende Farbe annimmt. Auf dieser Flüssigkeit lässt man die mit dem Präparat versehenen Deckgläschen 2—10 Minuten lang schwimmen und wäscht sie dann mit Wasser ab. Die Entfärbung wird mit der Färbung des Grundes

gleichzeitig ausgeführt, indem man eine Flüssigkeit anwendet, welche aus 50 Theilen Alkohol, 30 Theilen Wasser und 40 Theilen Salpetersäure besteht und ausserdem noch Methylenblau enthält. Sind die Präparate zuvor mit Methylenviolett gefärbt worden, so gebraucht man eine Mischung von 70 Theilen Alkohol und 30 Theilen Salpetersäure, welche dann mit Vesuvin gesättigt und hierauf filtrirt wird. Die Präparate bleiben in dieser Mischung zwei Minuten und werden dann mit Wasser und mit 50% leicht angesäuertem Alkohol abgewaschen. Diese Methode wird nur zur schnellen Färbung von Sputum angewendet.

Modification von Neelsen. Es handelt sich hier darum, anstatt des Anilinöls Carbolsäure hinzuzufügen, wie es schon Ziehl vorgeschlagen hatte. Man löst 1 gr Fuchsin in 100 gr einer 5% Carbolsäurelösung und fügt 10 ccm absoluten Alkohols hinzu. In dieser Lösung, welche bis zum Aufsteigen von Dämpfen erwärmt wird, lässt man die Präparate 1—2 Minuten liegen, dann wird das Präparat mit 25% Schwefelsäurelösung abgewaschen und bald darauf mit Methylenblau gefärbt. Die Bacillen erscheinen dann roth auf blauem Grund. Die rothe Farbe tritt freilich nicht sehr prägnant hervor, die Methode hat aber den Vorzug, dass man sie sehr schnell ausführen kann. Ausserdem lässt sich die Farbflüssigkeit sehr lange gut conserviren.

Modification von M. F. Franke. Diese Methode eignet sich besonders zur Färbung von Schnitten.

Sie besteht darin, dass man die Schnitte zuerst in einer Lösung von Alaun und Hämatoxylin und dann nach der Koch-Ehrlich'schen Methode färbt. Man erzielt so eine vorzügliche Färbung nicht bloss der Bacillen, sondern auch der Zellkerne.

Modification der Lubimoff. Diese ist ähnlich der Neelsen'schen Methode und besteht darin, dass man eine in folgender Weise zusammengesetzte Flüssigkeit verwendet:

Fuchsin 0·5 gr.
Borsäure 0·5 gr.
absol. Alkohol 1·5 gr.
Wasser 2·0 gr.

Diese Flüssigkeit reagirt sauer und lässt sich lange conserviren. Man wendet dieselbe wie andere Farblösungen an. Nachdem nämlich das Präparat eingetrocknet ist, erwärmt man dasselbe 2—3 Minuten lang in der angegebenen Flüssigkeit und wäscht es dann mit verdünnter Schwefelsäure ab. Es bleiben nur die Bacillen roth gefärbt, während der übrige Theil des Präparates die Farbe abgibt. Dann wird es mit absolutem Alkohol abgespült und schliesslich in eine alkoholische Methylenblaulösung gelegt. Diese wird wieder mit Wasser abgewaschen, das überschüssige Wasser mit Alkohol ausgezogen und das Präparat schliesslich in Canadabalsam eingebettet. Lubimoff glaubt mit seiner Methode die Schnelligkeit des Verfahrens zu fördern.

Methode von Pittion. Es sind zur Ausführung derselben folgende Lösungen nöthig:

Lösung A.

100 *gr* Alkohol
    Gentianaviolett bis zur Sättigung.

Lösung B.

100 *gr* Wasser
    3 *gr* flüssigen Ammoniaks.

Mischung C.

30 *gr* Wasser
30 *gr* Schwefelsäure.

Lösung D.

100 *gr* Wasser.
    Chrysoridin bis zur Sättigung.

Anstatt des Ehrlich'schen Anilins und der Neelsen'schen Carbolsäure wird hier also nach dem Vorgange von Weigert Ammoniak verwendet. Die Ausführung geschieht in folgender Weise:

10 *ccm* der Lösung B. werden mit 1 *ccm* der Lösung A. gemischt und über einer Flamme solange erwärmt, bis Dämpfe aufsteigen. In diese Flüssigkeit wird das mit dem eingetrockneten Sputum versehene und dann dreimal durch eine Flamme durchzogene Präparat gelegt, wo es nur eine Minute lang zu verweilen braucht. Die Tuberkelbacillen sind dann schon vollkommen gefärbt. Das Präparat wird dann mit Wasser abgewaschen und bleibt 45 Minuten in einer aus C. und D. zu gleichen Theilen gemachten Mischung liegen. Dann wird dasselbe mit Alkohol abgewaschen, über der Flamme langsam getrocknet und schliesslich in Nelkenöl untersucht.

Als ich genau nach diesen Vorschriften verfuhr, erzielte ich zuerst meistens nur eine Gelbfärbung der Bacillen. Nur wenige derselben waren violett. Ich führte diese Erscheinung darauf zurück, dass die Schwefelsäure allzuheftig eingewirkt hatte. Auch nachdem ich die von Pittion angegebene Zeit abgekürzt hatte, konnte ich doch kein besseres Resultat erlangen. Deshalb entschloss ich mich, die Mischung C. und D. in der Weise zu modificiren, dass ich einen Theil C mit drei Theilen D mischte, dadurch traten die mit Chrysoridin gefärbten Elemente weniger prägnant hervor, die Bacillen waren aber deutlich violett gefärbt und hoben sich von dem gelben Untergrund sehr scharf ab.

Meine Erfahrung in Bezug auf Färbung von Tuberkelbacillen kann ich in folgenden Sätzen zusammenfassen:

1. Die Tuberkelbacillen lassen sich ebenso wie andere Mikroorganismen (Baumgarten) färben, wenn sie nach den allgemeinen Färbungsmethoden behandelt werden. Ein derartiges Verfahren erfordert aber viel Zeit.

2. Behandelt man ein Tuberkelbacillen enthaltendes Präparat mit einem sehr intensiv wirkenden Anilinfarbstoff (Fuchsin, Gentianaviolett etc.) und dann mit einer schwachen wässerigen Lösung einer anderen Anilincontrastfarbe, so nehmen die Bacillen den ersteren Farbstoff an, während andere Mikroorganismen sich mit der Contrastfarbe färben (Koch).

3. Die Tuberkelbacillen lassen sich nicht bloss mit alkalischen Anilinfarben färben, sondern sie nehmen auch basische und saure Farblösungen an (Prior, Ziehl). Alkalische Lösungen geben aber eine intensivere Färbung. Zur Unterscheidung der Tuberkelbacillen von anderen im Präparat befindlichen Bacterien leisten Säuren sehr gute Dienste.

4. Nicht alle Tuberkelbacillen lassen sich in ein und demselben Präparat leicht färben. Nach der Methode von Pittion werden mehr Bacillen gleichzeitig gefärbt, als nach der Koch-Ehrlich'schen und den anderen Methoden.

5. Die Pittion'sche Methode verdient nicht bloss wegen des eben hervorgehobenen Umstandes den Vorzug, sondern auch deshalb, weil dieselbe sehr schnell ausgeführt werden kann und eine sehr intensive Färbung der Bacillen ergibt, welche sich von der Contrastfarbe scharf abhebt.

II.

Die Impfung als diagnostisches Kriterium.

Die Impfung auf Thiere als diagnostisches Unterscheidungsmerkmal, um die tuberkulöse Natur einer Läsion zu erkennen, wurde besonders von Arloing, Leloir, Verneuil und Clado studirt. Die Ergebnisse der bacterioskopischen Untersuchungen wurden mit den Resultaten der Impfung verglichen, um zu erkennen, welche von diesen beiden Untersuchungsarten vorzuziehen sei. Die Franzosen geben der Impfung den Vorzug und bezeichnen sie als „französische Methode", im Gegensatz zu dem bacterioskopischen von Koch ausgebildeten Verfahren, welche „deutsche Methode" genannt wird. Betrachtet man aber die Frage, welche Methode vorzuziehen sei, unter verschiedenen Gesichtspunkten, so zeigt es sich, dass beide in der Praxis wertvoll werden können, dass aber in gewissen Fällen die eine Methode vorzuziehen ist. In der chirurgischen Praxis leistet die Impfmethode bessere Dienste, weil die mikroskopische Untersuchung hier meistens ein negatives Resultat ergibt, während man mit der Impfung auf Thiere positive Ergebnisse erzielen kann. In der medicinischen Praxis verdient aber die Koch'sche Methode den Vorzug, weil die Untersuchung auf Bacillen viel häufiger ein positives Resultat ergibt und weil diese Untersuchung unvergleichlich schneller zu Ende geführt werden kann, als es mit der Impfmethode möglich ist.

Zur Impfung benützt man am vortheilhaftesten Kaninchen und Meerschweinchen. Letztere sind aber meiner Meinung nach deshalb vorzuziehen, weil bei ihnen eine viel geringere Menge von Infectionsstoff zur Erzielung einer Infection nöthig ist. Die uns zu Gebote stehende Impfmasse ist ja bekanntlich gewöhnlich nur sehr spärlich vorhanden. Auch aus Sparsamkeitsrücksichten sind Meerschweinchen vorzuziehen.

Man hat früher die Behauptung aufgestellt, dass diejenige Form der Tuberkulose, welche in Scropheln besteht, sich nur auf Meerschweinchen, nicht aber auf Kaninchen überimpfen lässt; deshalb konnte Arloing den Vorschlag machen, die Impfung auf diese beiden Thierspecies als diagnostisches Merkmal zu verwerten, um eine Tuberkulose der Menschen von einer Scrophulose zu unterscheiden. Wie ich aber bereits oben Seite 104 auseinandergesetzt habe, glaube ich nicht, dass irgend ein substantieller Unterschied zwischen Scrophulose und Tuberkulose existirt. Diese beiden Affectionen unterscheiden sich nur durch Sitz und enge Begrenzung des Krankheitsprocesses. In den scrophulösen Producten ist das Virus nicht anders geartet oder schwächer, sondern nur in geringerer Menge vorhanden und sie enthalten nicht so viel Bacillen. Impft man also scrophulöse Producte auf Kaninchen, so genügen die wenigen in denselben vorhandenen Bacillen nicht, um eine Tuberkulose zu erzeugen, besonders bei grossen, kräftigen Thieren. Ich bin aber überzeugt, dass man auch hier eine Tuberkulose erzielen würde, wenn man eine grosse Menge scrophulöser Producte zur Impfung verwendete.

Uebrigens ist es ja bekannt, dass beim Menschen die Scrophulose der Tuberkulose häufig vorauszugehen pflegt. Das beweist also, dass das scrophulöse Gift dem tuberkulösen absolut identisch ist oder, mit anderen Worten gesagt, dass die Bacillen der Scrophulose sich nicht von denen der Tuberkulose unterscheiden. Sie kommen nur dort minder zahlreich als hier vor.

Will man durch Impfung feststellen, ob eine Affection tuberkulös ist oder nicht, so empfehle ich, besonders das Sputum zur Impfung zu verwenden, weil dieses gewöhnlich sehr viele Bacillen enthält. Freilich werden hierbei auch andere Mikroorganismen mit übertragen, die ganz anders geartet und eine Septicämie zu erzeugen im Stande sind. Um diese Fehlerquelle nach Möglichkeit zu vermeiden, soll man entweder nur geringe Quantitäten der verdächtigen Substanz verwenden und diese auf verschiedene Meerschweinchen in die Peritonealhöhle und in das subcutane Bindegewebe impfen. Wenn die eingeimpfte Masse nur sehr gering ist, so erkrankt das Thier entweder gar nicht oder höchstens nur an einem sehr geringen Grade von Septicämie, so dass es diese Affection überleben kann.

In diesem Falle entstehen nach 10—12 Tagen tuberkulöse Läsionen. Dadurch, dass man mehrere Thiere in das Peritoneum und in das subcutane Zellgewebe impft, kann man schon nach 4—15 Tagen sehen, dass die Lymphdrüsen und die Bauchorgane der in das Peritoneum geimpften Thiere tuberkulös erkrankt sind. Gehen aber die ins Peritoneum geimpften Thiere zu Grunde, so kann man etwas später an den überlebenden Thieren die Natur der Krankheit erkennen.

Zum Impfen darf man nur das mit Hustenstössen producirte Sputum, nicht aber den beim blossen Speien abgesonderten Auswurf verwenden: dann muss man das Sputum, da es nicht überall eine gleiche Consistenz zeigt, mit 2—5 Theilen reinen sterilisirten Wassers verdünnen. Von dieser Flüssigkeit injicirt man dann 2 ccm. mit einer gewöhnlichen Pravaz-schen Spritze.

Die Untersuchungen von Verneuil und Clado haben folgende Resultate ergeben:

1. Die intraperitoneale Impfung bildet ein diagnostisches Mittel, welches in den meisten Fällen die mikroskopische Untersuchung auf Bacillen übertrifft. Die Diagnose kann nach 12—20 Tagen beendet sein.

2. Die Abdominaltuberkulose scheint an der Milz zu beginnen, Dieses Organ ist immer mehr afficirt als andere, wenn auch die Tuberkulose sich in denselben nicht ausschliesslich manifestirt.

Die sub 1 ausgesprochene Behauptung ist aber nach meiner Meinung nur insofern richtig, als es sich bloss um eine chirurgische Krankheit handelt. Denn eine tuberkulöse Lungenaffection kann man viel leichter und schneller durch bacterioskopische Untersuchung diagnosticiren.

Je häufiger ich derartige diagnostische Impfungen ausführe, desto mehr komme ich zu der Ueberzeugung, dass es vortheilhafter ist, das Blut anstatt des Excrets zur Impfung zu verwenden. Dieses enthält nämlich noch so viele andere Mikroorganismen, dass das Thier an diesen zu Grunde gehen kann, bevor die tuberkulöse Affection noch Zeit hat, sich zu entwickeln. Ausserdem hat man das Sputum aus verschiedenen Gründen nicht immer zur Verfügung, während man dem Kranken zu jeder Zeit einige Tropfen Blut entziehen kann.

Die durch Impfung von 2—4 Tropfen Blut zu erzielenden Resultate sind sehr verschieden. Wird das Blut von solchen Individuen entnommen, bei welchen sich eine schnell verlaufende Lungentuberkulose oder eine tuberkulöse Meningitis entwickelt hat, so erzielt man durch die Impfung gewöhnlich ein positives Resultat. Dieses tritt umso sicherer ein, je mehr Blut man verwendet hat. Ich habe aber auch schon manchmal das von Tuberkulösen entnommene Blut auf Thiere geimpft, ohne dadurch bei diesen eine Tuberkulose zu erzielen.

Klinisches Bild der Krankheit.

I.

Polymorphie.

Die polymorphe Natur der Krankheit gestattet mir nicht, eine kurze, präcise Darstellung derselben zu geben. Ich muss mich vielmehr auf die Beschreibung der einzelnen Krankheitstypen beschränken.

In der Eintheilung derselben stimmen nur wenige Schriftsteller überein. Hérard, Cornil und Hanot unterscheiden in symptomatischer Beziehung eine acute und eine chronische Tuberkulose. Die erstere umfasst die drei Gruppen Phthisis acuta granulosa, Phthisis granulosa pleuralis und Phthisis pneumonica. Nach James (Pulmonary phthisis, London 1888), kann man leicht drei Krankheitstypen der Phthisis unterscheiden: 1. Phthisis pneumonica catarrhalis, 2. Phthisis fibroides, 3. Phthisis tubercularis. Sée theilt die Phthisis, vom semiologischen und vom diagnostischen Standpunkte an betrachtet, in vier Formen ein:

1. Kategorie: Latente Phthise. Sie manifestirt sich durch Ernährungsstörungen (Chlorose, Dyspepsie, Abmagerung, Fieber) oder durch functionelle Störungen von Seite der Lunge (Husten, Hämoptoe). Die latente Phthise ergibt bei der Untersuchung kein anderes sicheres diagnostisches Merkmal als die Resultate der mikrochemischen Untersuchung.

2. Kategorie: Manifeste Phthise. Es lassen sich physikalische Veränderungen feststellen und die mikroskopische Untersuchung des Expectorats ergibt positive Resultat.

3. Kategorie: Larvirte Phthise. Diese erscheint verhüllt unter dem Auftreten anderer Affectionen.

Als solche sind hier zu nennen: a) andere Lungenaffectionen (Bronchitis, Pneumonie, Lungencongestion, Emphysem); b) krankhafte Veränderungen ausserhalb der Pleura (Laryngitis, Pleuritis, Circulationsstörungen); c) intrathoracische Läsionen (Genito-urinaltuberkulose oder Intestinaltuberkulose).

4. Kategorie: Wahre oder falsche Höhlenphthise. Wenn die Phthise das letzte Stadium erreicht hat, so kann sie Verhärtungen anderer Natur (Tumoren) oder bronchectatischen Cavernen gleichen.

Diese und andere Unterscheidungsmerkmale haben sicherlich etwas Wahres für sich. Sie sind aber zum grössten Theil mehr conventioneller Natur, als dem wahren Wesen der Krankheit entsprechend. In der Klinik gibt es keine absolute scharf umgrenzte Krankheitstypen, sondern nur Uebergänge zwischen dem einen und dem anderen. So erscheint jede Classification einer Krankheit mehr oder weniger willkürlich.

Auf den ersten Blick scheint es sehr rationell zu sein, die anatomischen Veränderungen als Grundlage zur Eintheilung der verschiedenen Krankheitstypen zu verwerten. Diesen Gedanken hat Laenec ausgeführt und die Phthise in zwei Krankheitstypen, in Tuberculosis infiltrata und Tuberculosis milearis, eingetheilt. Diese Classification wurde auch von Liberman acceptirt. Ziegler (und nach ihm auch Jürgensen) stellt folgende Eintheilung auf:

1. **Tuberculosis pulmonum metastatica.** Allgemeine oder locale acute Miliartuberkulose, welche zur Bildung von einzelnen isolirten, gewöhnlich nicht verkäsenden Knoten führt. Verkäsende Tuberkelknoten kommen gewöhnlich bei Kindern vor.

2. **Lymphangioitis tuberculosa** von benachbarten tuberkulösen Herden (Lymphdrüsen, Wirbelsäule) entstehend.

3. **Primäre tuberkulöse Bronchopneumonie.** Sie entsteht durch Einathmung von Tuberkelbacillen.

Ich könnte noch mehrere andere Classificationen anführen; das hätte aber keinen grossen Wert. Die hier angeführten basiren wohl auf anatomischer Grundlage, lassen sich aber in der Klinik kaum verwerten. Denn die Tuberculosis miliaris und die Tuberculosis infiltrata kommen häufig zusammen vor, und intra vitam lässt es sich kaum feststellen, welche von diesen beiden Formen vorwiegt. Auch kommen viele Uebergänge zwischen denselben vor.

Deshalb unterlasse ich es ebenso, eine neue Classification aufzustellen, wie ich nicht geneigt bin, eine der bisher bekannt gewordenen zu acceptiren. Genügt es ja doch nicht, bloss die anatomischen Merkmale zur Unterscheidung zu verwerten; man muss vielmehr hierbei auch die ätiologischen Momente in Berücksichtigung ziehen.

Da ich hier hauptsächlich praktische Ziele verfolge, so beschreibe ich zuerst das allgemeine Bild der Krankheit und besprehe dann die einzelnen Symptome. Das Vorherrschen dieses oder jenes Symptoms bedingt dann die Gestaltung der einzelnen Krankheitstypen.

II.

Das gewöhnliche Krankheitsbild.

Die Krankheit beginnt mit Zeichen der Anämie, der allgemeinen Schwäche, mit Fieber und Husten. Anämie und Schwäche treten in vielen Fällen, aber nicht sehr prägnant hervor.

Manche Kranke können noch lange Märsche machen und angestrengt arbeiten, während sie schon sehr blass und leidend aussehen.

Der Husten fehlt fast nie, ausser im hohen Greisenalter. Nur ein einziges Mal habe ich bei einer jungen Dame eine Lungentuberkulose mit Betheiligung der Pleura beobachtet, welche im ganzen Krankheitsverlaufe keinen Husten erregt hatte. Es handelte sich hier übrigens um einen merkwürdigen Fall, insofern als der Athem und der Urin einen eigenthümlichen Geruch hatte: es bestand eine deutliche Acetonämie.

Der Husten ist anfänglich trocken und es wird durch denselben nur eine geringe Menge weisslichen, schäumigen Exsudats entleert. Dann nimmt die Expectoration an Menge zu. Das ausgehustete Sputum ist dicker, opak, grüngelb, schleimig-eitrig. Es kann aber auch das Expectorat während des ganzen Krankheitsverlaufes fehlen. Nicht bloss Kinder können gewöhnlich nicht aushusten, auch unter Erwachsenen gibt es manche Personen, die das nicht vermögen, weil sie das Sputum durch eine unwillkürliche Bewegung verschlucken.

Die Hämoptoe eröffnet manchmal die Reihe der Krankheitssymptome und bildet dann das erste Zeichen der Lungentuberkulose.

Die im Anfangsstadium auftretenden Lungenblutungen, welche in Folge von Gelegenheitsursachen (starke Muskelanstrengungen, Abusus spirituosorum etc.) zu entstehen pflegen, haben eine Zeitlang zu der Meinung Veranlassung gegeben, dass die Lungenaffection secundär durch den von Seiten des ergossenen Blutes ausgeübten Reiz entsteht. Heute aber, nachdem die infectiöse und bacterielle Natur der Tuberkulose zweifellos festgestellt ist, kann man die Bronchialblutungen, auch die scheinbar primär auftretenden, nur als Secundärerscheinung, als eine Folge einer latenten Tuberkulose halten.

Im Anfang der Krankheit kommen häufig Verdauungsstörungen vor, so dass der Patient und häufig sogar auch der Arzt dieses Symptom als Zeichen eines einfachen Magencatarrhs zu betrachten geneigt ist. Der Patient leidet an Appetitlosigkeit, Völle in der Magengegend, Aufstossen, Verstopfung u. s. w.: Diarrhöe kommt erst später vor, wenn die Krankheit bereits sehr weit vorgeschritten ist.

Das Fieber ist ein constantes Symptom der Lungentuberkulose. Im weiteren Verlaufe der Krankheit, wenn der Krankheitsprocess zeitweilig zum Stillstand kommt, hört auch das Fieber vorübergehend auf.

Die Abmagerung ist ein sehr charakteristisches Zeichen der Affection. Diesem Symptom verdankt die Tuberkulose die Bezeichnung Phthisis. Die Abmagerung schreitet aber nicht regelmässig fort.

Die physikalischen Zeichen haben eine sehr bestimmte Bedeutung. Sie bestehen im asymmetrischen Bau des Thorax, Verminderung der respiratorischen Beweglichkeit auf der einen Seite. Ueber den erkrankten Stellen ist der Stimmfremitus verstärkt, der Percussionsschall zuerst tympanitisch, dann gedämpft tympanitisch, gedämpft, hierauf wieder tympanitisch oder sogar metallisch. Das Respirationsgeräusch ist daselbst abgeschwächt, wird später auch rauh, unterbrochen; man hört bronchiales und metallisches Athmen, einfaches, catarrhalisches Rasseln, klingende und metallische Geräusche.

Tuberkulöse Patienten sehen von Anfang gewöhnlich blass aus; sie fühlen sich schwach, fiebern mit nachmittäglichen Exacerbationen und morgendlichen Remissionen. Letztere werden gewöhnlich von einem Schweissausbruch begleitet. Es stellt sich ein Brusthusten mit hämoptoetischen Anfällen ein. Die Verdauung erleidet Störungen; die im Beginn der Krankheit spärlichen Entleerungen werden später bei der geringsten Gelegenheit diarrhoisch; der abgezehrte Thorax zeigt alle charakteristischen Zeichen einer umschriebenen Affection, welche zuerst unter dem Bilde einer Spitzeninfiltration und dann mit allen Eigenschaften einer Lungenzerstörung (Cavernen) auftritt. Ein hartnäckiger Husten mit remittirendem oder auch intermittirendem Fieber und Abmagerung muss bei dem Arzt immer den Verdacht auf das Vorhandensein einer Lungentuberkulose erregen.

Drittes Capitel.

Die ersten Zeichen der Lungenschwindsucht.

In Folgendem will ich einige Zeichen besprechen, welche auf den Beginn einer Lungentuberkulose hinweisen, da es von hoher Wichtigkeit ist, den Beginn der Krankheit rechtzeitig zu diagnosticiren. Man ist dann in der Lage, diejenigen Bedingungen, welche die Entwicklung der Affection begünstigen, nach Möglichkeit zu beseitigen. Das ist z. B. der Fall bei Kindern, welche infolge übermässigen Lernens und mangelnder Bewegung im Freien die ersten Zeichen einer tuberkulösen Lungenerkrankung darbieten. Man kann durch entsprechende hygienische Maassnahmen die Entwicklung der letzteren verhindern.

Lähmung der Stimmbänder.

Liberman hat in einer unter dem Titel „Aetiologie und Behandlung der Lungen- und Kehlkopfphthise" erschienenen Arbeit neuerdings auf die Bedeutung der Kehlkopfslähmung als Frühsymptom der Lungenschwindsucht hingewiesen.

Die Phthisiker haben, nach den Angaben dieses Autors, gewöhnlich eine belegte Stimme von geringem Umfang und mässiger Höhe. Sie bietet, mit anderen Worten gesagt, deutliche Zeichen von Dysphonie und manchmal sogar von vollkommener Aphonie dar, und zwar selbst zu einer Zeit,

wo Auscultation und Percussion das Vorhandensein einer Lungentuberkulose noch bezweifeln lassen. Durch die laryngoskopische Untersuchung erkennt man fast bei allen eine einfache oder doppelte Lähmung
der Stimmbänder, welche übrigens wie in normalen Zuständen vollkommen
weiss sind und weder Röthe noch Schwellung zeigen.

Die Stimmbandlähmung ist eine doppelseitige, wenn die Lungenaffection beide Lungen ergriffen hat, eine einseitige aber, wenn die Krankheit
sich auf eine Lunge beschränkt. Die Lähmung entspricht dann der erkrankten
Seite. Eine einseitige Stimmbandlähmung wurde auch bei solchen Personen
beobachtet, welche noch gar keine Zeichen von Tuberkulose darboten:
diese kam aber stets später zur Entwickelung, und zwar auf der dem
gelähmten Stimmbande entsprechenden Seite.

Die einseitige Lähmung der Stimmbänder, welche der Lungenphthise
vorausgeht oder diese anzeigt, unterscheidet sich durch folgende Zeichen
von den auf luetischer oder rheumatischer Basis beruhenden Lähmungen.
1. Die secundäre bietet anamnestische Daten und man findet in solchen
Fällen am Körper auch andere Manifestationen dieser Krankheit, wie
z. B. Schleimhautplaques und die charakteristische Kupferröthe der
Larynxschleimhaut. 2. Bei den durch Erkältung entstandenen Stimmband-
lähmungen sind die Stimmbänder geröthet, während sie bei den im
Initialstadium der Lungentuberkulose sich entwickelnden Lähmungen
weiss sind.

Auch Schäffer sprach sich dafür aus, dass das erste Zeichen der
Lungentuberkulose in den meisten Fällen sich durch eine leichte Lähmung
des Stimmbandes an der erkrankten Seite manifestirt. Er ist der Meinung,
dass diese Erscheinung von einem Druck herrührt, welcher das ödematöse
Lungengewebe auf den Recurrens ausübt.

Martel glaubt, dass man von einer beginnenden Lungenphthise
sprechen kann, sobald man durch laryngoskopische Untersuchung eine
Lähmung oder eine Parese der Stimmbänder mit oder ohne Phonations-
störung festgestellt hat. Handelt es sich um eine einseitige Parese,
so bleibt das afficirte Stimmband in seiner Bewegung zurück, während
das gesunde bei der Phonation die Mittellinie überschreitet, so dass die
Rima glottidis eine schiefe Stellung einnimmt.

Physikalische Erscheinungen der beginnenden Phthise.

Bei der zur Feststellung des physikalischen Befundes nöthigen
Untersuchung darf der Patient nicht liegen, sondern muss aufrecht sitzen
und mit seinem Gesichte dem Arzte zugewendet sein.

Was die Inspection anbelangt, so ist hier zu bemerken, dass es
keine Form des Thorax gibt, welche an sich einem phthisiogenen Process

des Athmungsapparates zukäme. Ein graciler, paralytischer, cylinderförmiger kann wohl den Verdacht auf Tuberkulose erzeugen, weist aber keineswegs mit Sicherheit auf eine derartige Affection hin. Als Initialzeichen betrachtet Maragliano die Asymmetrie der Fossae supra- und infraclavicularis, indem eine dieser Gruben stärker ausgeprägt ist, als die gleichnamige auf der anderen Seite. Diese Ungleichmässigkeit tritt besonders dann deutlich hervor, wenn der Patient seine Hände am Rücken so aneinanderlegt, dass die beiden Vorderarme sich an der Wirbelsäule bei den Radialpulsstellen kreuzen. Bei dieser Lage der Arme tritt das sternale Ende der Schlüsselbeine so weit wie möglich hervor. — Eine Asymmetrie der beiden Schlüsselbeinköpfe kann man auch dadurch erkennen, dass man den Patienten veranlasst, den Kopf nach vorn zu senken, so dass man die palpirenden Finger in die Jugulargrube und hinter den oberen Rand der Clavicula bringen kann. — Es ist ferner wohl zu beachten, dass ein M. sternocleido-mastoideus weniger entwickelt sein kann, als der entsprechende Muskel auf der anderen Seite. Dieser Unterschied tritt besonders dann markant hervor, wenn der Patient den Kopf nach vorne beugt, während der Beobachter mit seiner Hand auf die Stirne drückt, gleichsam als ob er dadurch die Bewegung des Kopfes nach vorn behindern wollte.

Durch die Palpation lassen sich zwei wichtige Thatsachen feststellen, nämlich ein verstärkter Stimmfremitus auf der einen Seite und ein Pleuralgeräusch an der Lungenspitze; das letzterwähnte Zeichen kann wohl manchmal fehlen, wo es aber vorhanden ist, hat es einen grossen diagnostischen Wert.

Die Percussion ergibt an den Lungenspitzen einen weniger hellen und manchmal einen tympanitischen Schall. Diese Veränderung findet man in chronologischer Reihenfolge an folgenden Stellen:

1. Oberer Rand des Dreiecks (äusseres Drittel),
2. Clavicula (äusseres Drittel),
3. Fossa supraspinata,
4. Regio interscapularis,
5. Regio supraclavicularis,
6. Regio infraclavicularis (äusseres Drittel).

Bei der Auscultation findet man, dass das Respirationsgeräusch auf der einen Seite rauher klingt; dasselbe kann sogar einen bronchialen und einen klingenden Charakter annehmen.

Das Exspirationsgeräusch wird verlängert und das Respirationsgeräusch überhaupt abgeschwächt. (Letzteres ist schon im Beginn der Lungentuberkulose wahrzunehmen.) Auch erscheinen die Athmungsgeräusche unterbrochen und gleichsam in mehrere Tempi getheilt. Ausser den hier erwähnten Veränderungen des normalen Athmungsgeräusches kommen noch abnorme Geräusche hinzu, nämlich Rasseln und Reibegeräusche.

Nach Maragliano können nur die physikalischen Zeichen als pathognomonisch betrachtet werden. Die allerersten Veränderungen lassen sich auf acustischem Wege wahrnehmen. Es genügt schon ein ganz geringer Grad von Rauhigkeit, von verlängertem Athmen, um mit Recht eine sich entwickelnde Lungentuberkulose zu vermuthen. Dann erst sind die vorhandenen Veränderungen mit dem Plessimeter, später mittels Palpation und schliesslich auch mittels Inspection wahrzunehmen. In diagnostischer Beziehung glaube ich, folgende Regel mit Recht aufstellen zu können:

„Das Vorhandensein irgend einer acustischen Anomalie, welche sich besonders auf die Lungenspitze beschränkt, bei gleichzeitigem Auftreten von Ernährungsstörungen, weist zweifellos auf eine beginnende Lungenschwindsucht hin.“

Hirsch gab neuerdings als ein wichtiges Zeichen der Initialphthise das Auftreten von Bronchophonie an, welche er in vielen Fällen als entscheidend für die Diagnose betrachtet. Laenec hatte schon darauf hingewiesen, dass die Bronchophonie sehr frühzeitig wahrzunehmen ist, jedenfalls schon zu einer Zeit, wo von einer Dämpfung gar keine Rede ist. Die Bronchophonie soll von dem Vorhandensein disseminirter Tuberkeln herrühren, welche eine Verdichtung der Lungen und somit eine bessere Resonanz der Stimme erzeugen. Nach Hirsch haben die hier angeführten Zeichen der beginnenden Phthise jetzt nur einen nebensächlichen Wert, weil wir in der Lage sind, durch bacterioskopische Untersuchung die ersten Anfänge der Krankheit festzustellen. Ich muss aber noch darauf hinweisen, dass zu den initialen Zeichen der beginnenden Tuberkulose die der Inspection gewöhnlich nicht gehören. Eine Asymmetrie der Thorax ist die Folge einer Verdichtung mit nachfolgender Retraction des Lungengewebes. Bei der beginnenden Tuberkulose gelingt es nicht, auch mit sehr sorgfältiger Inspection und Palpation die geringste Anomalie wahrzunehmen.

Concato beschrieb ein anderes Zeichen für die beginnende Phthise, welches aber auch in vielen Fällen fehlt. Drückt man nämlich mit den Fingern auf die Supraclaviculargruben, so wird dadurch Husten ausgelöst. Dieses Symptom kommt aber auch bei Keuchhusten, Pericarditis etc. vor.

Andere Zeichen der beginnenden Phthise. Ausser nervösen Erscheinungen (Neuralgieen, Myalgieen, Hyperästhäsieen etc., besonders in der Thoraxgegend), ausser chloroanämischen Zeichen, welche besonders bei Frauen eine Form von larvirter Phthise charakterisiren, und ausser dyspeptischen Erscheinungen kann der Anfang der Krankheit durch eine

Temperatursteigerung bezeichnet werden. Wenn auch Louis die Behauptung aufgestellt hat, dass Fieber im Beginn der Tuberkulose nur in einem Fünftel der Fälle vorkommt, so halten doch die meisten Autoren das Fieber als eines der wichtigsten Initialsymptome der Krankheit. Nach Andrä und Grisolle kommt Fieber im Beginn der Krankheit auch dann vor, wenn die Phthise keine entzündliche Complication erzeugt hat.

„Wir konnten," sagt Bilhaut, „bei unseren Kranken eine Temperatursteigerung schon am Anfang der Krankheit constatiren. Dieselbe war freilich nicht sehr bedeutend und unterschied sich nicht erheblich von der normalen Temperatur. Eine Erhöhung der Temperatur war aber immer vorhanden, weil entweder solche Entzündungsvorgänge vorlagen, die weder durch Auscultation noch durch Percussion erkennbar waren oder weil irgend eine andere unbekannte Ursache vorlag, welche die Körperwärme gesteigert hatte. Soviel steht jedenfalls fest, dass der Thermometer bei Phtisikern im Beginn der Krankheit eine gesteigerte Temperatur angibt."

Nach Eskridge weist eine lange, dauernde, wenn auch geringe Steigerung der Temperatur noch mit grösserer Bestimmtheit auf den Beginn der Tuberkulose hin, als Appetitlosigkeit, Dyspepsie, Blässe, Gewichtsverlust, Menstruationsstörungen etc. „Der Entwicklung der physikalischen Zeichen," sagt der Autor, „geht immer eine Erhöhung der Temperatur voraus. Je schneller der Process verläuft, desto höher ist die Temperatur. Das Fieber ist kein continuirliches, sondern es hat einen remittirenden Charakter."

Sticher macht auf die semiotische Bedeutung des Zahnfleischrandes aufmerksam, auf welche schon Frédéricq-Thompson und Dutcher hingewiesen haben. Der erstere beschrieb im Jahre 1850 die Abnormitäten, welche der Zahnfleischrand bei verschiedenen Krankheiten zeigt: bei acuter Tuberkulose sieht derselbe roth aus, blauroth bei der chronischen Form, weiss bei deutlich ausgeprägter Scrophulose, livid im hohen Alter, bei chronischer Unterleibskrankheit und bei malarischer Schwellung der Milz. Der rothe Streifen kommt nach Frédéricq schon im Beginn der Phthise vor. Derselbe ist umso röther, je schneller der Verlauf der Krankheit ist oder wird; die Röthe tritt weniger markant hervor, wenn der Zustand des Kranken sich bessert.

Nach Thompson kommt der rothe Rand am Zahnfleisch von Phtisikern, weniger constant bei Frauen, vor. Die Prognose wird in demselben Grade infauster, wie der Rand eine grössere Dimension annimmt. Das Fehlen des Randes rechtfertigt eine günstige Prognose; bei Männern aber weniger bei Frauen.

Nach Sander und Draper kommt zwar der beschriebene Zahnfleischrand häufig bei Phtisikern vor; derselbe ist jedoch durchaus nicht charakteristisch.

Dagegen behauptet Sticher in einer im Jahre 1888 veröffentlichten Arbeit, dass er bei 1000 Kranken den Zahnfleischrand untersucht und denselben bei Phthisikern fast ausnahmslos geröthet gefunden habe, besonders bei jugendlichen Individuen sei dieser geröthete Zahnfleischrand eines der ersten Symptome der Tuberkulose. Bei nicht tuberkulösen jungen Individuen komme derselbe nie vor. Unregelmässig zeige er sich bei gesunden Frauen in der zweiten Hälfte der Schwangerschaft und dauert dann noch eine Zeitlang nach dem Partus an. Ist man über das Vorhandensein einer beginnenden Phthise im Zweifel, so könne die Beschaffenheit des Fleischrandes ausschlaggebend sein. Fehlt aber der beschriebene Zahnfleischrand bei Frauen, so habe das nicht dieselbe Bedeutung wie bei Männern, namentlich bei solchen, welche noch im jugendlichen Alter stehen.

Unter den Frühzeichen der Phthise ist noch die Hämoptoe als ein sehr wichtiges Symptom zu erwähnen. Mit dieser beginnt in vielen Fällen die ganze Krankheit, so dass z. B. Felix Niemeyer und viele andere Autoren der Meinung waren, dass die Hämoptoe die Phthise erzeugt. Heute, nach der Entdeckung des Tuberkelbacillus, muss man sagen, dass die Hämoptoe nicht die Ursache, sondern ein Symptom der bereits vorhandenen Krankheit ist. In der That findet man in dem bei der Anfangshämoptoe entleerten Blute sehr häufig Tuberkelbacillen.

Ueber die Häufigkeit der initialen Hämoptoe finden wir verschiedene Angaben. Nach einigen kommt dieses Symptom in 24%, nach Anderen in 70% der Fälle vor. Eine gleich grosse Meinungsverschiedenheit existirt auch über die Ursache der Hämoptoe. Früher war allgemein die Anschauung verbreitet, dass das Bluthusten die Folge einer perituberkulären Hyperämie sei. Jetzt wird aber allgemein angenommen, dass sie von einem Entzündungsprocess in den Wänden derjenigen kleinen Arterien und Capillaren der Lunge herrührt, welche in der Nachbarschaft tuberkulöser Massen liegen. Es handelt sich demnach um eine wahre Peri- und Endoarteritis tuberculosa. Nach Hérard, Cornil und Hanot entstehen in den Endverzweigungen der Arteria Pulmonalis specifische Vegetationen, welche das Lumen der kleinen Gefässe verlegen. Der Blutdruck wird hier gesteigert und erzeugt dann eine Ruptur der Gefässe.

Ein anderes frühzeitiges Symptom der Phthise besteht im Husten. Dieser rührt im Beginn der Krankheit von einer trockenen perituberkulären Pleuritis oder von einer Bronchitis der Lungenspitzen her. Ist eine Pleuritis vorhanden, so hat der Husten die von Fournet beschriebenen Eigenschaften: er ist kurz, trocken, besteht aus einem einzigen oder aus zwei und mehr Hustenstössen. Gewöhnlich hustet dann der Patient leicht, ohne Anstrengung, es kommt nicht zu Husten- und Erstickungsanfällen. Der Patient wird während des Sprechens mitten in der Rede von Husten unterbrochen. Ausserdem kommen noch ganz leichte Hustenstösse vor, die der Patient kaum merkt. — Der Husten kann aber auch von einer Bronchitis herrühren und hat dann einen katarrhalischen Charakter, das Excret ist dann spärlich, viscid und weiss.

Der initiale Husten wird in allen Fällen, da er nur sehr sanft auftritt, auf einen pharyngo-laryngealen Reiz zurückgeführt. Gewöhnlich ist er in den ersten Stunden der Nacht intensiver, verschwindet während des Schlafes und tritt beim Erwachen wieder einigermaassen intensiv auf. Eine andere Eigenschaft des initialen Hustens besteht darin, dass er leicht in Begleitung von Erbrechen auftritt, bei welchem Magenflüssigkeit mit Schleim oder Speisen gemischt entleert wird.

—

Viertes Capitel.

—

Allgemeinsymptome.

I.

Fieber.

Das Fieber der Tuberkulose.

Das von Prof. Murri ausgesprochene Wort: „Wenn für das Fieber der Tuberkulose eine Regel existirt, so ist es die seiner unvollkommenen Unregelmässigkeit," bezeichnet sehr richtig die Verschiedenheit der Form und des Verlaufes, welche die Fiebererscheinungen darbieten.

Die chronischen Formen der Phthise, die sogenannte Phthisis fibrosa, kann, wie das ja auch bei anderen infectiösen Krankheiten der Fall ist, ganz und gar fieberlos verlaufen. So habe ich auch mehrere Male Fälle von fieberlosem Typhus oder sogar von fieberloser Pneumonie beobachtet. Es darf also nicht Wunder nehmen, wenn das Fieber bei manchen Phthisikern fehlt, und zwar deshalb, weil ihre nervösen Centren auf phlogogene Reize wenig reagiren, oder weil die Krankheit selbst in den entsprechenden Fällen ohne Entzündungsprocesse sich entwickelt. „Obwohl die Tuberkeln", sagt Prof. Roger, „häufig sowohl in der Kindheit wie auch im späteren Lebensalter eine Temperatursteigerung erzeugen, so kommt diese Wirkung nicht auf ihre eigene Rechnung, sondern in secundärer Weise durch die Entzündungsprocesse zu Stande, welche sie in den Geweben hervorbringen. Ist keine Entzündung vorhanden, oder wird eine solche chronisch, so steigt die Temperatur kaum über die Norm.

James schliesst sich der Ansicht Rogers an und führt das Fehlen von Fieber auf das Nichtvorhandensein von entzündlichen Processen zurück.

Nach meiner Ansicht trifft diese Erklärung wohl für die meisten Fälle zu, gilt aber nicht für alle. Bei manchen Patienten muss man noch eine besondere Resistenz des Nervensystems annehmen, durch welche gewisse Affectionen einen fieberlosen Verlauf nehmen, obgleich dieselben in anderen Fällen von einer mehr oder weniger heftigen fieberhaften Reaction begleitet werden.

Die Unregelmässigkeit des Fiebers von Phthisikern zeigt sich zunächst darin, dass die Maximal- und die Minimal-Temperaturen bald hoch, bald niedrig sind. Der Typus kann ein continuirlicher, ein remittirender oder ein intermittirender sein, die Exacerbation findet bald morgens, bald nachmittags statt, die Temperatur kann entweder sehr hoch, normal oder subnormal sein: der Verlauf, die Intensität und der Typus des Fiebers kann bei einem und demselben Individuum wechseln. Eine bestimmte Fiebercurve kommt nicht vor (Jürgensen), weil, wie dieser Autor bemerkt, die Tuberkulose in Herden auftritt, welche entweder circumscript oder ausgebreitet sein können, sich langsam oder schnell entwickeln. Es handelt sich eben um einen ungemein polymorphen Krankheitsprocess.

Nichtsdestoweniger lassen sich gewisse Normen auch für das Fieber der Tuberkulose aufstellen. Im Beginn der Krankheit beobachtet man nicht selten in den Mittagsstunden (von 12—2) eine Temperatur von 38—39°, welche abends zur normalen sinkt. Das ist freilich keine absolute Regel, kommt aber in den meisten Fällen vor.

Gewöhnlich zeigt das Fieber der Tuberkulose zwei Haupttypen: den continuirlichen und den intermittirenden, welche dem Entzündungs- und dem Resorptionsfieber von James entsprechen. Der continuirliche oder Entzündungstypus gleicht dem Typhusfieber, nur sind die Morgenremissionen weniger deutlich ausgesprochen und ist die Acme etwas niedriger, indem sie 40° nicht überschreitet. Ein wichtiges Unterscheidungsmerkmal zwischen Typhus- und Tuberkulosefieber bietet die Pulsfrequenz: bei Phthisikern steigt die Pulszahl mit der Temperatur, während dieselbe bei Typhus-kranken relativ niedrig ist. Als allgemein giltige Regel kann man den Satz aufstellen, dass das Fieber bei acuter Tuberkulose durch seine Un-regelmässigkeit charakterisirt ist, während das Typhusfieber immer einen regelmässigen typischen Verlauf nimmt. Das intermittirende Resorptions- oder hectische Fieber wurde mit Unrecht als charakteristisch bezeichnet.

Die Temperatur fällt in den Morgenstunden bis zur physiologischen Norm, ja sogar noch um einen Grad tiefer (Collapstemperatur), abends steigt sie dann unter den Erscheinungen eines Fieberparoxysmus und endet schliesslich mit einem starken Schweissausbruch.

Die Nachtschweisse der Phthisiker beschränken sich manchmal, besonders anfangs, auf Stirne, Hals, Brust oder Handteller. Später aber erstrecken sie sich auf den ganzen Körper und sind manchmal so profus, dass sie die Leib- und Bettwäsche des Patienten durchnässen. Wenn man auch gewöhnlich von Nachtschweissen spricht, so können doch Schweisse auch in den ersten Stunden des Morgens und manchmal sogar auch im Laufe des Tages auftreten. Bemerkenswert ist die Beziehung, welche zwischen dem Schlaf und dem Auftreten von Schweissen besteht. Wenn ein Phthisiker am Tage einschläft, so wacht er dann meistens mit schweissgebadetem Gesichte und Halse auf. Das ist gewöhnlich ein Zeichen von Fieber. Wenn ein Phthisiker mit scheinbar normaler Temperatur an Nachtschweissen leidet, so zeigt er fast immer in der Nacht eine Temperatursteigerung, welche bis dahin unbeachtet geblieben ist. Die sogenannten colliquativen Schweisse, welche von einer einfachen Schwäche, nicht von Fieber herrühren, sind sehr selten. Zweifellos neigen Phthisiker viel mehr zu Schweissen, als gesunde Menschen, besonders ist das in den letzten Stadien der Schwäche und Anämie der Fall. Es genügt schon, die geringste Gemüthserregung, wie das Eintreten einer fremden Person ins Zimmer, es genügt schon ein starker Hustenanfall, um einen heftigen Schweissausbruch zu erzeugen.

Die Intensität des Fiebers Tuberkulöser entspricht nicht derjenigen der Krankheit. Ich bin sogar in der Lage gewesen, den Nachweis zu führen, dass das Fieber auch in solchen Fällen gänzlich fehlen kann, wo sehr umfangreiche tuberkulöse Processe sich in der Lunge und im Peritoneum entwickelt haben.

Das Fieber Tuberkulöser kann sogar auch in der Form des Typus inversus verlaufen, d. h. derart, dass die Steigerung morgens und die Remission abends stattfindet.

Brunniche di Copenaga behauptet sogar, dass dieser Typus für die acute Tuberkulose charakteristisch ist und somit als diagnostisches Kriterium verwertet werden kann, weil derselbe bei anderen Krankheiten, z. B. im Beginn der Pyämie, sehr selten vorkommt. Nach meinen Untersuchungen ist zwar der Typus inversus eine sehr seltene Erscheinung. Man beobachtet aber einen solchen Fieberverlauf besonders beim Sumpffieber und auch bei solchen Fieberkrankheiten, welche bei Personen mit miasmatischer Cachexie und Malariamilztumor vorkommen. Dass der Typus inversus in inniger Beziehung zu malarischer Erkrankung steht, erhellt auch aus dem Umstande, dass derselbe sehr leicht durch Verordnung von Chinin geändert oder beseitigt werden kann.

Manche Complicationen steigern die Fiebertemperatur der Phthisiker, andere dagegen vermindern dieselbe. Ersteres kommt dann vor, wenn sich zur Tuberkulose eine Pneumonie, Pleuritis, Peritonitis, Meningitis etc. hinzugesellt. Dagegen pflegt die Temperatur zu fallen, wenn eine Larynx- oder Darmtuberkulose sich entwickelt. Nach einer profusen Hämorrhagie oder nach dem Auftreten eines Pneumothorax oder einer Darmperforation kann es sogar zu einer wahren Collapstemperatur kommen. In drei Fällen von tuberkulöser Phthisis konnte James einen Fieberabfall während eines Anfalles von acuter Nephritis beobachten; die Temperatur stieg dann wiederum, als die Nierenkrankheit zurückging.

Peter stellte eine locale Temperatursteigerung der afficirten Lungenspitze entsprechend fest. Er fand sogar eine erhöhte Temperatur an der Seite, wo die Affection weiter vorgeschritten war. Nach diesem Autor kann man die an einer Seite vorhandene Temperatursteigerung als ein sicheres diagnostisches Kriterium verwerten. Bei Chlorotischen soll die Temperatur in der Gegend der Lungenspitze subnormal sein. Die von anderen Forschern ausgeführten Untersuchungen konnten jedoch die Angabe Peters nicht bestätigen und wir können daher einer einseitigen Temperatursteigerung keinen diagnostischen Wert beimessen. Ich glaube, dass die locale Temperatur je nach den vorliegenden Organveränderungen (entzündliche Infiltration der Lunge einerseits und weit ausgedehnte, oberflächlich gelegene und mit Bronchen communicirende Cavernen andererseits) bald gesteigert, bald erniedrigt sein kann.

Verdauungsfieber bei Anämischen.

Bei anämischen Individuen habe ich nach einer Nahrungsaufnahme fast immer eine fieberhafte Reaction beobachtet und dieselbe als Verdauungsfieber bezeichnet.

Bekanntlich kommt während der Verdauungszeit auch im physiologischen Zustand eine leichte Temperatursteigerung vor. Diese ist aber höher bei anämischen Personen, welche, wie man weiss, sehr leicht fiebern. Die Inanition allein kann bei sonst ganz gesunden Personen eine Temperatursteigerung erzeugen, so dass es sogar zu einer Tagesschwankung von 3° kommen kann.

Das Verdauungsfieber finden wir bei Phthisikern sehr häufig; es schwächt die schon durch die Krankheit selbst herabgekommenen Individuen sehr erheblich. In den meisten Fällen rührt das Fieber nicht ausschliesslich von dem Digestionsprocess her, sondern stellt vielmehr nur eine Erhöhung der ohnedies schon gesteigerten Temperatur dar. Die Acme erreicht das Verdauungsfieber 2—3 Stunden nach der Mahlzeit.

Das Verdauungsfieber kann durch Chinin und Digitalis nicht bekämpft werden, wohl aber lässt es sich einigermaassen vermeiden durch Vermehrung der Mahlzeiten und Veränderung der entsprechenden Zeiten, ferner auch dadurch, dass man hauptsächlich Milch und flüssige Nahrungsmittel nehmen lässt. Auch hat es sich vortheilhaft erwiesen, jeder Mahlzeit etwas Wein oder Molke zuzufügen.

Abmagerung.

Die Abmagerung von tuberkulösen Kranken ist eine so deutlich und markant hervortretende Erscheinung, dass man die Krankheit nach diesem Symptom Phthisis genannt hat. Der veränderte Ernährungszustand kann eine Folge der Entwicklung von Tuberkeln in den Geweben sein oder von dem Fieber herrühren. In letzterem Falle geht die Verschlimmerung oder die Besserung des Ernährungszustandes mit einer Steigerung oder Verminderung der Temperatur einher. Es ist eine bei Tuberkulösen gewöhnlich vorkommende Erscheinung, dass der Ernährungszustand sich in den fieberfreien Perioden hebt und dass dann das Körpergewicht zunimmt. Ausser dem Fieber können auch Diarrhöen, mangelhafte Nahrungsaufnahme, gastrische Störungen, Nachtschweisse, Lungenblutungen etc. eine Abmagerung herbeiführen.

Trotz der starken Abmagerung heilen Wunden und Substanzverluste bei Phthisikern nicht erheblich langsamer als bei anderen Personen. Decubitusgeschwüre am Os sacrum und an den Nates kommen bei Phthisikern bei Weitem seltener als bei Typhuskranken vor.

Der Gewichtsverlust der Phthisiker pflegt einen sehr hohen Grad zu erreichen, so dass $1/4 - 4/10$ des ursprünglichen Körpergewichtes verloren gehen kann. Die Kranken gehen dann an Erschöpfung zu Grunde, ebenso wie Thiere, welche einer langsamen Inanition unterworfen werden. Die Abmagerung und der Gewichtsverlust treten umso markanter hervor, je reichlicher der Panniculus adiposus vor der Krankheit entwickelt war. Selbstredend gelangen nicht alle Phthisiker zu jenem extremen Grad von Abmagerung, welcher an sich zur Herbeiführung des tödtlichen Endes geeignet ist; der Kranke kann vielmehr schon früher durch irgend eine Complication zu Grunde gehen.

Die Feststellung des Körpergewichtes zu verschiedenen Zeiten des Krankheitsverlaufes hat einen erheblichen prognostischen Wert. Eine schnelle, constante und beträchtliche Gewichtsverminderung weist sicherer als irgend eine andere Erscheinung darauf hin, dass das Uebel fortschreitet und dass jede Behandlung nutzlos ist. Selbstredend muss bei Feststellung des Körpergewichtes der Irrthum vermieden werden, eine hydrämische Blutbeschaffenheit mit Oedemen an den Füssen als Besserung des Ernährungszustandes zu betrachten.

Zu der Ernährungsstörung tritt häufig auch das Chloasma phthisicorum hinzu. Nach Gueneau de Mussy rührt dasselbe von Darmcomplicationen her, nach Jeannin von Veränderungen der Milz und der Lymphdrüsen. Es kommt ausserdem auch manchmal Pityriasis versicolor und Pityriasis tabescentium vor. Erstere ist eine Dermatomycosis und wird in ihrer Entwicklung durch den eigenthümlichen Zustand der Haut von Phthisikern begünstigt, letztere stellt eine durch Trockenheit und Atrophie der Haut erzeugte Desquamation dar und kommt nicht bloss bei der Lungenschwindsucht, sondern auch bei anderen mit Consumption einhergehenden Krankheiten vor.

Die sogenannten hippokratischen Finger sind für Phthise nicht charakteristisch, denn sie kommen auch bei anderen Consumptionskrankheiten vor. Die Finger sind dünn, abgemagert und an den Gelenken angeschwollen: die letzten Phalangen sind breit, die Nägel gekrümmt.

Die Abmagerung wird von einigen als eine nützliche Erscheinung betrachtet. „Die Verringerung der festen Bestandtheile des Körpers", sagt Pollock, „die Emaceation, die Resorption des Fettes und die Reduction der Muskelsubstanz dienen dazu, um das Gleichgewicht zwischen dem ganzen Organismus und dem Organ, welche diesen erhalten müssen, wieder herzustellen. In Folge der Verminderung der respiratorischen Fläche, welche durch die Entzündung der Lungen, der Bronchien und der Pleura entsteht, müssen auch nothwendiger Weise die respiratorischen Bedürfnisse des Körpers verringert werden." „Demnach scheint eine mässige Abmagerung eine längere Dauer des Lebens zu begünstigen."

Diese Ansicht ist aber sehr hypothetisch, sie widerspricht der praktischen Erfahrung. Wir wissen vielmehr, dass die grösste Gefahr in der Abmagerung liegt, dass das Leben der Kranken sogar die normale Dauer erreichen kann, solange noch keine Abmagerung eingetreten ist. Die Abmagerung ist eine Folge der Krankheit und steht im geraden Verhältnis zur Intensität derselben. Der geringe Vortheil eines verminderten Ernährungsbedürfnisses von Seiten des abgemagerten Organismus wird bei Weitem von dem Schaden überwogen, welcher das Fortschreiten des Uebels hervorruft.

III.
Blut.
Rothe Blutkörperchen und Hämoglobin.

Die Lungentuberkulose erzeugt eine erhebliche Anämie. Sie vermindert die Zahl der rothen Blutkörperchen und die Quantität des Hämoglobins sehr erheblich. Die Einzelheiten dieser Erscheinung wurden besonders von Malassez studirt. Er fand, dass das Blut im letzten Stadium der Tuberkulose bei Männern 2,560,000, bei Frauen 930,000 Blutkörperchen pro Kubikmillimeter enthält. Quinquaud untersuchte die Verminderung des Hämoglobins, welche der der Blutkörperchen proportional ist, und fand, dass das Hämoglobin von 127:1000 auf 106, ja sogar auf 48:1000 fallen kann.

Die weissen Blutkörperchen nehmen, wie bei anderen Formen von Cachexie, an Zahl zu. Dasselbe gilt vom Kalkphosphat, welches von der mangelhaften Ernährung der Gewebe herrührt.

Die Blutveränderung der Phthisiker ist entsprechend dem polymorphen Charakter der Krankheit nicht in allen Fällen gleich. So wird z. B. die Beschaffenheit des Blutes, ganz unabhängig von den Bedingungen der Krankheit selbst, durch Fieberanfälle, welche einige Tage lang andauern, wesentlich modificirt. Ich habe schon im Jahre 1878 nachgewiesen, dass die Menge der rothen Blutkörperchen im Fieberzustande zunimmt und sich während der Apyrexie vermindert; die Zu- und Abnahme findet in relativer, nicht in absoluter Weise statt.

Structur und Vitalität der Blutkörperchen.

Prof. Maragliano hat die Thatsache festgestellt, dass die Structur und die Vitalität der Blutkörperchen bei der Tuberkulose in eigenthümlicher Weise verändert wird, und zwar findet dieses im geraden Verhältnisse zur Intensität der Infection statt. Der Autor theilt den Verlauf der Tuberkulose in zwei Perioden ein: In der ersten sind nur locale Veränderungen ohne Allgemeinerscheinungen vorhanden, in der zweiten dagegen entwickeln sich die letzteren. Nach meiner Meinung ist eine derartige Eintheilung ziemlich willkürlich, denn es ist ja eine bekannte Thatsache, dass bei der Tuberkulose schon vom Anfang Allgemeinerscheinungen, wie Fieber, Abmagerung, Blässe etc. auftreten.

Maragliano theilt folgende Einzelheiten mit:

1. In der ersten Periode ergibt die Untersuchung des Blutes folgenden Befund:

Verminderung der rothen, Vermehrung der weissen Blutkörperchen. Erstere schwanken zwischen 5 und 2·5 Millionen, letztere zwischen 35 und 25 Tausend.

Entfärbung der rothen Blutkörperchen. Der Hämatometer von Fleisch gibt 55—60° an, das Chromocytometer von Bizzozero 150—160°.

Verminderung des Durchmessers. Zwischen normalen Blutkörperchen findet man eine grössere oder geringere Zahl solcher, deren Durchmesser 5·5—6·5 μ beträgt.

Chromatische Veränderung der Centralmasse. Die centrale Zone ist in den meisten Blutkörperchen deutlich sichtbar.

Morphologische Veränderungen der Centralmasse. Beginn der Degeneration.

Morphologische Veränderungen der Hauptmasse. Die Blutkörperchen haben einen gezähnten stachligen Rand, eine elliptoide Form.

2. In der zweiten Periode ergibt die Blutuntersuchung:
Charakteristische Poykilocytosis,
Mikrocytosis, Zerfall und Körnung der Blutkörperchen. Das
Hämoglobin breitet sich im Plasma aus. Die Vitalität der Blutkörperchen
ist vermindert, ebenso auch die Widerstandsfähigkeit derselben gegenüber
der Einwirkung von Wärme und chemischen Reagentien.

Reaction des Blutes.

Ich habe schon oben (Seite 105) über meine Untersuchungen berichtet, durch welche ich nachweisen konnte, dass das Blut von
Phthisikern schwach alkalisch reagirt. Eine normale Blutreaction
kommt in keinem Falle von Lungenschwindsucht vor,
Bei 8 Phtisikern war die Reaction kaum wahrnehmbar alkalisch,
bei 7 anderen war sie leicht alkalisch. Diese Verminderung der Alkalescenz kommt auch bei anämischen Individuen vor. Es ist wahrscheinlich,
dass die bezeichnete Aenderung in der chemischen Reaction die Entwicklung der Tuberkelbacill im Körper begünstigt.

IV.
Urin.
Quantität.

Die Tuberkulose ist eine so vielgestaltige Krankheit, und es wirken
bei derselben so viele Umstände zusammen, von welchen jeder in seiner
Weise die Zusammensetzung des Urins beeinflussen kann, dass es unmöglich ist, bestimmte Normen anzugeben. Beachtet man nun, dass verschiedene Verdauungstörungen: Diarrhöe, Schweiss, Anämie, Fieber und
andere häufige Complicationen sich der Krankheit hinzugesellen können,
so gelangt man zu der Ueberzeugung, dass die meisten Urinanalysen von
Phthisikern nur einen sehr geringen wissenschaftlichen Wert haben.
Die Quantität des Urins ist entsprechend der Fieberhöhe im Allgemeinen vermindert. Manchmal nimmt dieselbe zu, wenn nämlich Schweiss
und Diarhöe verschwinden.

Harnstoff, Chlorsalze.

Die Ausscheidung von Harnstoff ist gewöhnlich vermindert.
Die Quantität des von Kranken abgesonderten Harnstoffes hängt
laut meinen Untersuchungen ab: 1. von der Quantität und der Qualität
der Nahrung; 2. von der Muskelarbeit und der Körpertemperatur; 3. von
dem Zustand der Muskeln und der Nieren. Diese verschiedenen Bedingungen variiren be Phthisikern ganz ausserordentlich. Deshalb ist es

ganz begreiflich, dass die Quantität des Harnstoffes durch äusserliche, nicht in der Krankheit selbst gelegene Bedingungen, grossen Schwankungen unterworfen ist.

Was nun die Ausscheidung von Chlorsalzen anbelangt, hat Redtenbacher nachgewiesen, dass Chlor im Urin von Phtisikern bei frischen Infiltrationen verschwindet, ganz so wie es bei der fibrinösen Pneumonie der Fall ist. Unter gewöhnlichen Umständen sondern Phtisiker, nach den Untersuchungen von Buchot und Rochefort, eine grosse Quantität von Chlorsalzen, sowohl im Urin wie auch besonders in den Sputis ab.

Phosphorsäure, Kalk, Magnesium.

Meine vor mehreren Jahren ausgeführten Untersuchungen über das Vorkommen von Phosphorsäure, alkalischen und Erdphosphaten haben zu folgenden Ergebnissen geführt:

1. Auch bei Schwerkranken kommt ein vollständiges Verschwinden der Phosphorsäure im Urin nicht vor.

2. Es gibt keine Krankheit, welche sich constant durch eine Vermehrung oder eine Verminderung der Phosphorsäure im Urin manifestirt. Die Schwankungen des Phosphorsäuregehaltes stehen in Beziehung 1. zur Nahrungsaufnahme, 2. zum Ernährungszustande, 3. zur angewendeten Behandlung. Fleischnahrung, starker Stoffwechsel, Genuss von Hypophosphaten und von Phosphaten erzeugen eine erhebliche Steigerung der Phosphorabsonderung im Urin.

3. Eine der häufigsten und bemerkenswertesten Eigenschaften des Urins von Phtisikern ist das Vorkommen einer grossen Menge von Kalkphosphaten. Unter gewöhnlichen Verhältnissen, wie auch bei anderen Krankheiten kommen phosphorsaure Alkalien in grösserer Menge als Erdphosphate vor. Bei der Lungenschwindsucht überwiegen aber die Erdphosphate.

4. Diese Zunahme von Erdphosphaten rührt nicht von der Aufnahme dieses Salzes als Heilmittel, sondern von einer der Lungenschwindsucht eigenthümlichen Ernährungsstörung her.

5. Man kann häufig eine directe Beziehung zwischen der Quantität des im Urin enthaltenen Kalkphosphats und der Abmagerung constatiren. Die Abnahme des Körpergewichtes steht im Allgemeinen im umgekehrten Verhältnisse zur Menge von Kalkphosphaten im Urin.

Diese Sätze haben hunderte von Beobachtern bestätigt. Die von anderen ausgeführten Untersuchungen haben aber gezeigt, dass die Quantität der Phosphorsäure im Urin von Phthisikern sehr erheblichen Schwankungen unterworfen ist. Manche Autoren (Churchill, Teissier, Larcher, Beneche) fanden im Beginn der Phthise eine Vermehrung besonders der

Erdphosphate. Stockwis, welcher seine Untersuchungen auf 17 Phthisiker erstreckte, fand, dass die mittlere Tagesmenge der bei der Tuberkulose ausgeschiedenen Phosphorsäure geringer ist, als die physiologische Zahl (1·25 gr pro die). Dagegen fand derselbe in gewissen Fällen, welche ohne Diarrhöe und erhebliche Temperatursteigerung verliefen, eine Vermehrung der Erdphosphate. Senator spricht sich in Uebereinstimmung mit meinen Untersuchungsergebnissen dafür aus, dass bei der Phthise viel Kalk ausgeschieden wird.

Aus einigen Untersuchungen, welche Dr. Toralbo im Laboratorium meiner Klinik über die Ausscheidung von Kalk (CaO) im Urin ausführte, geht deutlich hervor, dass diese manchmal normal, andere Male aber niedriger oder höher als die mittlere Tagesmenge ist. Bemerkenswert ist nun die Thatsache, dass eine erhebliche Verminderung des Kalkgehaltes (25 mgr, während die physiologische Quantität 20 cgr in 24 Stunden beträgt), nur weit vorgeschrittene Fälle von Phthise betrafen; es handelte sich dann gewöhnlich um solche Patienten, welche kurz nachher in der Klinik starben. Auf Grund dieser Untersuchungen, die übrigens noch im grösseren Umfange wiederholt werden mussten, scheint die Ausscheidung von Kalk im Beginn der Krankheit erheblich zu steigern und später zu fallen. Dieser Umstand kann den erheblichen Unterschied in den Untersuchungsergebnissen verschiedener Autoren erklären.

Was die Ausscheidung von Magnesium im Urin von Phthisikern anbelangt, so haben die von Dr. Perelli in meiner Klinik ausgeführten Untersuchungen gezeigt, dass dieselbe der Kalkabsonderung entspricht, dass sie also im Beginn der Krankheit steigt, später im weiteren Verlaufe des Leidens aber fällt.

Andere Veränderungen der Urinbestandtheile.

Senator fand im Urin von Patienten mit weit vorgeschrittener Lungenschwindsucht eine grosse Menge von Indikan.

Die von Mazzenga in meiner Klinik ausgeführten Untersuchungen haben gezeigt, dass auch die Phenolausscheidung bei Lungentuberkulose zunimmt, und zwar in demselben Maasse, wie die Cavernen sich vergrössern. In einem Falle von Tuberkulose, der einige Tage nachher mit dem Tode endete, wurde die grössere Quantität Phenol gefunden (0·271 gr). Bei der Section zeigte es sich, dass neben den der Tuberkulose zugehörigen Veränderungen ein grosser hämorrhagischer Infarct vorhanden war. Um die grosse Menge Phenol in diesem Falle zu erklären, muss wohl eine Zersetzung des angesammelten Blutes angenommen werden.

Der Urin von Tuberkulösen kann auch Zucker enthalten, ohne dass Diabetes mit vorhanden wäre. Solche Fälle müssen als einfache symptomatische Glycosurie aufgefasst werden.

Auch Eiweiss kommt im Urin von Lungenschwindsüchtigen nicht
selten vor und rührt von verschiedenen Nierenaffectionen her (Nephritis
parenchymatosa, N. interstitialis, amyloide Degeneration oder Tuberkulose
der Nieren). Die Albuminuria spuria und das Vorhandensein von Eiter im
Urin von Phthisikern ist gewöhnlich auf eine Pyelitis tuberculosa zurückzuführen.

Koch'sche Bacillen kommen gewöhnlich im Urin von Phthisikern
nicht vor, sie erscheinen erst dann, wenn es sich um eine Tuberkulose
der Harnorgane handelt.

Fünftes Capitel.

Subjective, nervöse Symptome.

I.

Störungen der Sensibilität.

Phthisiker pflegen häufig über Schmerzen in der Brust oder in ent-
fernter Körperregion zu klagen. Der Ursprung dieser Schmerzen scheint
ein ganz verschiedenartiger zu sein. Manchmal handelt es sich, wie Beau
angibt, um eine Neuritis, in anderen Fällen müssen die Schmerzen im
Gesicht, in den Gliedern und in anderen von dem Sitz der Krankheit
entfernten Körperregionen, als Reflexneurose aufgefasst werden, indem
der Reiz sich auf den Bahnen des Vagus bis zum Bulbus oder zum
Rückenmark fortpflanzt und von hier auf die sensibeln Nervenfasern,
welche das Gesicht, die Extremitäten etc. versorgen, übergeht. Es kommen
auch solche Neuralgien vor, welche von Stauungserscheinungen herrühren.
Treten sehr intensive Schmerzen der Brust auf, so muss man
an das Vorhandensein von Pleuritis und Pneumothorax denken. Auch die
Muskeln des Thorax sind häufig Sitz der Schmerzen (Myalgie) und rühren
von Ernährungsstörungen, Dyspnoe, her.

In sehr vielen Fällen sind die Brustschmerzen auf das Vorhandensein
von Pleuritis zurückzuführen und treten vorn an der Spitze des Thorax,
den ersten drei Intercostalräumen entsprechend, auf. Seltener kommen sie
hinten zwischen den Schultern in den Fossae supra- und infraspinatae vor.
Sie treten gewöhnlich, und zwar bei $2/3$ der Patienten, im Beginn der
Krankheit auf. Sie zeichnen sich durch zwei Eigenschaften aus, welche
freilich nicht constant vorkommen. Zunächst ist es die Asymmetrie, die
für derartige Schmerzen charakteristisch ist, und zwar deshalb, weil der
den Schmerzen zu Grunde liegende Krankheitsprocess meistens nur auf
der einen Seite vorhanden ist. Selbst in dem Falle, wo die Krankheit
beide Seiten ergriffen hat, ist der Schmerz auf der einen, stärker afficirten

Seite intensiver. Manchmal klagt der Kranke über heftigere Schmerzen ausschliesslich auf der gesunden Seite, und man lässt sich dadurch leicht zu der irrthümlichen Meinung verleiten, dass diese Seite afficirt sei. Ein anderes charakteristisches Merkmal für Thoraxschmerzen von Phthisikern ist der Umstand, dass sie zuerst in den oberen Regionen beginnen und sich dann nach unten erstrecken.

Die Schmerzen bieten in Bezug auf Natur und Verlauf grosse Verschiedenheiten dar. Manchmal sind sie nur flüchtig und unbestimmt, in anderen Fällen bleiben sie umschrieben. Bestimmte Schmerzpunkte im Verlauf gewisser Nerven kommen nur selten vor, wo solche aber vorhanden sind, zeigen sich die Schmerzen sehr hartnäckig. Sie treten gewöhnlich beim Husten, Niesen und tiefem Athmen auf; in manchen Fällen werden sie durch Percussion erregt. Manche Patienten bieten die deutlichen Zeichen einer Hyperästhesie dar, so dass die leichteste Percussion, ja die blosse Berührung der Haut fast unerträgliche schmerzhafte Empfindungen erregt. Bei manchen hysterischen Frauen und hypochondrischen Personen, welche an Phthisis pulmonum litten, habe ich eine mehr oder weniger ausgedehnte hyperästhetische Zone am Thorax constatiren können.

Bei sehr ausgebreiteter und acuter Tuberkulose klagen viele Patienten über Schmerzen, die sich über den ganzen Thorax erstrecken. Diese Eigenschaft hat einen differential-diagnostischen Wert für diejenigen Fälle, wo die Diagnose zwischen Tuberkulose und Typhus schwankt. Das Vorhandensein ausgedehnter Brustschmerzen spricht dann für Tuberkulose.

Die Rückenschmerzen an der Basis des Thorax in der Gegend, wo das Diaphragma sich inserirt, rühren gewöhnlich von einer Schwäche der Muskeln her, welche umso markanter auftritt, je schwächer und anämischer das erkrankte Individuum ist. Die hier beschriebenen Schmerzen pflegen durch Husten und Dypnoe hervorgerufen und gesteigert zu werden.

Manchmal klagen Phthisiker über circumscripte, ungemein heftige Schmerzen an der Spitze des Sternum, welchen durch Druck eine unerträgliche Intensität erreichen. In einzelnen Fällen entwickelt sich am Thorax ein Herpes zooster, welcher sehr qualvoll werden kann.

Eine Neuralgie des Trigeminus kommt sehr häufig vor und verschwindet durch Einwirkung von Chininsalzen auch in denjenigen Fällen, die nicht miasmatischer Natur sind. Manchmal treten Schmerzen in den Supraclaviculargruben, am Halse und in den oberen Extremitäten auf. Diese Erscheinung ist auf die zwischen den ersten Intercostalnerven und dem Plexus brachialis und zwischen diesen und dem Phrenicus vorhandenen Anastomosen zurückzuführen. Im Verlaufe der Phthise kommen Schmerzen in den von den bezeichneten Nerven versorgten Gebieten häufig gemeinschaftlich vor. Es kann sogar eine Neuralgia ischiatica von Lungentuberkulose herrühren. So beschreiben Hérard, Cornil und Handt einen

Fall, der einen jungen Mann betraf, welcher in die Klinik nur deshalb eintrat, um sich von einer ungemein heftigen und hartnäckigen Neuralgia ischiatica heilen zu lassen. Im Krankenhause wurde auch das Vorhandensein einer Lungentuberkulose constatirt, welche nach wenigen Monaten den Tod des Patienten herbeiführte. Bei der Section zeigte es sich nun, dass neben anderen Veränderungen auch eine tuberkulose Entzündung der Rückenmarksmeningen vorhanden war, diese erschien besonders an der Seite scharf ausgeprägt, wo die Ischias bestanden hatte. Es ist nicht unwahrscheinlich, dass vielen anderen Fällen von Neuralgie bei Lungentuberkulose eine ähnliche pathologisch-anatomische Ursache zu Grunde liegt, dass es sich also um eine Neoplasie in den Centren oder im peripheren Nervensystem, nicht aber um eine einfache Neuralgie handelt.

Bei einem Kranken meiner Klinik, welcher an einer rechtsseitigen Lungenspitzentuberkulose litt, zeigte sich eine heftige Neuralgie im rechten Ohre, ohne dass man selbst bei sehr sorgfältiger Untersuchung im Stande gewesen wäre, auch nur die geringste Gewebsveränderung im Ohre nachzuweisen.

Otitiden kommen bei Tuberkulösen nicht selten vor. Bellière fand solche 20mal unter 81 männlichen und 2mal unter 25 weiblichen Tuberkulösen. In einer Anmerkung zu der italienischen Ausgabe des Werkes von Oppolzer über Krankheiten der Respirationsorgane schrieb ich schon im Jahre 1875 Folgendes:

„Phthisiker leiden sehr häufig an Taubheit, aber noch häufiger an Schwerhörigkeit. Von der Richtigkeit dieser Thatsache konnte ich mich mehrere Male bei Patienten überzeugen, welche nicht die geringste Ahnung von der Mangelhaftigkeit ihrer Hörfähigkeit hatten, und trotzdem das Ticken der Uhr nur in nächster Nähe des Ohres wahrnahmen. Meistens ist die Einbusse des Gehörvermögens an beiden Ohren nicht gleich, ja es kann sogar das eine Ohr vollständig taub sein, während das Gehör auf dem anderen ganz normal ist. Nicht selten zeigt das Gehör von Phthisikern, bevor es ganz und gar schwindet, recht erhebliche Schwankungen, welche sogar einen intermittierenden Charakter haben können. Die Besserung des Gehörs fällt zeitlich mit einer Besserung der primären Krankheit zusammen.

Obgleich ich das häufige Vorkommen von Taubheit bei Phthisikern selbst in solchem Falle, wo von einer Caries des Os petrosum nicht die Rede war, schon lange gekannt habe, bin ich doch erst in der letzten Zeit dazu gekommen, die Ursache dieser Erscheinung zu finden. Im letzten Jahre starb nämlich in meiner Klinik eine an Phthise leidende Frau, welche an vollständiger Taubheit gelitten hatte. Ich veranlasste Herrn Prof. Garibaldi, das Gehörorgan einer eingehenden Untersuchung zu unterziehen. Es fand sich nun ein ausgedehnter Katarrh der Tuba Eustachii und des Cavum tympani mit schleimig-eiteriger Secretion und Perforation des Trommelfelles. Garibaldi versicherte, dass er derartige einseitige oder beiderseitige Veränderungen sehr häufig bei der Section solcher Individuen festgestellt habe, die an Lungenschwindsucht zu Grunde gegangen waren. In Uebereinstimmung mit Garibaldi glaube ich, dass derartige Ohraffectionen bei Phthisikern davon herrühren, dass Partikelchen von Sputum bei heftigen Hustenstössen in die Tube eindringen. Auch Habermann ist der Ansicht, dass Tuberkelbacillen durch die Tube in das Ohr eindringen können."

Die Otitis media purulenta bacillaris kommt nach Cozzolino in allen Stadien der Tuberkulose vor. Die tuberkulose Otitis hat die Eigenschaft, sich schmerzlos und schleichend zu entwickeln. Bobone weist darauf hin, dass tuberkulöse, eiterige, chronische Mittelohrentzündungen vorkommen, welche durch leichte Ohrgeräusche und Verminderung der Hörfähigkeit und später durch eiterigen Ohrfluss charakterisirt sind. Findet der Ausfluss des Eiters ein Hindernis, so treten Schmerzen auf. In manchen Fällen sind die Störungen so geringfügig, dass sie kaum wahrgenommen werden.

Auch die Otitis externa kann auf einer localen tuberkulösen Infection beruhen. Wie es auch bei manchen Katarrhen anderer Schleimhäute vorkommt, dass sie nämlich einfache und benigne Entzündungsformen zu sein scheinen, während sie in der That tuberkulöser Natur sind: so gilt dasselbe auch von der Otorrhoe. Diese beruht viel häufiger auf tuberkulöser Grundlage, als man im Allgemeinen anzunehmen geneigt ist und kommt namentlich bei scrophulösen und lymphatischen Personen vor. Nathan fand unter 40 Fällen von Ohreiterung 12mal Tuberkelbacillen. Eine Tuberkulose des äusseren Gehörorganes ist jedoch viel seltener als eine tuberkulöse Mittelohrentzündung und kann als Complication der letzteren vorkommen.

II.
Andere Nervenerscheinungen.

Es besteht eine gewisse Beziehung zwischen Geistesstörungen und Phthise. In manchen Familien kommen beide Affectionen häufig vor und in Irrenheilanstalten ist die Tuberkulose eine sehr häufige Krankheit. Nach Riva und Suphide kommt die Phthise häufiger bei Geistesstörungen depressiver Natur als bei psychischen Exaltationszuständen vor. Tritt die Tuberkulose zur Psychose oder umgekehrt, diese zu jener hinzu, so entsteht dadurch nicht die geringste Besserung in den Symptomen der primären Affection.

Gewöhnlich tritt die Geistesstörung unter den Zeichen der Melancholie oder in der Form einer gesteigerten nervösen Erregbarkeit auf.

Bemerkenswert ist die Thatsache, dass im Beginn der Krankheit sich eine tiefe Gemüthsdepression und Hoffnungslosigkeit geltend macht, während später, wenn die Tuberkulose bereits vorgeschritten ist, jene spes phthisicorum, jene freudig blinde Hoffnung sich geltend macht. Manchmal wiegt sich der Kranke auch im Beginn der Phthise in dem Sicherheitsgefühle, nur an einer geringfügigen Krankheit, nur an einem einfachen katarrhalischen Husten zu leiden.

Die gesteigerte Erregbarkeit der Nerven erklärt auch die so häufig im Beginn der Krankheit vorkommende Hypochondrie bei Männern und Hysterie bei Frauen. Diese Störungen nehmen im weiteren Verlaufe der Krankheit gewöhnlich noch zu. Bei dieser Gelegenheit erwähne ich noch, dass ich der Ansicht von Walshe, es bestehe ein Antagonismus zwischen Tuberkulose und Hysterie, nicht zustimmen kann.

Ganz verschieden von dem initialen Delirium, welches eine Steigerung der bei manchen Kranken vorkommenden Melancholie darstellt, ist jenes gegen Ende der Krankheit vorkommende Delirium. Die Ursache desselben ist auf das Vorhandensein von heftigem Fieber und schwerer Anämie zurückzuführen. Auch können Geistesstörungen durch organische Veränderungen in den nervösen Centren und in den Meningen (Meningitis simplex und M. tuberculosa, Pachymeningitis etc.), wie auch durch Circulationsstörungen entstehen. Selbstredend wird das Krankheitsbild durch cerebro-spinale Störungen erheblich geändert.

Die von Feurie und Arzonan beschriebenen rothen Flecken bei Tuberkulösen mit Gehirnstörungen liegen unterhalb der Pia mater an der concreten Gehirnoberfläche.

Sechstes Capitel.

—

Functionelle Symptome.

I.

Husten.

Der Husten ist eines der constantesten Symptome der Lungentuberkulose. Derselbe beginnt gleichzeitig mit der Entwicklung der ersten Läsionen und dauert so lange, wie die Krankheit selbst. Es kommen jedoch Perioden von Remission und Intermission des Hustens vor. Die Intensität derselben entspricht nicht dem Umfange der tuberkulösen Gewebsveränderung. Peter und Krishaber meinen sogar, dass die Hustenanfälle umso intensiver auftreten, je oberflächlicher die Läsionen sind.

Der Husten ist auch je nach den individuellen Bedingungen verschieden. Bei jungen, leicht erregbaren, nervösen oder hysterischen Personen pflegt der Husten viel intensiver aufzutreten. Im Gegensatz zu dem tuberkulösen Husten hört der hysterische Husten im Schlafe vollkommen auf und behält während seines ganzen Verlaufes denselben Klang, dieselben Eigenschaften: er tritt z. B. stets in der Form zusammengesetzter Anfälle mit derselben Zahl geräuschvoller Exspirationen auf.

Bei älteren Personen, bei weniger erregbaren Individuen ist der Husten gewöhnlich sehr schwach, oder kann auch gänzlich fehlen. Bemerkenswert ist die Thatsache, dass geisteskranke Phthisiker nicht zu husten pflegen. So kommt es, dass sich in der Lunge Zeichen weit ausgedehnter umfangreicher Zerstörungen finden, während subjective und functionelle Erscheinungen gänzlich fehlen.

Der Husten der Tuberkulösen pflegt abends beim Zubettgehen und morgens beim Erwachen heftiger aufzutreten, so dass mithin die Lage einen deutlichen Einfluss auf die Entwicklung des Hustens auszuüben scheint. Zur Erklärung des Hustens, der bei der horizontalen Lage entsteht, lassen sich zwei Umstände anführen. Theilweise rührt diese Erscheinung daher, dass bei horizontaler Lage des Patienten in Folge der Schwerkraft eine grössere Menge Blut den Lungenspitzen zufliesst. Manche Patienten legen sich daher auf die gesunde Seite, weil sie erfahrungsgemäss wissen, dass dadurch der Husten gemildert wird.

Andererseits ist durch Experimente nachgewiesen worden, dass die Erregbarkeit des Respirationscentrums durch Einwirkung der localen Blutcirculation gesteigert wird. Ein auf den Vagus ausgeübter Reiz, der unter gewöhnlichen Verhältnissen nur eine Beschleunigung der Respiration zu erzeugen im Stande ist, erzielt gar keine Wirkung wenn man das Thier apnoetisch macht, kann aber allgemeine Convulsionen zu Stande bringen, wenn das Thier dyspnoisch ist. Befindet sich nun der Phthisiker in der Rückenlage, so vollzieht sich die Respiration nicht in leichter Weise und das Respirationscentrum befindet sich bis zum Aufwachen in einem stärker erregten Zustande. Der Husten wird also beim Niederlegen durch eine Menge von Secret erregt, welcher bei verticaler Stellung des Körpers denselben Effect zu erzielen nicht im Stande wäre. (James.)

Der beim Aufwachen entstehende Husten kann leicht in folgender Weise erklärt werden. Während des Schlafes ist die Erregbarkeit des Respirationscentrums, wie auch die anderer Reflexcentren vermindert. So kann sich eine Menge von Secret reactionslos ansammeln, welche im wachenden Zustande einen Husten leicht erregt haben würde. Nach dem Erwachen des Kranken nimmt auch die Erregbarkeit seines Respirationscentrums wieder zu, und so kann das angesammelte Secret einen Hustenanfall erzeugen.

Ich habe schon erwähnt, dass sich zu dem Husten der Phthisiker leicht auch Erbrechen hinzuzugesellen pflegt. Das kommt, wie Morton beobachtet hat, im Beginne der Krankheit vor. Das Erbrechen wird besonders durch mechanische Bedingungen erzeugt, und hat nichts mit dem Zustande des Magens zu thun. Es werden unveränderte Speisen und Magensecrete entleert; Zeichen einer localen Läsion des Magens sind aber nicht wahrzunehmen. Die Erregung des Exspirationscentrums, welche den Husten erzeugt, breitet sich, wenn dieselbe eine grosse Intensität erreicht hat, auf das benachbarte Brechcentrum aus.

Um die Genese des Hustens der Phthisiker gut zu verstehen, ist es nothwendig, sich die hierhergehörigen Untersuchungsergebnisse zu vergegenwärtigen, namentlich diejenigen, welche von Kiemer, Koths, Nothnagel, Rossbach u. A. erzielt worden sind, und welche die Ursprungsstelle dieser Reflexbewegung nachgewiesen haben. Am leichtesten wird der Husten durch Reizung des Laryngeus superior erzeugt. Ein auf die Larynxschleimhaut ausgeübter Reiz, besonders auf die Interarytänoidalschleimhaut und in der Gegend zwischen den falschen Stimmbändern bis unterhalb des Ringknorpels, ruft sehr heftige Hustenanfälle hervor. Nach der Trachea zu nimmt die Erregbarkeit schnell ab und wird in den Bronchien sehr gering, dagegen steigt sie an der Bifurcationsstelle zu einer beträchtlichen Höhe an. In manchen Fällen kann der Hustenreiz auch von dem Velum pendulum, von der Zungenbasis oder vom Gehörorgane aus ausgelöst werden, da nun gewisse Stellen, wie Larynx, Pharynx, Zungenbasis, Bifurcation der Trachea etc. sich durch eine leichtere Erregbarkeit zum Husten auszeichnen, so ist es leicht verständlich, dass Tuberkulöse gerade diese Stellen als Sitz des Reizes zu bezeichnen pflegen.

Durch Beobachtungen beim Menschen und durch Thierexperimente hat man das Vorkommen von Magenhusten nachzuweisen gesucht. Ich will an dieser Stelle die Gründe, welche für und gegen die Möglichkeit, dass ein Husten durch Magenreizungen ausgelöst werden kann, nicht näher auseinandersetzen. In Bezug auf die Tuberkulose lässt sich aber Folgendes sagen: Ein Organ, welches zwar unter physiologischen Bedingungen keinen Husten erregt, kann diese Reflexbewegung wohl unter pathologischen Verhältnissen erzeugen. Das dürfte für die Pleura, die Lungen und andere Organe Geltung haben, welche Fasern vom Vagus erhalten. So kann bei Phthisikern auch ein Magenhusten durch Einführung von Speisen in den Magen ausgelöst werden.

Stärkere Hustenanfälle können bei Phthisikern einen erheblichen Schaden anrichten. Durch häufiges Erbrechen kann die Ernährung des Körpers erschwert oder unmöglich werden; durch starke, in Folge heftiger Hustenanfälle entstehende Dehnung der Lungenspitzen kann es zu einem wahren Emphysem dieser Theile kommen.

II.

Sputum.

Physikalische Eigenschaften.

Das Expectorat der Phthisiker hat keinerlei charakteristische Eigenschaften, da dasselbe nicht direct von der Krankheit allein, sondern auch von gewöhnlichen und fast constant mit auftretenden Complicationen (Pleuritis, Bronchialkatarrh, Larynxkatarrh etc.) herrührt. Diese Thatsache muss festgestellt werden, weil man bis vor Kurzem das Gegentheil geglaubt und angenommen hat, dass man die Diagnose einer Lungentuberkulose aus dem Luftmangel, der münzförmigen Gestalt des Sputum etc. stellen könne.

Der Husten der Phthisiker kann, namentlich im Beginn der Krankheit, ein trockener sein, ohne das geringste Excret zu produciren. Bleibt die Läsion auf die Lungen und auf die Pleura beschränkt, so ist der Husten ein trockener, ein pleuritischer. Gewöhnlich wird aber schon am Anfang der Krankheit ein weisses, schäumiges, viscides Sputum abgesondert. Nach und nach erscheinen auch gelbliche Streifen im Sputum; dasselbe wird schleimig-eiterig und im weiteren Verlaufe der Krankheit nimmt die Eiterbeimengung immer mehr zu. Schliesslich sieht man im Spucknapf nur eine gelbgrüne, opake, eiterige Masse.

Ganz besonderen Wert hat man auf die münzförmige Gestalt der Sputa gelegt. Diese bestehen aus schleimigem Eiter und finden sich in der Mitte von dünnem katarrhalischen Secret oder Mundflüssigkeit, haben einen gezackten Rand und sinken, weil sie keine Luft enthalten, im Spucknapf zu Boden. Sind münzförmige Massen in grosser Menge vorhanden, so braucht man nur etwas Wasser in den Spucknapf zu giessen, um die Gestalt des Sputums zu erkennen und sich zu überzeugen, dass letzteres in der That zu Boden sinkt (Sputa globosa, fundum petentia). Diese Art von Sputum wurde schon von den ältesten Autoren, schon von Hippokrates bis zu den modernen medicinischen Schriftstellern, wie Niemeyer und Jürgensen, als charakteristisch für Lungencavernen angesehen. In der That kann man aber das Vorkommen von runden, luftleeren Sputis auch unabhängig von Cavernen erklären. Es brauchen bloss schleimig-eitrige Massen in einem weniger dichten Medium zerstreut zu sein, um das Aussehen der Sputa globosa zu erlangen. Chomel weist übrigens darauf hin, dass das Lungenexcret bei Morbillen dem der Schwindsucht sehr ähnlich sieht. Ich erinnere mich, dass ich schon zu der Zeit, als das Vorurtheil über den pathognomonischen Wert der münzförmigen Sputa noch weitverbreitet war, darauf hingewiesen habe, dass Patienten, welche an gewissen Formen von chronischer Pharyngitis leiden, ähnliche Sputa auszuwerfen pflegen.

Mikroskopische und chemische Eigenschaften.

Die verschiedene Provenienz der Sputa erklärt auch die Verschiedenheit ihrer histologischen und chemischen Eigenschaften. Mit Recht sagt
daher Bizzozero: „Die Expectoration ist verschieden, je nach der Natur
der Läsionen, je nach dem Verlauf und den Complicationen der Krankheit. Zuerst zeigen sich im Sputum, in Folge der Broncheo-alveolitis,
Lungenepithelzellen, gemischt mit weissen Blutkörperchen und anderen
Bestandtheilen des Sputum. Im weiteren Verlaufe der Krankheit nehmen
die Leucocyten immer mehr an Zahl zu, werden körnig, zerfallen gänzlich
oder wandeln sich in eine Detritusmasse um. Gleichzeitig vermindern
sich die Epithelzellen immer mehr und können eine Zeit lang ganz und
gar verschwinden, wenn nämlich die Alveolen mit käsigen Massen ganz
und gar verstopft sind.“

Die Absonderung von Epithelzellen weist nach Buhl auf das Vorhandensein einer essentiellen Pneumonia desquamativa hin, welche nach
demselben Autor die anatomische Veränderung der acuten Miliartuberkulose und der tuberkulösen Pneumonie darstellt. Die Degenerationszustände
der Epithelzellen kann man als Unterscheidungsmerkmal zwischen tuberkulöser und fibrinöser Pneumonie nicht verwerten, denn die genauen
Untersuchungen von Bozzolo, Graziadei, Bizzozero und später von
Guttman, Schmidt und Panizza haben zur Evidenz nachgewiesen, dass
eine derartige Desquamation bei jeder Art von alveolarer Entzündung,
also sowohl bei der desquamativen Pneumonie von Buhl, wie auch bei
der katarrhalischen oder fibrinösen Pneumonie vorkommt. Ja man kann
dieselbe sogar im Sputum solcher Individuen finden, welche an einem
leichten Bronchialkatarrh leiden, weil auch leichte Katarrhe der Luftwege
sich bis zu den Lungen ausdehnen können. Schliesslich sind dieselben
Zellen auch im Sputum gesunder Personen gefunden worden, besonders
bei solchen, welche bereits das 35. bis 40. Lebensjahr überschritten haben.
Demgemäss hat das Vorkommen von Alveolarzellen im Sputum nicht die
Bedeutung, die Buhl hervorhebt. Solche Epithelzellen im Sputum weisen
vielmehr nur auf einen Alveolarkatarrh hin und sind im Sputum nur dann
von Bedeutung, wenn sie lange Zeit hindurch vorkommen. Panizza
unterzog diese Frage einer klinischen und experimentellen Untersuchung.
Er untersuchte das Expectorat von 500 gesunden und kranken Personen
und zwar in der Weise, dass er immer nur das am Morgen ausgeworfene
Sputum berücksichtigte. Er fand bei 86% der Sputa gesunder Personen
Pigmentzellen in Myelinform.

Bei Schmieden, Schlossern und Köchen konnte man in 95% der
Fälle eine grosse Menge der genannten Elemente feststellen. Selbst nachdem diese Personen lange Zeit hindurch im Hospital verweilt hatten,

konnte man immer noch im Sputum myelinförmige Pigmentzellen, freilich in geringer Zahl nachweisen. In Uebereinstimmung mit Ziemssen fand Panizza bei der Section von Leichen der den erwähnten Beschäftigungs-kategorien angehörigen Personen, dass das Lungenparenchym gesund geblieben war.

Käsiger Detritus kommt in erheblicher Menge und dauernd besonders im Sputum von Phthisikern vor. Derselbe hat jedoch keine diagnostische Bedeutung, da man käsige Massen auch im Sputum solcher Personen finden kann, die keine Spur von Tuberkulose haben.

Von weit grösserer Wichtigkeit ist aber das Vorhandensein von elastischen Fasern im Sputum. Bei einiger Aufmerksamkeit lässt sich der Fehler vermeiden, diese aus dem Lungengewebe stammenden elastischen Fasern mit solchen zu verwechseln, welche zufälliger Weise im Munde vorkommen, daselbst als Residuen gewisser Speisen liegen bleiben und so dem Sputum beigemischt werden. Primavera macht darauf aufmerk-sam, dass die specielle Anordnung der Fasern nicht genügt, um elastische Lungenfasern von den in Speisen vorkommenden elastischen Fasern zu unterscheiden; beide können eine gleiche Anordnung bieten.

Elastische Lungenfasern kommen nicht bloss im Sputum von Lungenschwindsüchtigen, sondern auch in demjenigen solcher Patienten vor, welche an Lungenabcess, Gangrän oder Infarct leiden. Demnach berechtigt der Befund von elastischen Fasern im Sputum noch nicht zu dem Schlusse, dass das betreffende Individium an Tuberkulose leidet, wenn man auch in 95% der Fälle mit dieser Folgerung das Richtige trifft. Heutzutage, da wir den Koch'schen Bacillus kennen, haben die elastischen Fasern ihren früheren diagnostischen Wert verloren. Man sucht jetzt nach denselben nicht in eigentlich diagnostischer Absicht, sondern nur zu dem Zwecke, um festzustellen, welchen Umfang der Zerstörungs-process in den Lungen erreicht hat. Je umfangreicher die Destruction der Lunge geworden, desto grösser ist die Zahl der elastischen Fasern im Sputum, und auch umgekehrt. Geht der Zerstörungsprocess sehr schnell vor sich, so findet man die elastischen Fasern zu grossen Bündeln vereinigt, von welchen ein jeglicher ein ganzes Gesichtsfeld bedecken kann.

Wirklich charakteristisch für Tuberkulose ist das Vorhandensein von Tuberkelbacillen im Sputum. Diese Bacillen können aus den Luft-wegen oder aus den oberen Verdauungswegen in das Sputum gelangen. Wo Tuberkelbacillen zu finden sind, dort kann kein Zweifel darüber be-stehen, dass eine Tuberkulose vorhanden ist. Die Qualität des Krank-heitsprocesses (ob eine katarrhalische, infiltrirte, oder ulcerirte Tuberku-lose vorliegt) lässt sich jedoch aus dem Vorhandensein von Tuberkel-bacillen nicht erkennen.

In seltenen, Fällen z. B. im Beginne einer miliaren Tuberkulose, können Tuberkelbacillen im Sputum fehlen. Im Allgemeinen lässt sich wohl sagen, dass das Vorhandensein von Tuberkelbacillen insofern von prognostischem Wert ist, als die Zunahme und Abnahme der Zahl von Tuberkelbacillen auf einen entsprechenden Gang des Krankheitsprocesses schliessen lassen.

III.

Hämoptoe.

Ueber die Häufigkeit und die Bedeutung der Hämoptoe bei Lungenschwindsucht sind die Meinungen getheilt. Es wurde früher von vielen Autoren die Behauptung aufgestellt, dass eine durch accidentelle Ursachen entstandene Hämoptoe eine Lungentuberkulose zu erzeugen im Stande ist. Diese Ansicht wurde von Niemeyer vertheidigt, von Franke aber heftig bekämpft. Heute aber, nach der Entdeckung des Koch'schen Bacillus, hat die Lehre, dass eine Hämoptoe zu Tuberkulose führen kann, keine Existenzberechtigung mehr. Jetzt wird vielmehr mit wenigen Ausnahmen, z. B. der von James, allgemein der von Laenec und Louis ausgesprochenen Ansicht gehuldigt, dass auch in den Fällen Tuberkel in der Lunge bereits vorhanden sind, wo die Hämoptoe vor dem Husten der Excretion und anderen Symptomen der Phthise aufgetreten ist.

Ueber den semiotischen Wert der Hämoptoe sind die Meinungen getheilt. „Wenn man", sagt Trousseau, „alle Fälle von Lungenblutungen in Rechnung zieht, welche in der Hospital- und in der Civilpraxis vorkommen, so überzeugt man sich, dass diese Erscheinung ebenso häufig bei nichttuberkulösen wie bei tuberkulösen Affectionen vorkommt." G. Sée betrachtet dagegen die Hämoptoe als eine fast immer der Tuberkulose zugehörige Erscheinung. „Abgesehen von Infectionskrankheiten, Hämophilie, acuten Läsionen der Lungen (Pneumonie, Abscesse, Gangrän) und von Aortenneurysma, also von solchen Zuständen, bei welchen die Hämoptoe nur ein zur Causalkrankheit hinzutretendes mehr oder weniger ernstes Symptom ist, können wir nur zwei wirkliche Ursachen der Hämoptoe, nämlich: Herzkrankheiten und Lungentuberkulose. Bei Frauen tritt noch eine dritte Gruppe von Hämoptoe erzeugenden Momenten hinzu, die sogar nicht selten vorkommt, nämlich Menstruationsveränderungen, und Hysterie mit vasomotorischen Störungen" (Sée). Nach meiner Meinung hat Sée ganz Recht. Eine scheinbare primäre idiopathische Hämoptoe ist fast immer der Ausdruck einer thatsächlich bereits vorhandenen Lungentuberkulose. Dieser Ansicht gegenüber könnte man die Thatsache zur Geltung bringen, dass viele Fälle von Hämoptoe später ganz günstig verlaufen, dass viele Individuen, die an Hämoptoe erkrankten, nicht bloss frei von Lungenerscheinungen sind, sondern auch später noch lange leben bleiben und manchmal erst nach vielen Jahren an einer ganz anderen Affection zu Grunde gehen. Man muss aber bedenken, dass die Heilung einer Localtuberkulose nach unserem heutigen Standpunkte des Wissens als durchaus sicher festgestellte Thatsache angesehen werden muss.

Ueber die Häufigkeit der Hämoptoe bei Lungenschwindsucht stimmen die Autoren nicht überein. Manche glauben, dass Bluthusten bloss in $\frac{1}{3}$ der Fälle vorkommt. Andere dagegen meinen, dass $\frac{2}{3}$ der Lungenschwindsüchtigen im Laufe ihrer Krankheit einmal an diesem Symptom leiden. Nach meiner Erfahrung nähert sich die letztere Angabe mehr der Wahrheit.

Hämoptoe kann in jeder Periode des Krankheitsverlaufes der Lungentuberkulose vorkommen, meistens wird sie aber im Beginn und im Endstadium der Krankheit beobachtet. Die Pathogonese der initialen Hämoptoe ist ganz verschieden von der der Spätblutungen. Bei der ersteren handelt es sich hauptsächlich um eine Entzündung der Gefässwände, bei der letzteren dagegen um die Ruptur von Aneurysmen, wie sie von Rasmussen, Rokitansky, Raynaud, Sevestre, Liouville, Damaschino u. A. beschrieben worden sind. Solche Aneurysmen kommen an den Wänden von Cavernen vor, füllen manchmal den Hohlraum derselben aus und so kommt es, wenn dieselben reissen, zu sehr heftigen, manchmal sogar tödtlichen Blutungen.

Die Hämoptoe kommt selten bei solchen Phthisikern vor, welche das Pubertätsalter noch nicht erreicht haben. In dieser Lebensperiode sind aber Lungenblutungen sehr häufig vorkommende Erscheinungen und nehmen dann im späteren Lebensalter immer mehr ab. Nichtsdestoweniger theilt Lebert einen Fall von tödtlicher Lungenblutung bei einem zweijährigen Knaben mit.

Was das Geschlecht anbelangt, so stimmen die meisten Beobachter darin überein, dass das weibliche Geschlecht zur Hämoptoe mehr geneigt ist. Sehr heftige Blutungen kommen aber auch beim männlichen Geschlecht vor.

Die Quantität des mit einem Male entleerten Blutes ist sehr verschieden. Manchmal kommt dasselbe namentlich im Beginn der Krankheit nur streifenförmig vor, andere Male ist das Blut mit Schleim vermischt, so dass das Sputum dem pneumonischen sehr ähnlich sieht. Schliesslich kommen Fälle vor, wo sehr viel reines Blut, 50—200 gr, mit einem Male entleert wird.

Für die tuberkulose Natur einer Lungenblutung sind namentlich zwei Umstände charakteristisch: Der intermittirende Verlauf und das Vorkommen von Tuberkelbacillen. Die Intermittenz der Blutungen kommt bei Lungentuberkulose sehr häufig vor, so dass intercurrirende Blutungen ohne wahrnehmbare Ursachen immer den Verdacht auf Tuberkulose erregen.

Löwenthal theilt zwei Fälle von intermittirender periodischer Blutung bei Tuberkulose mit. Hier handelte es sich um wahre larvirte Formen. Das vorhanden gewesene Malariagift war nicht kräftig genug, um Fieber zu erzeugen, wirkte aber auf den Locus minoris resistentiae und erzeugte eine Blutung dort, wo ein Tuberkelprocess bestand.

Die Continuität der Blutungen ist nach Grisolle und Sée für Herzblutungen charakteristisch, während die auf tuberkulösem Ursprung beruhenden Lungenblutungen intermittirend vorkommen. Nach Sée kann man in allen denjenigen Fällen von Bluthusten mit Bestimmtheit annehmen, dass die Blutung von Tuberkulose herrührt, wo man als Ursache derselben Herz, Menstruation und Nervensystem ausschliessen kann. Ergibt in zweifelhaften Fällen die Untersuchung auf Tuberkelbacillen ein positives Resultat, so beruht die Blutung sicherlich auf tuberkulösen Veränderungen.

IV.

Dyspnoe.

Die Dyspnoe tritt in Bezug auf Intensität und Frequenz sehr verschieden auf. Manchmal ist sie in Gemeinschaft mit dem Fieber das einzige Symptom einer acuten Lungentuberkulose und kann solch' eine Intensität erreichen, dass die Kranken, wie bei asthmatischen Anfällen, orthopnoisch werden. Die Dyspnoe bei acuter Phthise bietet grosse Analogie mit der der Aneurysmatiker. Sie ist zwar continuirlich, von Zeit zu Zeit treten aber acute Zustände von Erstickungsanfällen auf, welche beinahe zur Asphyxie führen und von einer Reizung des Pneumogastricus herrühren. Es kommen Fälle von acuter oder acut gewordener Tuberkulose vor, wo die Respirationsbewegungen so frequent geworden sind, dass sie die Zahl der Pulsschläge übersteigen. Fälle von acuter Miliartuberkulose, die in asphyctischer Form auftreten, sind nicht selten. Dr. Rapisarda beschrieb neulich einen derartigen Fall, der in der Klinik von Prof. Tomaselli zur Beobachtung kam.

Bei der chronischen Tuberkulose ist die Dyspnoe sehr gering oder sie fehlt gänzlich, wenn der Patient sich in Ruhe befindet. Bei Bewegungen, starken Hustenanfällen, Treppensteigen etc. tritt die Dyspnoe stärker auf. Bei vielen Phthisikern, die gleichzeitig auch an Fettherz leiden, kommt es bei der geringsten Bewegung zu Erstickungsanfällen.

Die tägliche Erfahrung lehrt ferner, dass die Dyspnoe heftiger bei nervösen, erethischen Personen, Frauen und Kindern vorkommt. Aber auch bei sehr kräftigen und nicht sehr reizbaren Personen kann man leicht eine Art von latenter Dyspnoe constatiren. Bei genauer Zählung der Respirationsbewegungen kann man sich nämlich überzeugen, dass sie frequenter als normal sind, wenn sie auch scheinbar keine gesteigerte Frequenz zeigen.

Die Ursache der Dyspnoe der Phthisiker ist sehr verschieden. Manchmal rührt sie von accidentellen Ursachen her, nämlich von einem ausgedehnten Katarrh der Bronchien, von einer Hyperämie oder Entzündung der Lungen, von einer Entzündung der Pleura, von Pneumothorax etc. her, in anderen Fällen dagegen ist die Dispnoe auf die Tuberkulose selbst zurückzuführen.

Eine durch den tuberkulösen Zerstörungsprocess bedingte Hauptursache der Athemnoth ist in der Verminderung des Respirationsgebietes zu finden. Selbstredend ist die Intensität der Dyspnoe proportional der Verminderung des Respirationsgebietes. Diese kann aber nicht den Grad erreichen, um ein Dyspnoe auch in Ruhelage des Patienten zu erklären. In der That beträgt die Luftmenge, welche physiologisch bei jeder Respiration aufgenommen wird, 500 *ccm*, während die Complementärluft 1600 *ccm* und die vitale Capacität sich auf 3700 *ccm* beläuft. Bei Phthisikern ist die Complementärluft vermindert; wird der Patient nun bei starken Bewegungen oder aus anderen Ursachen gezwungen, intensiver zu athmen, so tritt die Empfindung des Luftmangels auf, der Patient ist dyspnoisch.

Eine weitere Ursache des Dyspnoe bei Phthisikern besteht im Fieber. In der That sind die Patienten namentlich nachmittags dyspnoisch, wenn das Fieber steigt.

Schliesslich wird die Dyspnoe auch durch Reizung des Vagus von Seiten der sich entwickelnden Tuberkeln erzeugt. So entsteht die Athemnoth und Asphyxie, welche in manchen Fällen von acuter Miliartuberkulose beobachtet wird.

Siebentes Capitel.

Physikalische Symptome.

I.

Inspection und Palpation.

Inspection.

Man hat früher geglaubt, dass der Habitus phthisicus der Entwicklung der Tuberkulose vorausgeht. Jetzt ist man aber allgemein zu der Ueberzeugung gekommen, dass derselbe erst eine Folge der bereits vorgeschrittenen Krankheit ist. So kann die Inspection vom Anfang an eine kräftige Constitution, eine sehr gute Entwicklung des Skeletts, der Muskeln und des Panniculus adiposus, also alle äusseren Zeichen vollkommenster Gesundheit zeigen.

„Es steht fest", sagt Laenec, „dass die Individuen mit schwacher,
phthisischer Constitution eine kleinere Anzahl der Kranken darstellten. Dagegen werden von der Lungenschwindsucht häufig Menschen
von der kräftigsten besten Constitution betroffen. Villemin
weist besonders auf den Umstand hin, dass Phthise im Heere nicht selten
und sogar häufiger als bei anderen Bevölkerungsclassen vorkommt, obwohl
alle Männer mit mangelhafter Entwicklung des Skeletts vom Soldaten-
dienst direct ausgeschlossen werden. Eine grössere Mortalität kommt bei
den ausgesuchten Soldaten vor, welche wegen der Schönheit ihres Körper-
baues zu einer besonderen Waffengattung bestimmt werden.

Mit dem Fortschreiten der Krankheit und der weiteren Entwicklung
der Affection, treten aber die eigentlichen Zeichen des phthisischen
Habitus auf. Dieser ist also eine Folge, aber nicht eine Ursache der
Phthise und ist charakterisirt durch zarte Constitution, mangelhaft
entwickelte Musculatur, dünnen Panniculus adiposus und Blässe der
Haut. An den Wangen bemerkt man eine circumscripte Röthe, besonders
an gewissen Stunden des Tages. Der Hals erscheint lang und dünn, die
Hände sind abgemagert, die Finger an den letzten Phalangen verdickt,
die Venen treten in bläulicher Färbung markant hervor.

Die Inspection des Thorax zeigt diejenigen Veränderungen,
welche schon von den Alten, namentlich von Aretäus, sehr gut beschrieben
worden sind. Der Brustkorb ist eng, die Rippen sind prominent, die
Zwischenrippenräume eingesenkt, die Schulterblätter stehen flügelförmig
von der Thoraxwand ab, das Angulus Ludovici ragt hervor, der Sterno-
vertebraldurchmesser ist verkleinert, ebenso auch der transversale; dagegen ist der Längsdurchmesser vergrössert, so dass der Thorax constant
eingesunken und in exspiratorischer Phase verharrend erscheint (paralytischer Thorax). Das Spatium supra- und infraclaviculare sind eingesenkt
und zwar selten beiderseits gleich: an der erkrankten Seite tritt die Ein-
senkung gewöhnlich markanter auf.

Serailler untersuchte 60 Phthisiker jeden Grades. Bei 28 war die
Brust normal, bei 8 war die untere Circumferenz um 2—3 cm grösser
als die obere, bei anderen 14 war der Thorax cylindrisch, d. h. die obere
Circumferenz gleich der unteren. Der Autor fasst die Ergebnisse seiner
Untersuchungen in folgenden Sätzen zusammen:

1. Mehr als die Hälfte der Phthisiker haben einen regelmässig ge-
formten Thorax.

2. Bei der anderen Hälfte ist die cylindrische Form vorherrschend.

3. Bei einer kleinen Zahl von Tuberkulösen ist die Brust oben
enger als unten.

Nach Bompar findet man bei Lungentuberkulose die Muskeln an
der Stelle atrophirt, welche dem afficirten Theile der Lunge entspricht,

also besonders in der Nähe der Thoraxspitze. Diese Atrophie vollzieht
sich manchmal unter heftigen Schmerzen und hat eine starke Dyspnoe
und einen schnelleren Verlauf der Krankheit zur Folge.

Palpation.

Durch die Palpation kann man einige bereits durch die Inspection
festzustellende Thatsachen und ausserdem noch andere eruiren. Die Bewegungen des Thorax, die sich schon bei der blossen Inspection verändert
und abgeschwächt zeigen, sind an der erkrankten Seite schwächer, oberflächlicher, bieten nach den Ergebnissen der Palpation noch grössere
Unterschiede dar. Legt man beide Hände symmetrisch auf die beiden
Regiones infraclaviculares, so bemerkt man, dass die erkrankte oder stärker
afficirte Seite sich weniger bewegt.

Bei der Palpation nimmt man eine Steigerung der Resistenz wahr,
welche aber durch Percussion deutlicher erkennbar ist. Die Resistenz ist
auf der erkrankten Seite vermehrt. „Bei Phthisikern beobachtet man,"
sagt Eichhorst, „nicht selten eine gesteigerte Resistenz an den Thorax-
wänden: dieselbe rührt von einem frühzeitigen Ossificiren der Rippen-
knorpeln her. Diese Verknöcherung ist eine Folge von Entzündungsprocessen,
welche sich innerhalb des Knorpels abspielen. Selbstredend complicirt
dieser Umstand die Krankheit in sehr erheblicher Weise, weil die Be-
wegbarkeit des Thorax beschränkt oder behindert und so auch die
Ventilation der Lungen beeinträchtigt wird."

Ich muss hier aber hinzufügen, dass eine, wenn auch nur beschränkte
Vermehrung der Resistenz auch unabhängig von einer Verknöcherung der
Knorpeln vorkommen kann, und zwar durch eine einfache Lungeninfiltration.

Mit Hilfe der Palpation kann man auch die Schlaffheit und die
Atrophie der Muskeln und den gesteigerten Stimmfremitus an der er-
krankten Seite wahrnehmen: in seltenen Fällen fühlt man auch die in
Begleitung von Reibe- und Rasselgeräuschen einhergehenden Vibrationen.

Prof. Galvagni beschrieb unter der Bezeichnung „Lungenrasseln"
eine sowohl palpatorisch, wie auch auscultatorisch in der Scapulargegend
wahrnehmbare Erscheinung, die man besonders bei sehr abgemagerten
Phthisikern beobachten kann. Man hört nämlich an der bezeichneten Stelle
eine Art Reibegeräusch, welche durch Reibung zwischen Scapula und
Thoraxwand entsteht.

II.

Percussion.

Idiomuskuläre Contractionen.

Wenn man den Thorax von Phthisikern percutirt, so sieht man
manchmal, wie eine Muskel an der percutirten Stelle sich erhebt und

mit einer kurzen tetanischen Zuckung sich zusammenzieht. Von dieser Stelle aus breiten sich manchmal Wellenbewegungen in der Richtung der Längsachse des Muskels aus. Percutirt man den Pectoralis major, so entwickeln sich zwei Wellenbewegungen, welche von der getroffenen Stelle ausgehen und einerseits nach dem Arme, andererseits nach dem Sternum hin gerichtet sind. Die tetanische Contraction kann auch an mehreren Stellen des Muskels zu Stande kommen, wenn man gleichzeitig, z. B. mit den Spitzen der Finger einer Hand, mehrere Stellen percutirt.

Der klinische Wert der hier beschriebenen Erscheinungen wurde von vielen Forschern sehr übertrieben, so dass Lawson Tait und andere die Behauptung aufgestellt haben, dass die bei der Percussion entstehenden idiomuskulären Contractionen als pathognomonisch für Lungenschwindsucht mit Ausbreitung tuberkulöser Massen angesehen werden müssen. Andere Beobachter fanden jedoch dieselben Erscheinungen auch bei verschiedenen anderen Krankheiten, besonders beim Typhus (James). Ziemssen konnte dieselbe Erscheinung auch bei mageren, ganz gesunden Personen constatiren. Die idiomuskuläre Contraction kommt überall zu Stande, wo der Panniculus adiposus gänzlich fehlt und die Muskeln sehr abgemagert sind. Deshalb kann man diese Erscheinung bei allen denjenigen Krankheitszuständen beobachten, wo diese Bedingungen gegeben sind. Vor allem kommt es gerade bei der Phthise zu sehr hochgradiger Abmagerung. Wir haben jedoch idiomuskuläre Contractionen auch bei anderen Krankheiten, welche eine starke Abmagerung erzeugen, gefunden, wie z. B. beim Abdominaltyphus in der 4. und 5. Woche, bei Neubildungen etc.

Die Erscheinung der idiomuskulären Contraction ist nur an denjenigen Muskeln nachweisbar, welche auf einer knöchernen Unterlage liegen und durch die Percussion momentan comprimirt werden. Am besten kann man das Symtom an dem Pectoralis major beobachten. Wir konnten dieselbe aber auch bei einer Reihe anderer Muskeln, welche auf einer harten Basis liegen, beobachten, z. B. bei den M. supraspinatus, infraspinatus, deltoides, triceps, extensor digitorum communis, tibialis anticus etc. (Ziemssen).

Der Ursprung der idiomuskulären Contraction ist in einer Ernährungsstörung der Muskeln zu suchen. Diese Erscheinung wird auch, wie viele Physiologen, namentlich Schiff, angeben, bei schwachen und erschöpften Säugethieren beobachtet, selbst manchmal in denjenigen Muskeln, welche aus dem Thierkörper entfernt worden sind. Bei den Muskeln der Phthisiker, welche diese Erscheinung darbieten, wurden Zeichen von Atrophie und fettiger Entartung der Muskelbündel constatirt. Ausserdem fand man auch Proliferationsprocesse im Perimisium internum und im interstitiellen Bindegewebe, Zellproliferationen in den Scheiden der kleinen Gefässe, Verdickung der Adventitia der grösseren Gefässe.

Es ist möglich, dass die Veränderungen der Muskeln in manchen
Fällen nicht primärer sondern secundärer Natur sind und dann in Folge
von Nervenstörungen entstehen. In der That waren Pitres und Vaillard
in der Lage, feststellen zu können, dass an den peripheren Nerven von
Phthisikern (sowohl an den motorischen, wie auch an den sensibeln und
gemischten Nerven) parenchymatöse Veränderungen vorkommen, welche
ganz unabhängig von Gehirn- oder Rückenmarksläsionen auftreten. Die
anatomischen Veränderungen der Nerven entsprechen denen der Neuritis
degenerativa.

Neuereings hat Desplatz eine Arbeit „Ueber die Atrophie der
Thorax- und Schultermuskeln bei Phthisikern" veröffentlicht. Die De-
formation des Brustkorbes, die Deviation der Wirbelsäule und die Entwicklung der Tuberkulose führt dieser Autor auf eine Parese und Ernährungsstörung der Brustmuskeln der erkrankten Seite zurück. Ich habe die von
Desplatz angegebenen Thatsachen in meiner Klinik auf ihre Richtigkeit
nachgeprüft und folgende Resultate erzielt:

1. Bei Kranken mit Pleuritis oder Pneumonie kommt eine Parese
der Brust- und Schultermuskeln, wie auch eine erhebliche Dystrophie und
Atrophie vor.

2. Ist die Affection einseitig, so wird auch die Parese und die
Dystrophie vorwiegend auf der einen Seite beobachtet.

3. Bei acuten Affectionen sind die Muskelveränderungen unver-
gleichlich grösser als bei chronischen Affectionen. Bei der beginnenden
Schwindsucht zeigen sich Störungen in den Muskeln nur in geringem
Grade, am stärksten treten sie aber in denjenigen Fällen auf, wo es schon
zu Cavernenbildung gekommen ist. Bei leichter Tuberkulose können
Veränderungen in den Muskeln überhaupt fehlen.

4. Eines der ersten Zeichen, welches auf eine Ernährungsstörung
in den Muskeln hinweist, besteht darin, dass die Muskeln sich in Folge
eines mechanischen Reizes deutlich contrahiren, es genügt hiezu schon
ein leichter Schlag. Man beobachtet dann an der getroffenen Stelle einen
durch Contraction der Muskelfasern entstandenen Tetanus (idiomuskuläre
Contraction). Diese gesteigerte Erregbarkeit der Brustmuskeln kommt nur
oder wenigstens vorwiegend nur an der erkrankten Seite vor. Gewöhnlich
tritt die idiomuskuläre Contraction viel markanter an der hinteren Brustwand
auf. Spontane fibrilläre Bewegungen, wie sie bei der wahren progressiven
Muskelatrophie beobachtet wurden, kommen hier nicht vor.

5. Die elektrische Erregbarkeit erleidet in demselben Maasse eine
Veränderung, wie die Motilität und die Ernährung des Muskels gestört
ist. Man beobachtet: 1. Verringerung der faradischen Erregbarkeit.
2. Steigerung der galvanischen Erregbarkeit. 3. Umkehrung der physiologischen Gesetze der elektrischen Erregbarkeit, insoferne als beim Strom-

schluss an der Kathete eine weniger intensive Contraction als an der Anode zu Stande kommt.

Percussion der Lungenspitzen.

Die Prädilection, welche die Tuberkulose für die Lungenspitzen zeigt (ich verstehe unter Lungenspitzen den extrathoracischen Theil der Lungen), erklärt die grossen Anstrengungen zur Genüge, welche gemacht worden sind, um die ersten, durch die Entwicklung der Tuberkulose erzeugten Veränderungen in dieser Region zu erklären. Die obere Grenze der Lunge stellt oberhalb der Clavicula ein Dreieck dar, welches nach unten durch das Schlüsselbein, nach hinten durch den äusseren Rand des Cucullaris, nach innen durch den Sternocleidomastoideus bezeichnet wird. Die Höhe dieses Dreieckes beträgt 3—5 cm. Auch hinten haben die Lungenspitzen eine dreieckige Form, und liegen zwischen Spina scapulae, äusserem Rand des Cucullaris und nach Apophysae spinosae der Wirbelsäule. Die Lungenspitze reicht nach oben bis zum 7. Halswirbel.

Bei gesunden Individuen sind die oberen Lungengrenzen beiderseits gleich. Physiologische Differenzen zwischen beiden Seiten kommen ungemein selten vor, werden aber wie Braune nachgewiesen hat, in einzelnen Fällen gefunden. Bei tuberkulösen Affectionen der Lungen ist aber nach den Beobachtungen von Seitz und Ziemssen eine deutliche Asymmetrie vorhanden, indem die afficirte Lungenspitze niedriger steht als die gesunde. Ziemssen weist noch darauf hin, dass die in Folge von interstitieller Pneumonie entstehende Schrumpfung der Lungenspitzen umsomehr entwickelt ist, je weiter die Vernarbung sich erstreckt und je weniger es zur Schmelzung des Lungengewebes gekommen ist. Deshalb könne eine erhebliche Abplattung der suprathoracischen Lungenpartie als günstiges Zeichen aufgefasst werden, da sie auf einen Heilungsprocess hinweist, besonders in den Fällen, wo keine physikalischen Zeichen von Cavernen vorhanden sind.

Ziemssen, welcher auf den Tiefstand der Spitzen einen grossen Wert zur Diagnose der Tuberkulose legt, unterscheidet eine vordere, eine hintere und eine totale Abplattung der Lungenspitzen. Zahlreiche von mir ausgeführte Untersuchungen über die Veränderungen des Percussionsschalles an den Lungenspitzen haben mir die Ueberzeugung verschafft, dass Unterschiede auch bei ganz gesunden Personen vorkommen können und dass eine geringe Lageveränderung der Trachea erhebliche Abweichungen des Percussionsschalles zu Stande bringen kann. Ich möchte freilich der Percussion der Lungenspitzen nicht jeden Wert absprechen. Ich behaupte aber, dass dieselbe bei Weitem nicht von der Wichtigkeit ist, wie sie nach Ziemssen und Seitz sein soll.

Resonanz der Lungenspitze.

Einen weit grösseren, wenn auch keinen absoluten diagnostischen Wert, hat nach meiner Meinung die Percussion der Lungenspitzen.

Diese wird an der Hinterwand ausgeführt. Ziemssen räth, die Percussion der Lungenspitzen hinter dem Patienten stehend auszuführen, um den Finger genau in die Supraclaviculargrube einzulegen. Zu Untersuchungen der Lungenspitze hat aber die Resonanz der Supraclaviculargruben keinen Wert. Die von Ziemssen angegebene Methode ist nur dann indicirt, wenn es sich darum handelt, längs des Randes des M. cucullaris von oben nach unten zu percutiren. In einer bestimmten, je nach den vorliegenden Verhältnissen verschiedenen Höhe beginnt der helle Lungenschall, welcher sich längs des genannten Muskels 4—6 cm weit erstreckt und gewöhnlich 6 cm vor dem Acromion endet.

Bei der Lungenschwindsucht sind zwei wesentliche Veränderungen wahrzunehmen:

1. Der Percussionsschall der einen Lungenspitze weicht von dem der anderen ab.

2. Die Ausdehnung des hellen Lungenschalles ist auf beiden Seiten nicht gleich.

Die Modification des Schalles äussert sich in einem tympanitischen Beiklang, welcher an der Seite auftritt, wo der Tuberkelprocess sich zu entwickeln beginnt. Schreitet die krankhafte Veränderung fort, so wird der Percussionsschall an der Lungenspitze gedämpft-tympanitisch oder gedämpft. Sind beide Seiten afficirt, so lässt sich doch ein Unterschied im Percussionsschall nachweisen (während, von wenigen Ausnahmen abgesehen, der Percussionsschall physiologisch auf beiden Seiten durchaus gleich ist): an der Seite, wo der Process älter ist, pflegt die Resonanz gedämpfter zu sein. Nur in sehr seltenen Fällen ist der Ton an der afficirten Seite heller. Diese Ausnahme kann nur durch die Annahme eines vicariirenden Emphysems erklärt werden.

Percussion der Lungen.

Die Percussion ergibt in verschiedenen Krankheitsperioden sehr verschiedene Resultate. Zuerst wird der Schall tympanitisch in Folge der Relaxation des Lungengewebes. Je weiter der Process fortschreitet, desto mehr tritt Dämpfung auf. Entwickelt sich der Krankheitsprocess sehr schnell und in grossem Umfange, so ist der Percussionsschall von Anfang an gedämpft. Tritt später eine Schmelzung der tuberkulösen Infiltration ein und entwickeln sich Cavernen, so wird die Resonanz wieder tympanitisch und in einigen Fällen metallisch oder ergiebt den Ton eines gesprungenen Topfes.

Es gibt keine Art von Percussionsschall — mag er tympanitisch, metallisch oder sonst wie klingen — der an sich mit voller Bestimmtheit auf das Vorhandensein von Cavernen hinweist. Derselbe metallische Ton kann auch bei einer einfachen fibrinösen Pneumonie vorkommen, ohne dass auch nur eine Spur von Cavernen vorhanden wäre. Derartige Beispiele haben Skoda, Schrötter und Sterne mitgetheilt.

Im Jahre 1871 berichtete Sterne in der medicinischen Gesellschaft von Wien vier Fälle mit deutlich metallischem Ton in der nächsten Umgebung der Infiltration und erklärt diese Thatsache in Uebereinstimmung mit früheren Beobachtern, durch die Annahme einer erheblichen Erschlaffung des namentlich in der Nähe der Infiltration gelegenen Lungenparenchyms. In einem Falle von Pneumonie, der in meiner Klinik zu Genua beobachtet wurde, konnte metallischer Ton constatirt werden. Es handelte sich um eine Pneumonie an der Basis der rechten Lunge, so dass man den Trachealton, mit Sicherheit ausschliessen konnte. In einem anderen Falle von Pneumonie der Lungenspitze war deutlich der Ton des gesprungenen Topfes wahrzunehmen. Ich habe hier in Neapel bei Pneumonikern manchmal den metallischen Percussionsschall an der Lungenbasis gefunden.

Die deutlichste Veränderung des Percussionsschalles findet man aber an einer umschriebenen Zone, welche ich vor vielen Jahren angegeben habe. Theilt man nämlich die Regio infraclavicularis durch verticale Linien in drei Theile, in einen äusseren, mittleren und inneren, so findet man, dass der Percussionsschall besonders im äusseren Theil der mittleren Zone verändert ist.

Um den von der Relaxation des Lungengewebes herrührenden tympanitischen Schall, von dem tympanitischen Percussionsschall zu unterscheiden, welcher auf Vorhandensein von Cavernen beruht, hat man zu dem sogenannten Schallwechsel seine Zuflucht genommen.

Eichhorst unterscheidet folgende Formen:

1. Der rein percutorische Schallwechsel. Der tympanitische Schall nimmt ab oder verschwindet in demselben Grade, wie die Cavernen sich mit Secret füllen;

2. Der Friedreich'sche Schallwechsel. Bei tiefer Inspiration wird der Percussionsschall höher, bei tiefer Exspiration niedriger;

3. Der Wintrich'sche Schallwechsel. Der Schall wird höher oder tiefer, je nachdem der Mund offen oder geschlossen ist.

4. Der intermittirende Wintrich'sche Schallwechsel. Der sub 3 bezeichnete Schallwechsel kommt nur bei einer bestimmten Körperlage zu Stande und rührt daher, dass die Caverne sich je nach der Position des Körpers mit Flüssigkeit füllt oder nicht.

5. Der Gerhardt'sche Schallwechsel. Dieser kommt auch durch das Vorhandensein von Flüssigkeit in der Caverne zu Stande. Die Höhe des

Schalles wechselt mit der Lage des Patienten, weil die Durchmesser der freien Caverne mit dem Lagewechsel der Flüssigkeit sich ändern.

In Folgendem theile ich noch die Ergebnisse mit, welche Professor Senise aus seinen Untersuchungen über die Höhe des tympanitischen Cavernenschalles gewonnen hat.

1. Grosse Cavernen, mit platten oder unebenen Wänden, ebenso mittelgrosse, oberflächlich gelegene und mit platten Wänden versehene Cavernen, geben bei der Percussion einen mehr oder weniger ausgeprägten tympanitischen Schall. Dieses ändert sich je nach der Lage des Patienten, wenn die Cavernen einen mittelmässigen und beweglichen Inhalt haben.

2. Zur Entstehung des Gerhardt'schen Schallwechsels ist es gleichgiltig, welcher Natur der Caverneninhalt ist, mag dieser fest oder dickflüssig sein, nur muss er beweglich sein.

3. Die Beweglichkeit des Caverneninhalts hängt von der Gesammtbewegung des Körpers ab. Demgemäss bewirkt eine Lageveränderung des Körpers auch eine solche des Caverneninhaltes.

4. Die Höhe des tympanitischen Schalles der Cavernen kann je nach der verschiedenen Position des Körpers wechseln. Die Höhe des Schalles steht im umgekehrten Verhältnis zum Längsdurchmesser der Caverne.

5. Sind die Durchmesser der Caverne nach allen Richtungen hin gleich, d. h. handelt es sich um eine runde Caverne, so bleibt die Höhe des Percussionsschalls bei jeder Lage des Körpers unverändert.

6. Der Gerhardt'sche Schallwechsel ist ein untrügliches Zeichen einer vorhandenen Caverne. Derselbe deutet auch auf die Form und auf die innere Structur der Caverne hin.

Jedenfalls steht es fest, dass eine sichere Diagnose von Cavernen zu den schwierigsten Aufgaben der physikalischen Untersuchungen gehört. Je nach der Grösse, der Form, der Quantität des Inhaltes, der Beschaffenheit der Wände etc. ist der Percussionsschall bald hell (nicht tympanitisch), bald gedämpft, bald tympanitisch oder metallisch oder ergibt das Geräusch des gesprungenen Topfes.

Auch der Wechsel des tympanitischen Schalles ist für das Vorhandensein von Cavernen durchaus nicht absolut charakteristisch; man kann vielmehr dieselbe Erscheinung auch beim Trachealschall von Williams beobachten. Ausserdem haben Wintrich, Traube und Fräntzel darauf aufmerksam gemacht, dass Inspiration und Exspiration einen gewissen Schallwechsel erzeugen können, weil die Spannung der Lunge in diesen verschiedenen Respirationsphasen wechselt.

Was speciell den Gerhardt'schen Schallwechsel anbelangt, so stimmen die meisten Beobachter darin überein, dass man es als ein sehr sicheres Zeichen für eine vorhandene Caverne ansehen darf, wenn der in horizontaler Lage des Patienten helle Percussionsschall sich bei Aufrichtung desselben in einen gedämpften Schall umwandelt. Nichtsdestoweniger muss man auch hier auf gewisse besondere Verhältnisse Rücksicht nehmen. Rosenbach hat bei vielen von ihm untersuchten Personen, sowohl bei starken wie auch bei gracil gebauten, ohne Ausnahme die Beobachtung gemacht, dass der Thoraxschall an verschiedenen Stellen der vorderen Brustkorbfläche höher wird, wenn das untersuchte Individuum von einer liegenden in eine sitzende Position übergeht. Weil und andere leugnen zwar diese Thatsache; ich muss aber gestehen, dass ich dieselbe bei vielen gesunden Personen bestätigt gefunden habe, namentlich dann, wenn man stark percutirt. Der Gerhardt'sche Schallwechsel kann ferner nach Friedreich dadurch zu Stande kommen, dass das untersuchte Individuum den Kopf bald mehr rückwärts bald mehr nach vorn gebeugt hält. Durch diese verschiedene Kopflage wird auch die Dimension der Pharynxhöhle geändert und demgemäss der Percussionsschall. Will man daher den Gerhardt'schen Schallwechsel zur Diagnose einer Caverne verwerten, so muss man bei der Untersuchung auf eine in jeder Position immer gleiche Kopfhaltung streng achten.

Was nun die Möglichkeit anbelangt, aus dem genannten Schallwechsel auf eine bestimmte Form der Caverne zu schliessen, so haben Weil und viele andere die Ueberzeugung ausgesprochen, dass in diesem Sinne der Schallwechsel kein sicheres Kriterium bildet. Die klinischen Untersuchungen, welche später mit den anatomischen Befunden verglichen wurden, haben gezeigt, dass hier ein Irrthum leicht vorkommen kann.

III.

Auscultation.

Athmungsgeräusche.

Das physiologische vesiculäre Athmungsgeräusch ändert sich bei Beginn der Phthise oder dann, wenn der Krankheitsprocess noch nicht weit ausgedehnt ist. Bei ausgebreiteten Infiltrationen und bei Cavernen verschwindet dasselbe gänzlich, und bronchiales oder metallisches Athmungsgeräusch tritt an seine Stelle.

Das unterbrochene Vesiculärathmen (réspiration saccadée der Franzosen, unterbrochenes Athmen), ist eine besonders im Beginne der Erkrankung sehr häufig auftretende Erscheinung. Wo dieselbe vorkommt, wird die Inspiration, selten die Exspiration, nicht in einem einzigen Tempo, wie bei der physiologischen Respiration, sondern in 2, 3 oder auch noch mehr Tempi ausgeführt. Diese Unterbrechung ist für das Ohr des Beobachters noch deutlicher wahrnehmbar, wenn der Patient nicht sehr heftig athmet. In dem Moment wo eine tiefe Inspiration ausgeführt wird, tritt die genannte Erscheinung weniger deutlich auf. Man kann das unterbrochene Visiculärathmen am besten an den Lungenspitzen wahrnehmen.

Was nun die Erklärung dieser Modification des Athmens anbelangt, so führen einige Forscher dieselbe direct auf die Lungenaffection zurück, andere aber erklären dieselbe durch die Annahme, dass die Bronchien verstopft sind, oder dass die Pleura afficirt ist. Professor Forlanini, der den in Rede stehenden Gegenstand besonders eingehend studirt hat, kam zu dem Schluss, dass das unterbrochene Vesiculärathmen von einer Verstopfung der Bronchien herrührt, und dass diese in drei Arten zu Stande kommen kann: durch das Vorhandensein von Schleimflocken, durch Schwellung der Bronchialschleimhaut und dadurch, dass ein Theil der Bronchien sich einem anderen Theil nähert, was durch Druck von Seiten der in dem Pleuraraum angesammelten Flüssigkeit zu Stande kommen kann.

Zum näheren Verständnis der Erscheinung des unterbrochenen Athmens erinnert Forlanini an eine Erscheinung, welche man an einer zum Theil mit einer Flüssigkeit gefüllten Glaspipette leicht wahrnehmen kann. An verschiedenen Stellen der Pipette bilden sich nämlich in Folge der zwischen der Flüssigkeit molekülar vorhandenen Attractionskraft biconcave Menisci. Bläst man in die Pipette Luft ein, so wechseln die Menisci zuerst ihren Platz und zerreissen dann, bilden sich aber später, wenn das Lufteinblasen aufhört, wieder.

Eine ähnliche Erscheinung tritt auch im Lumen der Bronchien in den Fällen auf, wo unterbrochenes Athmen beobachtet wird: Nachdem nämlich der starke Druck der Luft die Verlegung der Bronchien beseitigt hat, wird das Lumen der Luftröhren durch Attraction der Bronchialwand und der Schleimmoleküle wieder verstopft.

Der semiotische Wert des unterbrochenen Athmens ist zwar nicht unerheblich, kann aber an sich den Arzt nicht bestimmen, die Diagnose der Tuberkulose zu stellen. Dasselbe Symptom kann nämlich auch bei einfacher Bronchitis und Pleuritis vorkommen. Ja man kann unterbrochenes Athmen auch bei sehr nervösen und anämischen Personen mit vollständig gesunden Respirationsorganen finden. Auf das Vorhandensein von Tuberkulose weist aber das in Rede stehende Symptom dann hin, wenn man dasselbe besonders an den Spitzen findet, denn ein auf die Spitzen beschränkter Katarrh ist fast immer das Zeichen einer vorhandenen Tuberkulose. Das unterbrochene und unregelmässige Athmen, welches bei sehr anämischen und nervösen Individuen beobachtet wird, ist dagegen auf der ganzen Brust wahrzunehmen.

Die Abschwächung des vesiculären Athmungsgeräusches kann in jeder Periode der Krankheit vorkommen und ist dann von grosser

Bedeutung, wenn dieselbe nur an den Spitzen wahrzunehmen ist. Die Abschwächung rührt daher, dass die Zahl der functionirenden Lungenalveolen vermindert ist, u. zwar entweder durch ein die Tuberkulose fast immer begleitendes Emphysem, durch Infiltration und Compression oder durch Verlegung der zuführenden Broncheolen.

Das rauhe Vesiculärathmen und das puerile Athmen kommen leicht bei Tuberkulose vor und hat in diesem Falle keine besondere charakteristische Bedeutung.

Das Vesiculärathmen mit verlängerter Exspiration kommt in Gemeinschaft mit rauhem Athmungsgeräusch vor und ist ebenfalls auf Verengung der kleinsten Bronchien zurückzuführen. Die hier erwähnten Erscheinungen bilden den allmählichen Uebergang zum wahren Bronchialathmen. Das letztere kommt meistens erst dann vor, wenn der Krankheitsprocess bereits grössere Fortschritte gemacht hat, wenn schon weit ausgedehnte Infiltrationen und Cavernen vorhanden sind. Bronchialathmen findet man auch im Beginn der Krankheit, wenn dieselbe acut verläuft und eine pneumonische Form annimmt. Es ist von Wichtigkeit, sich stets zu vergegenwärtigen, dass Bronchialathmen auch unter normalen Verhältnissen an gewissen Stellen der Thorax zu hören ist, u. zwar auf dem Manubrium sterni und in der Regio infrascapularis. Bei heftigem, starkem und schnellem Athmen lässt sich Bronchialathmen auch bei gesunden Personen nachweisen.

Sind grosse Cavernen vorhanden, so wird das bronchiale Athmungsgeräusch schärfer, verlängert und klingend: es entsteht das sogenannte metallische Geräusch oder ein Athmungsgeräusch mit metallischem Beiklang. Diese Geräusche sind durchaus nicht verschieden vom bronchialen Athmungsgeräusch, wie ich mich in unzähligen Fällen überzeugen konnte, sondern stellen nur eine Modification desselben dar. Alle Unterschiede, welche die Autoren, namentlich die französischen, aufstellen, nämlich: bronchiales, cavernöses, amphorisches und metallisches Athmungsgeräusch sind nach meiner Meinung ganz und gar willkürlich. Durch unmerkliche Uebergänge geht ein Geräusch in das andere über, je nachdem die physikalischen Bedingungen der Caverne und die durch dieselben verursachte Resonanz sich ändern. Auch der von manchen Autoren aufgestellte Unterschied zwischen cavernösem und cavernulösem Geräusch scheint mir unbegründet zu sein. Die Ausdrücke amphorisches, cavernöses etc. Athmungsgeräusch sind unwissenschaftlich und entsprechen durchaus nicht der heutigen Richtung der Semiotik. Wenn gewisse physikalische Bedingungen auftreten, so wird das vesiculäre Athmen in ein bronchiales umgewandelt. Durch weitere Veränderungen der physikalischen Bedingungen wird das bronchiale Athmungsgeräusch zu einem metallischen. Der Arzt muss die physikalischen Bedingungen kennen, welche zu einer vorhandenen Erscheinung gehören und muss dieselben mit einer objectiven Bezeichnung, nicht aber mit so einem vagen Ausdruck, wie amphorisch, cavernös u. dergl. benennen können, denn diese stellen nur ein subjectives Urtheil dar, sagen nichts über die pathalogisch-anatomischen Bedingungen des afficierten Organes aus. Eine derartige Beurtheilung wäre unsicher und manchmal sogar falsch. Bereits vor 30 Jahren haben Chomel und dann Rilliet, Behier u. A. das cavernöse und das amphorische Athmen auch bei gewöhnlicher Pleuritis gefunden.

Dieselben Geräusche kann man auch beim Pneumothorax und manchmal auch bei Pneumonie, ja sogar bei solchen Affectionen, die durchaus nicht das Lungenparenchym betreffen, hören, ohne dass auch nur eine Spur von einer Caverne vorhanden wäre.

Das wechselnde oder metamorphosirende Athmungsgeräusch, so genannt, weil es sich völlig ändert und nach dem ersten Tempo der Inspiration schwindet, bildet auch eine, gewöhnlich bei Cavernen vorkommende Erscheinung. Aber auch diese Erscheinung weist nicht auf eine bestimmt pathologisch-anatomische Veränderung hin. Meistens rührt dieselbe von dem Vorhandensein von Schleim in einem Bronchus her, welcher in eine Caverne mündet. Anfänglich klingt die Athmung rauh, weil der Schleim, das Lumen des Bronchus verengt. Durch stärkere Kraftanstrengung staut sich der Schleim, und der über dieselbe hinströmende Respirationsluftstrom erzeugt das bronchiale Athmungsgeräusch. Eine ähnliche Erscheinung kommt, freilich seltener, bei Pleuritis, Pneumonie und tuberkulöser Infiltration vor, wenn auch keine Spur von Caverne vorhanden ist.

Im Allgemeinen findet man cavernöse und metallische Geräusche in den Fällen, wo oberflächlich gelegene, grosse, regelmässige, von verdichtetem Gewebe umgebene Cavernen vorhanden sind.

Abnorme Geräusche.

Bei der Phthise kommen trockene und feuchte Rasselgeräusche vor, die letzteren besonders bei asthmatischen Anfällen und bei dem Emphysem, welches als Complication der Tuberkulose auftritt. Da sie häufig an den hinteren Wänden des Thorax wahrzunehmen sind, so ist es leicht begreiflich, dass sie nur in indirecter Beziehung zur Tuberkulose stehen.

Feuchte Rasselgeräusche sind eine sehr häufige Erscheinung bei Phthise und begleiten die Krankheit vom Anfang bis zum Ende.

Die granulöse Respiration (Woillez) nimmt in der Symptomatologie der Phthise eine sehr wichtige Rolle ein. Manchmal ist dieselbe die einzige Erscheinung, welche auf das Vorhandensein der Krankheit hinweist; die granulöse Respiration stellt ein abnormes aus einander

folgenden kleinen, unregelmässigen Stössen bestehendes Athmungsgeräusch dar und gleicht etwa derjenigen tactilen Empfindung, die man
dadurch erzielt, dass man die Glieder eines Rosenkranzes mit den Fingern
aneinander reibt. Durch die Trockenheit ist das Geräusch dem Reibegeräusch ähnlich, unterscheidet sich aber von diesem dadurch, dass es
regelmässig, tief und sanfter ist. Die granulöse Respiration kommt nicht
bloss bei Tuberkulose, sondern auch bei Emphysem, Lungencongestion,
Pleuritis etc. vor.

Hört man aber das beschriebene Athmungsgeräusch in der Regio
infraclavicularis an einer circumscripten Stelle e i n e r Seite, während auf
der andern gewöhnlich Vesiculärathmen wahrzunehmen ist: so muss das
als ein sehr wichtiges Zeichen von Lungentuberkulose aufgefasst werden.

Das crepitirende Geräusch (Knisterrasseln) ist ein trockenes
Rasseln, ein regelmässiges kleinblasiges Geräusch, welches dem durch
Reibung von Haaren zwischen den Fingern entstehenden Geräusche gleicht.
Man hört dasselbe nur bei der Inspiration. Das crepitirende Athmungsgeräusch kann in jeder Phase der Tuberkulose vorkommen und weist
besonders auf eine pneumonische Infiltration hin. Freilich wird dasselbe
zuweilen auch bei anderen Krankheitsprocessen beobachtet. Ich habe vor
einigen Jahren darauf hingewiesen, dass man crepitirende Rasselgeräusche
auch bei ganz gesunden Personen finden kann. Bei ganz tiefer Athmung kann
es nämlich vorkommen, dass durch die starke Dehnung der Lungenalveolen
ein crepitirendes Geräusch zu Stande kommt. Dieses von mir, namentlich
an den Lungenspitzen beobachtete Rasselgeräusch, unterscheidet sich aber
von dem krankhaften crepitirenden Geräusch durch folgende Merkmale :

1. Es kommt nur bei sehr tiefer und starker Inspiration vor.

2. Nach der ersten Inspiration wird es bald schwächer und verschwindet dann gänzlich.

3. Es tritt nicht in Begleitung anderer functioneller, subjectiver
und physikalischer Erscheinungen auf, welche auf eine Affection des
Athmungstractus hinweisen.

Das physiologische Knisterrasseln rührt von kleinen Atelectasen her,
welche auch normaler Weise in den Lungen vorkommen, wenn die Respiration immer eine oberflächliche und ruhige bleibt. Diese Erscheinung
gleicht derjenigen, die man beim Aufblasen einer aus dem Cadaver heraus-
genommenen Lunge wahrnimmt.

Die blasigen oder katarrhalischen Geräusche kommen in jeder
Periode der Lungenschwindsucht vor. Im vorgerückteren Stadium dieser
Krankheit werden sie klingend und nehmen manchmal einen metallischen
Beiklang an. Es ist hier nicht der Ort, die semiotische Bedeutung dieser
Geräusche zu erörtern. Ich möchte aber nur darauf hinweisen, dass die

klingende Eigenschaft des Rasselns, welche man bei der Auscultation wahrnimmt, dem tympanitischen Klang der Percussion entspricht, dass der durch Plessimeter und Stethoskop wahrnehmbare metallische Beiklang auf denselben Bedingungen beruht, nämlich auf dem Vorhandensein einer grossen, mit regelmässigen Wänden versehenen und mit Flüssigkeiten nicht gefüllten Caverne.

Die Geräusche können inspiratorisch, exspiratorisch und continuirlich sein. Baas erwähnt das postexspiratorische Geräusch als Symptom einer Caverne. Nach Beendigung der Exspiration folgt nämlich eine Pause, dann beginnt das postexspiratorische Geräusch und nach dieser folgt wieder eine Inspiration.

Die abnormen Geräusche hört man gewöhnlich synchronisch mit den Respirationsbewegungen. Zur Erzeugung derselben ist es immer empfehlenswert, den Patienten tief athmen zu lassen. Manchmal kann man die Geräusche auch bei der Herzrespiration, nämlich bei denjenigen Bewegungen wahrnehmen, welche die Herzaction in den Lungen erzeugt. So entstehen die Herz-Lungengeräusche von Landois, die Patonruti richtiger systolische Geräusche genannt hat.

Auch die Reibegeräusche kommen ganz gewöhnlich bei Lungentuberkulose vor. Das einzige physikalische Zeichen eines auf die Lungenspitze sich beschränkenden tuberkulösen Processes kann in einem daselbst wahrnehmbaren Reibegeräusch bestehen.

Die Auscultation durch den Mund kann nach Galvagni ein sehr wertvolles Untersuchungsresultat ergeben, aus welchem man auf das Vorhandensein einer auch tief gelegenen und kleinen Caverne schliessen kann, selbst einer solchen, die, weil sie von gesundem Gewebe umgeben ist, sich den gewöhnlichen physikalischen Untersuchungsmethoden entzieht. Die Unsicherheit dieser Erscheinung, die Möglichkeit, die Diagnose mit Sicherheit mittels mikro-chemischer Untersuchung des Sputum zu stellen, lassen die Auscultation des Mundgeräusches als überflüssig erscheinen. Dieselbe ist sogar für den Beobachter nicht ungefährlich.

Die Auscultation der Stimme kann ein abgeschwächtes oder ein verstärktes Geräusch ergeben und man nimmt in vielen Fällen das Phänomen der Bronchophonie und Pectoriloquie dar. Letzteres kann articulirt oder aphonisch sein (Bacelli'sches Phänomen). Manchmal kann man auch die sogenannte Rhinophonie (nasale Stimme) oder Aegophonie wahrnehmen. Ich weise hier nur auf das mögliche Vorkommen dieser Erscheinungen hin, ohne den klinischen Wert derselben zu bestimmen. Die ausführliche Behandlung dieses Gegenstandes gehört in ein Lehrbuch der physikalischen Untersuchungsmethoden.

Die Messung des Brustkorbes (Thoracometrie), der vitalen Respirationscapacität (Spirometrie), des exspiratorischen Druckes (Pneumatometrie), die graphische Darstellung der Athmung (Pneumographie) etc. sind physikalische Untersuchungsmittel, deren Wert weit unter dem der Inspection, Palpation, Percussion und Auscultation steht.

Die Thoracometrie zeigt bei Lungenschwindsucht gewöhnlich eine Abnahme des Brustumfanges an der erkrankten Seite. Unter gewissen Bedingungen aber, besonders wenn zu dem tuberkulösen Process noch ein pleuritischer mit reichlichem Exsudat oder eine Pneumothorax hinzutritt, kann die afficirte Seite sogar einen grösseren Umfang haben.

Die Spirometrie zeigt eine Verringerung der vitalen Lungencapacität selbst in den Anfangsstadien der Krankheit. Sie hat namentlich einen hohen prognostischen Wert, denn wenn die Athmungscapacität sehr erheblich verringert ist, so wird die Prognose infaust. Uebrigens ist der Umstand sehr wohl zu beachten, dass die Capacität bei häufiger Prüfung derselben durch Uebung immer grösser wird. Bleibt aber die Lungencapacität trotz fortgesetzter Uebung stationär, oder nimmt sie gar noch ab, so kann man sicher sein, dass die Krankheit sich in erheblicher Weise verschlimmert.

Mit Hilfe der Spirometrie kann man sich auch ein einigermaassen zuverlässiges Urtheil über eine etwa in Zukunft entstehende Lungenkrankheit bilden. Deshalb ist es wichtig, diese Untersuchungsmethode in den Schulen und in den Turnsälen fleissig auszuüben. Hat z. B. ein Kind eine Lungencapacität, die erheblich geringer ist, als man es nach Statur, Alter etc. erwarten sollte, so ist es erheblich zur Tuberkulose disponirt. Man kann dann durch eine entsprechende Behandlung die Entwicklung der Krankheit unter Umständen verhindern. Die entsprechenden, von Hutchinson, James u. A. angeführten Beispiele sind sehr überzeugend.

Die Spirometrie ist auch ein wertvolles Heilmittel, um auf einfache Weise Lungengymnastik zu üben. Der Kranke führt die spirometrischen Uebungen und die anderen vom Arzte ihm verordneten Curen mit grosser Zuversicht aus, weil er in dem frohen Glauben lebt, dass eine Besserung der Respirationscapacität ein evidentes Zeichen seiner baldigen Heilung ist.

Die Pneumatometrie wurde besonders von Waldenburg, Hirtz und Brouardel studirt. Nach den Veröffentlichungen von Waldenburgs Untersuchungen habe ich dieselben wiederholt und die Thatsache bestätigt gefunden, dass der Inspirationsdruck bei der Lungenschwindsucht vermindert ist, u. zwar früher und in erheblicherem Grade als der Exspirationsdruck. In meiner im Jahre 1878 erschienenen Arbeit über Dyspnoe bin ich zu folgenden Schlusssätzen gekommen:

1. Man kann in Bezug auf den Respirationsdruck einige allgemeine Gesetze aufstellen, welche in verschiedenen Fällen von Krankheiten der Luftwege Anwendung finden, wie z. B. dass der respiratorische Druck beim Emphysem und dass der inspiratorische Druck bei der Phthise vermindert ist. Eine absolute für alle Fälle geltende Regel kann man jedoch nicht festsetzen, denn es giebt Fälle von Lungentuberkulose, wo der inspiratorische Druck seinen höchsten Grad erreicht und sogar den exspiratorischen übertrifft: daher kann man nicht behaupten, dass ein abnormer Respirationsdruck von einer gewissen Krankheit herrührt. Derselbe ist vielmehr das Product von Krankheitsbedingungen, welche bei verschiedenen Krankheiten vorkommen.

2. Die Verminderung des in- und exspiratorischen Druckes erreicht ihren höchsten Grad bei Lungenschwindsucht, den zweithöchsten bei Emphysem und Pneumonie.

3. Die Verminderung des Exspirationsdruckes kommt namentlich beim Emphysem vor.

Die Pneumographie ist bis jetzt nur in sehr beschränktem Maasse beim Studium der Tuberkulose angewendet worden. Brouardel und Hirtz stellen auf Grund ihrer pneumographischen Untersuchungen folgende Unterschiede zwischen Tuberkulose und Emphysem der Lunge auf:

Tuberkulose.	Emphysem.
Vermehrte Respirationsfrequenz,	Verminderte Respirationsfrequenz.
Verminderung des Umfanges der Respirationen,	Vermehrung des Umfanges der Respirationen,
Ungleicher Rythmus, oberflächliche Athmungsbewegungen (manchmal vertieft), kurze Inspiration, verlängerte Exspiration.	Gleicher Rythmus, die Inspirationslinie fällt schnell ab, die Exspirationslinie steigt in parabolischer Form an, weil die Exspiration behindert ist.

Die Messung des Körpergewichtes durch Wägen hat für die Diagnose der Tuberkulose einen geringeren Wert als die Spirometrie, besonders in den südlichen Provinzen, wo viel stärkemehlhaltige Speisen genossen werden und wo Polysarcie deshalb wie auch in Folge mangelnder Bewegung sehr häufig vorkommt. Das methodisch fortgeführte Wägen in gewissen Zeitintervallen ist aber insofern von Wert, als man durch dasselbe ein Urtheil über den etwaigen Erfolg einer eingeleiteten Behandlung gewinnt. Eine Zunahme des Körpergewichtes ist nämlich fast immer ein wichtiges Zeichen der Besserung, und so auch umgekehrt.

Complicationen.

Da die Lungenschwindsucht gewöhnlich einen ausgesprochen chronischen Verlauf nimmt, der sich häufig auf mehrere Jahre erstreckt; da diese Affection den Ernährungsprocess erheblich stört und verschiedene, auch entferntere Organe in Mitleidenschaft ziehen kann, so ist es leicht begreiflich, dass hier viele und schwere Complicationen auftreten können. Wollte ich hier alle beschreiben, so müsste ich einen grossen Theil der gesammten medicinischen Pathologie mit in Betracht ziehen. Ich beschränke mich daher nur auf die Darstellung der am häufigsten vorkommenden Complicationen.

I.
Verdauungsapparat.

Mund, Rachen, Magen.

Die Appetitlosigkeit ist ein bei der Phthise sehr häufig vorkommendes Symptom, besonders wenn der Kranke von heftigem Fieber betroffen ist. Nichtsdestoweniger gibt es aber doch Phthisiker, die einen guten Appetit behalten und fortdauernd eine manchmal sehr erhebliche Menge von Nahrungsmitteln aufnehmen können, obwohl ihre Krankheit fortschreitet und das Fieber lange Zeit hindurch ein sehr hohes bleibt.

Die Dyspepsie kommt bei Phthise sehr häufig vor: der Patient empfindet einen Druck oder Schmerz in der Magengegend klagt über Aufstossen, Uebelkeit, Erbrechen, und der Verdauungsprocess geht langsam vor sich.

Der tuberkulöse Process kann sich auch im Mund und im Pharynx entwickeln, u. zw. in Form von Knötchen, Ulcerationen und Entzündungsprocessen. Dann wird das Kauen und Schlingen sehr schmerzhaft. Manchmal findet man die tuberkulöse Affection an einer umschriebenen Stelle der Zungenbasis, der Zungenspitze der Tonsille etc. Erst vor Kurzem hat Lublinsky zwei Fälle von Tonsillentuberkulose mitgetheilt, welche in Begleitung von Lungentuberkulose aufgetreten war. In den Krankheitsherden wurden Koch'sche Bacillen gefunden. Nach Butlin kommen tuberkulöse Zungengeschwüre häufiger bei Männern als bei Frauen, häufiger bei Erwachsenen als bei Kindern vor, fast immer aber erst in der letzten Periode der Krankheit. Gewöhnlich findet man derartige Geschwüre in der Nähe der Zungenspitze. Die Affection beginnt damit, dass sich zuerst ein kleines Knötchen entwickelt, welches aufbricht und geschwürig zerfällt. Das Geschwür nimmt an Umfang und

Tiefe zu und hat dann folgende Merkmale: die Oberfläche ist rauh oder granulös sieht wie rohes Fleisch aus oder ist mit einem grauen Sekret bedeckt. Die Ränder sind unregelmässig und weder verdickt noch verhärtet. Das tuberkulose Zungengeschwür ist in seinem grössten Durchmesser 1_{2}—1 Zoll gross oder noch grösser. Bei der mikroskopischen Untersuchung findet man sowohl auf dem Geschwürsboden wie auch an den Rändern die gewöhnlichen Formen des Tuberkels, nämlich eine Infiltration des Gewebes mit kleinen Tuberkelzellen und hie und da Tuberkelknoten mit Riesenzellen. Das Vorhandensein von Tuberkelbacillen kann man leicht constatiren, wenn man die von der Oberfläche des Geschwüres abgekratzte Schicht untersucht. — Da die Zungenspitze sehr reichlich mit Nerven versehen ist, so verursacht ein an dieser Stelle auftretendes Geschwür heftige Schmerzen und mit diesen tritt auch eine starke Salivation auf. Die Submaxillardrüsen pflegen auch vergrössert zu sein. — Die Ursache solcher Geschwüre scheint in einer localen Impfung zu bestehen, die dadurch zu Stande kommt, dass cariöse Zähne während heftiger Hustenanfälle die Zunge leicht verletzen.

Manchmal hat auch die Mundschleimhaut, besonders die der Uvula und des weichen Gaumens eine eigenthümliche blasse anämische Färbung und auf dem blassen Boden heben sich die Blutgefässe als rothe Streifen ab.

Hievon macht der Zahnfleischrand, besonders an den Schneidezähnen und an dem Unterkiefer eine bemerkenswerte Ausnahme. Hier tritt der rothe Streifen von Frédéricq-Thompson auf, welcher, wie oben Seite 143 ausgeführt wurde, einen gewissen diagnostischen Wert hat.

Bei der Phthise wie auch bei anderen dyskrasischen und chronischen Krankheiten (z. B. Carcinom) entwickelt sich Soor, u. zw. besonders in den letzten Perioden der zum Tode führenden Krankheit. Diese Affection verursacht den Kranken grosse Beschwerden; sie klagen über heftiges Brennen und Trockengefühl im Munde, leiden an Speichelfluss und können nur mit grossen Schwierigkeiten schlucken. Der Inhalt des Mundes reagirt in solchen Fällen stark sauer. Eine Ausspülung des Mundes mit alkalischer Flüssigkeit genügt jedoch, um das Oidium und die durch dasselbe erzeugten Beschwerden gänzlich zum Schwinden zu bringen.

Gastrische Störungen kommen zahlreich und häufig bei Lungentuberkulose vor. Marfan unterscheidet in einer diesem Gegenstande speciell gewidmeten Monographie die initialen gastrischen Störungen von denen der Spätperiode. Erstere stellen nach dem genannten Autor eine Varietät der Dyspepsie dar, welche von der Schwäche des Magens und von der mangelhaften Secretion von Salzsäure-Pepsin herrührt. Die initialen gastrischen Symptome (Anorexie, langsame und schmerzhafte

Verdauung. Erweiterung des Magens) lassen sich durch das Vorhandensein einer allgemeinen Anämie erklären, welche von Anfang an in Begleitung der Phthise auftritt. Deshalb sind diese Zustände mit Stimulantiis und Amaris zu beseitigen. Die gastrischen Beschwerden der Spätperiode können dagegen nicht als blosse Dyspepsie aufgefasst werden. Sie rühren vielmehr von gewissen pathologisch-anatomischen Veränderungen her, welche eine wahre Gastritis erzeugen. Letztere besteht aus einer ober- flächlichen Infiltration der Magenschleimhaut mit embryonalem Binde- gewebe. Unterhalb derselben findet man eine Ansammlung von weissen Blutkörperchen. Das Epithel der freien Oberfläche und der Pepsindrüsen zeigt eine Veränderung, die sich später im Auftreten eines mammelo- notischen Zustandes der Schleimhaut manifestirt. Auch treten polypoide Vegetationen und punktförmige hämorrhagische Erosionen auf. Die hier beschriebene Gastritis entsteht hauptsächlich durch directe Reizung der Magenschleimhaut von Seiten der verschluckten Sputa.

Bei Phthisikern können tuberkulöse Ulcerationen und das Ulcus rotundum des Magens vorkommen. Erstere findet man meistens in der Nähe des Pylorus. Sie haben verhärtete Ränder und erzeugen eine käsige Schwellung der benachbarten Drüsen. Das Ulcus rotundum tritt so häufig in Begleitung von Phthise auf, dass man auf 100 an Ulcus rotundum Leidenden 22 Phthisiker rechnen kann. Es ist wahrscheinlich, dass die durch die Tuberkulose erzeugten Circulationsstörungen der Magenwände die Entwicklung eines Ulcus rotundum begünstigen können.

Darm.

Bei Phthise, namentlich bei der chronischen Form dieser Krankheit, kommt Verstopfung sehr häufig vor. Dieses Symptom verharrt manchmal hartnäckig bis zur letzten Periode der Krankheit und der Abmagerung.

In anderen Fällen zeigen die Darmentleerungen grosse Verschieden- heiten. Der Kranke hat nicht regelmässig jeden Tag Stuhlgang, sondern es wechseln Perioden der Verstopfung mit anderen ab, in welchen häufige und flüssige Stuhlgänge erfolgen.

Die geringste Veranlassung (leichte Erkältung, Genuss reizender Nahrungsmittel, gewisser Obstarten oder solcher Speisen, welche an sich zwar ganz gesund, für den Patienten aber ungewohnt sind) genügt schon um eine Diarrhöe zu erzeugen.

Die wichtigste und am häufigsten vorkommende Darmerscheinung bei Phthise ist aber die Diarrhöe. Sée unterscheidet vier Arten von Diarrhöe: 1. Prämonitorische Diarrhöe, 2. durch einfache Follicular- oder peptische Geschwüre erzeugte Diarrhöe. 3. Colliquative Diarrhöe in Folge von amyloider Degeneration der Gefässe, 4. Ulcero-tuberkulöse Diarrhöe

Ich zweifle keinesfalls daran, dass diese Unterscheidung, vom pathologisch-
anatomischen Standpunkte aus betrachtet, ganz am Platze ist, und dass
bei Phthisikern sowohl nicht tuberkulöse, wie auch tuberkulöse Darmgeschwüre vorkommen können. Klinisch lassen sich aber solche Unterschiede nicht aufstellen. Ich führe daher hier eine andere Classification
an, welche mehr den Krankheitsbildern als den pathologisch-anatomischen
Veränderungen entspricht. Mit Traube theile ich nämlich alle bei
Tuberkulose vorkommenden Diarrhöeen ein: in katarrhalische, ulceröse
und auf amyloider Degeneration beruhende Durchfälle. Die katarrhalische
Diarrhöe beginnt nicht selten, sich schon am Anfang der Krankheit zu
entwickeln; man nennt sie daher prämonitorische Diarrhöe. Diese gleicht
in ihrem Wesen denjenigen Durchfällen, die auch im Beginn anderer
Infectionsfieber beobachtet werden (Typhus, Morbillen, Malaria) und wird
wahrscheinlich durch locale Einwirkung des Virus erzeugt. Am häufigsten
sind die ulcerösen Diarrhöen, welche den Zustand des Kranken erheblich
verschlimmern pflegen. Die Forschungen der letzten Jahre haben namentlich
gezeigt, dass eine locale Tuberkulose besonders des Darmes sehr häufig
vorkommt, eine Thatsache, die zum Theil auch schon von einigen älteren
Beobachtern festgestellt worden war. In vielen Fällen wird die Diarrhöe
durch amyloide Degeneration der Gewebe erzeugt, wie sie gewöhnlich
gegen Ende der Krankheit in Folge einer starken Ernährungsstörung vorkommt. Meistens findet man eine amyloide Degeneration, besonders an
der Milz, der Leber, den Nieren und den Muskeln. Die Häufigkeit des
amyloiden Degeneration der einzelnen Organe entspricht der hier aufgestellten Reihenfolge. Hoffmann gibt nach den in Virchows patho-
logisch-anatomischem Institut gewonnenen Resultaten folgende Häufigkeits-
scala an:

Milz	74 Mal	$= 92 \cdot 5^0/_0$
Nieren	67 „	$= 84 \cdot 5^0 {}_0$
Darm	62 „	$= 65 \cdot 0^0/_0$
Leber	50 „	$= 62 \cdot 5^0/_0$

Nach Louis weist namentlich die Dauer und die Häufigkeit der
Entleerungen auf den Ursprung der Diarrhöe hin. Wenn ein an Lungenschwindsucht leidendes Individuum mehr als sechs Wochen lang mit
continuirlicher und häufige Evacuationen erzeugender Diarrhöe behaftet
ist, so darf man mit Sicherheit annehmen, dass grosse und zahlreiche
Darmgeschwüre vorliegen. Ganz besonders gilt das von denjenigen Fällen,
wo die Stühle einen eigenthümlichen Geruch haben, wie er Fleisch-
stücken eigen ist, welche längere Zeit hindurch ausgelaugt worden
sind. In weiterer Ausführung dieser Idee stellt Traube folgenden
Grundsatz auf: Man kann das Vorhandensein von Darmgeschwüren dann
diagnosticiren, wenn langdauernde, hartnäckige und heftige Durchfälle

im Verlaufe einer tuberkulösen Lungenkrankheit auftreten, vorausgesetzt, dass die Diarrhöe nicht von Diätfehlern oder von amyloider Degeneration der Nieren herrührt und unter kolikartigen Schmerzen mit bluthaltigen Stühlen auftritt. Wenn unter solchen Umständen die Diarrhöe trotz einer passenden Diät andauernd bestehen bleibt, so kann man sicher sein, dass dieselbe nicht von einem Darmkatarrh herrührt. Bei der von amyloider Darmdegeneration herrührenden Diarhöe wird kein Blut entleert und kommen kolikartige Schmerzen nie vor; die Nieren sind dann auch in entsprechender Weise afficirt.

Leber.

Die Leber von Phthisikern zeigt zwei Hauptaffectionen, nämlich fettige Degeneration und amyloide Degeneration. Die erstere kommt erheblich häufiger als die letztere vor. Unter 52 an Tuberkulose gestorbenen Individuen beobachtete Murchison 20 Mal fettige und nur 6 Mal amyloide Degeneration. Bei drei der letzteren bestand gleichzeitig auch Knochencaries.

In der Leber von Tuberkulösen kommen aber auch specifische Veränderungen vor, welche sogar primär auftreten können. Bei Phthisikern findet man manchmal tuberkulöse Granulationen und käsige Entzündungsvorgänge an der Leber. Enthält die Leber Tuberkel, so besteht meistens Cirrhose (Rilliet). Bei Thierexperimenten habe ich nicht selten die Leberoberfläche mit Tuberkeln besäet gefunden, u. zwar noch häufiger als die Milz. Brissaud und Toupet kommen in einer vor Kurzem erschienenen Arbeit über Lebertuberkulose zu folgenden Resultaten:

1. Die Lebertuberkulose zeichnet sich dadurch aus, dass hier der Folliculartypus der Granulation sehr rein auftritt, ferner auch durch die regelmässige Form und Vertheilung der Tuberkel durch das Vorkommen von zahlreichen Riesenzellen und durch die Seltenheit der käsigen Degeneration. Die Lebertuberkulose kann unter allen Formen, welche die Tuberkulose charakterisiren, auftreten: mikroskopische Granulationen, miliare Granulation, Tuberkel in allen ihren Varietäten.

2. Unter allen pathologisch-anatomischen Formen der Lebertuberkulose des Menschen ist die miliare die häufigste.

3. Der Tuberkel kann in allen Theilen der Leberparenchyms zur Entwicklung kommen. Gewöhnlich ist aber die Glisson'sche Kapsel der Ausgangspunkt desselben.

4. Es gibt eine diffuse Form von Lebertuberkulose, bei welcher der proliferirende Reiz keine Gewebsveränderungen unter der Form von Granulationen erzeugt, sondern vielmehr eine specifische Entzündung, welche sich auf den porto-biliaren Theil beschränkt und auf den ersten

Blick wie eine chronische Entzündung der Leber aussieht. Diese Form von Lebertuberkulose könnte man auch tuberkulöse Cirrhose nennen.

5. Es ist nicht unwahrscheinlich, dass manche primäre Läsionen der Leber (alle Formen von Cirrhose, fettige Degeneration etc.) einen Einfluss auf die Localisation der Tuberkel ausüben.

Nach Hanot findet man bei Phthisikern zuweilen atrophische Lebercirrhose, ohne dass die gewöhnliche Ursache dieser Affection vorhanden wäre. Hanot hält eine gelappte Leber als eine bei Menschen höchst selten vorkommende angeborne Anomalie.

Die Fettleber kommt bei Tuberkulose sehr häufig vor, u. zw. auf 100 Tuberkulöse berechnet nach Louis 33, nach Frerichs 67, nach Murchison 39 und nach James 58 Mal.

Louis beschreibt die tuberkulöse Fettleber folgendermaassen: „Die Leber ist blass, sieht mehr oder weniger fahl aus und zeigt sowohl an der Oberfläche wie auch im Innern zahreiche punktförmige Stellen. Die Form bleibt zwar unverändert, das Volumen ist aber immer vergrössert, manchmal um das Doppelte des normalen Zustandes. Ist der pathologische Zustand schon weit vorgeschritten, so werden die Hände bei Berührung der Leber fettig, gerade so, als ob man es mit gewöhnlichem Fett zu thun hätte. Die Veränderung erstreckt sich stets auf das ganze Organ.

Louis, Frerichs und Murchison stimmen darin überein, dass die Fettleber häufiger bei phthisischen Frauen als bei phthisischen Männern vorkommt. Nach Louis verhält sich die entsprechende Frequenz wie 4 : 1.

Ueber die Ursache der Fettleber bei Phthisikern sind die Meinungen getheilt.

Nach Frerichs kommt die Fettleber durch die starke Abmagerung des Individuums zu Stande. Das hiebei resorbirte Fett circulirt mit der Blutmasse und lagert sich in der Leber ab. Andere führen die Bildung der Fettleber bei Phthisikern auf die mangelhafte Blutbildung und respiratorische Verbrennung derselben zurück, andere auf den reichlichen Genuss von Leberthran, endlich sprechen einige Autore von einer fettigen Entartung des Organs.

Die neueren Untersuchungen von Hanot und Lanth führen zu folgenden Ergebnissen:

1. Die Tuberkulose ist die Hauptursache der Fettbildung. Die Fettleber kommt bei keiner anderen Krankheit so häufig vor wie bei der Tuberkulose.

2. Die Bildung von Fett in der Leber Tuberkulöser scheint im Allgemeinen nach einer bestimmten Topographie vor sich zu gehen, und zwar in der Umgebung der Tuberkel, wo diese auch immer sitzen mögen, und in der Umgebung der Portalgefässe. Es scheint demnach, als ob die

Tuberkel und der Inhalt der Portalvene einen directen Einfluss auf die Fettbildung ausübte.

Nach meiner Meinung rührt die Bildung der Fettleber von den langandauernden Diarrhöen der Phthisiker her, u. zw. aus folgenden Gründen:

1. Bei Leichen von Phthisikern habe ich die Fettleber besonders in den Fällen gefunden, wo der betreffende Patient lange Zeit hindurch an heftiger Diarhöe gelitten hatte. Die Gelbfärbung und die Fettinfiltration stand im geraden Verhältnis zur Intensität der vorausgegangenen Diarrhöe. In den Fällen wo intra vitam kein Diarrhöe oder nur eine sehr geringe bestanden hatte, wurde bei der mikroskopischen Untersuchung nie ein Veränderung der Leber gefunden.

2. Die Fettleber habe ich auch bei gewöhnlicher katarrhalischer oder dysenterischer Diarrhöe beobachtet. Man kann also behaupten, dass eine langdauernde Diarrhöe allein, mag sie von dieser oder jener Ursache herrühren, im Stande ist, eine Fettleber zu erzeugen. Uebrigens wurde das gleichzeitige Vorkommen von Diarrhöe und Fettleber bereits von Rilliet, Barthez, Schönlein, Frerichs, Niemeyer, Cantani und Lebert constatirt. Freilich lassen diese Autoren die Diarrhöe von der Fettleber abhängen, während meiner Meinung die gegenseitige Beziehung eine umgekehrte ist. Die Diarrhöe kann meiner Ansicht nach schon deshalb nicht von der Fettleber herrühren, weil das zarte und weiche Fett gar nicht im Stande ist, die Lebergefässe zu comprimiren und so eine Blutstauung im Darme zu erzeugen. Man kann nämlich die Gefässe einer Fettleber sehr leicht injiciren. Uebrigens kommt bei denjenigen Zuständen, welche in der That eine Compression der Lebergefässe erzeugen, durchaus nicht immer Diarrhöe vor.

3. Die pathologische Anatomie lehrt, dass fettige Degeneration in denjenigen Organen vorkommt, welche einen geringen Blutzufluss haben. Nun ist es aber keinem Zweifel unterworfen, dass eine protrahirte Diarrhöe den Blutdruck immer mehr, und somit auch die Quantität des Blutes in der Vena portarum und den Blutzufluss zu heben, vermindern muss. Ausserdem wird auch die Quantität des zur Ernährung so nothwendigen arteriellen Blutes wegen der zahlreichen Anastomosen zwischen Vena portarum und Leberarterien erheblich vermindert.

Die Diagnose der Fettleber bei Phthisikern ist nicht leicht. Nach meinen Untersuchungen stützt sich die Diagnose auf folgende Momente:

1. Hartnäckige Diarrhöe, die Ursache der Fettleber.

2. Physikalische Untersuchung der Leber, welche die Vergrösserung des Organes zeigt. Dieses ist auf Druck weniger resistent, hat nicht leicht erkennbare Ränder. Die Vergrösserung lässt sich noch besser durch Percussion als durch Palpation nachweisen. Von der Fett-

leber unterscheidet sich die Amyloidleber durch Härte, scharfe Ränder und Zeichen einer gleichen Affection der Nieren.

3. Graugelbe Fäces, welchen ein starker von Fäulnis herrührender Fötor anhaftet.

Zu diesen positiven Zeichen einer Fettleber tritt noch ein negatives hinzu, nämlich das Fehlen von Ascites und Icterus. Diese Erscheinungen treten deshalb nicht auf, weil die Fettleber kein Circulationshindernis im Gebiete der Vena portarum und in den Gallenwegen mit sich bringt.

Die amyloide Degeneration der Leber kommt erheblich seltener als die Fettleber vor. Nichtsdestoweniger konnte Powel dieselbe bei 100 Sectionen von Phthisikern 20 Mal und James 30 Mal finden.

Nach Frerichs sind Milz und Leber unter allen Organen am meisten der fettigen Entartung ausgesetzt.

Peritoneum.

Die Peritonealtuberkulose kann primär vorkommen. Es ist wahrscheinlich, dass die Entzündung des Peritoneum, ebenso wie die der Pleura, welche anscheinend auf rheumatischer Basis beruht oder von anderen Ursachen herrührt, in der That tuberkulöser Natur ist. Gleichzeitig mit der tuberkulösen Affection der Pleura pflegt nicht selten auch eine entsprechende Erkrankung anderer seröser Häute aufzutreten. Man kann jedoch nur dann von einer chronischen Tuberkulose einer serösen Haut sprechen, wenn die entsprechende Flüssigkeit auf Thiere überimpft, ein positives Resultat ergibt.

In vielen Fällen ist die Peritonealtuberkulose nur eine Folgeerscheinung der Darmtuberkulose. Unterhalb der Darmgeschwüre sieht man manchmal das Peritoneum mit ganz kleinen, halb durchscheinenden Granulationen bestreut. Diese Tuberkulose per diffusionem breitet sich später aus und erstreckt sich schliesslich auf das ganze Peritoneum.

Die Affection des Peritoneum kann auf die der Pleura folgen oder dieser vorangehen. Die Vermittlung des Krankheitsprocesses übernehmen die Lymphgefässe des Diaphragma. Die Peritonealtuberkulose kann aber auch in Folge der Tuberkulose anderer Bauchorgane, so z. B. im Anschluss an eine Tuberkulose der Harn- und Geschlechtsorgane entstehen. Es entwickelt sich sodann eine wahre Pelveoperitonitis.

Die Peritonealtuberkulose kommt hauptsächlich bei Kindern vor, namentlich im Alter zwischen 3—10 Jahren. Nach Wiederhofer entwickelt sich die Affection langsam, in schleichender Weise und tritt sehr selten acut auf. Die Krankheit verläuft mit Remissionen und Exacerbationen, bis das Kind schliesslich an acuter Miliartuberkulose zu Grunde geht. — Bei der chronischen Peritonealtuberkulose fühlt man häufig

Tumoren im Abdomen, welche aus einzelnen adhärenten Darmschlingen oder aus einem abgekapselten Exsudat, eiteriger oder seröser Natur, bestehen. — Die mit Peritonealtuberkulose behafteten Kinder pflegen, namentlich des Nachts über heftige Kolikschmerzen zu klagen. Im weiteren Verlaufe der Krankheit magern die kleinen Patienten erheblich ab, tritt leichtes Fieber auf und es entwickeln sich tuberkulöse Processe auch in anderen Organen, namentlich in den Lungenspitzen.

Anusfistel.

Im Anus können sich tuberkulöse Geschwüre entwickeln, und zwar gewöhnlich secundär nach Lungentuberkulose. Es kommen jedoch, freilich sehr selten, auch solche Fälle vor, wo die Tuberkulose des Rectum die primäre Affection ist und die secundäre, die der Lunge. Derartige Beobachtungen wurden namentlich von Mollière mitgetheilt.

Das tuberkulöse Geschwür kann sich zu einer wahren Anusfistel umwandeln. In Bezug auf die Frequenz dieser Affection stimmen die Praktiker nicht überein. Laennec versichert, dass er, im Gegensatze zu der allgemeinen Anschauung, nur sehr selten eine Anusfistel bei Phthisikern beobachtet habe, und auch in diesen wenigen Fällen sei er nicht in der Lage gewesen, einen ungünstigen Einfluss von Seiten des Fistel auf die Hauptkrankheit wahrzunehmen. Andral beobachtete eine Anusfistel nur ein Mal unter 800 Phthisikern. Louis, Clark, Quain, Gross u. A. haben ein gleichzeitiges Auftreten beider Affectionen nur selten gesehen, und finden keinen Causalnexus zwischen denselben. — Wir können jedoch nach den zahlreichen Untersuchungen der neueren Zeit und nach dem Ausweis zahlreicher Statistiken nicht mehr daran zweifeln, dass zwischen Tuberkulose und Anusfistel in der That ein ursächlicher Zusammenhang besteht. So fand Spillmann unter 14.730 Phthisikern bei 532 eine Anusfistel. Nach Powel kommt die Complication noch häufiger vor, und zwar bei 5% der Phthisiker, nach Allingham steigt diese Zahl sogar auf 10—15%.

Allingham fand ferner unter 1632 Fällen von Anusfistel 234 Tuberkulöse, Bodenheimer unter 960 Fällen 61 Tuberkulöse in den verschiedensten Stadien der Krankheit. Diese Thatsachen, sowie die von mir selbst in Genua und Neapel gemachten Beobachtungen lassen mir die Thatsache als zweifellos feststehend erscheinen, dass zwischen Anusfistel und Lungentuberkulose ein innerer wesentlicher Connex besteht,

Die Anusfistel entwickelt sich meist in den letzten Stadien, sehr selten im Beginne der Tuberkulose. Ich habe im vorigen Jahre einen Fall zu beobachten Gelegenheit gehabt, wo eine vollkommen ausgebildete Anusfistel vorhanden war, während die Lungen sich nur in sehr geringer, kaum wahrnehmbarer Weise afficirt zeigten. — Die Anusfistel kommt bedeutend häufiger bei Männern, als bei Frauen vor: sie ist eine seltene Erscheinung bei Individuen unter 20 Jahren, am häufigsten wird sie im Alter zwischen 35—45 Jahren beobachtet (Pollock).

Es ist eine von Alters her verbreitete Ansicht, dass das Auftreten einer Anusfistel eine günstige Erscheinung sei, indem die Fistel eine Art natürliche Ableitung für den Kranken sein und den Zustand desselben bessern soll. Dagegen soll sich die Tuberkulose verschlimmern, wenn die Fistel heilt. Velpeau führt zur Stütze dieser Ansicht folgende Gründe an.

1. In vielen Fällen behindert die Fistel das Fortschreiten der Krankheit.

2. Die Fistel ist nur die Folge der Ulceration einer der tausend tuberkulösen Localisationen, welche in fast allen Organen zu finden sind.

3. Die Operationswunde vernarbt selten, sondern eitert stark, und übt so einen schädlichen Einfluss auf den ganzen Körper aus.

4. Selbst wenn die Fistel zur Ausheilung kommt, so beobachtet man bald, dass die Lungenkrankheit schnell fortschreitet, auch in den Fällen, wo sie bereits zum Stillstand gekommen war.

Ich würde diese Ansicht von Velpeau, die wir bei dem heutigen Standpunkt der Wissenschaft als vagen Aberglauben auffassen müssen, nicht angeführt haben, wenn dieselbe nicht von den bedeutendsten Aerzten und Chirurgen seiner Zeit getheilt worden wäre.

W. Bodenhamer hat vor wenigen Jahren in einer vortrefflichen und gründlichen Arbeit über Anusfistel die diametral entgegengesetzten Grundsätze aufgestellt, welche auch den Anschauungen der modernen Aerzte entsprechen. Die Besserung, welche man bei manchen Tuberkulösen nach dem Auftreten einer Anusfistel beobachtet, ist nach Bodenhamer nur eine vorübergehende: kurz darauf endet die Krankheit doch immer mit dem Tode.

Niemals habe er, so versichert der Autor, eine Tuberkulose durch das Auftreten einer Anusfistel heilen, ja nicht einmal sich merklich bessern gesehen. In Anbetracht der Thatsache, dass die Anusfistel eine Ursache der Tuberkulose sein kann, müsse man, von gewissen besonderen Fällen abgesehen, immer die Heilung derselben anstreben.

Ich habe mich hier etwas ausführlicher mit der Anusfistel beschäftigt, weil gewisse, aus der alten Lehre von den Dyskrasieen stammende Vorurtheile auch heute noch unter dem Publicum weit verbreitet sind, so dass es dem Arzte sehr schwer fällt, sie zu besiegen. Zu diesen Vorurtheilen gehört auch das des wohlthätigen Einflusses der Anusfistel auf den weiteren Verlauf einer Lungenschwindsucht. Allmählich beginnt die vorgefasste, an sich ganz unmotivirte Meinung zu schwinden. Auf Grund der modernen, physio-pathologischen Anschauungen und der bacteriologischen Entdeckungen, sind wir zu der Erkenntnis gekommen, dass die Anusfistel keinesfalls ein natürliches Heilmittel der Phthise, sondern eine Complication ist, welche den Zustand des Kranken verschlimmert.

II.
Der Blutcirculations-Apparat.

Antagonismus zwischen Phthise und Herzkrankheiten.

Ein derartiger Antagonismus ist besonders zwischen der Stenose des linken Orificium venosum und der Phthise erkannt worden. Weniger ausgesprochen aber besteht eine solche zwischen der Stenose des Orificium aorticum und der Phthise. Bei Pulmonalstenose beobachtet man dagegen Tuberkulose nicht selten. Nach Pidoux behindern alle diejenigen Herzkrankheiten, welche eine Congestion der Lunge erzeugen, die Entwicklung und den Verlauf der Tuberkulose. Andere Autoren leugnen, dass überhaupt irgend ein Antagonismus zwischen Herzkrankheiten und Tuberkulose besteht: „Die Statistik", sagen Hérard, Cornil und Hanot, „zeigt geradezu das Gegentheil von der Meinung, dass zwischen den beiden genannten Affectionen ein Antagonismus bestehen soll. Unter 277 Fällen von Klappenfehlern wurde 20 Mal das Zusammentreffen mit Tuberkulose beobachtet. Einer von uns hat im Laufe eines einzigen Jahres drei derartige Fälle beobachtet." Bis jetzt fehlt aber eine grosse vergleichende Statistik, um jeden Zweifel zu heben. Immerhin sind die Anhänger der Antagonismuslehre jetzt in der Mehrzahl. Diese Ansicht scheint auch zum Theil durch die Thatsache bestätigt zu werden, dass Tuberkelbacillen bei der Endocarditis, welche doch jetzt als eine bacterielle Krankheit angesehen wird, bisher sehr selten gefunden worden sind.

Ueber die Ursache des zwischen Herzfehlern und Tuberkulose bestehenden Antagonismus sind viele Hypothesen aufgestellt worden. Nach Traube entsteht durch die Stenose das Ostium venosum, eine Blutstauung im kleinen Kreislaufe, wodurch eine Austrocknung und eine Verkäsung der Krankheitsproducte verhindert werden. Andere Autoren heben den Einfluss der Venosität des Blutes als Ursache des in Rede stehenden Antagonismus hervor. „Die Phthise", sagt James, „tritt selten in Begleitung von organischen Herzfehlern auf und wenn solche sich bei Phthisikern entwickeln, so schreitet die Lungenkrankheit langsamer fort. Diese Thatsache kann daher rühren, dass Herzkrankheiten und Phthise in verschiedenen Lebensaltern aufzutreten pflegen (Walshe). Dass aber die Venosität des Blutes die wichtigste Ursache dieses Antagonismus ist, beweist die Erfahrung, dass die Mitralstenose die seltenste und die Aortenklappenfehler die weniger seltene Complication der Phthise ist".

Nach Peter kommt bei Herzfehlern eine Blutstauung an der Basis der Lungen zu Stande, dadurch müssen die Spitzen vicariirend eintreten, werden für die Athmung stärker in Anspruch genommen und somit ein ungünstiger Boden zur Entwicklung der Tuberkulose.

Ich möchte meinerseits noch einen anderen Erklärungsgrund hinzufügen, der mir sehr plausibel zu sein scheint. Durch die in Folge der Herzfehler entstehende Blutstauung wird das Lungengewebe stärker alkalisch. Auf einem Boden von derartiger chemischer Beschaffenheit können sich aber Tuberkelbacillen nicht gut entwickeln.

Herz- und Gefässcomplicationen.

Das Tuberkelvirus kann ein Peri- und eine Endocarditis erzeugen, von welchen die erstere ungemein häufiger vorkommt. Die Pericarditis entsteht nicht bloss direct durch den Einfluss der tuberkulösen Infection selbst, sondern auch dadurch, dass die Affection sich von der benachbarten Lunge per diffusionem auf das Herz ausbreitet. Eine derartige Complication kommt so häufig vor, dass Bamberger unter den häufigsten Ursachen der Pericarditis nach Gelenkrheumatismus die Tuberkulose zählt. Eine Entzündung des Pericards findet man namentlich in den letzten Stadien der Tuberkulose oder in den Fällen vor, wo diese Affection sich sehr acut entwickelt. Nach den neueren Untersuchungen ist die Pericarditis nicht bloss eine einfache Complication, sondern sie stellt eine Wiederholung des pathologischen Processes dar, da man in der That das Pericard mit Tuberkeln bestreut findet. — Die Pericarditis der Phthisiker ist gewöhnlich eine exsudative; unter 35 von Rousseau gesammelten Fällen waren nur 10 mit trockener Pericarditis.

Nach Heller kommt die Endocarditis tuberculosa selten vor; er meint, dass eine tuberkulöse Endocarditis dann vorliegt, wenn die Endocarditis sich an allen vier Klappenapparaten manifestirt. In 5 Fällen konnte er in den endocarditischen Vegetationen Tuberkelbacillen finden. Die tuberkulöse Endocarditis unterscheidet sich aber weder makro- noch mikroskopisch von anderen verrukösen Formen der Endocarditis. Die Vegetationen bleiben ziemlich klein. Grawitz und Recklinghausen bezweifeln die tuberkulöse Natur der Krankheit und glauben vielmehr, dass die in den Vegetationen vorkommenden Bacillen von dem circulirenden Blute herrühren, aus welchen sie sich auf den Klappen ablagern.

Unter allen Herzcomplicationen der Tuberkulose kommt die Atrophie und die fettige Entartung am häufigsten vor. Die Atrophie rührt nach Stokes hauptsächlich von der Verminderung der Blutmasse her und dann auch von der cachectischen Ernährungsstörung des Lungengewebes.

Die fettige Entartung des Herzens kommt bei Phthisikern häufig vor und lässt sich leicht durch das andauernde Fieber und durch die erhebliche Störung des Ernährungsprocesses erklären. Anstatt einer wahren fettigen Entartung kommen auch Fälle von Fettherz vor, also eine Ablagerung von Fett, welches sich namentlich an der Basis, an den Rändern und zwischen den einzelnen Muskelbündeln ansammelt, wodurch letztere atrophisch werden.

Nach Birch-Hirschfeld handelt es sich dann um solche Zustände, welche der Pseudohypertrophia lipomatosa der willkürlichen Muskeln gleichen, indem die Atrophie der Muskeln das Primäre ist und die dadurch geschaffenen Lücken mit Fettgeweben ausgefüllt werden. Bei der Phthise kommt aber auch nur wahre fettige Entartung des Herzmuskels in Folge der starken Ernährungsstörung nicht selten vor.

Viele Beobachter, namentlich Jaccoud, haben bei Tuberkulose eine Erweiterung des rechten Herzens mit Triscuspidalinsufficienz beschrieben. Nach dem genannten Autor rühren diese Veränderungen her: 1. von dem gesteigerten Druck innerhalb des Herzens, 2. von der verringerten Widerstandsfähigkeit des Herzgewebes. Ich habe in vielen Fällen bei Phthisikern eine Insufficienz der Tricuspidalklappe mit Venenpuls beobachtet, aber nur in analoger Weise, wie solche Veränderungen bei sehr anämischen Personen vorkommen. Ich kann also die Ursache der Tricuspidalinsufficienz der Phthisiker nicht etwa in den diesen Kranken besonders eigenthümlich zukommenden Bedingungen, sondern vielmehr in der starken Anämie begründet finden. Eine Tricuspidalinsufficienz mit Venenpuls kommt auch bei Chlorotischen vor.

Von anderer Seite wird das Vorkommen von Herzerweiterung und Triscupidalinsufficienz bei Phthisikern gänzlich geleugnet. Es sind also noch weitere Untersuchungen erforderlich, um die Fragen zu beantworten: 1. ob die genannten Veränderungen häufig bei Phthisikern vorkommen und 2. ob sie von besonderen Umständen oder von der allgemeinen Anämie herrühren.

Das Lymphsystem nimmt nicht bloss in der Aetiologie, sondern auch in der Symptomatologie der Phthise eine wichtige Stellung ein. Man findet bei Phthisikern geschwellte Lymphdrüsen: in der Retrocervicalgegend, oberhalb der Clavicula, in der Achselhöhle, in der Bauchhöhle und hinter dem Sternum. Das Vorhandensein dieser Lymphdrüsentumoren kann eine Folge der in verschiedenen Organen bereits entwickelten Tuberkulose sein. Gewöhnlich gehört aber eine Hypertrophie der bezeichneten Lymphdrüsen der scrophulösen Periode der Phthise an. Jedenfalls können stark vergrösserte Lymphdrüsen erhebliche Drucksymptome und verschiedene physikalische Erscheinungen erzeugen.

III.

Respirationsorgane.

Larynx.

Die folgende Darstellung der Larynxtuberkulose verdanke ich der Güte des Herrn Professors Massei.

Schon im Jahre 1870, so schreibt mir dieser Autor, war ich in Uebereinstimmung mit Demme und Anderen in der Lage, die Behauptung aufzustellen, dass eine primäre Tuberkulose der Larynx vorkommen kann. Später, im Jahre 1882, wies ich darauf hin, dass syphilitische Larynx-veränderungen sich in tuberkulöse umwandeln können. Die Erklärung dieser Erscheinung lieferte aber erst die Koch'sche Entdeckung.

Ich habe immer betont, dass man gewisse allgemeine Larynx-affectionen, die sich im Laufe der Tuberkulose entwickeln können (Anämie, Desquamation, Katarrh, Stimmbandlähmung) von den einzelnen tuber-kulösen Läsionen der Larynx unterscheiden müsse.

Zu den initialen Störungen gehören folgende Veränderungen der Larynx:

1. Die ulceröse Form (am häufigsten vorkommend), welche sich meistens in der Regio interartyaenoidea entwickelt;

2. Perichondritis arytaenoidea (doppelseitig) - ohne Ulcerationen;

3. Infiltration der Stimmbänder mit und ohne Ulceration;

4. Ablagerung von Tuberkeln auf den Stimmbändern, selten vor-kommend;

5. Tuberkelgeschwülste, eine sehr seltene Erscheinung.

Die Larynxtuberkulose kommt sehr häufig vor. Unter 4708 Hals-und Nasenkranken, welche ich in den Jahren 1882—88 beobachtet habe, litten 238 an Larynxtuberkulose; unter diesen waren 15 Fälle primärer Tuberkulose.

Was die Aetiologie der Larynxtuberkulose anbelangt, so stimme ich mit Ziemssen darin überein, dass die Tuberkulose auf den Lymphbahnen von der Lunge auf den Kehlkopf übergeht. Würden die Sputa die Affection übertragen, so müsste man auch in der Trachea und in den Bronchien sehr häufig tuberkulöse Veränderungen finden, was aber bekanntlich nicht der Fall ist.

Die primäre Lungentuberkulose muss wohl dadurch entstehen, dass der Tuberkelbacillus im Larynx einen günstigen Boden findet, um sich einzunisten und zu gedeihen.

Trachea, Bronchien, Lungen, Pleura.

Nach Walshe weisen folgende Symptome auf das Vorhandensein einer Tracheitis ulcerosa hin: Schmerzen hinter der Incisura sternalis, brennendes Gefühl daselbst beim Durchpassiren des Luftstromes, kleine Hämoptoen, unveränderte Stimme.

Die Bronchitis bei Tuberkulose ist in Bezug auf Intensität und Extensität der Affection sehr verschieden. Manchmal bleibt die tuberkulöse Affection so sehr auf die Lungenspitzen beschränkt, dass man jede bronchiale Complication ausschliessen kann. In anderen Fällen rührt sowohl die Schwere der ganzen Krankheit, wie auch die Ausdehnung der physikalischen Erscheinungen hauptsächlich von der Bronchitis her, so dass der Zustand der Kranken sich erheblich bessert, sobald die bronchitischen Veränderungen abnehmen oder gar gänzlich verschwinden: entwickelt sich dagegen die Bronchitis wieder, so entstehen Fieber, Appetitlosigkeit, Husten, Dyspnoe etc.

Das Emphysem ist eine bei Tuberkulose sehr häufig und beinahe nothwendiger Weise vorkommende Complication, ganz besonders dann, wenn die Krankheit einen chronischen Verlauf nimmt und die pathologischen Veränderungen einen grossen Umfang erreichen. Manchmal entwickelt sich das Emphysem so schnell und so beträchtlich, dass der Haupttheil der symptomatischen Erscheinungen auf dasselbe zurückzuführen ist.

Tuberkulöse erkranken manchmal an croupöser Pneumonie, welche aber nicht so schweren Verlauf wie bei sonst Gesunden nimmt. Die Pneumonie kommt meistens in den ersten Perioden der Krankheit vor: in den späteren Stadien führt sie nach Louis immer zu einem letalen Ende. Es sind aber noch umfangreiche und exacte Untersuchungen nöthig, um festzustellen, ob es sich in solchen Fällen um eine wahre fibrinöse Pneumonie oder um tuberkulöse Granulationen handelt. Im ersteren Falle wäre noch die Beziehung zwischen Tuberkulose und Pneumonie zu erforschen.

Die Pleuritis kann bei der Tuberkulose eine trockene oder exsudative (seröse, eiterige oder hämorrhagische) sein. Sie kann auch der Entwicklung der Tuberkulose vorausgehen. Bekanntlich sind viele Fälle von scheinbar idiopathischer oder rheumatischer Pleuritis in der That tuberkulöser Natur (siehe oben Seite 97).

Die Pleuritis entwickelt sich im Verlaufe der Tuberkulose so constant, dass man sie nicht als eine Complication, sondern vielmehr als einen integrirenden Bestandtheil der Lungenaffection betrachten kann. Die adhäsive Pleuritis, welche manchmal mit leichten Schmerzen auftritt, verläuft in vielen Fällen latent und verändert das Krankheitsbild nicht wesentlich.

Die exsudative Pleuritis kommt viel seltener als die trockene im Verlaufe der Tuberkulose vor und muss als Complication betrachtet werden. Sie hat die Eigenthümlichkeit, in vielen Fällen beide Seiten nach einander zu ergreifen oder auf einer und derselben Seite häufiger zu recidiren. Nach James genügt dieser Umstand, um in Fällen, wo noch keine Zeichen einer Lungentuberkulose vorliegen, das Vorhandensein dieser Krankheit mit grosser Wahrscheinlichkeit zu diagnosticiren.

Eine andere Eigenschaft der tuberkulösen Pleuritis ist die, dass sie leicht auf beiden Seiten vorkommt. Gewöhnlich werden beide Seiten nicht gleichzeitig affectirt, sondern die eine pflegt erst dann zu erkranken, wenn der Erguss auf der anderen Seite bereits resorbirt ist.

Nach Lebert kommt die exsudative Pleuritis seltener bei der chronischen als bei der subacut verlaufenden Lungentuberkulose vor. In $\frac{5}{6}$ der Fälle ist das Exsudat rein serös oder leicht getrübt. Die exsudative Pleuritis kommt links viel häufiger vor als rechts, u. zwar in dem Vehältnisse von 3 zu 2 vor.

Verschiedene Beobachter haben der exsudativen Pleuritis und der pleuritischen Adhäsion einen heilsamen Einfluss auf den Verlauf der Lungentuberkulose zugeschrieben. Nach Laennec soll das Exsudat das Fortschreiten der Krankheit verhindern, so dass die Phthise ihren Lauf wieder aufnimmt, sobald das Exsudat resorbirt wird. Nach Pollock und Anderen sind die durch Pleuritis erzeugten Adhäsionen offenbar die natürlichen Mittel, um den Krankheitsprocess einzudämmen und eine Perforation zu verhindern. In ähnlicher Weise spricht sich auch Alison aus, und Broadbent fügt hinzu, dass eine durch pleuritisches Exsudat comprimirte Lunge bei Entwicklung einer acuten Miliartuberkulose von diesem Krankheitsprocess verschont bleibt.

Pneumothorax entsteht nach der Uebereinstimmung aller Autoren meistens in Folge von Lungentuberkulose.

Saussier gibt folgende Statistik über die Entstehungsursache von 133 Fällen von Pneumothorax an:

durch Lungentuberkulose	81 Mal
Empyem . .	29 „
„ Gangrän . .	9 „
„ Emphysem . .	5 „
„ Lungenapoplexie .	3 „
„ Hydatiden-Haemothorax . . .	2 „
„ Lungenabscess, Krebs	2 „
„ Lungen-Leberfistel . . . . 2 „	

Unter 15 von Fräntzel beobachteten Fällen von Pneumothorax rührten 14 von Lungencavernen her.

James fand unter 15 Fällen von Pneumothorax 13 Mal eine Tuberkulose als Entstehungsursache. Nach Walshe sind von 100 Fällen von Pneumothorax 90 auf Lungenschwindsucht zurückzuführen.

Der Pneumothorax führt in 5% der Fälle zum Tode. Er kommt häufiger bei phthisischen Männern als bei entsprechend kranken Frauen vor, die Ursache liegt wohl in der anstrengenderen Lebensweise, welche

Männer im Allgemeinen zu führen pflegen. Deshalb ist wohl der Pneumothorax bei Kindern eine höchst seltene Erscheinung.

Was den Sitz des Pneumothorax anbelangt, so findet man diesen meistens an der linken Seite, wenn auch Laennec und Pollock denselben am häufigsten an der rechten Seite beobachtet haben. Laennec sah zwei Fälle von doppelseitigem Pneumothorax. Unter 87 Fällen von Walshe kam der Pneumothorax 55 Mal links und unter 19 Fällen von Lebert 24 Mal links vor.

In Bezug auf die Perforationsstelle sind die Meinungen getheilt. Im Allgemeinen kann man wohl sagen, dass dieselbe hinten-seitlich und zwar zwischen der 3. und 6. Rippe in der oberen Hälfte der Thorax stattfindet.

Der Pneumothorax entwickelt sich öfters in der ersten und zweiten Periode der Krankheit als in der letzten und kommt vielfach in solchen Fällen vor, welche so schnell vorlaufen, dass die Zeit zu einer adhäsiven Pleuritis und zu einer fibrösen Entzündung der Umgebung nicht reicht. Dafür spricht auch die Thatsache, dass der Pneumothorax besonders bei denjenigen Personen vorkommt, welche trotz ihrer Krankheit ihre Berufsthätigkeit stehend fortsetzen, und ferner die Erfahrung, dass der Pneumothorax bei beiderseitiger Affection an der weniger erkrankten Lunge sich entwickelt.

Die Folgen eines Pneumothorax sind sehr verschieden. Der Tod kann bald nach dem Auftreten dieser Complication schon nach wenigen Minuten erfolgen. In anderen Fällen scheint der Pneumothorax, nachdem die ersten Reizungserscheinungen vorüber gegangen sind, den Zustand der Kranken nicht erheblich zu verschlimmern; schliesslich kommen auch solche Fälle vor, wo nach der Ruptur der Pleura eine Ruhepause ja sogar eine Besserung der Krankheit eintritt. Diese letzt erwähnten Fälle haben zur Verbreitung der Meinung beitragen, dass der Pneumothorax einen wohlthätigen Einfluss auf den Verlauf der Lungenschwindsucht ausübe.

Die klinische Erfahrung hat mir aber deutlich gezeigt, dass die Folgen eines Pneumothorax durchaus nicht gleich sind, dass dieselben zwar manchmal günstig zu sein scheinen, in anderen Fällen aber den Zustand der Kranken so sehr verschlimmern, dass der Tod bald darauf eintritt.

Dieser Unterschied scheint mir von der Verschiedenheit des Sitzes des Pneumothorax herzurühren. Ist eine Lunge ganz oder beinahe ganz gesund, so übt der in der anderen Thoraxhälfte sich entwickelnde Pneumothorax einen sehr wohlthätigen Einfluss aus. Entwickelt sich aber der Pneumothorax an der relativ gesunden oder minder erkrankten Seite, so sind die Folgen desselben sehr deletär, und das letale Ende pflegt bald zu folgen. Diese Beziehung zwischen den Folgen des Pneumothorax einerseits und dem Sitz und der Ausdehnung des tuberkulösen Processes andererseits habe ich auf empirischem Wege gefunden. Die Erklärung desselben ist leicht. Wenn nämlich die in die Pleurahöhle eindringende Luft die afficirte Lunge comprimirt, so kann sie die weitere Entwicklung der Krankheit verhindern. Ist aber eine Lunge sehr stark afficirt, während die andere, absolut oder relativ gesunde, durch den Pneumothorax comprimirt wird, so müssen natürlich so heftige Störungen der Circulation und der Respiration eintreten, dass der Tod die fast unmittelbare Folge sein kann.

IV.

Nervenapparat.

Complicationen von Seiten des Nervenapparates kommen bei Lungenschwindsucht sehr zahlreich vor. Häufig findet sich eine Neuritis, namentlich an dem N. phrenicus und an den Intercostalnerven. Heine gibt an, dass er bei 29 Phthisikern 27 Mal den Phrenicus verändert gefunden habe. Pitres und Vaillard haben ferner festgestellt, dass parenchymatöse Läsionen, wie sie bei der degenerativen Neuritis gefunden worden, nicht selten im Verlaufe der Phthise zur Beobachtung kommen.

Hyperämie der Meningen und des Gehirns tritt manchmal als Complication der Phthise auf. Ich habe neulich einen Fall von Hyperämie der Meningen gesehen, welcher sich mit solchen Erscheinungen in der letzten Stadien der Krankheit entwickelt hatte, dass man das Vorhandensein einer wahren Meningitis annehmen konnte. Nach Lebert findet man bei der Section von Phthisikern gewöhnlich eine Anämie des Gehirns, eine Hyperämie kommt seltener vor und auch dann hauptsächlich in der Gehirnrinde.

Pachymeningitis wurde einige Mal von verschiedenen Beobachtern gefunden. Es handelt sich in solchen Fällen nicht um ein zufälliges Zusammentreffen verschiedener Erscheinungen, sondern um einen besonderen Causalnexus zwischen Tuberkulose und Entzündung der Dura mater, so dass man zu den Hauptursachen einer solchen die Tuberkulose zählen muss.

Leptomeningitis ist eine besonders im Säuglings- und Kindesalter auftretende Complication. Steffen beobachtete eine tuberkulöse Leptomeningitis schon im 3. Rilliet, im 5. Lebensmonat. Nach Steffen kommen die meisten Fälle dieser Affection im Alter zwischen 4 und 9 Jahren vor, besonders häufig bei zweijährigen Kindern. Nach Rilliet und Barthez liegt die höchste Frequenz im Alter von $7^{1}/_{2}$ Jahren.

Lebert spricht sich jedoch entschieden gegen die allgemein verbreitete Ansicht aus, dass die tuberkulöse Meningitis eine dem Kindesalter besonders eigenthümliche Affection sei. Unter 38 von ihm beobachteten Fällen betrafen ³/₅ Erwachsene und nur ²/₅ Kinder. Was das Geschlecht anbelangt, so lehrt die Erfahrung, dass Knaben häufiger an tuberkulöser Meningitis sterben als Mädchen.

Die Leptomeningitis, welche bei Lungenschwindsucht vorkommt, aber auch bei anderen tuberkulösen Affectionen (Lupus, scrophulöse Symptome) auftreten kann, ist nicht immer tuberkulöser Natur. Man findet vielmehr auch hier Fälle von einfacher Meningitis. Leudet sagt: „Es lässt sich nicht leugnen, dass die Gehirn- und Rückenmarkshüllen bei der tuberkulösen Diathese entzündlich erkranken können und zwar sowohl unter dem Einfluss tuberkulöser Ablagerungen wie auch in Folge einer entzündlichen Prädisposition. Eine einfache acute Entzündung der Meningen kommt in solchen Fällen nicht selten vor. Zuweilen findet man auch chronische Formen.

Bei der Section erwachsener an Phthise gestorbener Individuen habe ich manchmal die Spuren einer vorausgegangenen chronischen Entzündung der Meningen gefunden.

Was die einfache im Verlauf von Lungenschwindsucht vorkommende Meningitis anbelangt, so möchte ich hier zunächst darauf hinweisen, dass eine scheinbar einfache nicht tuberkulöse Meningitis in der That eine Folge der Einwirkung des Koch'schen Bacillus sein kann. Es ist unbedingt eine genaue mikroskopische Untersuchung nöthig, um über das Wesen der Krankheit Aufschluss zu erhalten. Man findet eventuell Tuberkelbacillen in dem kleinzelligen Infiltrat der Pia, in der Adventitia der Arteriae fossae Sylvii und der Kleinhirnbasis. — In zweifelhaften Fällen gibt die Impfung des Blutes auf Kaninchen, Meerschweinchen etc. über die Natur der Krankheit Aufschluss. Das Blut der mit tuberkulöser Meningitis behafteten Patienten enthält nämlich constant Koch'sche Bacillen. (Siehe oben Seite 111)

Die Diagnose der tuberkulösen Meningitis ist sehr schwer. In einer unter dem Titel „Anomalieen und Differentialdiagnose der tuberkulösen Meningitis im Kindesalter" erschienenen Arbeit sagt Simon: Es gibt kaum eine Krankheit, die eine so verschiedenartige Symptomatologie und so zahlreiche klinische Formen darbietet, wie die tuberkulöse Meningitis. Die Verschiedenheit der Symptome und des Verlaufes hängt leichtbegreiflicherweise von der geringeren oder grösseren Ausdehnung des Krankheitsprocesses und besonders von der verschiedenen Localisation desselben und von dem Umstande ab, dass neben den Entzündungserscheinungen auch andere Veränderungen, z. B. Hydrops ventriculorum, auftreten.

Die Läsionen sind verschieden und demgemäss auch die Krankheitsbilder. Diese Verschiedenheit der Formen ist nach meiner Ansicht keine besondere Eigenthümlichkeit der tuberkulösen Meningitis im Kindesalter, sondern kommt auch bei der entsprechenden Krankheit Erwachsener vor.

Skeer macht neuerdings auf ein neues Symptom der tuberkulösen Meningitis aufmerksam, welches überall ohne Unterschied, namentlich in der ersten und in der zweiten Periode der Krankheit vorkommen soll.

Es zeigt sich nämlich in der Nähe des Irisrandes ein kleiner Kreis. Im Beginn ist derselbe undeutlich, sieht weisslich durchscheinend aus, später dehnt er sich bis zum Irisrande aus. Nach 12—36 Stunden ist der letztere ganz infiltrirt, sieht weiss, unregelmässig und gekörnt aus. Diese Veränderungen beginnen gleichzeitig an beiden Augen und sind namentlich bei Augen mit brauner Iris sehr deutlich zu erkennen. Sehr schnell pflegen diese Ringe zu verschwinden, an ihre Stelle treten gelbbraune auf, welche gleichzeitig mit der Erweiterung der Pupille an Dimension zunehmen. Ich bin nicht in der Lage, die Richtigkeit der Angaben Skeer's, nach welchen das von ihm angegebene Symptom für tuberkulöse Meningitis pathognomonisch sein soll, zu bestätigen oder abzuleugnen. Die Lösung dieser Frage bleibt weiteren Studien vorbehalten.

Als Complicationen der Lungentuberkulose können sowohl im Gehirn wie auch im Rückenmark noch andere Veränderungen auftreten, wie z. B. Gehirntuberkulose, Apoplexie, Sinusthrombose, Myelitis, Meningitis spinalis. Nach Leonville tritt Meningitis spinalis fast constant in Begleitung von Meningitis tuberc. basilaris auf, nach Erb kommen diese beiden Affectionen gleichzeitig zwar häufig, aber nicht constant vor. — Wie bei der Syphilis so können auch bei der Tuberkulose die verschiedensten Localisationen und Veränderungen als Secundärkrankheiten auftreten und die primäre compliciren. So beschreibt Barling einer tuberkulösen Tumor im oberen Theil der linken Gehirnhemisphäre bei einem 12jährigen Kinde. Drummond fand einer haselnussgrossen tuberkulösen Tumor in der linken Kleinhirnhemisphäre. Das betreffende Patient hatte 2 Jahre lang an heftigen Kopfschmerzen mit Erbrechen gelitten und zeigte einen taumelnden Gang. Bourneville und Ish-Wall beschrieben einen Fall von Tuberkeln in der Brücke und sklerotischen Herden im Gehirnmark bei einem 5jährigen Knaben. Diese Veränderungen hatten intra vitam Strabismus des linken Auges, Schwindel, abendliche Fiebersteigerungen, progressive Paralyse der unteren Extremitäten bei gut erhaltener Sensibilität verursacht. Der Patellarsehnenreflex war normal. Ausserdem hatte der betreffende Patient an Sprachstörungen an Incontinentia vesicae et recti, Strabismus convergens, Stuhlverstopfung, spastischer Contractur der oberen und der unteren Extremitäten gelitten. Kurz vor dem Tode stieg die Temperatur auf 42·4°. Fraenkel theilte einen Fall von Cerebralabscess bei einem 23jährigen Phthisiker mit. Wahrscheinlich führte eine Schmelzung von Tuberkelanhäufungen zu diesem Abscess. Derselbe Autor behauptet, dass viele Gehirnabscesse von unbekanntem Ursprung sich bei der Untersuchung auf Bacillen, als tuberkulös erweisen lassen.

V.

Harn- und Geschlechtsapparat.

Nach Aran, Brouardel u. A. kommen Affectionen des Geschlechtsapparates bei weiblichen Phthisikern sehr häufig vor. Henning weist statistisch nach, dass chronische Metritis und Pelveoperitonitis häufig Complicationen der Phthise sind. Die Krankheitsprocesse des Uterus, der Tuben, Ovarien und Vagina stellen nicht immer einfache Entzündungsprocesse dar, sondern sind vielmehr manchmal tuberkulöser Natur. Mit Hilfe der modernen diagnostischen Mittel kann man wohl manche schleichend verlaufende utero-vaginalen Entzündungsprocesse, welche früher als einfache und gewöhnliche angesehen wurden, als tuberkulös erkennen.

Die Tuberkulose des Testikels kommt am häufigsten im Alter zwischen 20 und 30 Jahren vor, wie die von James und von Salleron angegebenen Statistiken lehren. Manchmal ist sogar die Tuberkulose des Hodens, des Nebenhodens oder der Vas deferens die erste Manifestation der tuberkulösen Erkrankung überhaupt; während die Lungen noch intact sind. In anderen Fällen entwickelt sich die Tuberkulose der genannten Organe als Complication im Verlaufe der Lungenschwindsucht. Gewöhnlich tritt dieselbe diffus auf und erstreckt sich gleichzeitig auf mehrere Organe auf Nebenhoden, Hoden, Samenbläschen, Blase etc.

Nierenaffectionen kommen bei der Tuberkulose so sehr häufig vor, dass dieses Organ bei weit vorgeschrittener Tuberkulose nur ausnahmsweise intact gefunden wird. In Bezug auf die Häufigkeit des Vorkommens nimmt die amyloide Degeneration die erste Stelle ein, dann folgt die parenchymatöse Nephritis und hierauf die Tuberkulose der Nieren. Unter 100 Sectionen von Leichen Phthisischer fand James 26 Mal amyloide Degeneration, Grainger und Stewart constatirten diese Affection sogar in der Hälfte der Fälle.

Wie bei anderen chronischen mit schwerer Dyskrasie einhergehenden Krankheiten, so findet man auch bei der Tuberkulose acute oder chronische parenchymatöse Nephritis sehr häufig. Nach Lebert kommen solche Affectionen in 14—20% der chronischen Fälle vor.

Die Nierentuberkulose kann entweder primär entstehen oder secundär auf die Tuberkulose anderer Organe folgen. Eine Miliartuberkulose der Nieren oder anderer Organe des Harn- und Geschlechtsapparates kann intra vitam gewöhnlich nicht diagnosticirt werden. Bei tiefgehenden Läsionen der Nieren entstehen dagegen Schmerzen und man findet im Blut Eiter.

Neuntes Capitel.

—

Formen, Dauer, Ausgang.

I.

Formen.

Ich glaube nicht, dass es bestimmte Typen und Formen der Lungentuberkulose gibt. Man kann sagen, dass jeder einzelne Fall sich von anderen durch gewisse Eigenschaften auszeichnet, weshalb man eine genaue und streng durchgeführte Eintheilung nicht aufstellen kann. In der Mehrzahl der Fälle kann der Haupttypus der Krankheit auf einen der drei folgenden zurückgeführt werden:

1. Phthisis acuta, pneumonica
2. Phthisis chronica
3. Tuberculosis miliaris acuta.

Phthisis acuta, pneumonica.

Dieser Typus ist charakterisirt: 1. durch intensives, continuirliches Fieber, 2. durch subjective und physikalisch nachweisbare Erscheinungen von Pleuritis und Pneumonie, 3. durch schnell zunehmende starke Abmagerung. Zwischen acuter pneumonischer Phthise und acuter Miliartuberkulose besteht kein wesentlicher Unterschied, nur treten bei der ersteren die localen Erscheinungen an der Lunge oder manchmal auch an der Pleura besonders deutlich hervor, während die letztere unter dem Bilde eines infectiösen Fiebers verläuft. Das Fieber und die anderen Krankheitserscheinungen verlaufen jedoch nicht continuirlich und progressiv: es kommen vielmehr Ruhepausen vor, so dass der acute pneumonische Typus sich der chronischen Form nähern kann.

Die acute Phthise wurde in letzter Zeit namentlich von Renout und von Riel genau beschrieben.

Die Beobachtungen des letzteren führen zu folgenden Resultaten:

1. Die Tuberkulose kann klinisch unter solchen Erscheinungen auftreten, welche genau denen der Pneumonie gleichen. Man findet dann bei der Section weit ausgedehnte tuberkulöse Processe, welche einen ganzen Lungenlappen und sogar auch mehr einnehmen können.

2. Diese tuberkulöse Pneumonie unterscheidet sich von der genuinen durch folgende Merkmale: es fehlen die Andral'schen Granulationen, dagegen findet man in dem intraalveolaren Bindegewebe confluirende Gruppen von Tuberkelknötchen, zwischen welchen eine absolut specifische catarrhalische und fibrinöse Pneumonie vorhanden ist.

3. Die tuberkulöse Pneumonie kann unter denselben Symptomen wie die croupöse auftreten. Der Patient erkrankt also plötzlich, nachdem er sich bis dahin des besten Wohlseins erfreut hatte, unter starkem Schüttelfrost, klagt über stechende Schmerzen in der Brust und entleert ein rostfarbenes Sputum. Man hört an der erkrankten Stelle, also gewöhnlich an der Lungenbasis, crepitirende Rasselgeräusche und bronchiales Athmen.

4. Manchmal kann die Diagnose Schwierigkeiten bereiten und nur mit Berücksichtigung folgender Momente gestellt werden: 1. Die Expectoration rostfarbiger Spute dauert sehr lange, die vorhandenen physikalischen Erscheinungen treten nicht gleichzeitig mit der Erkrankung auf; 2. es sind Erscheinungen vorhanden, die denen der normalen fibrinösen Pneumonie nicht entsprechen, 3. im Sputum sind Bacillen zu constatiren (diese können aber auch während der ganzen Dauer der Krankheit fehlen).

In zwei Punkten kann ich dem genannten Autor nicht beistimmen, nämlich in Bezug auf den Sitz der Affection und auf das Fehlen von Bacillen im Sputum.

Nach meiner Erfahrung kommt eine Tuberkulose am hintern untern Theil der Lungen nur ausnahmsweise vor, selbst wenn die Lungentuberkulose unter dem Bilde einer Pneumonie auftritt. Dagegen sind Fälle von acuter Tuberkulose mit deutlich ausgesprochenen pneumonischen Erscheinungen, bei welchen in den Lungenspitzen der ausschliessliche Sitz der Krankheit ist, durchaus keine Seltenheit (wenigstens in Bezug auf physikalische Veränderungen).

Auch bei der pneumonischen Form der Tuberkulose kommen Tuberkelbacillen fast constant vor. Solche Fälle, wo letztere während des ganzen Krankheitsverlaufes im Sputum fehlten, sind ungemein selten und auch in diesen wenigen Fällen kann man, wie Dejérine und Babinski nachgewiesen haben, bei der Section Tuberkelbacillen im Lungengewebe finden.

Phthisis chronica.

Diese Form kann auf die acute Phthise folgen oder vom Beginn der Krankheit an bald als solche auftreten. Bei manchen Phthisikern fängt die Krankheit unter den Symptomen einer schweren acuten Brustaffection an, dann folgt eine Ruhepause und hierauf ein eminent chronischer Verlauf der Krankheit. Bei anderen Kranken beginnt die Krankheit vom Anfang an in schleichender Weise und verläuft dann chronisch unter katarrhalischen Erscheinungen. Man kann in solchen Fällen nicht genau angeben, wann die Tuberkulose nach einem gewöhnlichen Katarrh sich zu entwickeln angefangen hat.

Die chronische Phthise wurde in der letzten Zeit häufig fibröse Phthise genannt. weil die fibrösen Verwachsungen der Pleura und namentlich die Entwicklung von resistentem Bindegewebe der Ausbreitung der Krankheit gewissermaassen einen Damm entgegensetzen. Die Krankheitsheerde sind dann gewissermaassen eingekapselt und können den allgemeinen Zustand des Körpers nicht mehr so nachtheilig beeinflussen; sie werden vielmehr verkalkt. Die Entwicklung von Bindegeweben ist daher ein günstiger Process. Jeder Stillstand in der Entwicklung einer Lungenphthise ist auf eine Umwandlung in die fibröse Form der Krankheit zurückzuführen.

Für die Diagnose der chronischen Phthise sind folgende Momente maassgebend:

1. Während kürzerer oder längerer Zeit fehlen Allgemeinerscheinungen. Fieber, Abmagerung, Anämie etc.

2. Neben anderen physikalischen Erscheinungen sind besonders die supra- und infraclavicularen Einsenkungen bemerkenswert. Ausserdem pflegt die eine Seite der vorderen Thoraxwand abgeplattet und die eine Lungenspitze verkleinert zu sein.

3. In manchen Fällen bleibt die Krankheit stationär in anderen treten Ruhepausen und sogar Perioden einer erheblichen Besserung ein. Da der tuberkulöse Process und die fibröse Umwandlung zwei antagonistisch einander gegenüberstehende Vorgänge sind, so kann man im Allgemeinen die Behauptung aufstellen, dass. wenn erstere vorwiegt, die Krankheit fortschreitet. dass sie aber sich bessert, wenn die letztere vorherrschend auftritt.

4. Bei der chronischen Phthise pflegt der Krankheitsprocess, sobald er an der einen Stelle schwindet. an der andern wieder aufzutreten. Gewöhnlich findet man bei dieser Krankeitsform ausserordentlich starke Abmagerung, hektisches Fieber etc., weshalb gerade bei dieser Form die Bezeichnung: Phthise am meisten berechtigt ist.

Tuberculosis miliaris acuta.

Bei dieser Krankheitsform gleicht die Krankheit meistens einer acuten Infection. Es besteht ein grosses Missverhältnis zwischen der Geringfügigkeit der localen Veränderung und der Schwere der Allgemeinerscheinungen. Die acute Miliartuberkulose kann leicht mit der oben besprochenen pneumonischen Form der Tuberkulose verwechselt werden, u. zwar sowohl wegen der Schnelligkeit des Verlaufes wie auch wegen der tiefen Störung des Allgemeinbefindens. Sie unterscheidet sich aber von der pneumonischen Tuberkulose dadurch, dass die localen und physikalisch n chweisbaren Störungen sehr geringfügig sind.

Die acute Miliartuberkulose verläuft unter allen anderen Formen der Phthise am schnellsten. Es kommt hier wegen des rapiden Verlaufs der Krankheit gar nicht zu jener hochgradigen Consumption, wie es bei der chronischen Phthise der Fall ist. Die acute Miliartuberkulose findet man am häufigsten im Säuglings- und im Kindesalter. Sie zeichnet sich unter Anderem dadurch aus, dass sich tuberkulöse Granulationen in verschiedenen Organen entwickeln. Demgemäss entsteht eine Reihe von verschiedenartigsten Symptomen. Freilich macht nicht jedes der ergriffenen Organe locale Krankheitssymptome.

Um sich ein Bild von der Frequenz der einzelnen Localisation der Tuberkulose zu machen, dient folgende von Simmonds angegebenen Statistik:

Lungen	76%	Peritoneum	26%
Pleura	25%	Pia mater	28%
Pericard	4%	Dura mater	23%
Leber	82%	Gehirn	10%
Nieren	62%	Nebennieren	2%
Milz	56%	Thyreoidea	3%
Darm	57%	weibliche Geschlechtsorgane	2%
Magen	1%	gestreifte Muskeln	2%

Das Symptomenbild der Miliartuberkulose kann dem des Abdominaltyphus oder des Intermittens gleichen, so dass die Differentialdiagnose manchmal sehr schwer ist. Es kommen auch Fälle von sogenannter asphyktischer Phthise vor.

Die Differentialdiagnose zwischen Typhus und acuter Miliartuberkulose ist manchmal sehr schwer. Für letztere spricht der unregelmässige Verlauf des Fiebers, das Auftreten von Tuberkulose in verschiedenen Organen, besonders im Bronchopulmonalapparat, das Fehlen von eigentlichen Typhussymptomen, die geringe oder schwache Wirkung des Chinins und ganz besonders das Vorhandensein von Tuberkelbacillen im Sputum.

Was den Ursprung der acuten Miliartuberkulose anbelangt, so glaube ich, dass dieselbe hauptsächlich auf eine grosse Disposition zurückzuführen ist, welche manche Individuen für die tuberkulöse Infection haben. Ich war der Erste, der den Tuberkelbacillus im Blute von Kranken mit acuter Tuberkulose fand, später wurden meine Untersuchungsresultate durch die von Rutimeyer, Stricker und Ulacacci bestätigt. Im Rutimeyer'schen Fall enthielt das aus der Niere entnommene Blut keine Bacillen. Der Fall von Ulacacci endete mit vollkommener Heilung, ein Umstand, der mehr für das Vorhandensein einer acut gewordenen fibrösen Tuberkulose als für das einer Miliartuberkulose

spricht. Diese Fälle genügen nicht, um die Thatsache zu beweisen, dass
das Vorhandensein von Tuberkelbacillen im Blute die einzige Ursache
der acuten Miliartuberkulose ist.

Nach Nocard verursacht eine Injection von reinen Bacillenculturen
in eine Vene vom Meerschweinchen eine acute Infection, welche das
Thier tödtet, bevor sich noch tuberkelartige Läsionen gebildet haben.
In solchen Fällen handelt es sich wahrscheinlich mehr um eine Ptomain-
vergiftung als um eine wahre Tuberkelinfection.

Dauer.

Die Krankheitsdauer ist sehr verschieden. Es kommen Fälle vor,
wo die Tuberkulose sehr acut auftritt und schon in wenigen Stunden,
Tagen oder Wochen zum Tode führt, andere wiederum sind von so eminent
chronischem Verlaufe, dass die mittlere Lebensdauer durch dieselbe
kaum beeinträchtigt zu sein scheint. Der Tod kann auch sehr schnell
durch irgend ein intercurrent auftretendes Ereignis erfolgen (heftige
Bronchohämorrhagie, Darmperforation, tuberkulöse Meningitis, acute
Peritonitis, Pneumothorax etc.). Wird die Phthise sehr chronisch, so fehlen
Allgemeinerscheinungen. Wenn das Fieber aufhört, so pflegt auch der
Krankheitsprocess zum Stillstand zu kommen.

Die pneumonische und die acute Miliartuberkulose enden gewöhnlich
schon nach 1—2 Monaten tödtlich. Die chronische Phthise aber erst nach
einigen Jahren.

Ausgänge und Prognose.

Entsprechend den zahllosen verschiedenen Complicationen und dem
sehr ungleichen Verlaufe, welchen die Krankheit zu nehmen pflegt, ist
auch die Prognose in jedem einzelnen Falle ganz und gar verschieden.
Im Allgemeinen ist sie eine ungünstige. Denn das gewöhnliche
Ende ist der Tod des Kranken. Da aber der letale Exitus in dem einen
Fall schon nach einigen Wochen in einem anderen aber erst nach vielen
Jahren eintritt, so ist die Prognose in den einzelnen Fällen ganz und
gar verschieden. Ich möchte den jungen Aerzten dringend empfehlen, bei
der Prognose einer Tuberkulose sehr vorsichtig zu sein. Bei einer so
proteusartigen Krankheit wie es die Phthise ist, können unerwartet die
merkwürdigsten Aenderungen eintreten. In einem Falle von fibröser Phthise
versichert z. B. der Arzt die Angehörigen, dass der Patient, dessen
Allgemeinbefinden relativ wenig gestört ist, noch ziemlich lange leben
werde. Da tritt plötzlich eine Miliartuberkulose oder irgend eine andere
schwere Complication hinzu, welche das Leben des Kranken sehr schnell

endet. Umgekehrt kann es auch vorkommen, dass der Arzt bei einem
Fall von acuter Miliartuberkulose das nahe bevorstehende Ende des
Kranken voraus verkündet. — Der weitere Verlauf der Krankheit bestätigt aber diese infauste Prognose nicht, der pathologische Process
erfährt einen Stillstand und der Kranke bleibt noch Monate und Jahre
lang leben. Solche Thatsache erklären die grosse Vorsicht, mit welcher
ältere, erfahrene Aerzte ihr prognostisches Urtheil über einen Phthisiker
abzugeben pflegen.

Man ist in der letzten Zeit zu der Ueberzeugung gekommen, dass
die Prognose zwar eine ernste aber keine absolut infauste ist. Die Lungenschwindsucht ist zweifellos heilbar. Dieser Ausgang wurde schon von
Laennec beobachtet und beschrieben. „Eine grosse Reihe von Thatsachen",
sagt dieser Autor, „haben mir die Ueberzeugung verschafft, dass ein
Tuberkulöser auch dann genesen kann, wenn sich bereits Erweichungs-
herde in der Lunge gebildet haben. Ullersperger behandelte die Frage
der Heilbarkeit der Tuberkulose vom historischen, pathologischen und
therapeutischen Standpunkte und zeigt, dass die alten Aerzte schon seit
Hippokrates die Heilbarkeit der Lungenschwindsucht gekannt haben.
Diese Meinung war zu allen Epochen der Medicin verbreitet. — Jetzt,
da uns die Einzelnheiten des Heilungsprocesses bekannt sind, und wir
genau wissen, dass und wie andere locale tuberkulöse Affectionen ausheilen können, ist ein Zweifel an der Heilbarkeit einer Lungenschwindsucht kaum möglich.

Manchmal bleibt die Heilung eine andauernde, in anderen Fällen —
und diese bilden die Mehrzahl — handelt es sich nur um eine zeitwei-
lige Besserung, indem dann die fibröse Phthise in eine acute übergeht.
Im letzteren Falle beginnt der Krankheitskeim bei dem geringsten an sich
kaum wahrnehmbaren schädlichen Einfluss wieder, sich zu entwickeln und
die Krankheit endet dann mit dem Tode.

Es gibt manche Umstände, welche den letalen Ausgang der Krankheit beschleunigen, zu diesen gehören das Alter, der Einfluss der Heredität,
dürftige ökonomische und physiologische Verhältnisse.

Bei Kindern und bei jüngeren Personen is die Prognose ungünstiger, die Krankheit verlauft hier sehr stürmisch.

Im Alter bis zu 8 Jahren kommen gewöhnlich die granulöse und
die pneumonische Form der Phthise vor, im höheren Alter überwiegt
dagegen die fibröse Form. Man findet aber, sowohl bei Kindern, wie
auch bei alten Leuten auch ungewöhnliche Formen von Phthise. Nach
Moureton kann eine acute Phthise auch bei Greisen auftreten. Bei diesen
hat selbst die chronische Phthise die Tendenz, sich auf verschiedene
Organe auszubreiten.

Die erbliche Belastung wird allgemein als ungünstig für die Prognose angesehen. Nichtsdestoweniger gibt es auch hier Ausnahmen. Ich beobachte zur Zeit seit drei Monaten einer jungen Phthisiker, welcher das einzig übrig gebliebene Mitglied einer zahlreichen, an Phthise zu Grunde gegangenen Familie ist. Trotzdem scheint die Krankheit bei meinem Patienten jetzt, nachdem sie bisher sehr langsam verlaufen ist, zum Stillstand gekommen zu sein. Dafür spricht die Besserung des Allgemeinzustandes und der localen Veränderungen.

Bei der Prognose der Phthise spielen die Vermögensverhältnisse des Kranken eine grosse Rolle. Bei reichen Leuten, welche auch sehr kostspielige hygienische Curen durchführen können, pflegt die Krankheit langsamer zu verlaufen, bei armen endet die Phthise ziemlich rasch mit dem Tode. Es gibt, sagt Eichhorst, keine Krankheit, deren Verlauf so sehr von dem Geldbeutel des Kranken abhängt wie die Phthise. Von dieser Regel machen diejenigen Patienten eine Ausnahme, welche in gut geleiteten Krankenhäusern behandelt werden. Denn hier werden auch den armen Patienten alle erforderlichen Heilmittel mit Einschluss der Gymnastik. Bewegung in freier Luft. Genuss guter und theurer Nahrungsmittel etc. gewährt.

Manche physiologische und krankhafte Zustände, welche den Organismus angreifen, verschlimmern den Zustand des Phthisikers und beschleunigen den Tod. Deshalb muss man Phthisikern das Heiraten verbieten und zwar nicht bloss in Berücksichtigung der künftigen Generation sondern auch deshalb, weil der geschlechtliche Verkehr die Consumption fördert. — Man hat früher phthisischen Müttern das Nähren ihres Kindes angerathen und es war die Meinung verbreitet, dass die Schwangerschaft ein natürliches Heilmittel der Phthise sei. Heute aber ist allgemein die Ueberzeugung verbreitet, dass das Nähren nur schädlich auf phthisische Frauen wirkt, weshalb solche oder auch nur zur Phthise disponirte Frauen keinesfalls nähren dürfen. Ueber den Einfluss der Schwangerschaft sind die Meinungen indes auch heute noch getheilt: Graves, Walshe und Pollock behaupten, dass die Gravidität einen günstigen Einfluss auf den Verlauf der Lungenschwindsucht ausübt, während Grisolle, Lebert u. A. der Meinung sind, dass sie das letale Ende beschleunigt. Wir können bis jetzt aber nicht mit Bestimmtheit angeben, weshalb die Gravidität auf die Phthise günstig einwirkt. Bei einer so unbestimmt und vielgestaltig auftretenden und verlaufenden Krankheit, wie es die Phthise ist, kann man leicht dazu kommen eine Regel als Ausnahme anzusehen und einer Hypothese den Schein der Wirklichkeit zu geben. Zieht man die Thatsache in Erwägung, dass die Schwangerschaft grössere Anforderungen an den Organismus stellt, dass dieselbe häufig mit einer anämischen Blutbeschaffenheit einherzugehen pflegt etc., so muss man schon a priori zu der Ueberzeugung gelangen, dass der Zustand phthisischer Frauen durch eine Gravidität nur verschlimmert wird.

Es ist schliesslich selbstverstänelich, dass die Prognose umso ungünstiger sich gestaltet, je umfangreicher der Zerstörungsprocess in den Lungen wird und je mehr Complicationen auftreten, welche das Allgemeinbefinden des Patienten verschlimmern. So kann z. B. eine im Verlaufe der Phthise auftretende acute Meningitis — von wenigen nicht mit Sicherheit bestätigten Ausnahmen abgesehen — direct zum Tode führen. Circumscripte und einseitige Affectionen verlaufen im Allgemeinen viel günstiger als eine ausgebreitete und auf beide Lungen sich erstreckende tuberkulöse Erkrankung.

DRITTER THEIL.

BEHANDLUNG DER LUNGENSCHWINDSUCHT.

•

Klimatische Behandlung.

I.

Das Klima im Allgemeinen.

Die Erörterung über die Behandlung der Lungenschwindsucht kann ich nicht besser als mit zwei Aussprüchen von Virchow und von Graves einleiten.

Ersterer sagt nämlich: „Die Humanität hat die Aufgabe, die Heilung der Tuberkulose zu finden, wie sie auch die des Scorbuts gefunden hat", und der grosse Kliniker Graves meint, dass es von grosser Wichtigkeit wäre, zu wissen, wie man jemanden phthisisch machen kann um mit der entgegengesetzten Methode die Entwicklung der Phthise zu verhindern. Ohne die Gesetze der Humanität und der Wissenschaft zu verletzen, kann man heutzutage die Phthisiker nicht mehr den physiologischen Hilfsquellen allein überlassen, oder, was noch schlimmer wäre, die armen von Phthise ergriffenen Kranken in den engen Raum eines Krankenhauses einsperren, damit sie dort ohne Hilfe irgend einer Behandlung, den kleinen Rest ihres Lebens zubringen.

Man kann vielmehr noch manches Menschenleben dadurch retten, dass man die hygienischen Heilmittel zeitig und andauernd anwendet, während die tägtäglich mit fieberhafter Vielgeschäftigkeit gesuchten pharmaceutischen Hilfsmittel zwar nicht die gleiche Wirksamkeit haben, aber immerhin im Stande sind, die Qualen der schrecklichen Krankheit zu mildern und zu lindern. Andererseits ist jetzt die von Graves ausgesprochene Hoffnung schon verwirklicht worden, insoferne wir heutzutage ganz genau wissen, wie wir die Entwicklung der Phthise in gesunden Organismen (Meerschweinchen und Kaninchen) erzeugen können. Auch ist es uns jetzt nicht mehr unbekannt, unter welchen klimatischen und hygienischen Verhältnissen die Phthise eine sehr seltene Krankheit ist oder überhaupt nicht vorkommt, und unter welchen diese Krankheit besonders schwer verläuft.

Die Klimatotherapie ist zweifellos wirksamer, als jede andere Behandlungsweise. Dafür sprechen zahllose Zeugnisse. Auf die Wichtigkeit des Klimas weist auch besonders der Umstand. hin. dass Phthisiker instinktsmässig das dringende Bedürfnis haben. in freier Luft, also in einem geeigneten Klima zu leben.

Der Aufenthalt in freier Luft wurde auch von den besten Phthisiotherapeuten (Brehmer in Görbersdorf, Hermann Weber in London. Dettweiler in Falkenstein, Sprengler. Ungler in Davos) als das beste Heilmittel der Lungenschwindsucht empfohlen. Auch Ziemssen räumt der freien Luft die erste Stelle unter den Heilmitteln dieser Krankheit ein. Für sehr viel Fälle gilt ohne Uebertreibung der Ausspruch von Michel Levy: „changer de climat c'est naitre à une nouvelle vie".

Die klimatische Behandlung kann nicht in allen Fällen von Lungenschwindsucht in gleicher Weise angewendet werden. Bei der acuten, sehr schnell verlaufenden Miliartuberkulose zeigt sich die Krankheit jedem therapeutischen Einflusse so wenig zugänglich, dass ein Klimawechsel nicht angebracht und gänzlich unwirksam ist. Nicht angebracht ist eine klimatische Behandlung in solchen Fällen deshalb, weil der stark fiebernde und leidende Patient durch einen Wohnungswechsel die Annehmlichkeit und den Comfort der häuslichen Pflege einbüsst. den er in der engeren Familie geniesst. Bei acuter und weit vorgeschrittener Phthise ist eine klimatische Cur auch unwirksam und inopportun. weil schon die Reise das Leiden verschlimmert. Dasselbe gilt auch von gewissen schweren Complicationen (starken Blutungen. Meningitis. Pneumothorax) die im Verlaufe von chronischer Tuberkulose auftreten.

Die klimatische Cur ist gewöhnlich bei chronischer fibröser Phthise indicirt. Der Nutzen einer solchen Behandlung ist auf die Zusammenwirkung verschiedener Factoren zurückzuführen.

Bruen. welcher neuerdings die verschiedenen klimatischen Elemente auf ihren Wert bei der Behandlung der Phthise einer eingehenden Prüfung unterzog. kommt zu folgendem Schluss: „Das Klima hat für ein zur Tuberkulose disponirtes oder an dieser Affection bereits erkranktes Individuum seinen Wert nicht bloss durch eine einzige oder eine specifische Eigenschaft der Luft oder durch irgend eine Combination meteorologischer Bedingungen. Es entfaltet vielmehr nur deshalb seine Wirksamkeit, weil es eine mehr oder weniger reine Luft darstellt, welche nicht durch Miasmen oder durch unorganische oder organische Substanzen verunreinigt ist. Man kann im Allgemeinen sagen, dass dasjenige Klima zuträglich ist, welches dem Patienten den Genuss von frischer Luft und Sonnenstrahlen gewährt und Bewegung in frischer Luft gestattet. Durch diese Factoren werden Athmung. Verdauung und Blutbildung zu einer starken Activität angeregt."

Nichtsdestoweniger verdienen doch gewisse Elemente, welche zwar nur secundärer Natur, aber doch nicht unwichtig sind, einer sorgfältigen Beachtung.

Vor Allem muss der Boden trocken oder so porös sein, um den Regen aufsaugen zu können. Ein mässiger Grad von atmosphärischer Feuchtigkeit ist nöthig, damit die Luft nicht zu viel Staub enthalte. Was die Temperatur anbelangt, so darf sie nicht allzugrossen Schwankungen unterworfen sein: der Curort braucht nicht sehr hoch zu liegen. Der an eine hohe Lage gewähnte Patient könnte dann nicht ohne grossen Schaden wieder in seine Heimat zurückkehren. Auch hat eine bedeutende Höhe durchaus keinen besonders antagonistischen Einfluss auf die Entwicklung der Lungenschwindsucht; sie kann sogar unter Umständen denjenigen gefährlich werden, welche nicht im Stande sind, die in verdünnter Luft erforderliche grössere Athmungsanstrengung zu ertragen.

Bei der Entscheidung zwichen einem warmen und einem kalten Klima muss man auf die Neigungen des Patienten Rücksicht nehmen. Auch das materielle Behagen des Kranken, seine Bequemlichseiten etc. mus bei der Wahl des Curortes beachtet werden; es soll dort auch für entsprechende Zerstreuung gesorgt sein.

II.

Seecurorte, continentale und Gebirgscurorte.

Seecurorte.

Als Seecurorte werden zum Aufenthalt von Phthisikern gewöhnlich solche empfohlen, welche in einem warmen Klima liegen. Hier wird der therapeutische Effect durch Zusemmenwirken zweier Momente erzielt: durch die Seeluft und durch das warme Klima. Aber nicht alle Seeklimate eignen sich als Luftcurorte in gleicher Weise. In den warmen Curorten kommt die Malaria häufig vor und da zwischen Malaria und Tuberkulose kein Antagonismus besteht, muss man Phthisikern von dem Aufenthalt in sumpfigen Gegenden entschieden abrathen.

Die Haupteigenschaften der Seeluft sind: Beständigkeit, Reinheit, starker atmosphärischer Druck, Feuchtigkeit, stärkere Luftströmung und Gehalt von salzigen Substanzen, namentlich von Brom und Jod. Gewöhnlich pflegt die Seeluft eine constantere Temperatur als die der Continents zu haben und zwar in der Weise, dass der Unterschied zwischen Tag und Nacht einerseits und zwischen Sommer und Winter andererseits, nicht sehr scharf ausgeprägt ist. Bei Tage dringen die Wärmestrahlen viel leichter in das Meer als in den Erdboden: die Oberfläche wird weniger erwärmt, in Folge der starken Verdunstung kommt es zu starker Abkühlung. Während der Nacht ist der Temperaturabfall des Wassers aber gering, weil die Wärmeausstrahlung in dem starken, über der Oberfläche des Wassers schwebenden Dunstkreis einen erheblichen Widerstand findet. Diese zur Erhaltung einer constanten Temperatur günstigen Bedingungen fehlen aber gänzlich im Binnenland, da der Erdboden bei Tag stärker erwärmt wird, die Wärme aber bei Nacht leicht abnimmt. Der Beständigkeit der Temperatur hat man die guten Erfolge des Seeklimas zugeschrieben, so dass Arnould sogar zu dem Schlusse kommt, dass die Wirksamkeit des Seeklimas schliesslich nur auf die Constanz der Temperatur zurückzuführen ist.

Die Reinheit der Luft, das Nichtvorhandensein von Staub, bietet die zweite günstige Bedingung der Seeluft. „Das Meer ist das Grab der in der Luft vorhandenen Pilze" sagt Miquel. Fern von den Küsten steht die Seeluft unter dem Einflusse von heftigen Winden und enthält fast gar keine Mikroorganismen. In 10 Cubikmeter dieser Luft findet man kaum 4—6 culturbare Keime. Die Reinheit der Seeluft nimmt natürlich mit der Entfernung von der Küste zu. So wird die Luft im Saal eines Dampfschiffes (welcher immer mehr Mikroorganismen als die Seeluft enthält) umso reiner, je weiter sich das Dampfschiff von der Küste entfernt.

Die physiologische Wirkung der Seeluft ist nach den Untersuchungen von Beneke eine sedative und eine tonisirende. Gewöhnlich, von zahlreichen Ausnahmsfällen abgesehen, nimmt in Folge der Einwirkung des Klimas der Appetit zu, der Schlaf wird besser, die Frequenz des Pulses und der Athmung nimmt ab, das Nervensystem wird widerstandsfähiger, die Blutbildung nimmt eine gesündere Beschaffenheit an, die Abkühlung des Körpers geht schneller vor sich, weshalb man an der Küste bei gleicher Temperatur mehr das Bedürfniss hat, warme Kleider anzuziehen, als auf dem Continent. Das Körpergewicht nimmt zu, die Verdauungs- und Assimilationsprocesse verlaufen energischer.

Die therapeutische Wirkung der Seeluft scheint mir eine Folge ihrer physiologischen Wirkung zu sein und indirect von den chemisch-physikalischen Eigenschaften der Seeluft abzuhängen. Ich glaube, dass die Constanz der Temperatur, die Reinheit, der Druck und die Intensität der Luftströmungen, sowie auch der Jod- und Bromgehalt die Heilerfolge zur Genüge erklären. Man braucht also nicht den Einfluss des Ozons zur Hilfe zu nehmen, um die günstige Einwirkung des Seeklimas zu erklären.

Im Gegensatz zu G. Sée kann ich schon deshalb dem Ozon die therapeutischen Erfolge des Seeklimas nicht zuschreiben, weil ich mich durch zahlreiche Untersuchungen, welche in meiner Klinik gemacht wurden, überzeugt habe, dass selbst eine lange fortgesetztes Einathmen von Ozon bei Phthisikern erfolglos bleibt.

Die Statistiken von Weber und von Williams zeigen zahlenmässig, welchen günstigen Einfluss die Seeluft ausübt. Abgesehen davon, muss man schon aus dem Umstande, dass zahlreiche Aerzte jährlich vielen Tausenden von Phthisikern rathen, einen Aufenthalt an der See zu nehmen, den berechtigten Schluss ziehen, dass ein derartiger Luftwechsel einen hohen therapeutischen Wert hat. Wenn auch das Seeklima in allen Fällen von tuberkulöser Cachexie gute Dienste leistet, so ist dasselbe doch noch ganz besonders in den Fällen indicirt, wo er sich um secundäre Tuberkulose handelt, die man gewöhnlich Scrophulose zu nennen pflegt. „Schwache und zur Tuberkulose disponirte Kinder nach der See zu schicken", sagt Weber, „ist von unschätzbarem Wert". Ein jährlich mehrere Monate langer Aufenthalt an der See genügt in Familien, die zur Tuberkulose disponirt sind, vollkommen, um die Keime der letzteren zu beseitigen. In anderen Fällen ist es freilich nöthig, dass die Kinder fast das ganze Jahr hindurch an der See leben: sie dürfen nur zur Abwechslung einmal vorübergehend eine kurze Zeit auf dem Continent zubringen. Bei dieser Gelegenheit erwähne ich die Seehospize, welche, zuerst von Barellai gegründet, immer grössere Verbreitung sowohl in Italien wie auch im Auslande finden. Selten ist die Wohlthätigkeit günstiger von der Wissenschaft erleuchtet worden, als bei der Gründung der genannten Hospize, in welchen die heilsame und excitirende Wirkung der Seeluft sich mit dem wohlthätigen Einfluss der Seebäder vereinigt, um die ersten Erscheinungen der Tuberkulose (unter dem Bilde localer und scrophulöser Affectionen) zu beseitigen.

Seereisen.

Für den Nutzen von Seereisen sprachen sich viele Autoren aus andere aber traten als heftige Gegner dieser Heilmethode auf. Foussagrives schliesst aus seinen Studien, dass die unter günstigen Bedingungen ausgeführten Seereisen sich sehr nützlich bei der Behandlung der Lungenschwindsucht erweisen. Diesem Autor stimmen auch Wilson, Faber und Thaon bei. Williams führt eine auf eingehende Untersuchungen gestützte umfangreiche Statistik für den Nutzen langdauernder Seereisen an. Ganz besonders war es Maclaren, der mit grosser Begeisterung für die Aufnahme von Seereisen in die Therapie der Lungenschwindsucht eintrat. Den therapeutischen Nutzen solcher Reisen konnte M. durch eine 92tägige Reise nach Australien sowohl bei sich selbst wie auch bei mehreren Mitreisenden constatiren: Husten und Hämoptoe schwanden, Kräfte und Körpergewicht nahmen zu.

Dagegen behauptet Rochard, dass Seereisen mit wenigen Ausnahmen den Krankheitsprocess beschleunigen, und dass die Phthise an Bord der Schiffe einen viel schnelleren Verlauf als auf dem Lande nimmt.

Auch Leroy de Méricourt meint, dass die Schäden einer Seereise grösser sind als die Vortheile derselben. Cazalas kommt ferner zu dem Schluss, dass die Heilung der Phthise durch Seereisen nichts anderes als eine theoretische Illusion ist.

Während meines langjährigen Aufenthalts in Genua, einer Seestadt par excellence, war ich häufig in der Lage, den Wert von Seereisen bei der Behandlung von Lungenschwindsucht einer eingehenden Prüfung zu unterziehen. So verordnete ich manchmal versuchshalber kurze See-reisen von Genua nach Sicilien, in anderen Fällen länger dauernde, z. B. von Genua nach Alexandrien oder gar bis Amerika. Die Reisen wurden immer auf Segelschiffen ausgeführt. Die erzielten Resultate waren ausserordentlich ermuthigend. Ich will hier keine Zahlen anführen, weil es sich um sehr verschiedenartig in Betracht zu ziehende That-sachen handelt und Vergleichungsmomente fehlen. Wenn ich aber nach den beim Besuch der Kranken empfangenen Eindrücken und nach den Berichten derselben urtheilen soll, so muss ich sagen, dass Seereisen ein sehr wertvolles Unterstützungsmittel in der Behandlung der Phthise darstellen.

Die wesentlichen Vortheile von Seereisen sind, nach ihrer Frequenz aufgezählt, folgende: 1. Verschwinden der Hämoptoe. 2. Appetitzunahme, 3. Verminderung des Hustens und der Expectoration, 4. Zunahme der Kräfte. 5. Verminderung oder völliges Verschwinden des Fiebers.

Ich habe mich besonders über den Heilerfolg der Seereisen bei Hämoptoe gewundert, umsomehr, als ich a priori angenommen hatte, dass Seereisen wegen der eccitirenden Eigenschaft der Seeluft bei Bronchial-blutungen contraindicirt sein müssten. Aber die Beispiele von günstigen Erfolgen namentlich bei Lungenblutungen waren so zahlreich, dass ich sie im gegebenen Falle immer wieder empfehlen konnte. Vielleicht kann der Heilerfolg von Seereisen bei Hämoptoe dadurch erklärt werden, dass der Luftdruck auf der See immer ein höherer ist.

Unter den zahlreichen Beispielen von erheblicher Besserung ja sogar Heilung der Lungentuberkulose in Folge von Seereisen erinnere ich mich namentlich eines jungen Kaufmannes mit vorgeschrittener Lungen-schwindsucht und intercurrirenden Hämoptoeanfällen. Ich hatte denselben mehrere Mal untersucht und auf der linken Seite des Thorax das Vor-handensein von umfangreichen Cavernen constatirt. Da sich zahlreiche Heilversuche als nutzlos erwiesen, so rieth ich dem Patienten, eine länger dauernde Reise nach Amerika auf einem Segelschiff zu machen. Der Patient fuhr, dieser Anweisung entsprechend, nach Buenos-Ayres. Sehr schnell trat eine erhebliche Besserung ein. Die schweren Hämoptoen, an welcher der Patient gelitten hatte, und welche das Leben desselben sehr bedrohten, hörten auf. Der Patient gewann die Ueberzeugung, dass nur Seereisen sein Leiden gänzlich heilen können, gab daher seinen früheren Beruf auf und wählte den als Geschäftsreisender, indem er immer die Reise von Genua nach Rio della Plata macht.

In Neapel habe ich nicht häufig Gelegenheit gehabt, über die Vortheile von Seereisen Erfahrungen zu sammeln und auch in denjenigen Fällen, wo ich eine derartige Behandlungsweise anordnete, schienen mir die Erfolge weniger günstig zu sein. Um diese Erfahrungen wie auch das ungünstige Urtheil zu erklären, welche manche Autoren über den therapeutischen Wert von Seereisen bei Lungenschwindsucht ausgesprochen haben, sind zwei Umstände in Erwägung zu ziehen:

1. Die Neigung der Bevölkerung gewisser Länder zu Seereisen, wie man sie häufig in England und in Ligurien findet. Dieses erklärt zum Theil die günstigen von Williams und mir erzielten Resultate.

2. Die verschiedene Lebensweise, welche am Bord geführt wird und welche für Manche grosse Entbehrungen und Anstrengungen bedingt. Die ungünstige Statistik von Williams und Rochard bezieht sich vielleicht auf Seeleute, welche auf der Reise grossen Strapazen unterworfen sind und dabei in gewisser Beziehung Mangel leiden, während die günstigen Statistiken nur wohlhabende Patienten berücksichtigten, solche Personen, welche auf der Seereise allen möglichen Comfort geniessen können.

Binnenländische Curorte.

Binnenländische Curorte eignen sich dann zum Aufenthalt von Phthisikern, wenn sie folgende Bedingungen oder einen Theil derselben verwirklichen:

1. Ein langer, über den ganzen Tag sich erstreckender Aufenthalt des Patienten im Freien muss zu ermöglichen sein, damit er den Einfluss der reinen Luft, des Lichtes und der Bewegung auf sich einwirken lassen kann. Der Kranke soll den Aufenthalt in engen geschlossenen Räumen vermeiden; damit er in seine Lungen nicht solche Luft einführt, die bereits zu einer früheren Athmung gedient hat. Die wunderbaren Erfolge mancher Curorte sind besonders darauf zurückzuführen, dass der Patient während des ganzen Tages sich im Freien aufhalten kann.

2. Die Luft muss rein sein, sie darf weder Staub noch inficirende Substanzen enthalten. Deshalb eignet sich für Phthisiker die von Staub, Malariakeimen etc. freie Landluft und an warmen Tagen der Aufenthalt in Wäldern, wo die Luft rein und ozonreich ist, ganz besonders aber für solche die aus Städten kommen, wo die Bevölkerung dicht zusammenwohnt, und wo in den Strassen fast beständig Staubwolken ausgebreitet sind.

Um einen Begriff von der Reinheit der Luft in Bezug auf Bacterien zu geben, füge ich hier eine von Prof. Roster gemachte Zusammenstellung der Untersuchungsergebnisse mehrerer Autoren an.

Quantität der Bacterien in der Luft verschiedener Örte.

Orte, aus welchen die Luft entnommen worden ist	Zahl der Bacterien in 1 ccm Luft
Luft auf dem Atlantischen Ocean	0·1
auf hohen Bergen	1·0
im Innern von Schiffen	60
an der Küste (Insel Elba)	90
auf der Spitze des Pantheon zu Paris	200
im Parke von Montsouris	480
in der Stadt Bern	580
in der Stadt Florenz	602
im hygienischen Laboratorium zu Florenz	1250
in der Stadt Paris (Rue de Rivoli)	2480
in den neuen Häusern zu Paris	4500
in den Schindergruben zu Paris	6000
im Laboratorium zu Montsouris	7420
in alten Häusern zu Paris	36000
im neuen Hotel Dieu, daselbst	40000
in der Pitié daselbst	79000
im Hospital Santa Maria zu Florenz	93000

Der wohlthätige Einfluss der eben besprochenen Bedingungen wurde auch durch experimentelle Ergebnisse bei Thieren bestätigt. Legrain paarte tuberkulöse Kaninchen zusammen und sah, dass die Race ausstarb, wenn die Thiere sich in ungünstigen hygienischen Verhältnissen befanden, bei günstigen hygienischen Bedingungen entwickelt sich aber eine grössere Zahl von Generationen.

Brown-Sequard impfte tuberkulöse Massen unter die Haut von Meerschweinchen und beobachtete dann, dass einige derselben am Leben blieben, wenn sie in freier Luft gehalten und gut genährt wurden, dass diejenigen aber, welche in geschlossenen Räumen und unter schlechten hygienischen Verhältnissen lebten, ohne Unterschied zu Grunde gingen. Vor zwei Jahren wiederholte Orudeau dieselben Experimente bei Kaninchen und erzielte gleiche Resultate.

3. Es muss solch ein Ort gewählt werden, wo weder Temperaturschwankungen, noch heftige Winde vorkommen. In einem gleichmässigen und milden Klima lassen sich die katarrhalischen Affectionen am besten vermeiden, welche bekanntlich den Zustand des Kranken erheblich zu verschlimmern pflegen.

4. Der Patient muss in der Lage sein, eine comfortable Lebensweise zu führen. In vielen Curorten ist nämlich die Möglichkeit hierzu nicht gegeben. Die Pensionen, Hôtels oder Privatwohnungen sollen so eingerichtet sein, dass der Kranke bei Wind und Regen in offenen Hallen sich aufhalten kann. In denjenigen Curorten, wo die Patienten eine sehr gute Küche finden, wo sie geeignete gymnastische Uebungen machen können und wo durch passende Zerstreuungen für Belebung des Gemüths des Kranken gesorgt ist, wirkt der wohlthätige Einfluss des Klimas unvergleichlich energischer.

Es ist ja eine bekannte Thatsache, dass die Verdauung bei depressiven Gemüthszuständen sehr darniederzuliegen pflegt. Deshalb darf man bei der Therapie der Phthise die psychische Behandlung des Patienten nicht vernachlässigen.

5. Im Winter müssen warme, im Sommer kühle Curorte gewählt werden. Der Patient darf nicht an einem Orte weilen, wo er durch starke Kälte gezwungen wird, sich viel im Zimmer aufzuhalten.

Es ist empfehlenswert, dass der Patient unter Aufsicht eines Arztes steht, der die speciellen Verhältnisse des Curortes genau kennt. Die Vortheile des letzteren können nur auf diese Weise vollkommen ausgenutzt worden, und der Patient wird so vor Schädlichkeiten bewahrt.

Gebirgscurorte.

Die modernen Klimatologen unterscheiden Gebirge von Höhen, indem die erstere Bezeichnung für Berge von geringerer Höhe als 1800 Meter, letztere aber für mehr als 1800 Meter hohe Berge gilt. In diesem rein praktischen Zwecken gewidmeten Theile des Buches, bespreche ich beide Höhenarten gemeinschaftlich.

Seit der im Jahre 1845 veröffentlichten Arbeit über die Schweiz von Lombard, sind sehr zahlreiche Schriften erschienen, welche die Eigenschaften dieses Klimas namentlich in seiner Beziehung zur Therapie der Lungenschwindsucht besprechen. Als Heilfactoren werden von den Autoren bezeichnet: die niedrige Temperatur, die Verdünnung und Reinheit der Luft, das Licht und die Feuchtigkeit.

Aus dem Werke von Weber entnehme ich die nachstehende Aufzählung der Haupteigenschaften, welche die Höhen- und Gebirgsklimaten auszeichnen. Ich berücksichtige hier namentlich diejenigen, welche sich auf europäische Gegenden beziehen.

1. Geringer Luftdruck, Verdünnung der Luft. Der Luftdruck variirt nur gering und, zwar sowohl im Laufe des Tages als auch in den verschiedenen Jahreszeiten.

2. Niedrige Temperatur der Luft. Lombard fand, dass die Temperatur bei jeder Steigerung von 166 Meter um einen Grad sinkt.

Dieses Zahlenverhältnis wurde auch von Schlagintweit für die Alpen constatirt. Es muss aber darauf hingewiesen werden, dass die Temperaturabnahme nicht immer constant ist und dass auch ein Unterschied zwischen Sommer und Winter besteht.

Im Sommer entsprechen jedem Temperaturabfall von 1 Grad 159, im Winter aber 280 Meter.

3. Eine merkbare Trockenheit der Luft.

4. Stärkere Luftbewegung im Sommer, geringere im Winter in hohen, geschützten mit Schnee bedeckten Thälern.

5. Grosse Reinheit der Luft in Bezug zu organischen, anorganischen und miasmatischen Beimischungen, besonders, wenn die ganze Gegend mit Schnee bedeckt ist (aseptische Luft). Die ersten classischen Untersuchungen von Pasteur und die dann von Miquel ausgeführten zahlreiche Experimente haben gezeigt, dass die Zahl der Keime in demselben Maasse abnimmt, je höher die der Untersuchung unterzogene Luftschicht liegt.

6. Vermehrter Einfluss von Seiten des Lichtes, weil die Gebirgsluft viel leichter von Sonnenstrahlen durchdrungen wird als die Luft der Ebenen.

7. Vorhandensein von Ozon in erheblicher Menge.

8. Wahrscheinlich ein höherer Grad positiver Elektricität.

9. Geringere Feuchtigkeit des Bodens.

Die physiologische Wirkung des Höhenklimas ist eine eccitirende. Die Functionen des menschlichen Körpers werden angeregt und die Constitution dadurch resistenter gestaltet.

Die Verdünnung und die Trockenheit der Luft zwingen die Kranken, welche sich in den betreffenden Curorten aufhalten, von Anfang an häufiger, tiefer und energischer zu athmen. Manche Stellen der Lungen, namentlich die Spitzen, welche unter gewönlichen Verhältnissen nur in sehr minimaler Weise die Respirationsbewegungen mitmachen, betheiligen sich in verstärktem Grade im Höhenklima an der Athmungsthätigkeit. Demgemäss werden die Athmungsmuskeln gekräftigt und wird die in der Lunge kreisende Blutmenge vermehrt. Der Thorax erweitert sich um 1 bis 2 cm (Bauer).

Während also in Höhenorten der Verbrauch an Sauerstoff ein geringerer ist als am Meere, ist hier die Absonderung von Wasser und namentlich von Kohlensäure gesteigert. Die Oxydation des Organismus zeigt eine erhebliche Steigerung.

Die hier beschriebene Einwirkung der Gebirgsluft auf die Athmung hat die Befürchtung erregt, dass eine derartige Luft für Hämoptoiker sehr schädlich sei. Die klinische Beobachtung und die Statistik haben jedoch gezeigt, dass diese Befürchtung in der That unbegründet ist.

Ich will hier nur die Thatsachen bestätigen, dass die Gebirgsluft nicht bloss kein Bluthusten hervorruft, dass sogar Fälle von Hämoptoe in Gebirgsklimaten, ceteris paribus, viel seltener als auf der Tiefebene vorkommen. Auf die Erklärung dieser Erscheinung kann ich an dieser Stelle nicht näher eingehen.

Die kalte frische Gebirgsluft regt den Appetit an und hebt den Ernährungszustand. Auch geht hier die Blutbildung energischer vor sich, die Contractionen des Herzens werden kräftiger und von Anfang an häufiger, die Kräfte des Nervenmuskelapparats nehmen zu, der Schlaf wird leichter und ruhiger.

Die therapeutische Wirkung der Höhenklimas stützt sich auf die Thatsache, dass diese Krankheit bei gewisser Bodenerhebung seltener wird und auf beträchtlichen Höhen ganz und gar verschwindet. So beobachtet man, dass die Phthise in Europa in Gegenden über 1300 m und in Mexico in Gegenden über 2000 m nicht vorkommt. Nach Albert findet man in Briançon (1300 m) und nach Brugges in Samaden (1742 m) keine Lungenschwindsucht.

Corval stellt folgende Mortalitätsziffern an Phthise für verschiedene Höhenorte im Grossherzogthum Baden auf:

Gruppen	Auf 100 Einwohner starben an Phthise
I. Von 3:30—1000 Fuss Höhe	. 3·3
II. „ 1000—1500 „	2·7
III. „ 1500—2000 „	2·5
IV. „ 2000—2500 „	2·7
V. „ 2500—3000 „	. 2.3
VI. Ueber 3000 „	. 2·1

Nach Weber sind zu einer Behandlung in Höhenklimaten in erster Linie diejenigen Fälle indicirt, in welchen es sich um eine Disposition zur Phthisis congenita oder aquirita handelt. Ausserdem stimmen alle Beobachter darin überein, dass eine schon vorhandene, aber im ersten Entwicklungsstadium sich befindliche Phthise in der Höhenluft ein sehr mächtiges Heilmittel findet. Nur bei vorhandenem Herzfehler, bei acuter Lungenaffection oder sehr hohem Fieber ist von einem Aufenthalt in Höhencurorten für den Patienten nichts zu hoffen.

Klimatische Curorte im Besondern.

Lombard in Genf theilt die klimatischen Curorte in zwei Kategorien ein: Die eine umfasst diejenigen Orte, welche mehr sedativ als tonisirend wirken, die andere die mehr tonisirend als sedativ wirkenden. Zu der ersteren gehören Pau, Dax, Amélies-les-Bains, Venedig, Pisa, Rom, zu der letzteren Hyères, Cannes, Nizza, Mentone, Bordighiera, San Remo, Genua, Nervi,

Chiavari. Sestri. Levante, Neapel und Umgegend, Palermo, Catania, Ajaccio, Kairo, die Küsten von Spanien, Algier, Madeira, Mogador. Nach meiner Meinung ist diese Eintheilung mehr theoretisch, als sie der praktischen Erfahrung entspricht, denn ich habe häufig beobachtet, dass ein und dasselbe Klima auf einen Patienten tonisirend, erregend, auf den anderen dagegen sedativ wirkt. Man soll sich daher mehr von den Erfahrungen in den einzelnen Fällen leiten lassen und bedenken, dass die a priori abgegebenen Urtheile häufig sehr trügerisch sind.

Andererseits kann ich nicht zugeben, dass eine Eintheilung der Curorte, wie sie z. B. Lombard angibt, den Vorzug hat, die wesentliche therapeutische Eigenschaft des betreffenden Ortes zu bezeichnen. Wir haben jetzt die Tuberkulose als eine einheitliche Krankheit von parasitärem Ursprung erkannt und können nicht die alte Eintheilung dieser Krankheit in eine torpide und eine erethische Form gelten lassen. Demgemäss kann auch von einer entsprechenden, besonderen Indication nicht mehr die Rede sein. Jene von keinerlei wissenschaftlichem Kriterium gerechtfertigte Gewohnheit, die „torpiden" Phthisiker in die Richtung der Pole, die „erethischen" dagegen in die des Aequators zu senden, hat jetzt glücklicherweise gänzlich aufgehört. Jetzt ist uns die Einheit und der parasitäre Ursprung der Phthise bekannt, und wir können nicht mehr Indicationen aufstellen, welche auf einer ganz anderen Basis beruhen.

Auswärtige Curorte.

Als warme klimatische Curorte sind berühmt: Kairo, Madeira, Malaga, Korfu, Algier, Meran, Montreux, Cannes, Mentone, Nizza, Hyères, Amélies-les-Bains, le Vernet, Pau, Dax, Arcachon, Ajaccio etc. Ich beschränke mich hier darauf, diese Curorte nur zu erwähnen. Die näheren Angaben über dieselben findet der Leser in jedem Lehrbuch der Klimatologie, besonders in den Arbeiten von Lombard und von Weber. Wenn wir hier in Italien unsere Phthisiker nach warmen Curorten schicken wollen, so können wir hierzu die inländischen benützen, die in keiner Weise den auswärtigen nachstehen.

Handelt es sich aber um kalte hochgelegene Curorte, welche eine gewisse Vorbereitung und Anpassung erfordern, so kann Italien mit benachbarten Ländern nicht concurriren. Zweifellos kommt die Phthise in den höher gelegenen Orten unserer Alpen und der Apenninen nur sehr selten vor. Schickt man dorthin die Kranken, so erzielt man einen alle Erwartungen übertreffenden Erfolg. Es fehlen aber dort grosse Gasthäuser, Heilanstalten und andere Einrichtung, welche neben der directen wohlthätigen Einwirkung der Atmosphäre zur Behandlung der Phthise erforderlich sind.

Fremy studirte die verschiedenen in Europa zum Zwecke der Behandlung von Phthisikern gegründeten Heilanstalten an Ort und Stelle und theilt dieselben in 3 Gruppen ein:

1. Geschlossene Anstalten, welche speciell für Phthisiker eingerichtet sind und von einem competenten Arzte geleitet werden:

	Höhe
Görbersdorf	516 m
Falkenstein	435 .

2. Gemischte Anstalten, für Phthisiker und andere Kranken:

	Höhe
Reiboldsgrün (Sachsen)	688 m
Neu-Schmecks (Ungarn)	1005 .
St. Blasien (Schwarzwald)	772 .

3. Offene Curorte, d. h. solche Plätze, welche durch Lage, Klima, Bequemlichkeit der Wohnungen etc. für den Aufenthalt von Phthisikern geeignet sind. Sie bleiben wie die vorher erwähnten Anstalten im Sommer und Winter offen:

	Höhe
Davos	1556 m
St. Moriz-Kulm	1856 .
St. Moriz-Bad	1770 .
Samaden	1728 .
Andermatt	1448 .
Aubure (Vogesen)	800 .

Fremy meint, dass die Behandlung von Phthisikern nur dann von Wirkung ist, wenn sie in geschlossenen Anstalten ausgeführt wird. Unter allen Curorten hat aber Davos in kurzer Zeit den bedeutendsten Ruf erreicht: es kann als Muster für einen wohl eingerichteten Höhenluftcurort gelten.

„Das Thal von Davos, wird zum Winteraufenthalt gewählt", sagt Lombard, „weil die mittlere Jahrestemperatur 2°, die des Winters — 5·86 beträgt. Es herrschte in dem Thale von Davos ein beinahe sibirisches Klima. Seit 1856 wird dasselbe jedes Jahr von einer immer steigernden Zahl von Kranken, fast lauter Phthisikern, besucht. Die Atmosphäre ist dort gewöhnlich klar, denn man rechnet vom November bis März 67 schöne, 45 halbklare und nur 40 Tage mit schlechtem Wetter. So kann der Kranke sich unbedenklich trotz der strengen Kälte sehr lang im Freien aufhalten. Die Kälte wird übrigens wegen des klaren Wetters nicht unangenehm empfunden". Die Anstalten in Davos sind gegen Nordwinde geschützt, und meistens gegen Süden gelegen, so dass sie selbst an kurzen Tagen von 9½—3 Uhr unter dem directen Einfluss des Sonnenscheines stehen. Ausserdem zeichnet sich das Thal von Davos dadurch aus, dass dort im Winter keine Winde herrschen und dass dann die Kälte wegen der Milde und der Trockenheit der Luft nicht sehr unangenehm wirkt. Die Luft hat eine Temperatur von — 15 bis — 20⁰. ·

Davos ist für den Winteraufenthalt sehr gut geeignet. Im März und April beginnt aber der Schnee zu schmelzen, dann entstehen durch starke Winde erhebliche Temperaturwechsel und dasselbe Klima wird dadurch weniger günstig. Viele Kranke müssen daher andere Curorte aufsuchen oder lange Zeit hindurch das Zimmer hüten.

Die A e r o t h e r a p i e ist die wesentliche Basis der Behandlung in Davos. Alle Kranken ohne Ausnahme, müssen mit voller Lunge athmen, sie müssen durch tiefe Inspiration eine gewisse Lungengymnastik ausüben, welche sich in der That als sehr wirksam erweist. Die schwachen Patienten werden, um in freier Luft athmen zu können, in passend eingerichtete Terrassen getragen, wo sie gut zugedeckt, der Einwirkung von Luft und Sonne ausgesetzt bleiben. Die kräftigeren Patienten gehen in der Sonne spazieren und dürfen manchmal auch kleine Anhöhen besteigen.

Während meines langen Aufenthaltes in Genua habe ich häufig Gelegenheit gehabt, Beispiele von in Davos erzielten Heilerfolgen zu beobachten.

In Davos halten sich Phthisiker sowohl während des Winters wie auch im Sommer auf. Dieser Curort ist aber hauptsächlich wegen seiner Wintercur berühmt. Der Monat Juni ist die beste Zeit, um eine Sommercur, der Monat October die beste Zeit, um eine Wintercur zu beginnen.

E n g a d i n. Die folgenden Angaben über das berühmte Engadinthal, welches sich besonders zur Sommercur gut eignet, entnehme ich der Beschreibung von L o m b a r d.

Engadin ist das höchst gelegene Thal Europas, welches das ganze Jahr hindurch bewohnt wird. Während Samaden 1742, Maria-Silz 1805 und Pontoresina 1808 m hoch liegen, befindet sich St. Moriz in einer Höhe von 1855 m. Die Mineralquellen von St. Moriz und von Tarasp geniessen einen europäischen Ruf und ziehen jährlich Tausende von Patienten an. Auch als Luftcurort ist das Engadinthal sehr gesucht, besonders im Sommer: aber auch im Winter halten sich dort zahlreiche Kranke auf, wenn auch weniger als in der warmen Jahreszeit. Der Schnee bleibt 7 bis 8 Monate lang liegen. Ich habe selbst dort im August noch Schnee gesehen, zu einer Zeit, wo in der Tiefebene eine starke Hitze herrschte. Die Lage des Thales ist insofern ungünstiger als die von Davos, weil kalte von benachbarten Gletschern kommende Winde durch dieses Thal ziehen.

In den im oberen Engadin gelegenen Orten Bevers, Maria-Silz und Pontresina sind folgende Temperaturverhältnisse vorhanden. Die Durchschnittstemperatur im Winter beträgt in Bevers — 8·48, im Frühjahr

1·34, im Sommer 11·31, im Herbst 2·77 Grad. In Maria-Silz (in der Nähe von St. Moriz gelegen) betragen die entsprechenden Zahlen — 7·06, 0·79, 10·35 und 2·33, in Pontresina — 7·55, 0·74, 10·0 und 2·34. Die höchsten und niedrigsten Temperaturen sind in allen drei Plätzen gleich, nämlich im Januaer — 8 bis — 9, im Juli 11 bis 12 Grad. In den 5 Monaten zwischen November und März bleibt der Thermometer meistens unterhalb 0 Grad.

Demnach herscht im oberen Engadin stets ein sehr strenger Winter, da in den drei genannten Orten die mittlere Temperatur — 7·70 beträgt (in Davos fällt dieselbe bloss auf — 5·86 Grad). Die Luft ist nebliger als in Davos, denn während hier von November bis März 67 nebelfreie Tage sind, zählt man solche im gleichen Zeitraum im oberen Engadinthal nur 15. Letzteres ist also in Vergleich zu Davos im Nachtheil. Nichtdestoweniger bringen viele Patienten den Winter in den vorzüglich eingerichteten und zahlreich vorhandenen Pensionen der drei genannten Plätze mit grossem Vortheile zu und finden daselbst Genesung von ihrem Leiden. Es gibt im oberen Engadinthale auch Pensionen, die für den Aufenthalt während des ganzen Jahres sehr gut eingerichtet sind.

Görbersdorf und Falkenstein liegen in mittlerer Höhe und haben subalpine Eigenschaften. Görbersdorf in Schlesien hat nach Brehmer in den Monaten Mai bis September eine Durchschnittstemperatur von 14º C. Während dieser Zeit beträgt die Zahl der fast ganz klaren Tage circa 100. Die Luft ist rein. Die Behandlung wird unter steter ärztlicher Ueberwachung nach einer genau vorgeschriebenen Methode in folgender Weise ausgeführt: Die Nahrungsmittel bieten viel Abwechslung. Es wird namentlich Gemüse mit sehr viel Fett verabreicht, ausserdem muss jeder Patient täglich mindestens 1¹⁄₂ Liter reiner Milch trinken. Alkohol geniesst der Patient in Form von Wein (täglich 2—3 Glas Wein). Bier schadet dem Phthisiker. — Treten bei Hämoptoe Erstickungsanfälle auf, so sucht man die etwa im Larynx vorhandenen Blutcoagula zu entfernen. Gelingt das nicht, so reicht man Champagner. — Die wirksamsten antipyretischen Mittel sind die immune Lage der Anstalt und die daselbst herrschenden gute hygienische Verhältnisse. Ausserdem kann man das Fieber noch dadurch bekämpfen, dass man den Patienten ¹⁄₂ Stunde vor dem Anfall ¹⁄₂ Glas Rothwein trinken lässt. Auch kann man ¹⁄₂ Stunde nach dem letzten Frostschauer eine Eisblase aufs Herz des Patienten legen.

Sehr profuse Nachtschweisse können auftreten, selbst wenn keine Spur von Fieber vorausgegangen ist. Zur Bekämpfung dieser Schweisse ist es empfehlenswert, abends eine reichliche Mahlzeit einzunehmen und auch des Nachts etwas Butterbrot und 1—2 Glas Milch mit 2—3 Glas Cognac zu sich zu nehmen. — Kalte Abreibungen zur Hebung des Stoffwechsels sind nur dann indicirt, wenn der Organismus noch kräftig genug ist, um auf Kältereize zu reagiren. — Bei pleuritischen Exsudaten leistet die Douche sehr gute Dienste; dieselbe muss aber durch geübte Hände applicirt werden. — Ich habe es für nöthig gehalten, diese Reihe von therapeutischen Maassnahmen hier mitzutheilen, weil sie sehr wesentlich zu den in Görbersdorf erzielten Heilerfolgen beitragen.

Auch Falkenstein im Taunus liegt nur 450 m hoch und verdankt seinen Ruf weniger seinen besonderen klimatischen Verhältnissen als der sorgfältigen von Dettweiler geleiteten ärztlichen Ueberwachung und Behandlung. Das Klima in Falkenstein zeigt keine wesentliche Vorzüge. Die Luft ist dort nicht — wie es in den Hochthälern der Fall ist — verdünnt. Winde, Regen und Nebel herrschen dort ebenso wie in anderen unter demselben Breitegrad gelegenen Gegenden Deutschlands. Trotz alledem erzielen 25% der Patienten Falkensteins vollkommene Heilung und 27% eine relative Genesung. Dieser Umstand rührt daher, dass die Tuberkulösen hier in einer Anstalt leben, welche direct für solche Patienten eingerichtet und mit allen Hilfsquellen der modernen Hygiene versehen ist. Zu den letzteren gehört namentlich die Athmung von reiner Luft. Es sind dort sehr ingeniöse Vorkehrungen getroffen, um den Patienten zu ermöglichen, zu jeder Jahreszeit, und auch an schlechten Tagen, fast immer im Freien zubringen zu können.

Italienische Curorte.

Diese sind schon von Alters her sehr berühmt, wenn auch die Reclame der letzten Jahre besonders ausländische Curorte begünstigt hat. Ja, man hat sich sogar nicht gescheut, durch eine methodisch fortgeführte, andauernde Zerstörungsarbeit unsere heimischen Curorte in Misscredit zu bringen, indem man die Mängel derselben ungemein übertrieb und ihre Vorzüge verschwieg. Von Neapel hat man besonders behauptet, dass diese Stadt das traurige Privilegium besitze, von Typhus und einer anderen Infectionskrankheit heimgesucht zu werden, welche man als neapolitanisches Fieber bezeichnete. Lebert rühmt zwar die Schönheit und die gesunde Lage des Golfs von Neapel, klagt aber über das hier häufige Vorkommen von Typhusfieber, wie es auch von Aerzten anderer Städte bestätigt sein soll. Aus genauen statistischen Angaben und vergleichenden Beobachtungen ist jedoch zu ersehen, dass Neapel unter den Grosstädten in der That den Vorzug, einer sehr günstigen Morbidität und Mortalität besitzt, und dass Infectionskrankheiten, namentlich Typhus, hier verhältnissmässig selten vorkommen.

Was nun das sogenannte neapolitanische Fieber anbelangt, so habe ich schon vor vielen Jahren nachgewiesen, wie absurd eine derartige Bezeichnung ist. Man will unter derselben eine ihrem Wesen nach

typhusartige Erkrankung verstehen, welche gutartig auftritt und nie
tödtlich endet. Derartige leichte Typhusfieber kommen aber überall vor,
und wenn man solche Erkrankungen in Neapel häufiger findet, so weist
das nur darauf hin, dass schwere und tödtliche Formen des Typhus hier
sehr selten vorkommen.

Dass diese Thatsache richtig ist, hat sich namentlich in den letzten
Jahren gezeigt, nachdem Neapel durch eine vortreffliche Leitung mit
vorzüglichem Wasser versehen worden ist. Nach Fertigstellung des
Sielsystems (was in kurzem der Fall sein wird) wird dann die Frequenz
der Infectionskrankheiten zweifellos auf ein Minimum sinken.

Um nur zu zeigen, mit welcher mangelhaften Kenntnis unserer
Verhältnisse man auswärts über das Klima Italiens und namentlich
Neapels schreibt, citire ich folgenden Passus über „den Himmel Italiens",
den ich aus dem Werke von C. James (Guide pratique aux eaux minerales,
aux bains de mer et aux stations invernales. Paris 1882.) entnehme:
„Italien, welches sich in unseren Augen immer noch das alte Prestige
bewahrt hat, ist weit, sehr weit davon entfernt, der Vorstellung, die wir
uns über den Himmel und das Klima dieses Landes zu machen pflegen,
in Wirklichkeit zu entsprechen. Es ist nämlich jetzt, namentlich nach den
Untersuchungen von Carrière, eine festgestellte Thatsache, dass in ganz
Italien, mit Ausnahme von S. Remo, Pisa und Venedig, kein einziger Ort
vorhanden ist, welcher als geeignete Zufluchtsstätte für Phthisiker betrachtet werden könnte. Genua, Mailand, Florenz und auch Rom haben
solch hochgradige atmosphärische Störung, dass der Aufenthalt in diesen
Städten auf Phthisiker geradezu schädlich wirken muss. Dasselbe gilt
auch von Neapel, da der westliche Theil des Golfes mit Malaria durch-
seucht ist, während der östliche Theil desselben von starken Winden
durchweht wird, welche vom Sarno Nebel und vom Vesuv Vulcanstaub
heranziehen". Dieses Citat zeigt klar und deutlich, wie irrig solche
Anschauungen sind. Selbst das Körnchen Wahrheit, welche in demselben enthalten ist, dass namentlich im westlichen Theile Neapels Malaria
vorkommt, entspricht jetzt, nach Trockenlegung des Sees von Aguano,
nicht mehr der Wirklichkeit, da durch diese Trockenlegung die Malaria
in der bezeichneten Gegend fast ganz geschwunden ist.

Es ist von Wichtigkeit, darauf hinzuweisen, dass die Tuberkulose
zwar in Neapel, wie überhaupt in ganz Italien häufig vorkommt, aber
immerhin nicht so häufig, wie in anderen Theilen Europas. Ich beziehe
mich hier auf die exacten statistischen Untersuchungen von Prof. Sormani, welche zu folgenden Ergebnissen führten:

a) Die Tuberkulose kommt relativ weniger häufig in Italien, als in
Frankreich, Belgien, Oesterr.-Ungarn und Deutschland vor. Dagegen zeigt
England und Spanien eine geringere Frequenz.

b) Die Tuberkulose und die Phthise treffen wir in Italien häufiger in den nördlichen als in den südlich gelegenen Städten.

c) Die Mortalität in Folge von Phthise zeigt in Belgien, England und Italien die Tendenz, sich zu verringern.

Unter den Küstenplätzen, welche sich als geeignet für die Behandlung der Phthise zeigen, werden besonders die Riviera von Genua, Pisa und der Golf von Neapel gerechnet. Unter den beiden Rivieren (Riviera di Ponente und Riviera di Levante) ist die erstere als wirksamer zu empfehlen. Aber auch in der Riviera di Levante liegen sehr vortreffliche Curorte, wie Nervi, S. Marghnrita, Rapallo, Chiavari und Spezia. Die wichtigsten unter denselben sind Rapallo und Nervi, namentlich der letztere. In Gemeinschaft mit Prof. Maragliano habe ich besonders auf die Vorzüge des Klima von Rapallo hingewiesen. Nervi wird von keinem der im Süden von Frankreich oder in der Riviera di Levante gelegenen Curplätze übertroffen. Es ist dort in so vortrefflicher Weise für Wohnung gesorgt, dass auch an reichen Luxus gewöhnte Patienten befriedigt werden können.

Die Riviera di Ponente ist wegen ihres warmen Klimas am berühmtesten. Wer, wie die Phthisiker, das Bedürfnis nach Sonne, Licht, Wärme hat, wer gerne möglichst viel im Freien leben will, findet in dieser Riviera den geeignetesten Aufenthalt. Die Kranken pflegen sich dort von Mitte October bis gegen Ende April aufzuhalten. In dieser Zeit beträgt die Temperatur + 9 bis + 12 und noch mehr Grad Celsius. Die Luft ist ruhig und hat eine mittlere Feuchtigkeit von 65 bis 70%. Der Himmel ist klar, nur selten bewölkt. Die Zahl der schönen Tage beträgt 110—120, die der ganz bewölkten Tage aber nur 12—20, und es regnet während der ganzen sechsmonatlichen Saison nur an 40 bis 50 Tagen, an welchen der Patient mit einiger Vorsicht fast jeden Tag immerhin 1—2 Stunden im Freien zubringen kann. Die Lage in unmittelbarer Nähe des Meeres ermöglicht eine genügende Ventilation. Heftige Winde kommen aber doch nur selten und zwar im December und im Januar vor (Weber).

Man hat die Riviera di Ponente als einen für Phthisiker geeigneten klimatischen Curort praktisch schon zu einer Zeit erkannt, als sie von Aerzten noch nicht studirt und empfohlen wurden. In einem im Jahre 1876 erschienenen Buche über das Klima von Italien sagt Carrière: „In der Riviera di Ponente fehlt es an Aerzten, nicht aber an Patienten. Diese haben schon seit vielen Jahren ohne ärztliche Empfehlung, angelockt von dem grossen Ruf, den diese Gegend geniesst, die Curorte an der Riviera bevölkert und besuchen diese Plätze immer wieder, weil sie sich von der vortrefflichen Wirkung, welche das dortige Klima auf ihr Leiden ausübt, überzeugt haben. Die Aerzte haben sich wirklich nicht beeilt. Anstatt die ersten zu sein, welche solche Heilorte auffinden, haben sie es vorgezogen, ruhig abzuwarten, bis die Riviera ihren Ruf von selbst verbreite, und sind die letzten geblieben".

Die Hauptcurorte der Riviera di Ponente sind Pegli, Alassio und San Remo.

Pegli hat wie andere am Golf von Genua gelegenen Orte und wie das an der anderen Seite liegende Nervi eine erheblich grössere Zahl von Regentagen. Manche Stellen sind aber sehr geschützt, wie z. B. das Grand Hôtel, und eignen sich sehr wohl zum Aufenthalt von Kranken.

Alassio hat in wenigen Jahren einen grossen Ruf erlangt, so dass dort in kurzer Zeit sehr viele Paläste entstanden sind, welche direct zu Wohnungen für Kranke und deren Familien eingerichtet sind. Es war namentlich Schneer, der die ungewöhnlichen Vorzüge dieses Ortes ins rechte Licht gestellt hat. Leider wurde Alassio durch ein Erdbeben, welches die ganze Riviera di Ponente heimsuchte, sehr arg verwüstet. Die mittlere Jahrestemperatur von Alassio beträgt 16·4⁰ und die der kältesten Monate 11·05⁰. Ausserdem sind die Tage mit schönem Wetter, welche die Kranken im Freien zubringen können, sehr zahlreich.

San Remo wird unter allen oberitalischen Plätzen am meisten zu klimatischen Curen der Tuberkulose benützt. Es gibt dort tüchtige Aerzte verschiedener Nation, welche sich mit Liebe der Behandlung von Schwindsüchtigen widmen. Unter den italienischen Aerzten nenne ich besonders Dr. Martemucci, weil dieser ausserordentlich fleissig und eingehend alle für die Behandlung der Tuberkulose nützlichen und schädlichen hygienischen Einflüsse studirt hat, so dass die von ihm geleiteten Curen ein sehr günstigeres Resultat erzielen. Solche Erfolge verdankt man der Correctur kleiner hygienischer Sünden, der Befolgung gewisser scheinbar unwichtiger und nebensächlicher Vorschriften, welche aber doch zur Erzielung eines guten Resultates beitragen.

San Remo erfreut sich eines warmen, trockenen, eccitirenden Klimas. Gegen Norden ist der Ort durch eine dreifache Reihe von Bergen geschützt, welche 150—2500 m hoch sind. Die meteorologischen Beobachtungen zeigen dass San Remo eine gleichmässigere und wärmere Temperatur als Nizza, Cannes und Hyères hat. Das dortige Klima hat grosse Aehnlichkeit mit dem von Mentone, es ist sogar noch wärmer als der Jahresdurchschnitt der Temperatur beträgt, nämlich 20·0⁰. (Der Durchschnitt der Wintermonate 11·2⁰.) Der Luftdruck erreicht im Durchschnitt 761·43 mm und schwankt innerhalb 18·94 mm. Die relative Feuchtigkeit beträgt 66·7% und ist zu allen Jahreszeiten ziemlich gleich, nur sind erhebliche Tagesschwankungen nicht selten. Im Laufe des ganzen Jahres kommen nur 60 Regentage vor, der Regen dauert aber nur einige Stunden. In den 5 Wintermonaten (November bis März) kommen im Durchschnitt 52 ganz klare, 69 gemischte,

33 neblige. 26 regnerischen und nur ein einziger stürmischer Tag vor. Diese meteorologische Thatsachen, deren Richtigkeit übereinstimmend von allen denjenigen Aerzten bestätigt wird, die sich mit klimatologischen Untersuchungen der Riviera beschäftigt haben, beweisen offenbar, das San Remo ein ganz besonders vortrefflich gelegener Curort ist, welcher nach gewisser Richtung hin andere berühmte Küstencurorte übertrifft.

Venedig wird als klimatischer Curort deshalb empfohlen, weil es staub- und malariafrei ist, weil in dieser Stadt sehr grosse Ruhe herrscht und weil die Temperatur daselbst eine fast constante ist. Ganz besonders werden nach Venedig solche Phthisiker geschickt, welche an heftigem, krampfhaftem Husten, nervösen Störungen und Schlaflosigkeit leiden. Bei ruhiger Luft, die nur selten und auch dann nur auf kurze Zeit durch Winde bewegt wird, gibt es für den Phthisiker nichts Angenehmeres, als auf einer Gondel sanft über die Wasserfläche zu gleiten. Diese behagliche Ruhe, wird von keinem Geräusche unterbrochen.

Pisa muss zu den besten Winterstationen gerechnet werden. Lombard, welcher dort eine Zeitlang zugebracht hat, spricht von Pisa mit dem grössten Enthusiasmus. Der bessere Theil der Stadt liegt am rechten Ufer des Arno und ist gegen nördliche, nordwestliche und südwestliche Winde geschützt. Die mittlere Jahrestemperatur beträgt 15·8° und gleicht also der von Rom; sie ist höher als die von Nizza und Hyères, aber niedriger als die von Cannes, Mentone und San Remo. Die mittlere Wintertemperatur beträgt 7·8°. Temperaturschwankungen kommen in Pisa nur in sehr minimalem Grade vor. Der Kranke athmet, sagt Lombard, diese sanfte Luft und hat dabei das Gefühl, als ob er in ein Oelbad tauche, welches alles Rauhe glättet und jede Erregung sänftigt.

Ein Nachtheil von Pisa besteht in der grossen Zahl der hier vorkommenden Regentage.

Neapel, Pozzuoli, Castellamare, Salerno etc. Ich bespreche hier in Kurzem die wichtigsten neapolitanischen Curorte, indem ich darauf hinweise, dass die auf Sicilien gelegenen, wie Palermo, Catania etc. denselben sehr ähnlich sind.

Das Klima Neapels ist bei einer durchschnittlichen Jahrestemperatur von 16° ein sehr mildes (der mittlere Luftdruck beträgt 748·2 und die jährliche Regenmenge 875 mm). Man hat demselben eine eccitirende Eigenschaften zugeschrieben und zwar sowohl durch die dort herrschenden Luftströmungen, wie auch wegen der Lage am Meere und der Vesuvdämpfe. In der That lehrt die Erfahrung, dass Patienten mit chronischer Phthise, welche aus der Provinz nach Neapel kommen, hier eine Zunahme des Appetits und der Kräfte und Abnahme des Bronchialsecrets und des Hustens erfahren. Nebel kommt in Neapel selten vor, dagegen regnet es häufig (70—100 Regentage jährlich). Die mittlere Luftfeuchtigkeit beträgt 68%.

Pozzuoli, westlich von Neapel gelegen, ist ein sehr warmer und sonniger Ort. Hier versammelt sich jährlich eine grosse Zahl von Phthisikern, welche nicht bloss eine vortreffliche klimatische Behandlung finden, sondern auch eine Inhalationscur durchmachen können. (Siehe weiter unten Cap. V.).

In unmittelbarer Nähe von Neapel liegt Barra, ein feuchter und niedrig gelegener Ort, der sich für erethische Tuberkulose sehr gut eignet.

„Zwischen Castellamare und Sorrento (im Vicogebirge) können wir", sagt Prof. Spatuzzi, „Curorte darbieten, welche den in der Schweiz, zwischen 488 und 1000 m über dem Meere gelegenen Ortschaften gleichen. Andererseits zeigt die Küste von Pozzuoli grosse Aehnlichkeit mit der Riviera di Ponente, und ist bis Camaldoli durch eine Reihe kleiner Berge geschützt".

In den italienischen Alpen und in der langen Kette der Apenninen liegen viele Ortschaften, welche alle Bedingungen darbieten, die sie zu einem Gebirgsluftcurort geeignet machen. Ich habe zahlreiche Phthisiker nach den Seealpen, nach Piemont und nach den ligurischen Apenninen geschickt und bin mit den dort erzielten Erfolgen sehr zufrieden. Auch in Venetien, Toscana, Calabrien und in der Lombardei liegen manche Alpencurorte. Wir haben sogar in Italien solche Gegenden, welche alle Eigenschaften eines nördlichen Klimas besitzen: solche liegen z. B. im Silagebirge (in Calabrien). Ich kenne mehrere Beispiele von schwachen skrophulösen und anämischen Personen, welche dort vollkommene Heilung gefunden haben.

Unsere Alpencurorte sind noch nicht allgemein bekannt: sie werden daher nur von den Pthisikern der benachbarten Orte besucht. Es fehlt in vielen derselben leider an geeigneten Wohnungen, Sanatorien und in einigen sogar an Aerzten, namentlich an solchen, welche sich speciell mit dem Studium der Phthise beschäftigt haben.

Deshalb können die italienischen Alpencurorte nicht den ihnen gebührenden Ruf erlangen und sind daher weniger als die Deutschlands und der Schweiz bekannt.

Ueber klimatische Curen im Allgemeinen.

Zur klimatischen Cur der Phthise ist nicht durchaus der Aufenthalt in einem Orte von ganz bestimmtem klimatischen Charakter nothwendig. Nur muss der Ort solche Bedingungen bieten, die es dem Phthisiker erlauben, möglichst viel im Freien zuzubringen und reine gute Luft zu athmen. Wenn auch Küstenorte und Gebirgsorte ganz sich entgegengesetzte

Eigenschaften haben, so können doch sich hier und dort Phthisiker mit grossem Vortheil für ihre Gesundung aufhalten, denn hier wie dort ist die Luft rein und staubfrei. Da aber für gewisse Krankheitsformen die Berücksichtigung des Luftdruckes von Wichtigkeit ist, so besteht doch in der Indicationsstellung zwischen Seeplätzen und Gebirgsorten ein bestimmter Unterschied. „An der Seeküste", sagt Sée, „übt der sehr starke Luftdruck auf Phthisiker einen ebenso günstigen Einfluss aus, wie die verdünnte Luft im Gebirge. Dort wirkt die sehr sauerstoffreiche Luft, der Entwicklung von Mikroben entgegen, hier erleichtert die dünne Luft die Ventilation der Lungen und verhindert die Bacillen, sich anzustauen und zu vermehren".

Aus dem Umstand, dass die Phthise in Eisregionen und auf sehr hohen Gebirgen nicht vorkommt, darf man keinesfalls den Schluss ziehen, dass nur die Kälte und die dünne Beschaffenheit der Gebirgsluft, das einzige Heilagens bei der so complicirten Wirkung der Klimaten sind. Wenn die Phthise im hohen Norden und in hoch gelegenen Gebirgsgegenden eine seltene Krankheit ist, so ist die Ursache in dem mangelhaften Verkehr zwischen diesen Orten und anderen, wo die Phthise herrscht, zu suchen. Auch bei zerstreut in Wäldern lebenden Nomadenstämmen die fern von Städten und bevölkerten Gegenden sich aufhalten, ist die Phthise eine seltene Erscheinung. Dagegen breitet sich diese Krankheit in demselben Maasse aus, wie die Bedürfnisse und die Vielgestaltigkeit des Culturlebens zunehmen. Das kann man an den Bewohnern der Südseeinseln und gewisser Gegenden Amerikas und Afrikas constatiren: Sobald nämlich die Bewohner solcher uncultivirten Gegenden mit cultivirten Völkern in Berührung gekommen sind, wurden sie stets von der Tuberkulose decimirt.

Zum Beweise dafür, dass der blosse Einfluss des Höhenklimas allein nicht genügt, um gegen Phthise immun zu machen, brauche ich nur an die grosse Zahl der Mönche auf dem hochgelegenen Sct. Bernhard hinzuweisen, welche sehr zahlreich an Phthise leiden, ferner auf die Arbeiter in Jone, Chaux de Fonds und in anderen Gebirgsorten, welche der Phthise zum Opfer fallen, gleich als ob sie in einer Grosstadt wie Berlin lebten. Wollte man aber aus vielen entsprechenden Thatsachen schliessen wollen, dass die Phthise in den Hochebenen nur deshalb selten vorkommt, weil die Bewohner desselben isolirt leben, und dass die geographische Lage eines Ortes durchaus keinen Einfluss auf das Auftreten der Phthise hat, so würde man einen schweren Irrthum begehen. Die Eingeborenen von Davos, welche anderwärts an Tuberkulose erkranken, werden wieder gesund, wenn sie in ihre Heimat zurückkehren, bevor noch die Krankheit erhebliche Fortschritte gemacht hat. Der Nutzen, welchen der Aufenthalt im Hochgebirge den Phthisikern gewährt, ist so evident, dass man dem Einfluss von Höhenlage und Kälte nicht jeden

Wert absprechen und alles nur äusseren vom Klima unabhängigen Zuständen zuschreiben kann.

Der Wechsel des Aufenthaltsortes leistet den Phthisikern sehr grosse Dienste. Reichen Patienten muss man daher entschieden anrathen, sich diesem wohlthätigen Einfluss zu unterziehen und eventuell den einmal gewählten Curort zu wechseln, wenn die Heilwirkung desselben sich erschöpft hat. Selbst wenn zwischen den beiden Curorten nur ein geringer klimatischer und hygienischer Unterschied besteht, so ist der später gewählte immer noch im Stande weitere Vortheile zu gewähren.

Es ist immer eine schwere, manchmal eine kaum zu lösende Aufgabe, das für einen bestimmten Fall geeignetste Klima auszuwählen und à priori zu sagen, dass gerade dieses die besten Dienste leisten werde. Manchmal kann man nur auf experimentellem Wege das Richtige treffen. So habe ich manche Phthisiker gesehen, die in Spezia und Pegli sich gar nicht wohl befanden, sich dagegen in Nervi und Sct. Remo erheblich besserten — und so auch umgekehrt. Eine absolute, maassgebende Norm lässt sich nicht aufstellen. Der Ausgang einer klimatischen Cur ist vielmehr von den verschiedensten vorher nicht zu berechnenden Umständen abhängig.

Bei minder bemittelten Kranken, welche, zu reisen nicht gewohnt sind, und fern von ihrer Heimat und ihrer Familie in mangelhaft eingerichteten Pensionaten die zärtliche Pflege der Verwandten, auch den Comfort entbehren müssen, den sie zu Hause geniessen, bei solchen Phthisikern muss man von einer klimatischen Cur absehen, da eine solche ebenso inhuman ist wie sie nicht im Stande wäre, den gewünschten Heilerfolg zu bringen.

Ebenso muss der Arzt von einer klimatischen Cur abrathen, wenn es sich um einen Fall von bereits weit vorgeschrittenen Phthise mit schweren acuten Erscheinungen oder mit erheblicher Complicationen handelt. Im Allgemeinen habe ich aber gesehen, dass auch sehr heruntergekommene Phthisiker die Strapazen der Reisen merkwürdigerweise sehr gut vertragen können. Deshalb können wohlhabende Phthisiker auch unter ungünstigen körperlichen Bedingungen eine klimatische Cur unternehmen, weil eine solche einen sehr günstigen psychischen Eindruck macht und dem schnellen Fortschritte der Krankheit einigermaassen Einhalt gebieten kann.

Der Arzt soll die Klimatologie nicht bloss aus Büchern, sondern auch durch persönliche Anschauung kennen lernen. Reisen in verschiedenen Gegenden bereichern den Geist des Arztes mit einer grossen Zahl von speciellen Kenntnissen, die in keinem Buche verzeichnet sind; sie ermöglichen, dem Arzt bestimmte Vorschriften zu ertheilen und die tausendfaltigen Umstände, die bei der Wahl eines Curortes neben dessen klimatischen

Verhältnissen den Erfolg oder den Misserfolg einer Cur bestimmen, richtig zu würdigen. Und wenn die Zöglinge von Ingenieurschulen jedes Jahr lange Studienreisen machen, so müssten solche nothwendigerweise von jungen Aerzten ausgeführt werden, damit sie die klimatischen Curorte, deren Gebrauch sie ihren Patienten anzurathen haben, aus eigener Anschauung kennen lernen.

Zweites Capitel.

--

Ernährungscur.

Die Frage, ob zur Heilung der Phthisiker die klimatische oder die Ernährungscur wichtiger sei, halte ich für sehr schwer zu beantworten oder vielmehr die Aufstellung derselben für müssig. Im Allgemeinen herrscht die Meinung vor, dass Phthisiker vor Allem reine Luft athmen müssen, indem sie entweder in Pavillons, Veranden oder offenen Hallen ruhig liegen oder, wenn sie dazu im Stande sind, sich im Freien bewegen. (Dettweiler) Dujardin-Beaumetz legt aber bei der Behandlung der Tuberkulose das Hauptgewicht auf die Ernährung; für ihn ist die Heilung der Tuberkulose nichts anderes, als eine Ernährungsfrage. „Die Prognose der Tuberkulose", sagt er, „hängt ganz und gar von der Integrität der Verdauungsorgane ab. Bleiben die Functionen derselben normal und in ihrer vollen Thätigkeit erhalten, so ist der Zustand des Kranken ein befriedigender, selbst dann, wenn die Lungenveränderungen weitere Fortschritte machen.“ Ich glaube, dass Dujardin-Beaumetz hier die Folgen mit den Ursachen verwechselt hat. Wenn nämlich bei einem Phthisiker der Krankheitsprocess zeitweilig zum Stillstand gekommen ist, dann nimmt der Appetit secundär zu und die Ernährung bessert sich. Andererseits habe ich viele Phthisiker gekannt, welche sehr schnell verfielen, obgleich sie einen guten, ja sogar einen sehr guten Appetit hatten. Bei diesen machte das Fieber wie auch der locale Process sehr erhebliche Fortschritte und zerstörte die durch die gute Ernährung erzielten Vortheile ganz und gar. Eine andere Beobachtung, die ich sehr häufig gemacht habe und die zu Gunsten einer klimatischen Cur spricht, ist folgende: Durch Wechsel des Wohnortes und durch die Wahl eines guten Klimas vermindern sich oder verschwinden manche sehr schwere tuberkulöse Erscheinungen schon nach wenigen Tagen; ändert man dagegen nur die Ernährungsweise, so beobachtet man eine derartige Besserung nur höchst selten. Jedenfalls darf man aber die Wichtigkeit einer passenden und geeigneten Ernährung der Phthisiker nicht verkennen.

Eine reichliche Nahrungszufuhr, welche einen Theil der von Weir-Mitchell angegebenen Behandlungsweise bildet, wurde besonders von Debove empfohlen und dann auch von Dujardin-Beaumetz, Wims, Peiper, Kurlow u. a. gerühmt. Debove erkannte in Uebereinstimmung mit vielen anderen Aerzten, dass eine langsame Inanition sehr erhebliche Gefahren bei Phthisikern erzeugen kann. Er machte ferner darauf aufmerksam, dass in Krankheitszuständen, also auch bei der Phthise die physiologische Beziehung zwischen Appetit und Verdauungskraft des Magens sich ändert und zwar in dem Sinne, dass ein Patient mit sehr geringem Appetit doch im Stande ist, recht gut zu verdauen. Demnach begann er Mastversuche zu machen, und zwar zunächst bei einem Phthisiker mit weit vorgeschrittener Cachexie, indem er durch eine Magensonde Milch, Fleisch und Eier in den Magen einführte (täglich 4—10 Eier, 200 *gr* Fleisch und 2 Liter Milch). Die mit dieser Behandlung erzielten Resultate waren sehr befriedigend. Der erste auf diese Weise ernährte Patient, wie auch andere cachectische Tuberkulöse, nahm an Gewicht und Körperkräften zu, das Allgemeinbefinden besserte sich in auffallender Weise.

Nach Dujardin-Beaumetz eignet sich eine derartige Mastcur besonders für solche Phthisiker, welche an Erbrechen, Dyspepsie und Appetitlosigkeit leiden. Er lässt nämlich 100—150 *gr* fein geschabtes Fleisch mit Eiern durchrühren und zu diesem dann circa ¹/₂ Liter Milch hinzufügen. Diese Mischung wird durch eine Magensonde eingegossen und dann noch ¹/₂ Liter Milch hinzugefügt. Letztere kann man je nach der vorhandenen Indication entweder mit 4—5 Löffel Pepton. mit 150—200 *gr* Leberthran oder mit etwas Pepsin oder Pankreatinin mischen. Die Erfolge dieser Behandlung sind folgende: das Erbrechen hört auf, die Appetitlosigkeit schwindet, die Kräfte und das Körpergewicht nehmen zu, Schweisse und Husten werden vermindert. Dabei hat der Autor die merkwürdige Thatsache beobachtet, dass Kranke, welche nicht die geringste Nahrung zu sich nehmen konnten, ohne sie beim nächsten Hustenstoss auszubrechen, doch im Stande waren, die ihnen durch die Magensonde eingeflösste Nährmischung bei sich zu behalten und ganz gut zu verdauen. Die Function der Verdauungsorgane war also trotz gänzlicher Appetitlosigkeit sehr gut erhalten.

Ich habe bald, nachdem die Ernährungsmethode von Debove und von Dujardin-Beaumetz bekannt geworden war, dieselbe auch in meiner Klinik bei zahlreichen Tuberkulösen angewendet. Nach mehreren Vorversuchen mit verschiedenen Apparaten bin ich schliesslich dazu gekommen, mich behufs Ausführung der beschriebenen Mastcur der von

Galante in Paris construirten Vorrichtung zu bedienen. Diese besteht nämlich zunächst aus einem elastischen Gummirohr, welches jedoch kürzer als die gewöhnliche Magensonde ist und nur bis in die obere Hälfte des Oesophagus hineinreicht. Man kann das Rohr sehr leicht einführen, weil es mit einer Mandrin versehen ist, wodurch es rigide gemacht wird. Befindet sich die Sonde in der richtigen Lage, so wird der Führungsstab herausgezogen, das äussere Ende mit einem Gummirohr und dieses mit einer die Nährmischung enthaltenden Flasche verbunden. Mit Hilfe einer kleinen Pumpe wird die Nährmischung sehr leicht in die Sonde und so in den Magen befördert.

Diese Behandlung ist nicht frei von manchen Unzuträglichkeiten. Die Einführung der Sonde ist bei den zum Husten und Erbrechen sehr leicht geneigten Phthisikern nicht leicht. Der Reiz, den die Berührung der Sonde mit Pharynxschleimhaut ausübt, erzeugt manchmal solche heftige Reflexbewegungen, dass der Patient sich hartnäckig und energisch gegen die Ausführung der Methode wehrt.

Ich habe zu der beschriebenen Masteur eine Mischung von Fleischpulver oder Ochsenfilet mit Milch, Eiern, Pepton und Wein verwendet. Die von mir mit dieser Methode erzielten Resultate waren im Allgemeinen nicht sehr befriedigend. Es wurde freilich zuerst eine Steigerung des Körpergewichtes erzielt, auch die Körperkräfte nahmen zu und der Allgemeinzustand besserte sich. Bald aber folgten gewöhnlich starke Verdauungsbeschwerden, Magendruck, Diarrhöe etc. Während ich daher früher die Masteur bei fast allen Phthisikern durchzuführen suchte, bin ich durch die gewonnenen Erfahrungen dazu gekommen, die Zahl der so behandelten Fälle immer mehr zu verringern, so dass ich das beschriebene Ernährungsverfahren jetzt nur in Ausnahmsfällen in Anwendung bringe, nämlich nur dann, wenn offenbar das von Debove bezeichnete Missverhältnis besteht, indem bei gut erhaltener Verdauungsthätigkeit vollkommene Appetitlosigkeit vorhanden ist. Diese Erscheinung kommt, wie meine Beobachtungen mich gelehrt haben, manchmal dann vor, wenn der Patient eine Zeit lang in einer ungeeigneten oder einförmigen Weise ernährt worden ist.

Dieselben Erfolge, die man in manchen Fällen durch Ausführung der Masteur erzielt, kann man auch dadurch erreichen, dass man den Patienten eindringlich zuredet. Sie pflegen sich dann doch herbeizulassen, eine ebenso grosse Nahrungsmenge, wie man sie mit Hilfe der Sonde einführt, auf gewöhnliche Weise zu verzehren. Mancher Patient, der eine Masteur durchgemacht hatte, versicherte mich, dass er die ihm mittels Sonde beigebrachte Nahrung weit lieber auf natürlichem Wege zu sich nehmen würde.

Demnach finde ich die Anwendung der von Debove und Dujardin-Beaumetz in die Phthisiotherapie eingeführten Ernährungsmethode mit Ausnahme von wenigen seltenen Fällen nicht indicirt.

II.

Speisen und Getränke.

Die einzelnen Nahrungsmittel.

Milch wird schon von Alters her zur Ernährung von Phthisikern angewendet. Früher verordnete man vielfach Frauen- und Eselsmilch. Heutzutage begnügt man sich aber mit der überall käuflichen Milch und legt auf die Herkunft derselben keinen Wert. Aus folgender Tabelle ist die Zusammensetzung der verschiedenen Milcharten ersichtlich:

100 Theile Milch enthalten	Frauenmilch	Kuhmilch	Ziegenmilch	Eselsmilch
Wasser	88·9	85·7	86·4	89·0
Feste Substanzen .	11·1	14·3	13·6	10·9
Casein	3·9	4·8	3·4	3·5
Albumin .	—	0·6	1·3	
Butter	2·6	4·3	4·3	1·8
Zucker	4·4	4·0	4·0	5·0
Salze	0·1	0·5	0·6	

Aus dieser Tabelle ist ersichtlich, dass die Milch ein vollkommenes Nahrungsmittel in dem Sinne ist, dass dieselbe allein zur Ernährung genügt. Diese Thatsache erhellt nicht bloss aus der chemischen Zusammensetzung, sondern auch aus der Thatsache, dass die Milch zur Ernährung aller jungen Säugethiere dient. Ziegen- und Kuhmilch enthalten mehr Butter und Casein und sind daher nahrhafter; Frauen- und Eselsmilch sind einander sehr ähnlich, sie haben die gemeinsame Eigenschaft, viel Wasser und Zucker, dagegen weniger Casein und Butter zu enthalten. Liegt eine Neigung zu Verstopfung vor, oder handelt es sich um einen sehr empfindlichen Magen oder um eine Darmreizung, so ist Eselsmilch, bei Diarrhöe dagegen Ziegenmilch vorzuziehen. Will man möglichst viel Nahrungsstoff dem Körper zuführen, so ist Kuhmilch am empfehlenswertesten. Keinesfalls aber darf die Kuhmilch, wegen der Möglichkeit einer tuberkulösen Infection roh genossen werden.

Die Milch ist deshalb häufig als Nahrungsmittel indicirt, weil sie leicht verdaulich ist, und dabei einen hohen Nährwert besitzt. Ausserdem hat sie den Vorzug, billig und deshalb auch weniger bemittelten Leuten zugänglich zu sein. Freilich genügt die Milch allein nicht, um das Stoffwechselgleichgewicht zu erhalten, jedenfalls kann man nicht eine so grosse Menge Milch geniessen, wie es erforderlich wäre, um die täglich nothwendige Menge an Nahrungsstoffen aufzunehmen. Man müsste beispielsweise 4—5 l Milch trinken, um die nöthige Menge von Albumin dem Körper zuzuführen. Uebrigens lehrt die Erfahrung, dass der Appetit und die Verdauungsfähigkeit bei ausschliesslicher Milchnahrung bald abnimmt; nach kurzer Zeit werden auch die allgemeinen Körperkräfte geschwächt, und das Körpergewicht sinkt. In sehr wenigen Fällen, und zwar bei acuter Phthise, hat die blosse Milchnahrung die besten Resultate ergeben. Meistens ist aber eine gemischte Milchdiät nöthig. Gewöhnlich kann man täglich höchstens 1—2 l Milch vertragen.

Am leichtesten wird frischgemolkene Milch verdaut. Manche Personen können Milch überhaupt nur dann vertragen, wenn dieselbe mit einem Löffel Rum, Cognac, Branntwein oder mit etwas Zucker oder Kalkwasser gemischt ist. Andere Personen dagegen verdauen die Milch nur dann, wenn sie kalt ist. Es kommt auch der umgekehrte Fall vor, dass nur gekochte und warme Milch vertragen wird. Bei manchen Individuen kommt eine absolute Idiosynkrasie gegen Milch vor, so dass sogar schon eine geringe Menge derselben Säuregährung, Koliken und Diarrhöe erzeugt. Schliesslich gibt es sehr viele Personen, die Milch sehr gut vertragen und bei welchen dieselbe sogar als Heilmittel gegen Diarrhöe wirkt.

Condensirte Milch. Wenn frische Milch, die immer den Vorzug verdient, nicht zu haben ist, so kann man sich der condensirten Milch bedienen, indem man dieselbe mit der 3- bis 4fachen Menge Wasser verdünnt.

Molken stellen eine wässrige Lösung von Zucker und verschiedenen Salzen dar und sind frei von Casein und Butter. Man verordnet täglich 1—5 Glas. Da Molken leicht Diarrhöe erzeugen, so darf man sie nur von solchen Phthisikern gebrauchen lassen, die mit Verstopfung behaftet sind. Molken haben einen bei weitem geringeren Nährwert als Milch, sie werden aber auch von einem schwachen Magen sehr gut vertragen und sind besonders bei acuter Tuberkulose indicirt. Es gibt gewisse, von einer Menge Kranker besuchte Curorte, wo die Molkencur systematisch ausgeführt wird. Man kann aber dasselbe auch an jedem beliebigen Orte erzielen. Heutzutage verfolgt die Therapie der Lungenschwindsucht ganz andere Ziele, und der Arzt hat bei der Behandlung von Phthise viel Besseres zu leisten, als Molken als Nahrungsmittel zu verordnen. Nichtsdestoweniger hat auch dieses Mittel viele Liebhaber und manche Orte werden nur deshalb von vielen Phthisikern besucht, weil dort Anstalten vorhanden sind, in welchen die Molken das Haupttheilmittel darstellen.

Nestle'sches Mehl. Ich habe dasselbe bei der Behandlung von Phthise häufig anstatt Milch verordnet, wenn frische gute Milch nicht zu haben war. In vielen Fällen wurde dasselbe sehr gut vertragen, selbst dort, wo Milch Magenbeschwerden und Diarrhöe erzeugt.

Kumys. Manche Nomadenstämme Russlands, namentlich die Baschkiren und die Kirgisen, bereiten eine Art von gegohrener Milch und wenden dieselbe bei der Behandlung von acuten und chronischen Erschöpfungskrankheiten, namentlich bei der Lungentuberkulose an. Kumys ist eine gleichmässig weisse Flüssigkeit und sieht der Milch ähnlich. Derselbe riecht und schmeckt leicht säuerlich. Der Säuregehalt nimmt mit Steigerung der Fermentation zu.

Nach den Angaben des russischen Ministeriums des Innern wird der Kumys in folgender Weise zubereitet:

Ein Eimer Stuten- oder Kuhmilch wird in einen ausgeräucherten, mit engem Halse versehenen Schlauch gegossen und dann noch circa $\frac{1}{3}$ Wasser hinzugefügt. Den so gefüllten Schlauch lässt man an einem warmen Orte liegen, wo der Inhalt desselben in Gährung geräth. Zu der gegohrenen Flüssigkeit kann man dann wieder andere frische Milch hinzufügen, welche ebenfalls zur Gährung kommt, und zwar schon nach 24 Stunden.

Suter-Vaaf gibt folgende Analyse von Kumys an, welcher wegen seiner Zusammensetzung auch Milchchampagner genannt werden kann:

Aethylalkohol	3·21
Milchsäure . .	0·19
Zucker . . , . .	2·10
Butter	1·78
Albuminate	1·86
Freie Kohlensäure . . .	0·17
Mineralsalze	0·50
Wasser	90·34

Der künstliche Kumys wird nach Schwalbe in folgender Weise zubereitet. Man löst 100 ccm condensirter Milch in etwas kaltem Wasser auf, fügt dann 1 gr Milchsäure und eine wässrige Lösung von 0·5 gr Citronensäure und 15 gr Rum hinzu. Diese ganze Mischung wird mit Wasser auf 1000—2500 ccm verdünnt. Die auf diese Weise hergestellte Flüssigkeit wird auf Flaschen gezogen, welche an einem warmen Ort liegen bleiben. Wenn der Flascheninhalt nach 3—4 Tagen schäumt und dünne Coagula enthält, so ist das ein Zeichen dafür, dass der Kumys sich im guten Zustand befindet.

Die Kumys-Behandlung beginnt mit 2 Glas frischem, manchmal auch versüsstem Kumys täglich. Später nimmt der Patient den Kumys in einem weiter vorgeschrittenen Fermentationsstadium, und trinkt von demselben nach Belieben. Zwei Flaschen täglich ist eine geringe Quantität, gewöhnlich steigt man bis zu 7 und 8 Flaschen täglich. Manche können es sogar bis auf 16 bringen.

Ich glaube aber, dass die Kirgisen, Baschkiren und Turkomanen ihre Immunität gegen Phthise nicht sowohl dem Genuss von Kumys als vielmehr dem freien Nomadenleben verdanken. Auch diejenigen Kranken, welche sich nach den Steppen der Kirgisen begeben, finden nur in dem Leben im Freien, in reiner Luft, die nicht mit den Miasmen der Städte inficirt ist, die zur Heilung ihres Leidens nöthigen Bedingungen. Diese vermögen bei Weitem mehr als das Kumystrinken, die Besserung des allgemeinen Ernährungszustandes zu erklären.

Galazimo. Es ist dies eine Art Kumys oder gährende Milch, welche ein säuerliches alkoholhältiges Getränk darstellt, beim Schütteln wie Champagner schäumt und die Hauptbestandtheile der Milch enthält. Die Zubereitung dieses Getränkes ist eine sehr verschiedenartige. Schnepp, der Erfinder dieses Getränkes, mischt 2 Theile Eselsmilch mit einem Theil Kuhmilch und lässt diese Mischung 10—15 Stunden lang bei 15—18° stehen. Während dieser Zeit entwickelt sich eine Gährung: die Milch nimmt einen säuerlichen Geruch an und kann nach 20—24 Stunden von den Kranken genossen werden. Schnepp gibt auch eine andere Zubereitungsmethode an. Zu einem Liter Milch wird Rohrzucker und Laktose im Verhältnis von 2 zu 5 und etwas Bierhefe hinzugefügt. Ausser diesen gibt es noch andere von Dechiens und von Saillet vorgeschlagene Herstellungsarten des Galazimos.

Kefir. Das Bacterium des Kefir oder Dispora caucasica ist ein Bacillus, welcher verflochtene und mit einer gelatinösen Hülle versehene Fäden bildet. Dieser Pilz stellt die Hauptsubstanz des sogenannten Kefirknollen dar. Die Bewohner des Kaukasus bereiten ein alkoholhältiges Getränke dadurch zu, dass sie die Kefirknollen in Milch legen und diese zum Gähren bringen. Die gegohrene Milch nennen sie Kefir. Ausser dem genannten Bacterium enthalten die Kefirknollen noch die Milchsäure- und die Hefegährung erzeugenden Mikroorganismen. Der chemische Process, welchen die Kefirkörner in der Milch erzeugen, besteht darin, dass der Bacillus lacticus einen Theil des Milchzuckers in Milchsäure umwandelt (wodurch die Milch sauer wird), während der Hefepilz den Rest des Milchzuckers in Alkohol und Kohlensäure zerlegt, nachdem der Milchzucker zuvor in eine zur Fermentation geeignete Art Zucker umgewandelt worden ist. Daher kommt es, dass die Kefirmilch Alkohol und Kohlensäure enthält. Das durch die Säuregährung ausgeschiedene Casein wird nicht gefällt, sondern bleibt in gelöster Form, weil es durch die Einwirkung der Dispora peptonisirt wird.

Die Kumys-, Kefir- und ähnliche Curen lassen sich nicht immer leicht ausführen, weil sie sehr kostspielig sind, weil manche Patienten einen unüberwindlichen Widerwillen gegen solche Getränke haben, oder weil es sehr schwer ist, sich jederzeit gegohrene Milch in genügender Menge zu verschaffen. In geringer Dosis, etwa 2—3 Glas täglich, regt gegohrene Milch den Appetit und die Diurese an, bewirkt einen regelmässigen Stuhlgang und erzeugt eine Zunahme an Gewicht und Körperkräften. In grösserer Menge genossen, hat die gegohrene Milch dagegen eine allgemeine Erregung zur Folge, als Wirkung des Alkohols und der Kohlensäure.

Leberthran. Dieses Oel ist nur ein diätetisches Mittel und wirkt hauptsächlich dadurch, dass es leicht resorbirt und assimilirt wird. Dagegen glaubt heutzutage niemand mehr, dass der geringe Gehalt an Jod und Brom die Wirkung des Leberthranes erkläre. Leberthran wird zweifellos sehr leicht resorbirt, eine Thatsache die nach Buchheim von den in demselben enthaltenen freien Fettsäuren herrührt. Radziewsky und Kühne beobachteten eine erhebliche Zunahme von Fett in thierischen Organismen, nachdem man in den betreffenden Versuchsthieren zu dem Fleisch noch freie oder verseifte Fettsäuren hinzugefügt hatte.

Der Leberthran kommt im Handel in verschiedener Qualität vor, nämlich als weisser, gelblicher, brauner und schwarzer, meistens wird weisser, gelber und brauner Leberthran verwendet. Je dunkler derselbe ist, desto wirksamere Bestandtheile enthält er. Brauner und schwarzer Leberthran wird aber weniger gut vertragen und erregt bei dem Patienten gewöhnlich einen heftigen Widerwillen.

Leberthran ist bei chronischer, ohne Fieber und Diarrhöe einhergehender Phthise indicirt und leistet ganz besonders bei mageren Personen vortreffliche Dienste. Die Kräfte nehmen zu und der allgemeine Ernährungszustand bessert sich erheblich.

Man verträgt den Leberthran am besten, wenn er in der Verdauungszeit, also kurz vor oder nach der Mahlzeit, genommen wird; im nüchternen Zustande genossen, wird er dagegen schlecht vertragen. Bei manchen Personen verlegt aber der Leberthran den Appetit, wenn er vor der Mahlzeit eingenommen wird.

Bei langer fortgesetzter Leberthrancur entstehen Uebelkeit und Verdauungsbeschwerden. Deshalb muss man dieselbe von Zeit zu Zeit unterbrechen. Im Sommer ist das sogar fast immer nothwendig, weil die Fette bei starker Hitze schlechter verdaut werden.

Um den schlechten Geruch und Geschmack des Leberthranes zu verdecken, sind tausend Mittel vorgeschlagen worden. Das einfachste ist, die Nase zu verschliessen, während man den Leberthran schnell herunterschluckt, oder diesen aus einem langen bedecktem Löffel direct in den Pharynx hinein zu giessen. — Der schlechte Geschmack wird ferner auch dann weniger intensiv empfunden, wenn man vor jeweiligem Einnehmen den Mund mit stark verdünntem Branntwein, dem etwas Aqua Menthae hinzugefügt wird, ausspült; es entsteht dann eine genügende Anästhesie der Schleimhaut, um den Leberthran ohne Widerwillen nehmen zu können. Dasselbe Ziel wird auch dadurch erreicht, dass man vor dem Einnehmen ein Pfefferminzplätzchen im Munde zergehen lässt oder eine Citronenscheibe in den Mund nimmt. Andere rathen verschiedene Mischungen, nämlich Leberthran mit Chinawein, mit Syrupus gentianae oder mit stark bitter schmeckenden Substanzen, weil der Geschmack des letzteren den des Leberthrans verdeckt. Devergie empfiehlt ein Präparat, welches unter der Bezeichnung Devergie'sches Jod-Eisenöl in den Handel eingeführt ist. Im Allgemeinen — von gewissen später zu besprechenden Ausnahmsfällen abgesehen — ist aber der reine Leberthran vorzuziehen. Um den Geschmack des letztern zu verdecken und gleichzeitig auch andere wirksame Heilmittel einzuführen, hat Fossangrives folgende Mischung angegeben:

Leberthran .	100 gr
Jodoform	0·25 .
Ol. essent. anisi . .	10 Tropfen

Will man Leberthran mit Erfolg anwenden, so muss man dasselbe in grösserer Menge verordnen, 2 Esslöffel täglich wird von fast allen Kranken von vornherein sehr gut vertragen; man muss aber die tägliche Dose allmälig auf 6 bis 9 Esslöffel steigern. Manchmal muss man das Mittel in ganz kleinen Dosen, etwa theelöffelweise eingeben.

Ausser dem Leberthran sind auch andere Fälle, besonders Butter, zur Ernährung der Phthisiker sehr nothwendig. Butter besteht bekanntlich im wesentlichen aus Fett und enthält noch etwas Casein, Zucker und aromatische, vom Futter herrührende Bestandtheile. Freilich wird Butter nicht so leicht wie Leberthran resorbirt und assimilirt.

Eier. Nach meiner Meinung bilden Eier bei der Behandlung von Phthisikern ein sehr wichtiges Ernährungsmittel. Selbst bei grosser Appetitlosigkeit, welche den Genuss anderer festen Speisen unmöglich macht, werden 1 oder 2 Eier immer noch gern genommen und gut vertragen. In Suppe oder Wein eingerührte Eier sind für sich allein unter Umständen schon eine genügende Nahrung, da sie neben einer beträchtlichen Menge Eiweiss auch emulsionirte Fette und Peptone enthalten.

Suppe. Nach Malaguti enthält Fleischsuppe nur solche Bestandtheile, welche die Geschmacksnerven reizen, auf die Secretion von Speichel und Magensaft anregend wirken, dagegen fast gar keine Nährsubstanzen. Nach Lussana ist Fleischsuppe das beste Getränk, um die Verdauungskraft des Magens wieder herzustellen, sie ist aber weder ein plastisches noch ein wärmeerzeugendes Nährungsmittel; man muss dieselbe daher als ein aromatisch-mineralisches Getränk betrachten. Schiff zeigte, dass der Fleischsuppe eine peptogene Eigenschaft zukommt, ähnlich wie dem Dextrin und dass sie die Secretion von Magensaft anregt. In dem Laboratorium von Brücke ist man zu dem Resultate gekommen, dass Fleischsuppe nicht bloss nicht nahrhaft ist, sondern dass sie sogar in schädlicher (toxischer) Weise auf den Organismus wirkt (Bogoslowsky).

Im Gegensatz zu den hier angeführten Ansichten, dass nämlich die Fleischsuppe keine nährende Substanz, sondern ausschliesslich ein anregendes mit peptogener oder gar toxischer Eigenschaft ausgestattetes Getränk sei, steht die allgemein verbreitete Anschauung, welche die Fleischsuppe als nahrhaft betrachtet, und zwar wegen ihres Gehaltes an Peptonen, deren Menge umso grösser ist, je länger das Fleisch gekocht hat. Meine vor circa 20 Jahren mit Fleischsuppe ausgeführten Thierexperimente haben zu folgenden Schlüssen geführt:

1. Fügt man zu der gewöhnlichen Nahrung viel Fleischsuppe hinzu, so entstehen keine toxischen Erscheinungen, welche sich auf die im Fleisch enthaltenen Salze oder auf das Creatinin zurückführen lassen könnten.

2. Das Mittel der täglichen Nahrungsmenge betrug ohne Hinzufügung von Fleischsuppe nur 1623, mit derselben aber 2121 gr.

3. Das Gwicht nahm erheblich zu, wenn die Versuchsthiere neben ihrer gewöhnlichen Nahrung auch Fleischsuppe genossen.

Alkohol. Unter den alkoholhältigen Getränken nimmt der Wein die erste Stelle ein. Der Aethylalkohol, dem der Wein seine Hauptwirkung verdankt, ist ein vorzügliches Excitans (Nervennahrung), steigert die Verdauungskraft, wenn er, wie in gewöhnlichen Weinen, verdünnt genommen wird, und ebenso auch die Muskel- und Nervenkräfte.

Unter den verschiedenen Alkoholarten ist der Aethylalkohol am wenigsten schädlich, da zur Wirkung eine relativ grosse Menge desselben nöthig ist. Weit giftiger ist der Amylalkohol, welcher deshalb von Phthisikern nicht genossen werden darf.

Abgemagerte und geschwächte Phthisiker bedürfen alkoholischer Getränke, namentlich schwerer Weine sehr dringend. Die folgende Tabelle gibt den Alkoholgehalt verschiedener Weine und einiger Biersorten an:

Bezeichnung der Weine	reiner Alkohol in 100 Theilen Wein
Marsala	23·8
Madeira, stärkste Sorte	23·7
Oporto, stärkste Sorte	21·0
Oporto, schwächere Sorte	20·2
Sherry	17·6
Muscat	16·0
Madeira, alter	16·0
Malaga	15·9
Malvasier	15·1
Cypern	15·0
Syracus	14·0
Lunel	14·3
Südfrankreich	13·0
Nichtschäumender Champagner	12·7
Schäumender Champagner	11·6
Wachenheimer	11·9
Chateau Margaux	10·9
Tokayer	9·1
Ale	8·2
Starkes Bier aus London	6·3
Schwaches Bier aus London	1·2

Es ist mir häufig gelungen, mit einer Alkoholbehandlung das Leben der Phthisiker zu verlängern und selbst eine hochgradige Schwäche zu beseitigen. Der Kranke beginnt mit einem Löffel Cognac oder Aethylalkohol (5 gr) und steigert diese Dosis bis auf 20—24 Löffel (100—120 gr). Um eine Reizung der Magenschleimhaut zu verhindern, muss man den Alkohol stark verdünnt verordnen. Selbst solche Kranke, welche schon durch eigene traurige Erfahrungen die Unwirksamkeit verschiedener gegen ihre Phthise angewendeter Mittel kennen gelernt haben, unterziehen sich gerne und mit Vertrauen der Alkoholbehandlung, weil sie bald die tonisirende und eccitirende Wirkung derselben wahrnehmen.

Im Verlaufe der Krankheit entwickeln sich manchmal acute Entzündungsprocesse, welche einer wahren Pneumonie sehr ähnlich sind und meistens auch durch Einwirkung des Pneumococcus Fränkel erzeugt werden. In solchen Fällen ist der Alkohol geradezu ein souveränes Mittel. Ich verordne dann denselben in ähnlicher Weise wie bei allen Pneumonikern:

Rp.: Spirit. vini purissim. . . 500·0
Aquae dest. . . . . . . 500·0
Syr cort. Aurant. . . . 25·0
Mdt.: Das Ganze in 4 Stunden einzunehmen.

An den folgenden Tagen wird je 5 gr Alkohol hinzugefügt, bis der Kranke 100 gr pro die nimmt. Bei sehr mageren Patienten von kleiner Statur,

die nicht gewohnt sind, Alkoholica zu trinken, empfiehlt es sich, mit
25 gr zu beginnen und die Dosis mit Vorsicht allmählich zu steigern.

Die Erfolge der Alkoholbehandlung bei Pneumonie übertreffen bei
weitem die durch irgend eine andere Behandlungsmethode zu erzielenden.
Das zeigt sogar die erhebliche Verringerung der Mortalität. So habe ich
im Jahre 1886—87 keinen einzigen Patienten an Pneumonie verloren,
obwohl ich 12 derartige und zum Theil sogar sehr schwere adynamische
Fälle in Behandlung hatten. Der wohlthätige Erfolg der Alkoholbehandlung
bei Pneumonie ist so evident, dass die Assistenten meiner Klinik die
Pneumonie nach dieser Methode auch in ihrer Privatpraxis behandeln,
nachdem sie sich von den Vorzügen derselben in der Klinik überzeugt haben.

Glycerin. Das Glycerin wurde bei der Behandlung von Phthise
in seiner Eigenschaft als Sparmittel empfohlen; dasselbe soll zum Ersatz
von Leberthran in einer Dosis von 2—3 Esslöffeln täglich genommen
werden. Nach den Angaben von Jaccoud wird Glycerin sehr gut vertragen, wenn man demselben 1—2 Theelöffel Rum oder etwas Extract.
menthae hinzufügt.

Ich habe über die Wirkung von Glycerin bei Ernährungsstörungen
Versuche angestellt, indem ich dasselbe in einer Dosis von 40—300 gr
täglich Diabetikern verschrieb. Der diabetische Process besserte sich
aber dadurch gar nicht. Ausscheidung von Zucker im Urin nahm sogar
zu. Ich constatirte aber eine Abnahme von Harnstoff und eine Steigerung des Körpergewichtes. Dieser Umstand spricht wohl dafür, dass
das Glycerin ein sehr gutes Ersatzmittel für Leberthran ist. Ich halte
es für wichtig, darauf hinzuweisen, dass ich auch bei sehr grossen Dosen
(300 gr täglich) die ich schon zum erstenmal verordnete, keinerlei Zeichen
von Alkoholismus oder gar Convulsionen beobachtet habe, wie sie durch
die giftige Eigenschaft des Glycerins bei Thieren vorkommen.

Blut. In den grossstädtischen Schlachthäusern sammelten sich vor
einigen Jahren zahlreiche Phthisiker, um dort frisches Blut zu trinken.
Diese Heilmethode ging von Paris aus. Um den Wert desselben zu beurtheilen, muss man zunächst das häufige Vorkommen von Tuberkulose
bei Kühen in Erwägung ziehen und besonders die zuerst in meiner
Klinik festgestellte Thatsache, dass der Tuberkelbacillus auch im Blute
zu finden ist. Will man daher Phthisiker frisches Blut geniessen lassen,
so darf jedenfalls nur Schafblut verordnet werden, weil Schafe bekanntlich
viel weniger als Kühe zur Tuberkulose disponirt sind.

Ich habe in Genua bereits vor vielen Jahren bei Lungenschwindsucht eine Reihe von therapeutischen Versuchen mit Thierblut gemacht.
Die Erfolge glichen nur denjenigen, wie sie auch durch andere Eisen-
mittel zu erzielen sind. Das Blut wirkte eben nur durch seinen geringen

Gehalt an leicht assimilirbarem Eisen, nicht aber durch hohen Nährwert oder durch irgend eine andere Eigenschaft. Bei manchem Kranken entstand im Laufe der Behandlung eine starke Hämoptoe, welche sofort aufhörte, nachdem man dem Genuss von Blut ausgesetzt wurde. Demnach kann ich dem Bluttrinken keine andere Wirkung zuschreiben als die des Eisens; es wird nicht der allgemeine Ernährungszustand gehoben, sondern nur die Zahl der rothen Blutkörperchen vermehrt. Keinesfalls aber darf selbst das an sich wenigstens nicht gefährliche Schafblut sehr mageren und zu Bluthusten geneigten Personen verordnet werden.

Mit Berücksichtigung meiner in Genua und Neapel über den Heilwert des Blutgenusses gemachten klinischen Erfahrung und mit besonderer Berücksichtigung der von Magendie und Payer festgestellte Thatsache, dass Thiere, welche lange Zeit mit Blut ernährt werden, nach circa 4 Monaten an Inanition zu Grunde gehen, finde ich durchaus keine Veranlassung, den Gebrauch von Blut als Heilmittel gegen Phthise anzurathen.

Bessere Erfolge als mit frischem flüssigen Blut habe ich mit einem Präparat erzielt, welches vom Erfinder d'Emilio in Neapel unter der Bezeichnung Trefusia in den Handel gebracht worden ist. Dasselbe wird aus Blut bereitet und ist pulverförmig. Das Präparat leistet besonders bei Anämie recht gute Dienste. So konnte ich in meiner Klinik einen an acuter, gelber Leberatrophie leidenden Patienten sechs Tage lang mit Trefusia allein ohne Hinzufügung irgend einer anderen Nahrung erhalten. Ausserdem hat die Trefusia auch bei 11 Tuberkulösen sehr vortheilhaft gewirkt — soweit man das überhaupt bei so verwickelten Verhältnissen, wie sie immer bei der Ernährung von Phthisikern vorliegen, beurtheilen kann.

Trauben. Die Traubencur hat mit der Molkencur grosse Aehnlichkeit. Sie ist jedoch angenehmer als letztere. — Es scheint mir sehr überflüssig, eine grosse Reise nur deshalb zu unternehmen, um in der Schweiz oder in Deutschland eine Traubencur durchzumachen. Auch bei uns in Italien gibt es ebenso gute Trauben wie in Vevey, die sich für eine lange Cur sehr gut eignen. Ich habe die ligurischen Trauben mit gutem Erfolge verordnet. Ebenso eignen sich die neapolitanischen zu Curzwecken. Man soll nur gewisse Sorten von Trauben wählen, nämlich solche mit weichen, grossen, saftigen und fleischigen Beeren, welche eine dünne leicht abtrennbare Haut haben. Rothe Trauben sind vorzuziehen.

Ich habe meinen Patienten niemals eine auf die Trauben allein sich beschränkende Ernährung angerathen, weil das eine Hungercur wäre. Es ist aber zweifellos, dass der Ernährungszustand durch den Genuss vieler Trauben gehoben, ohne dass der Organismus dabei erregt wird. Aus einer längeren Erfahrung über die berühmtesten Trauben

Italiens, darf ich versichern, dass diese Ernährung ein sehr schätzenswertes Unterstützungsmittel bei der Behandlung der Tuberkulose ist. Die beste Methode der Traubencur besteht darin, dass man zu der gewöhnlichen täglichen Nahrung eine immer grösser werdende Menge von Trauben hinzufügt. Man beginnt mit $1\frac{1}{4}$ *kg* und steigt allmählich bis 2 und 3 *kg*, man kann sogar bis 4, in einzelnen Fällen selbst bis 5 *kg* steigen.

Wenn die Trauben nicht vertragen werden können, so zeigt sich zuerst Diarrhöe. Diese kann man jedoch häufig dadurch vermeiden, dass man saure Trauben vermeidet und nur gut abgewaschene reife Trauben ohne Kerne geniesst. Manchmal muss man, um die Trauben vertragen zu können, einen Wechsel in der Qualität und der Quantität derselben vornehmen. Es empfiehlt sich, die Trauben bald nach beendeter Mahlzeit nehmen zu lassen: sie werden dann wie die Erfahrung lehrt, besser vertragen.

Gewöhnliche Ernährung.

Als eine für die moderne diätetische Behandlung der Phthise allgemein giltige Regel muss der Grundsatz festgestellt werden, dass die Quantität der Nahrung einen grösseren Wert hat als die Qualität. Diejenigen Nahrungsmittel nützen dem Patienten am meisten, von welchen er möglichst grosse Quantitäten verzehren kann. Nur im Anfang der Krankheit und wenn diese unter schweren acuten entzündlichen Erscheinungen auftritt, sind leichte, flüssige Speisen, wie sie bei Fieberkrankheiten verordnet werden, indicirt. Für einige Tage genügen wohl Milch. Molken, einige Tassen Bouillon, ein oder mehrere Eier etc. Gewöhnlich aber muss man verschiedenartige und abwechslungsreiche Nahrungsmittel verordnen und sich dabei immer vergegenwärtigen, dass die Entwicklung des tuberkulösen Processes in demselben Maasse abnimmt, wie die Assimilation der Nährmittel zunimmt.

Der Patient muss häufiger eine Mahlzeit zu sich nehmen und zwar in der Quantität, wie sie der jeweiligen Verdauungskraft entspricht. Manche geben den Rath, jede 2—3 Stunden etwas zu geniessen. Das ist aber nach meiner Ansicht viel zu häufig und wird auch nicht gut vertragen. Dagegen rathe ich, alle 4 Stunden, etwa um 7 und 11 Uhr vorm., 3, 7 und 11 Uhr nachm., eine kleine Mahlzeit zu nehmen. Die gewöhnliche Lebensweise des Patienten muss aber immer berücksichtigt werden, und so verordne ich manchmal nur drei Mahlzeiten täglich, lasse aber dann ausserdem noch in der Zwischenzeit irgend eine Kleinigkeit geniessen.

Die Verordnung der Diät muss vom Arzte in sehr präciser Weise geschehen. Man erzielt die besten Resultate nur dann, wenn man dem Patienten und dessen Angehörigen ganz genaue Vorschriften in minutiöser Weise ertheilt. Die Erfahrung lehrt nämlich, dass Kranke vage und allgemein gegebene Verordnungen nicht so sicher zu befolgen pflegen.

Es genügt nicht. die Zeit und die Gesammtmenge der in einer Mahlzeit zu nehmenden Speisen zu bestimmen, sondern man muss auch die Quantität der einzelnen Speisen und die Zubereitungsweise derselben genau vorschreiben. Derjenige Arzt, der die moderne Ernährungslehre bis in ihre speciellen Einzelheiten genau kennt, wird bei der Behandlung der Phthise stets unerwartete und wunderbare Resultate erzielen.

In Anbetracht der Abmagerung der Phthisiker sind zur Ernährung derselben stickstoffhältige Speisen erforderlich. etwa so wie bei der diätetischen Behandlung der Diabetiker, nur braucht man bei den Speiseverordnungen für Phthisiker nicht so sehr rigoros zu verfahren. Man könnte vielleicht der Meinung sein. dass bei einer Krankheit wie die Phthise. welche eine so starke Reducirung des Panniculus adiposus bewirkt, gerade die stark mehlhaltigen Substanzen als Nahrungsmittel indicirt seien. da diese ja bekanntlich eine Aufspeicherung von Fettsubstanz bewirken. Die klinischen Erfahrungen lehren aber, dass Speisen mit reichem Stickstoffgehalt den Vorzug verdienen.

Bei der Ernährung der Phthisiker muss man ganz besonders für eine reiche Abwechslung in den zu empfehlenden Speisen Sorge tragen. Durch eine einförmige Ernährung wird der schwache Magen leicht ermüdet, und es entwickelt sich infolge dessen eine oft schwer zu bekämpfende Anorexie. Ich habe z. B. häufig beobachtet, dass Phthisiker einige Tage lang Austern, Crême, Eierbier, Milch etc. mit grossem Appetit verzehrten. aber nach kurzer Zeit stellte sich ein Widerwillen gegen diese Nahrungsmittel ein. es traten Verdauungsbeschwerden auf und es wurde den Patienten schon beim Anblick der früher so gerne genommenen Speisen übel. Aus denselben Gründen muss auch die Zubereitungsweise ein und desselben Nahrungsmittels häufig geändert und dieses oder jenes Ingrediens zugesetzt werden. So ist es empfehlenswert. dass Bouillon einen Theil der Mahlzeit bilde. aber sie muss bald mit Suppenkraut. bald mit Tapioca, Revalenta arabica etc. zubereitet werden. Der Arzt darf das Studium dieser einzelnen Dinge keineswegs vernachlässigen, denn von seiner Kunde aller dieser Verhältnisse hängt ein grosser Theil der Ernährung der Phthisiker ab.

Phthisiker müssen eine reichlich bemessene Nahrung nicht bloss in fester. sondern auch in flüssiger Form zu sich nehmen. Es ist eine schon längst bekannte Thatsache. dass eine reichliche Wasserzufuhr den Fettansatz begünstigt, so dass man als Entfettungscur die Verringerung der Wasseraufnahme angeordnet hat. So wird die diätetisch-mechanische Cur nach Oertel. bei welcher die Entziehung von Wasser ein Hauptbestandtheil der Heilmethode ist. nicht bloss gegen Adiposis, sondern auch bei organischen Herzaffectionen und chronischen Krankheiten des Myocards empfohlen. Bei diesen Krankheitszuständen ist nach Oertel namentlich die Hydrämie, welche sich infolge der immer grösser werdenden Circulationsstörung entwickelt, das am meisten lebensbedrohende Symptom. Er behauptet, dass das Stadium der serösen Plethora sich am besten für die Cur eignet, weil das Blut dann infolge der herabgesetzten Herzkraft und der dieser entsprechenden Circulationsstörung sehr wasserreich ist. In diesem Stadium besteht die diätetische Behandlung darin, dass man die Nahrungsmenge und die Quantität der täglich aufzunehmenden Flüssigkeit herabsetzt.

Wenn die Oertelsche Cur auch viele Gegner gefunden hat, so wird doch allgemein einer bestimmten Beziehung zwischen einer reichlichen Aufnahme von Getränken und Anhäufung von Fett im Organismus als feststehend anerkannt. Aus diesen Gründen und mit Rücksicht auf den zwischen Tuberkulose einerseits und Herzkrankheiten und seröser Plethore andererseits bestehenden Antagonismus wollte ich in die Behandlung der Tuberkulose den Genuss grosser Flüssigkeitsmengen einführen. Damit diese nun von den Patienten gerne genommen und vertragen werden, habe ich eine alkoholische Creosotlösung, Cognac oder Aethylalkohol in starker Verdünnung verordnet und zwar in der Weise, dass ich einen Theelöffel voll von diesen Flüssigkeiten mit $\frac{1}{4}$ l Wasser mischen liess. So konnte ich durch allmälige Gewöhnung den Kranken dazu bringen, bis 5 l Wasser täglich zu trinken. Meine nach dieser Richtung hin an einer grossen Zahl von Phthisikern gemachten therapeutischen Versuche haben mich belehrt, dass eine mässige Menge Wasser den Stoffwechsel des Phthisikers begünstigt, das Fieber herabsetzt und den Ernährungszustand des Körpers hebt; eine grössere Menge von Flüssigkeiten (5 l) erzeugt dagegen leichte Appetitlosigkeit, Magen-, Darmbeschwerden, Diarrhöe und grössere allgemeine Körperschwäche. Deshalb glaube ich, dass man Phthisikern 1—2 l Flüssigkeit täglich empfehlen darf.

Drittes Capitel.

Bewegung, Gymnastik, Massage, Bäder.

Bewegung, Gymnastik, Massage.

Phthisikern sind Bewegungen (active und passive) in verschiedener Form nothwendig (Spazierengehen, Gymnastik, Reiten, Fahren, Massage etc.) Die Bewegung fördert die Verdauung, hebt die Ernährung und behindert vielleicht die weitere Entwicklung des Tuberkelbacillus.

Vor allem soll man Phthisikern rathen, sich nicht bei Tage zu Bett zu legen. Diese Vorschrift muss streng befolgt werden und der

Arzt soll darauf bestehen, wenn er auch dadurch viel von seiten anderer Aerzte und der Umgebung des Patienten entgegenstellende Vorurtheile zu bekämpfen hat. Im Allgemeinen soll man nur Patienten mit schweren acuten und febrilen Erscheinungen die Bettruhe anrathen; für manche Aerzte genügt es schon, dass das Thermometer um einige Decigrad steigt, um den Kranken zu Bett zu schicken. Eine langjährige Erfahrung hat mir aber die Ueberzeugung verschafft, dass Phthisiker durchaus nicht nöthig haben im Laufe des Tages das Bett zu hüten. Bei horizontaler Lage macht nämlich die Krankheit regelmässig sehr schnelle Fortschritte, wofür schon die Verringerung des Körpergewichtes spricht. Ich habe mich von dieser Thatsache durch tägliches Wägen der Kranken meiner Klinik überzeugt, indem ich immer, wenn ein Patient durch Nachlässigkeit der Assistenten zu Bett gehalten wurde, eine schnelle und erhebliche Abnahme des Körpergewichtes constatiren konnte.

Selbst sehr schwache und mit hohem Fieber behaftete Patienten, welche unter der Drohung, aus der Klinik hinausgewiesen zu werden, gezwungen wurden, das Bett zu verlassen, konnten ganz gut mehrere Stunden am Tage ausserhalb des Bettes zubringen und einige Schritte im Zimmer machen, während sich gleichzeitig eine merkbare Besserung geltend machte. Aerzte, welche bei der Behandlung der Lungenschwindsucht die Wage nicht als unentbehrliches Hilfsmittel betrachten und benutzen, werden wohl kaum meiner Versicherung Glauben schenken, dass Phthisiker gewöhnlich und nur mit Ausnahme von ganz bestimmten Fällen, z. B. bei manchen Complicationen oder im präagonalen Stadium, nicht das Bett hüten dürfen. Es gibt wenige klinische Thatsachen von deren Richtigkeit ich so unbedingt fest überzeugt bin, wie von dieser. Ich glaube daher, keine schädliche Verordnung zu ertheilen, wenn ich darauf bestehe, dass Phthisiker nicht das Bett hüten sollen.

Die einfachste Art, nach der Phthisiker Muskelübungen ausführen sollen, besteht im Gehen. Schwache Individuen dürfen nur einige Schritte durch das Zimmer oder auf einem Gang machen, stärkere können mehr oder weniger lange Spaziergänge selbst mit leichten Steigerungen machen.

Die hier zu befolgende Allgemeinregel besteht darin, dass der Kranke seine Muskeln nur üben, aber nicht anstrengen darf. So nützlich in mässigem Grade ausgeführte Muskelübungen sind, ebenso schädlich erweisen sich grössere Anstrengungen, weil sie Schwäche und Erschöpfung herbeiführen.

Schwache Phthisiker, die schon nach wenigen Schritten ermüden, sollen spazieren fahren. Die Bewegungen des Wagens verursachen leichte Erschütterungen des Körpers, welche auf den Zustand des Kranken bessernd wirken.

Eine bei Phthise sich sehr nützlich erweisende Muskelübung ist das Reiten. Sydenham hat dieses Mittel ganz besonders warm empfohlen.

Durch das Reiten wird die respiratorische Capacität gesteigert, die Verdauungskraft gebessert und eine recht erhebliche Zunahme des Körpergewichtes bewirkt. Leider kann das Reiten vielen Kranken, wegen ihrer körperlichen Schwäche oder aus ökonomischen Gründen, nicht verordnet werden und man wird eine derartige Verordnung wohl am besten nur auf das erste Stadium der Krankheit beschränken.

Fechten und andere gymnastische Uebungen sind auch bei der Behandlung der Phthise empfohlen worden. Ich mache aber darauf aufmerksam, dass man bei allen solchen Manipulationen jede übermässige Anstrengung vermeiden muss. Der Kranke soll sich auf mässige und gleichmässige Uebungen beschränken; namentlich ist das Schwimmen zu empfehlen.

Von grosser Wichtigkeit sind die directen Uebungen der Athmungsmuskeln. Sie begünstigen nicht bloss die Blutbildung und die gute Ernährung des Kranken, sondern verhindern auch wohl bis zu einem gewissen Grade die Entwicklung der Tuberkelbacillen. Die Apparate zur Erzeugung von comprimirter und verdünnter Luft begünstigen eine ergiebige In- und Exspiration, ohne dass die Muskeln des Kranken dabei erheblich angestrengt werden. Durch das Einathmen von comprimirter Luft wird der Thorax erweitert und die Luft dringt dann leicht auch in diejenigen Theile der Lunge ein, wo die Respirationsthätigkeit weniger ergiebig ist: die respiratorische Capacität und der Umfang des Thorax nehmen zu. Durch das Ausathmen in verdünnte Luft wird die Exspiration erleichtert, so dass die Lunge sich besser retrahiren und sich der Verbrennungsproducte entledigen kann.

Manche Beobachter (Oertel) empfehlen die Inspiration von comprimirter Luft besonders zu dem Zwecke, um den phthisischen Habitus, den initialen Spitzencatarrh etc. zu beseitigen. Die nach dieser Richtung hin erzielten Resultate sind aber keinesfalls derart, dass sie zu einer solchen, nicht immer leicht auszuführenden Behandlung ermuthigen könnten. Ich selbst habe noch keine günstigen Erfolge von dem Gebrauch des Waldenburg'schen oder ähnlichen Apparate gesehen. Mit dieser meiner Erfahrung stimmen auch die meisten Beobachter überein. Der Ruhm der Respirationscuren war ein schnell vergänglicher; jetzt ist von demselben kaum noch die Rede.

Bessere Erfolge wurden aber mit comprimirter und gleichzeitig arzneihaltiger Luft erzielt. Wie ich aber weiter unten zeigen werde, beruht die Hauptwirkung dann nicht auf der Verdichtung der Luft, sondern ist vielmehr auf die in die Athmungswege eingeführten Substanzen zurückzuführen.

Man hat auch die Elektricität empfohlen, um mit Hilfe derselben die Muskulatur der Thorax in Bewegung zu bringen. Mit dieser Behandlungsmethode haben sich namentlich Seyler und Batings beschäftigt. Seyler führt die Entwicklung der Tuberkel auf eine Verengung des Thorax auf eine gewisse Art Atrophie zurück und sucht also diesen mittels des elektrischen Stromes zu erweitern.

Er faradisirt täglich — und zwar 4—8 Wochen lang — die vordere Wand des Thorax und versichert, dass er dadurch schon eine Dilatation von 4—6 *cm* erzielt habe. Batings beabsichtigt durch elektrische Erregung der Athmungsmuskeln den Zustand desjenigen Theiles der Lunge, welcher noch gesund aber schwach ist, zu kräftigen. Wenn auch die beiden genannten Autoren versichern, mit ihrer Methode sehr gute Resultate erzielt zu haben, so muss ich doch gestehen, dass ich niemals irgend eine merkbare Besserung infolge der Application der Elektricität auf die Brustmuskeln gesehen habe. Ich glaube, dass nur die Besserung schwerer Fälle als Beweis für die Wirksamkeit einer Behandlungsmethode angeführt werden kann. So lange aber die Krankheit sich noch im Anfangsstadium befindet, ist doch immer noch möglich, dass ein spontaner Stillstand oder eine zufällige Besserung durch einen logischen Fehler (post hoc, ergo propter hoc) dem Einfluss eines der angewendeten Mittel zugeschrieben wird.

Zur Förderung der Athmungsgymnastik wurde auch das Singen, das Spielen eines Blasinstrumentes etc. empfohlen. Prof. Cantani hatte einen kräftigen jungen Mann mit gesunden Lungen in Behandlung, welcher an Typhus litt. Alle seine Angehörigen, welche Schuster oder Schneider, resp. Näherinnen waren, litten an Lungenschwindsucht oder waren an dieser Krankheit zugrunde gegangen. Er allein aber, der Clarinette spielte, blieb immun. Am besten ist es, sich einen kleinen Spirometer zu verschaffen und öfters am Tage die respiratorische Capacität zu messen. Der Kranke überzeugt sich dann selbst von der Besserung und ist von der Behandlung sehr befriedigt. Man muss aber den Patienten immer ermahnen, recht tiefe In- und Exspirationen zu machen. Durch starke mit geringen Intervallen ausgeführte Inspirationsbewegungen werden die Muskeln des Thorax gekräftigt und die Luft dringt dann auch in diejenigen Theile der Lunge ein, welche sich unter normalen Verhältnissen nur in sehr geringem Maasse an der Respirationsthätigkeit betheiligen. Die Uebungen nach Dally sind zwar etwas complicirt, gleichen aber den hier beschriebenen. Sie bestehen nämlich darin, dass der Patient mit lauter Stimme zählt und dabei tiefe Inspirationen macht. Dadurch soll die Athmungscapacität zunehmen und die Blutcirculation und die Lüftung der Bronchien werden gefördert.

Auch gewisse gymnastische Uebungen wurden bei der Behandlung der Phthise empfohlen. Sehr nützlich hat sich das von Davis angegebene mechanische Verfahren erwiesen, welches den Thorax und die Lungen zu erweitern und die Inspiration zu erleichtern bezweckt, ohne dabei die Blutcirculation zu beschleunigen und den Patienten zu ermüden. Eine, Erweiterung des Brustkorbes wird durch Emporheben beider Arme erzielt. Dadurch werden die Pectorales gespannt, ziehen die Rippen nach aussen, so dass eine tiefe Inspiration ermöglicht wird. Diese Uebung kann man an einem einfachen Apparat ausführen, welcher aus zwei an Stricken befestigten Ringen besteht. Der Patient fasst diese oberhalb seiner Kopf- höhe hängenden Ringe an und macht so mit schwebendem Körper tiefe Inspirationsbewegungen. Schwache Patienten bleiben bei dieser Uebung auf den Füssen stehen und strecken nur die Arme nach oben. Ich habe in den Kliniken zu Genua und Neapel eine Vorrichtung anbringen lassen, um auch mehreren Patienten die Ausführung gymnastischer Uebungen zu ermöglichen. An zwei in der Wand befestigten Haken sind je zwei Stricke angebracht, die in verschiedener Höhe miteinander verknüpft sind. An den Knotenpunkten lassen sich leicht Querstäbe befestigen und man kann so die von jeden Patienten geeignete Höhe auswählen.

Der Patient fasst mit nach oben ausgestreckten Armen den Querstab an und lässt so den Körper nach vorn fallen, indem dieser einerseits durch die Hände an dem Querstab und andererseits durch die Fussspitzen an dem Fussboden seine Stützpunkte findet. In dieser Lage des Körpers muss der Patient tief inspiriren, wodurch der Thorax sehr erweitert wird. Dann setzt der Patient die ganze Planta pedis auf den Fussboden auf und macht hierbei also bei nicht gespanntem Thorax eine tiefe Exspiration Diese in abwechselnder Lage ausgeführten In- und Exspirationen werden 12—20 mal in der Minute ausgeführt. Auch in meiner Privatpraxis habe ich den beschriebenen einfachen Apparat im Krankenzimmer anbringen lassen. Nach zahlreichen Beobachtungen kann ich verfahren, dass die durch die hier angegebene Methode erzielten Resultate sehr günstig sind. Man muss freilich immer darauf acht geben dass man nicht den Patienten ermüde und übermässig anstrenge.

Auch die Massage wurde bei der Behandlung der Lungenschwind- sucht vielfach empfohlen. Die Anwendung derselben fand jedoch nicht viele Anhänger. In den wichtigsten und grösseren Lehrbüchern der Massage, welche in den letzten Jahren veröffentlicht wurden, wird die Massage als therapeutisches Mittel gegen Phthise nicht einmal erwähnt. Weir-Mitchell aber behauptet, dass die Massage bei gleichzeitiger Mästung des Kranken ein vorzügliches Mittel zur Bekämpfung der Tuberkulose sei. Nach James bewirkte eine jeden Vormittag applicirte 20—30 Minuten dauernde Massage neben anderen Mitteln nicht selten eine recht er- hebliche Besserung. Diesem Urtheile schliesse auch ich mich an. Die Massage ist jedoch sicherlich kein sehr wirksames Mittel, von welchem man Erfolge mit Bestimmtheit erwarten könnte. Mit Ausnahme eines

eines einzigen Falles, welcher durch Hautreizungen und Massage zur Heilung kam, hat die Massage in allen anderen Fällen nur eine Besserung des Allgemeinbefindens hervorgebracht, jedoch keine deutliche Einwirkung auf den Verlauf der Krankheit erzeugt. Ich habe im letzten Jahre bei vielen Phthisikern eine methodisch ausgeführte Hautmassage machen lassen und konnte nur constatiren, dass diese Behandlung bei Tuberkulose mit schwerer Adynamie, Anorexie, kurzer und oberflächlicher Athmung eine Besserung, wenn auch nur eine vorübergehende bewirkt hat.

Bäder, Badecuren.

Bei beginnender oder bei sehr chronisch verlaufender Phthise ist die Hydrotherapie ein sehr wertvolles Mittel. Nach meiner Erfahrung findet man Vorurtheile gegen diese Methode mehr bei den Aerzten als bei den Patienten.

Wenn man nur bei letzteren die Furcht vor Erkältungen beseitigt, indem man sie versichert, dass die Hydropathie sogar das beste Mittel gegen Erkältung und Wiederauftreten des Katarrh ist, so kann man diese Behandlung ohne Schwierigkeiten durchführen. Wer die wertvolle von Winternitz im Jahre 1887 veröffentlichte Arbeit „Ueber Pathologie und Hydrotherapie der Lungenschwindsucht", liest, findet dort zahlreiche Gründe, welche zu Gunsten dieser Behandlungsmethode sprechen. Der Verfasser weist darauf hin, dass die Tuberkulose dort zur Entwicklung kommt, wo das infectiöse Agens nicht eine genügende Resistenz, sondern eine Reihe von günstigen Umständen findet, welche den Organismus in hereditärer oder acquirirter Weise geschwächt haben und so die Manifestation der Krankheit begünstigen. Diese begünstigenden Umstände sind mindestens ebenso wichtig wie das infectiöse Princip selbst. Die Hydrotherapie ist nun bei der Tuberkulose deshalb sehr indicirt, weil sie den Organismus kräftigt und die Neigung zu Katarrhen beseitigt. Diese Indication findet ihre volle Bestätigung in der von Loewy und Pick aus der Winternitz'schen Privatklinik entnommenen „Statistik und Casuinistik über Hydrotherapie bei der Lungenschwindsucht."

Die thermomineralen Bäder erweisen sich bei der Behandlung der Lungenschwindsucht als recht nützlich. Namentlich sind Schwefelbäder ganz besonders wertvoll, weil sie die Haut citiren, den Stoffwechsel anregen und durch ihre speciellen Emanationen den Zustand der Respirationsorgane günstig beeinflussen. Von grosser Wichtigkeit ist die Temperatur und die Dauer des Bades, da es sich um Patienten handelt, bei welchen jeder Irrthum nach dieser oder jener Richtung schädlich wirken kann.

Auch für den inneren Gebrauch wurden besonders diejenigen Mineralwässer empfohlen, welche Schwefel, Jod und Brom, Chlornatron und

Eisen enthalten. Im Sommer werden besonders die Jod-Bromwässer verordnet, weil sie in Dosen von einem oder einigen Esslöffeln genommen, dieselbe Wirkung ausüben, wie das medicamentös empfohlene Jod und Brom. Auch alkalische Wässer leisten oft recht gute Dienste, weil sie die Verdauung fördern, den Katarrh vermindern und — was die Hauptsache ist — die Alkalescenz des Blutes steigern.

Inhalationen von zerstäubtem Mineralwasser werden mit Vortheil angewendet. In manchen Badeorten sind Einrichtungen getroffen, um das Mineralwasser sowohl zum Baden, wie auch zum Inhaliren und zum Trinken zu gebrauchen. Meistens aber wird es nur zu den beiden letztgenannten Zwecken verwendet, weil das Wasser zum Baden nicht ausreicht oder weil man zu dem äusserlich angewendeten Wasser kein Vertrauen hat.

<hr>

Viertes Capitel.

—

Tuberkulöse Vaccination. Bacteriotherapie.

Bei der Darstellung der Bacteriotherapie werde ich mich kurz fassen und mich nur auf die Mittheilung der wichtigsten Thatsachen beschränken, weil es sich hier bloss noch um einfache Versuche handelt, welche leider bis jetzt noch keine praktische Anwendung gefunden haben. Das Folgende hat also mehr einen historischen Wert.

Tuberkulöse Vaccination.

Die eigentliche Vaccination besteht darin, dass man die der abgeschwächten Variola des Menschen entsprechenden Kuhpocken überimpft. Die Folge davon ist, dass sich beim Menschen eine gutartige Form von localer Variola entwickelt, welche aber vollkommen genügt, um das betreffende Individuum gegen eine neue Infection zu schützen. Das hier zur Wirkung kommende Princip kann man auch bei anderen Krankheiten versuchen, welche ebenso wie die Pocken nur ein einziges Mal im Leben das betreffende Individuum ergreifen. Es genügt, das abgeschwächte Virus dieser anderen Affectionen einzuimpfen, damit ein Individuum an einer milden Form der Infectionskrankheit erkranke und so gegen schwerere Formen derselben Affection refractär werde. Darauf beruht die Entdeckung verschiedener Arten von Vaccinationen und ich zweifle nicht, dass bald eine Zeit kommen werde, die uns die Vaccination der typhösen und exanthematischen Krankheit lehren wird, welche gewöhnlich nur ein Mal dasselbe Individuum ergreifen, und welche bei ihrem späteren Auftreten fast immer eine geringer werdende Intensität zeigen. Andere Infectionskrankheiten haben dagegen die Tendenz, zu recidiviren; gegen diese schützt eine vorausgegangene Erkrankung nicht, ja sie disponirt sogar zu neuen Anfällen. Zu dieser Kategorie von Krankheiten gehören Pneumonie, Gelenkrheumatismus, Erysipel, Blennorrhöe etc.

Was nun die Tuberkulose anbelangt, so beweist schon die klinische Thatsache, dass die Krankheit sich successiv und zu wiederholten Malen entwickelt, und dass sie nach einem gutartigen und localen Process sich verschlimmert und als Allgemeinkrankheit auftritt, dass es sich hier um eine recidivirende Krankheit handelt. Dem entsprechend sind Thierversuche schwer auszuführen, weil viele Thierspecies sich mehr oder weniger refractär gegen Tuberkulose verhalten und andere, wie z. B. Meerschweinchen und Kaninchen, fast ausnahmslos zu Grunde gehen, nachdem sie nur ein Mal mit Tuberkelgift geimpft worden sind; entgehen sie auch nach der ersten Impfung dem Tode, so fallen sie diesem doch nach der zweiten unfehlbar anheim.

Falk suchte daher eine Schutzimpfung auf eine andere Weise zu Stande zu bringen. Er schwächte das Tuberkelgift durch Fäulnis ab und bediente sich dann derselben zur Impfung. Einige der geimpften Thiere giengen bald an Septicämie zu Grunde, andere dagegen erkrankten an einen localen Tuberkulose, welche später aber ausheilte. Es zeigte sich bei der letzteren eine viel stärkere Wirkung des Virus, wenn sie mit frischen Tuberkeln geimpft wurden. Demnach wird die Disposition zur Tuberkulose durch Vaccination nur gesteigert.

Marfan wendet sich gegen die hier von Falk ausgesprochene Ansicht und meint, dass nach seinen klinischen Erfahrungen, eine gehörig geheilte locale Tuberkulose gegen die Entwicklung einer neuen Tuberkulose schütze. Diese Behauptung ist aber nach meiner Meinung durchaus falsch, denn klinische Erfahrungen sprechen im Gegentheil dafür, dass eine Lungentuberkulose nicht selten bei solchen Individuen zur Entwicklung kommt, welche früher an einer localen Tuberkulose oder an Scrophulose gelitten hatten.

Die von Martin mit durch Hitzeinwirkung abgeschwächtem Tuberkelvirus gemachten Versuche fielen negativ aus.

Eine andere Reihe von Versuchen habe ich in Gemeinschaft mit Marotta ausgeführt. Ich wollte nämlich durch viele bei einem und demselben Thiere ausgeführte Impfungen die Empfänglichkeit desselben für Tuberkulose erschöpfen und in gewissem Sinne die von Pasteur bei der Hundswuth angegebene Methode hier therapeutisch verwerten. Die Untersuchungsergebnisse entsprachen aber nicht meinen Erwartungen und Voraussetzungen, denn die an mehreren aufeinander folgenden Tagen und auch die öfters an einem und demselben Tage geimpften Thiere boten eine viel schwerere Tuberkulose dar, als die nur einmal geimpften Control-thiere. Da ich aber die Untersuchungen zu einer Zeit machte, als ich noch nicht über Reinculturen von Tuberkelbacillen verfügte, und deshalb verdünntes Sputum verwenden musste, so kann ich meine bisherigen Resultate noch nicht als entscheidend betrachten.

Alle anderen Versuche, welche zu dem Zwecke gemacht worden sind, um eine Schutzimpfung gegen Tuberkulose zu bewirken, haben zu keinem Resultate geführt. Denn ebenso wie das Erysipel, schützt nicht eine einmal überstandene Tuberkulose gegen neue Erkrankungen, sondern disponirt sogar zu solchen.

Bacteriotherapie.

Unter dieser Bezeichnung will ich hier die Heilung der Tuberkulose durch Einwirkung anderer Bacterien besprechen. Ich habe bereits oben darauf hingewiesen, in welcher Weise das Vorhandensein mancher viru-lenten Agentien die Entwicklung anderer Mikroorganismen verhindert. Hier will ich mich nur auf einige wenige Bemerkungen über tuberkulöse Bacteriotherapie beschränken, weil die entsprechenden Untersuchungen bisher nur noch zu negativen Resultaten geführt haben.

Nach den ersten Versuchen Cantanis, welcher, auf den Antago-nismus zwischen verschiedenen Mikroorganismen gestützt, eine Phthisica mit Inhalationen von Reinculturen von Bacterium termo behandelte, wiederholt eine grosse Anzahl von Forschern dieselbe Methode sowohl bei Thieren wie auch bei Menschen. Zuerst hörte man von einigen gün-stigen Resultaten, bald aber nahmen die entschieden entgegengesetzten Beobachtungen sehr schnell an Zahl zu. Das Nähere hierüber finden die Leser im Centralblatt für Bacteriologie und Parasitenkunde, Jahrg. 1888.

Alle Beobachter, die sich mit der Frage beschäftigten, stimmen jetzt darin überein, dass von der Einwirkung des Bacterium termo auf den Koch'schen Tuberkelbacillus nichts zu erwarten ist, dass sogar unter Umständen eine Verschlimmerung der Krankheitsprocesse durch Inhala-tionen von Bacterium termo erzeugt werden kann.

Wesener ist der Meinung, dass die Verschiedenheit der mit Bac-terium termo erzielten Resultate theilweise wohl darauf zurückzuführen ist, dass man verschiedenartige Mikroorganismen angewendet hat. Unter der Bezeichnung Bacterium termo werden nämlich verschiedene Species von Fäulnisschizomyceten zusammengefasst. Man musste daher zuerst die verschiedenen Bacterien voneinander isoliren und mit ganz bestimmten und absolut reinen experimentiren.

Solles untersuchte, welchen Einfluss das Erysipel des Menschen auf die Entwicklung der experimentell erzeugten Tuberkulose der Meerschweinchen ausübt. Die mit Tuberkelbacillen geimpften Thiere giengen zwar nach der folgenden Erysipelimpfung zu Grunde, die Krankheit entwickelte sich aber ziemlich langsam. Der Autor glaubt durch weiter fortgesetzte Versuche mit abgeschwächten Culturen vielleicht günstigere Resultate erzielen zu können. Er weist auch darauf hin, dass man durch blosse Berührung starker und abgeschwächter Erysipelculturen torpide Granulationen tuberkulöser oder scrophulöser Natur heilen kann.

——— —

Fünftes Capitel.

—

I.

Specifische Behandlungsmethoden.

Der überwiegende Vorzug der hygienischen Behandlung.

Der grosse Streit über die Frage, ob die hygienische oder die pharmaceutische Behandlung der Lungenschwindsucht den Vorzug verdient, ist jetzt zu Gunsten der ersteren entschieden. Die meisten Aerzte sind mit Dujardin-Beaumetz überzeugt, dass die pharmaceutischen Mittel, welche Wirkung sie auch immerhin haben mögen, den Verlauf der Tuberkulose nur in secundärer Weise beeinflussen, dass aber der wichtigste Theil der Behandlung dieser Krankheit sicherlich in der passenden Auswahl der hygienischen Bedingungen besteht. In der medicinischen Gesellschaft zu Paris kam diese Meinung vor kurzem noch energischer zum Ausdruck. Casane, Jasewicz, Thermes lobten ganz besonders die hygienische Behandlung, indem sie darauf hinwiesen, welches geringe Vertrauen die gerühmtesten mikrobiciden Mittel verdienten. Man ist jetzt sogar zu der Ansicht gelangt, dass der Gebrauch solcher specifischen Mittel die wahre Behandlung der Krankheit nur aufhalten kann.

Die Resultate der hygienischen Curen, namentlich der klimatischen und der Ernährungsbehandlung, überwiegen bei weitem die durch pharmaceutische Mittel zu erzielenden Erfolge. Freilich muss man sich auch hier von Uebertreibungen fern halten, denn bei aller Vervollkommnung der hygienischen Behandlung der Phthise bleibt diese immer noch eine ungemein mörderische Affection; andererseits würde der Arzt, der die bactericiden Mittel ganz und gar verliesse, um einzig und allein die hygienischen Mittel anzuwenden, ein sehr wertvolles therapeutisches Hilfsmittel verlieren. Das Misstrauen, mit welchem viele Praktiker die Studien über die specifische Behandlung der Phthise betrachten, ist durchaus nicht gerechtfertigt. Aus dem Umstand, dass die bis jetzt geprüften Mittel sich als wirkungslos erwiesen, darf man keinesfalls schliessen, dass es nun möglich sein werde, ein sicheres und radical wirkendes Heilmittel gegen die Phthise zu finden. Wir haben im Gegentheil alle Ursache, zu glauben, dass weitere bacteriologische Forschungen uns ein derartiges Mittel dereinst in die Hand geben werden, wenn ein solches nicht vorher zufällig auf empirischem Wege gefunden werden sollte.

Sterilisation des Organismus und Neutralisation des Virus.

Prof. Sormani hat nach dieser Richtung hin 80 chemische und pharmaceutische Körper geprüft, von welchen 22 sich als wirksam erwiesen. Es zeigte sich, dass nur wenig Substanzen geeignet sind, die Virulenz der Tuberkelbacillen zu zerstören, nämlich: Creosot, Sublimat, Eucalyptol, Campher, Naphthol, Carbolsäure, Terpentin, Chlor, Jod, Bromethyl etc.

Villemin studierte neuerdings die Einwirkung einiger chemischen Agentien auf die Entwicklung der Tuberkelbacillen und kam zu folgenden Resultaten:

1. Die Entwicklung der Culturen von Tuberkelbacillen wird nicht behindert durch: Benzoesäure, benzoesaures Natron, sulfocyansaures Kali, Anilinöl etc.

2. Die Entwicklung der Culturen von Tuberkelbacillen wird beeinträchtigt durch: Acetanilin, Aceton, Aldehyd, Antipyrin, arseniksaures Natron, Ammoniumnitrat, Quecksilberbijodid, Bromammonium, Bromkali, Coffein, Chlorkali, salzsaures Ammonium, Ferrocyankaliun, milchsaures Zink, schwefelsaures Chinin, schwefelsaures Natron, Resorcin, Thymol etc.

3. Die folgenden Substanzen verlangsamen die Entwicklung der Bacillen in erheblichem Grade: essigsaures Natron, Arseniksäure, Borsäure, Picrinsäure, Pyrogallussäure, Schwefelsäure, Aethylalkohol, Kalinitrat, Cumarin, Chloroform, unterschwefligsaures Natron, Benzin, Creosot.

4. Die Culturen von Tuberkelbacillen werden vollkommen sterilisirt, durch Fluorwasserstoffsäure, Ammoniak, Kieselsäure, Naphthol, schwefelsaures Kupfer, doppeltweinsaures Antimon.

Die von Gosselin ausgeführten Untersuchungen über die Verdünnung der Tuberkelgifte haben folgende Resultate ergeben.

Das Blut von Tuberkulösen im Stadium der Cachexie erzeugt, auf Thiere überimpft, die gleiche Krankheit. Thiere, welche mit dem in der ersten Krankheitsperiode entnommenen Blute geimpft, werden hier durchaus nicht gegen eine Infection durch das in einer späteren Periode entnommene Blut geschützt.

Die Versuche, den Körper durch Injectionen von Quecksilberbijodid und Quecksilberbichlorid vor und nach der inficirenden Impfung zu sterilisiren, sind als gescheitert zu betrachten. Die Substanzen wirken auf den Organismus sogar so schädlich, dass die Tuberkulose noch schneller verläuft.

Ueber die Wirkung des Jodoforms hat Gosselin Folgendes festgestellt.

Wenn man einem Versuchsthiere täglich Jodoform beibringt, und dieses Mittel in derselben Zeit aussetzt, wo eine Tuberkelimpfung ausgeführt wird, so nimmt die Tuberkulose ihren gewöhnlichen nur etwas verlangsamten Verlauf; das Jodoform wirkt also nach dieser Richtung nicht dauernd auf den Organismus ein. Um die Entwicklung der Bacillen hintanzuhalten, müssten die Gewebe mit Jodoform bis zu einem gewissen Grade imprägnirt sein. Das Jodoform wird sehr schnell ausgeschieden.

Gibt man dem Thiere das Jodoform erst nach der Impfung, so wird die Entwicklung der Bacillen gehemmt, sie bleiben latent — aber nur so lange wie die Behandlung dauert.

II.

Specifische und interne Therapie der Phthise.

Jod und Jodoform.

Die Verwendung von Jod bei Phthise datirt aus einer Zeit, in welcher dieses Metalloid als solches noch gar nicht entdeckt war. Schon Laennec empfiehlt Seeluft als wirksames Mittel gegen Phthise, indem er auf das seltene Vorkommen dieser Krankheit an der britannischen Küste hinwies. Das wirksame Princip der Seeluft sind nach Meinung dieses berühmten Beobachters nur die Joddämpfe, welche sich aus der Seealge Fucus vesiculosus entwickeln. Später haben viele Praktiker das Jod und die Jodsalze gegen Tuberkulose angewendet, und zwar mit ganz verschiedenen Erfolgen.

Auch ich habe bei der Behandlung der Phthise vom Jod Gebrauch gemacht, weil dieses ein sehr wirksames antiseptisches Mittel ist und weil es sich gegen gewisse äussere Manifestationen der Tuberkulose nach der Meinung vieler Aerzte sehr gut bewährt.

Ich habe nun das Jod als Heilmittel gegen Tuberkulose zunächst bei zahlreichen tuberkulös gemachten Thieren versucht und konnte feststellen, dass diejenigen Thiere, welche mit Jodinhalationen oder Jodinjectionen behandelt wurden, im allgemeinen länger am Leben blieben als die entsprechenden nicht behandelten Controlthiere.

Auch in meiner Klinik wurde das Jod bei der Behandlung verschiedener Formen von Lungentuberkulose verwendet, und zwar sowohl in Form von Joddämpfen, wie auch als Jodtinctur. Ich liess nämlich täglich Jod im Krankenzimmer verdämpfen oder direct vor der Maske des Waldenburg'schen Apparats anbringen. Anderen Phthisikern verordnete ich täglich 8—24 Tropfen Jodtinctur, in einer gummösen Emulsion, während der Mahlzeit zu nehmen. Man kann anstatt Jod auch Jodoform geben. Das letztere zeigt sich namentlich gegen Darmtuberkulose sehr wirksam. Es übertrifft bei dieser Affection alle anderen Mittel.

Drei Patienten meiner Klinik, welche mit Jodinhalationen behandelt wurden (und zwar in der Weise, dass man das Jod in einem geschlossenen Zimmer, in welchem sich die Patienten aufhielten, verdampfen liess), nahmen an Körpergewicht zu und die Lungenveränderungen besserten sich.

Die ersten Versuche mit Jodoform habe ich in Gemeinschaft mit Prof. Rummo bereits im Jahre 1881 ausgeführt und immer gefunden, dass dieses Mittel recht gute Dienste zu leisten im Stande ist. Die erzielten Heilerfolge führe ich auf die anästhesirende und auf die modificirende Wirkung zurück.

Das Jodoform habe ich sowohl in Form von Zerstäubungen und Dämpfen wie auch innerlich verordnet. Im letzteren Falle liess ich täglich 5 cgr bis 3 gr nehmen. Einathmungen von Jodoform werden gewöhnlich ganz gut vertragen, nur manchmal entsteht anfangs ein leichter Hustenring. Innerlich wird das Jodoform nicht von allen Personen gleich gut vertragen.

Manche können kaum 10—20 cgr täglich ohne Beschwerden einnehmen, während andere sogar bis 3 und 4 gr steigen können, ohne dadurch auch nur die geringsten Beschwerden zu verspüren. Einer meiner Patienten mit weit vorgeschrittener Phthise nahm eine lange Zeit hindurch 5 gr Jodoform pro die und erzielte infolge dessen einen Stillstand und aller Wahrscheinlichkeit nach eine vollkommene Heilung seiner Krankheit.

Wenn ich nun alle meine seit 1881 mit dem Jodoform bei Phthise gemachten Erfahrungen zusammenfasse, so kann ich Folgendes sagen:

1. Die erste therapeutische Wirkung, welche durch Jodoforminhalationen zu Tage tritt, besteht darin, dass der Husten mit Bestimmtheit erheblich abnimmt. Dieser günstige Erfolg blieb bei keinem einzigen Patienten aus. Manchmal verminderte sich oder verschwand der Husten nur auf einige Stunden, um dann wieder allmälich in seiner früheren Intensität zurückzukehren; in anderen Fällen kommt es aber zu einem vollkommenen Verschwinden dieses lästigen Symtoms, dann aber entstehen sehr heftige Anfälle von Stickhusten. Hier übt das Jodoform offenbar einen stärkeren Einfluss auf die Sensibilität der Bronchialschleimhaut als auf die Production des Secrets aus, weshalb der Husten wohl aufhört, aber nicht in demselben Grade wie die Production des Schleimes. Ist diese wieder so stark angewachsen, um auf die oberen Theile der Respirations-

schleimhaut einen Reiz auszuüben, so entsteht ein Hustanfall. Manchmal bleibt der Husten nach den Inhalationen Stunden lang, selbst einen halben Tag lang aus. Wiederholt man nun die Inhalationen zweimal am Tage und lässt man den Kranken dauernd in einer mit Jodoformdämpfen geschwängerten Luft zubringen, so kann man es in günstigen Fällen dazu bringen, dass der Husten, selbst wenn er schon Monate lang bestanden und allen anderen Mitteln gegenüber Widerstand geleistet hatte, schon in wenigen Tagen verschwindet.

2. Durch Inhalationen von Jodoform mit Terpentin wird die Quantität des Secrets vermindert. Diese Erscheinung ist ohne Unterschied bei allen Patienten wahrzunehmen und zwar in dem Maasse, dass die Menge des ausgeworfenen Secrets schon nach wenigen Tagen sich auf die Hälfte in günstigen Fällen sogar bis auf den zehnten, Theil der früher secernirten Quantität beschränkt. — Aber auch die Qualität des Sputum wird günstig beeinflusst. Dieses wird nämlich schleimiger, weniger münzenförmig und stellt manchmal nur eine aus Schleim und Speichel gemischte Absonderung dar. Einer meiner Patienten mit reichlichem blutigem Sputum zeigte einige Tage nach Beginn der Jodoforminhalationen keine Spur von Blut im Sputum.

3. Jodoform wirkt auch allgemein sedativ. Diesem Umstand schreibe ich das Verschwinden des Hustens zu. Bald nach den Inhalationen wird der Patient nicht mehr von Husten und durch unangenehme Empfindungen in der Brust gequält, und es tritt ein ruhiger und erquickender Schlaf ein. Man kann im allgemeinen sagen, dass das Jodoform eines der wirksamsten Mittel gegen die Lungentuberkulose ist. Bei beginnender und bei latenter Phthise bewirkt namentlich der innerliche Gebrauch von Jodoform in Dosen von 10—20 cgr pro die eine sehr deutliche Abnahme des Hustens und des Excrets, später eine Verminderung des Fiebers, immer aber eine erhebliche Besserung des Allgemeinbefindens. In vorgeschrittenen Fällen verhält sich die Wirkung des Jodoform nicht proportional zur Schwere der Krankheit. Immerhin kann man auf einen einigermaassen günstigeren Erfolg hoffen, wenn es gelingt, die Toleranz auf 2—3 gr täglich zu erhöhen und diese längere Zeit hindurch zu erhalten.

Anstatt des Jodoforms habe ich auch Jodol angewendet, welches den Vorzug hat geruchlos und, nach der Meinung einiger, auch ungiftig zu sein. Die Erfolge entsprachen aber nicht meinen Erwartungen. Deshalb bin ich auch zum Jodoform zurückgekehrt.

Auch andere italienische und ausländische Aerzte haben das Jodoform bei der Behandlung der Phthise versucht. Ich erwähne nur Semmola, Guocchi, Lagana, Sormani, Petteruti, di Vestea, Dresch feld, Schnitzler, Möller, Kurz, Smith, Fränkel etc. Die Meinung über die Wirksamkeit dieses Mittels ist getheilt, die einen rühmen seine vortreffliche Wirkung, die andern finden dasselbe unnütz, ja sogar schädlich. Bei einer so proteusartig auftretenden Krankheit, wie es die Tuberkulose ist, bei einer Krankheit, die einen so verschiedenartigen und wechselnden Verlauf hat, kommt man leicht dazu, eine Verschlimmerung oder eine Besserung des Zustandes dem angewandten Mittel zuzuschreiben. Sucht man aber diese Fehlerquelle bei einer grossen Reihe von beobachteten Fällen zu eliminiren, so kommt man zu dem Schlusse, dass das Jodoform ein sehr nützliches, wenn nicht ein radicales Heilmittel für die Tuberkulose ist.

Alkalien.

Sobald ich die Ueberzeugung gewonnen hatte, dass das Blut der Phthisiker entschieden schwächer reagirt, als das gesunder Personen, entschloss ich mich meinen an Lungenschwindsucht leidenden Patienten eine erhebliche Menge kohlensaurer Alkalien zuzuführen, indem ich hoffte, auf diesem Wege die Entwicklung der Tuberkelbacillen hintanzuhalten. Ich verordnete:

> Rp. Natr. bicarb. 50
> Calcar. phosphor.
> Natr chlor. āā 10,0
> Mfp. divide in partes aequales 50
> S. 2—3 Pulver täglich zu nehmen.

Der Erfolg dieser Behandlung war eine Zunahme des Körpergewichts, und eine erhebliche Besserung des Appetits und der Verdauungskraft.

In der Privatpraxis kann man alkalische Mineralwässer verordnen, also etwa die Brunnen von Vichy und von Vals. Die Patienten trinken das Wasser nach Belieben, entweder allein oder mit Wein vermischt und können sehr gut ein oder mehrere Flaschen täglich vertragen.

Naphtalin und Naphtol.

Neben den beiden soeben besprochenen Mitteln pflege ich bei Phthisikern auch Naphthalin und Naphthol zu verordnen, welche sich namentlich dann als wirkungsvoll zeigen und das Jodoform übertreffen, wenn es sich um Bekämpfung des Fiebers handelt. Da sie eben das Fieber herabzusetzen im Sttande sind, so steigt durch den Gebrauch diese Mittel das Körpergewicht. Auch der Husten und die Sputumsecretion nimmt ab. Selbstredend wäre es eine Illusion, wollte man vom Naphthol eine radicale Heilung der Lungenschwindsucht erwarten.

Ich verordne das Naphthalin in folgender Weise:

Rp. Naphthalin

Sach. albi aa 0,25

Mfp. d. tales doses 20

S. täglich 4 Pulver zu nehmen.

Am besten wird 1 gr pro die vertragen. Grössere Dosen können leicht Leibschmerzen, Diarrhöe und Appetitlosigkeit erzeugen. Man kann Naphthol auch zum Inhaliren verschreiben und zwar ebenfalls 1 gr pro die. Der Urin nimmt sowohl nach innerlichem Gebrauch wie auch nach Inhalation von Naphthol eine braune Färbung an, in ähnlicher Weise wie sie von Carbol erzeugt wird.

Bei manchen Patienten wurde das Naphthalin, selbst wenn es in grossen Dosen genommen worden war, mit dem Fäces ausgeschieden, während im Urin sich keine Spur davon zeigte.

Das Naphthol wurde in Dosen von 1—2½ gr pro die innerlich und zu Inhalationen 0,5 — 1 gr verordnet. Der Urin wird auch braun, wenn man Naphthol innerlich nimmt, bleibt dagegen unverändert, wenn dieses Mittel nur inhalirt wird. Diese Erscheinung rührt wahrscheinlich von der geringeren Verdampfbarkeit dieser Substanz her, weshalb dieselbe mir wenig resorbirt wird.

Auch die Thierversuche sprechen zu Gunsten des Naphthols.

Schwefelpräparate.

Schwefelpräparate wurden schon von vielen Praktikern mit grossem Erfolg bei der Behandlung der Lungenschwindsucht angewendet und auch ich habe manche hierher gehörige günstige Resultate zu verzeichnen.

Im Jahre 1883 machte ich zuerst therapeutische Versuche mit Inhalationen von Schwefelwasserstoffgas, indem ich Schwefelwasserstoffgas durch Einwirkung von gewöhnlicher Schwefelsäure auf pulverisirtes Schwefeleisen gewonnen, und es entwickelte sich dieses so langsam, dass in einem Cubikmeter Luftraum 75 cm³ Gas aufgelöst war. Das Inhalationscabinet war hermetisch verschlossen und die Luft in demselben wurde nur von Zeit zu Zeit erneuert.

Die Inhalationen von schwefliger Säure wurden in der Weise ausgeführt, dass man im Krankenzimmer reinen Schwefel offen verbrennen liess, so dass schliesslich 43 cm³ Gas auf 1 m³ Luft kamen. Gewöhnlich wurde im Laufe eines Tages im ganzen 4 gr Schwefel verbrannt.

Die in meiner Klinik erzielten Resultate waren folgende:

Die Einathmungen von schwefliger Säure glichen in ihren Erfolgen denen des Schwefelwasserstoffes: Es wurde durch beide Substanzen eine Zunahme der allgemeinen Körperkräfte und eine Besserung der Ernährung erzielt, auch zeigte sich die Urinsecretion gesteigert. Die Einathmungen von Schwefelwasserstoff wirken noch besonders auf die Respiration, indem diese weniger frequent leichter, ruhiger und tiefer wird, auch nimmt der Husten ab oder verschwindet gänzlich.

Auf Fieber, Schweiss und Diarrhöe übt das Einathmen von schwefliger Säure keine Wirkung aus.

Auf die Idee, Phthisiker in besonderen, schweflige Säure enthaltenden Cabineten zu behandeln, bin ich dadurch gekommen, dass ich die guten Erfolge beobachtete, welche Lungenschwindsüchtige durch den Aufenthalt in Pozzuoli erzielten. Dort übten wohl auch die klimatischen Verhältnisse einen günstigen Einfluss aus, der Heilerfolg ist wohl aber hauptsächlich dem Einfluss der dort vorhandenen Schwefelwasserstoffdämpfe zuzuschreiben.

Creosot.

Das Creosot wurde lebhaft von Bouchard, Gimbert, Fräntzel, Sommerbrodt und vielen anderen Praktikern empfohlen. Manche andere Beobachter beurtheilen die Wirkung des Creosots nicht günstig, ja sie sprechen sogar von schädlichen Wirkungen desselben. Fräntzel führt letztere jedoch auf eine schlechte Beschaffenheit des Präparats zurück.

Um die Wirkung des wirksamen Agens nicht durch fremdartige Beimischungen zu beeinträchtigen, räth Sahli anstatt des Creosots den Hauptbestandtheil desselben, nämlich Guajacol, zu verordnen und zwar nach folgender Vorschrift:

Rp. Guajacol purissimi 1,0 (— 2.0)
Aquae dest. 180,0
Spirit vinii 2,00
Md. ad lag. nigr.

S. 2—3 Mal täglich 1 Theelöffel, später je 1 Esslöffel voll zu nehmen.

Das Guajacol wird am besten mit Wasser oder Leberthran genommen.

Man kann vom Creosot keine allzugrossen Erfolge erwarten, man braucht aber auch die Wirkung desselben nicht zu fürchten. Dieses Heilmittel leistet nur insofern gute Dienste, als es den Katarrh bekämpft, welcher in Begleitung der Lungentuberkulose aufzutreten pflegt, auf die Krankheit selbst übt er aber gar keine bestimmte und sichere Einwirkung aus.

Bouchard und Gimbert verordnen das Creosot bei Phthise in einer Weinmischung und zwar in einer Dosis von 0·5 pro die und sollen durch diese Behandlung sehr gute Resultate erzielen. Fräntzel empfiehlt das Creosot nur bei fieberfreien und leicht fiebernden Phthisikern mit wenig Bacillen im Sputum. Es sind nach Fräntzel nur bei einseitiger

Affection gute Resultate zu erzielen, aber auch in den Fällen, wo die Lungen unter Cavernenbildung umfangreiche Zerstörungsherde darbieten. Der Autor versichert, dass er von einem längeren Gebrauch von Creosot sehr gute Erfolge gesehen habe, indem der Husten und das Excret abnahm, der Appetit und die physikalischen Erscheinungen sich besserten, und das Körpergewicht anstieg. Sommerbrodt verordnet das Creosot in Kapseln mit Balsam tolut. in steigender Dosis bis er schliesslich das Maximum von 0·45—0·75 pro die erreicht. Je mehr Creosot und Tolubalsam der Patient verträgt, desto grösser soll der Heilerfolg sein. Sommerbrodt behauptet aber keinesfalls, dass das Creosot ein sicheres Heilmittel für die Tuberkulose ist, sondern nur, dass es sich bei vielen Tuberkulosen als wirksam erweist; bei sehr vorgeschrittenen Fällen ist die Wirkung eine sehr minimale oder fehlt ganz und gar.

Guttmann. Horner, Lublinsky, Bouchard und Gimbert meinen aber, dass Creosot in jeder Periode der Phthise sich als nützlich erweist. Sie halten das Creosot in allen Fällen indicirt und finden es in keinem Falle contraindicirt, mag die Krankheit noch so intensiv auftreten und bereits noch so weit vorgeschritten sein.

Ich habe das Creosot in 3 Formen angewendet; 1. in Kapseln mit Leberthran. 2. in Leberthran und 3. in Wein gelöst. Am liebsten verordne ich das Creosot nach folgender Vorschrift:

Rp. Creosoti fagi puriss. 5·0
Spirit. vinii rectif.
Syr. balsami peruv.
Aquae dest. aa. 100·0.
Mdt. Täglich 1—20 Esslöffel voll in Wasser zu nehmen.

Meine Behandlungsweise unterscheidet sich also von der anderer Aerzte durch die sehr grosse Menge Creosot, welche ich nehmen lasse. Die Kranken vertragen aber im Winter 12—16 Löffel obiger Mischung. Im Sommer muss man freilich eine etwas geringere Dosis verordnen. Viele meiner Kranken haben es aber ohne jegliche Beschwerden auf 12—18 Löffel, also auf 3—4½ gr Creosot täglich gebracht. Freilich unter allmählicher Gewöhnung, indem anfänglich nur sehr kleine Dosen verordnet wurden.

Der erste Erfolg der Creosotbehandlung besteht in einer Verringerung des Bronchialsecrets und der Absonderung aus den Lungencavernen; gleichzeitig nimmt auch der Husten ab. Auch die Ernährung bessert sich, dagegen bleibt das Fieber noch lange bestehen und beginnt erst sehr spät abzunehmen. Die Patienten vertragen das Creosot ganz gut, selbst wenn sie an starken Verdauungsstörungen, Kolikschmerzen, Diarrhöe etc. leiden.

Andere innere Mittel.

Es gibt kein starkes Antisepticum oder kräftig wirkendes Heilmittel, welches noch nicht gegen die Phthise angewendet worden wäre, und zwar in der Absicht, mit demselben entweder den Krankheitsprocess selbst zu bekämpfen, oder das Fieber oder ein anderes Symptom der Phthise zu beseitigen. Da aber die bisher erzielten Resultate fast gänzlich negativ geblieben sind, so beschränke ich mich nur darauf, an dieser Stelle einige Bemerkungen über die wichtigsten Mittel anzufügen.

Arsenik wurde besonders von Isnard, Buchner und Jacobi empfohlen und wird in Dosen von 5—10 *mgr* pro die entweder innerlich (in Form von Granules oder als Solutio arsenicalis Fowleri) oder zu Fumigationen verordnet. Das Arsen bewirkt jedenfalls eine Zunahme der Körperkraft und eine Steigerung des Appetits.

Wegen ihrer antiseptischen Kraft wurden auch die Quecksilberpräparate und besonders das Sublimat empfohlen (Kalloch). Die Untersuchungen von Gosselin über Quecksilberbichlorid und -Bijodid ergaben keine günstigen Resultate.

Phosphor und besonders phosphorigsaure Salze haben sich früher eines grossen Rufes in der Phthisiotherapie erfreut. Man verwendet sie jetzt aber fast ausschliesslich nur auf Grund symptomatischer Indicationen, nicht aber, um mit denselben die Krankheit selbst zu bekämpfen. Antimon, Alaun, Salicin, Terpentinöl und dessen Derivate, Chlor, Chlorsalze, Eucalyptol etc. wurden als Heilmittel für die Phthise gerühmt. Bei vorurtheiltsfreier Betrachtung haben sich aber auch diese Mittel nicht bewährt.

Tannin wurde zuerst von Woillez im Jahre 1863 empfohlen. Dieser Autor schreibt dem Tannin eine tonisirende Wirkung zu, welche noch die des Chinins übertreffen soll. Auch soll dieses Mittel direct gegen die localen Veränderungen gegen die perituberkulöse Lungencongestion wirken, so dass die durch letztere erzeugten Rasselgeräusche verschwinden. Später rühmten auch Raymond und Arthaud die vortreffliche Wirkung des Tannins und gaben diesen den Vorzug vor allen anderen Heilmitteln. Sie verglichen die Wirkung des Tannins bei Phthise mit der des Quecksilbers bei Lues, indem beide Mittel die Krankheit selbst nicht zerstören, sondern den Verlauf derselben hemmen, so dass wie dort das Gumma hier der Tuberkel Zeit gewinnt, um zu vernarben.

Man verordnet Tannin am besten nach folgender Vorschrift:

Rp.: Acidi tannici 5,0
Glycerini 30,0
Vini ad 1000.

Mdt. Nach jeder Mahlzeit 1 Weinglas voll zu nehmen.

Man kann das Tannin auch in Pillenform verschreiben.

Prof. Ceccherelli wies in einer klinischen und experimentellen Studie die Wirksamkeit des Tannins bei der Knochen- und Gelenktuberkulose nach. Dieser Autor gelangt zu dem Schlusse, dass das Tannin ein mächtig wirkendes antituberkulöses Mittel ist, weil es die Entwicklung der Tuberkulose behindert und die bereits vorhandenen Krankheitsherde zerstört. Das Tannin soll sogar das Jodoform übertreffen, weil es dieselbe Eigenschaft des letzteren besitzt, ohne dabei den Körper zu schädigen.

Unter den Aerzten, welche die Wirksamkeit des Tannins erprobt haben, erwähne ich Bertrand; er berichtet von fünf mit Tannin geheilten Fällen. Zieht man aber alles in Betracht, was für und gegen dieses Heilmittel geschrieben worden ist, so gelangt man zu dem Schluss, dass selbst die begeistertesten Lobredner des Tannins, dieses nicht als ein radicales antituberkulöses Mittel betrachten, und dass selbst die günstigsten Erfahrungen noch keineswegs geeignet sind, das Tannin mit absoluter Sicherheit als antituberkulöses Mittel zu proclamiren.

Carbolsäure wurde sowohl innerlich wie auch zum Inhaliren und zu hypodermatischen Injectionen verordnet. Ich habe vom Carbol niemals einen Erfolg bei Tuberkulose gesehen. Die Folgen einer solchen Behandlung sind vielmehr derartige, dass ich das Carbol in der Phthisiotherapie unbedingt verwerfen muss.

In England hat man Inhalationen von Carboldämpfen empfohlen (Williams, Hamilton, Burney-Yeo etc.). Andere empfehlen besonders sehr lebhafte hypodermatische Injectionen. Bis jetzt kann man jedoch keine grosse Hoffnung auf die Behandlung mit Carbolsäure setzen. Erwägt man, dass eine Carbollösung von 1 : 600 sich schon unwirksam zeigt, um das Tuberkelgift zu zerstören, so findet man es leicht begreiflich, dass die Carbolsäure in nicht giftigen Dosen, mag sie innerlich, subcutan oder durch Inhalationen aufgenommen werden, durchaus nicht im Stande sein kann, die Entwicklung der Tuberkelbacillen innerhalb des menschlichen Organismus zu neutralisiren. Ich habe auf experimentellem Wege sogar direct nachgewiesen, dass die Carbolsäure gegen Tuberkulose unwirksam ist. Tuberkulös gemachte Meerschweinchen gingen früher zu Grunde, wenn sie mit Carboldämpfen behandelt wurden, als die entsprechenden nicht behandelten Controlthiere: die mittlere Lebensdauer jener betrug 77, die der letzteren aber 89 Tage.

Fuchsin. Anilin. Da Anilinfarben besonders innig an Tuberkelbacillen haften, so hat man sie in der Phthisiotherapie in der Absicht verwendet, die Vitalität dieser Mikroorganismen durch diese Farbstoffe zu zerstören. Leider war der Erfolg dieser im vorigen Jahre in meiner Klinik ausgeführten Behandlung ein fast gänzlich negativer. Das Fuchsin war sogar im Bronchialsecret gar nicht nachweisbar, obgleich die Fäces und der Urin durch denselben roth gefärbt wurden.

Kremiansky, Bartolero und de Dominicio verordneten das Anilin bei vielen Phthisikern und zwar sowohl per os wie auch subcutan — jedoch ohne jeden wahrnehmbaren Erfolg. Ebenso nutzlos erwiesen sich Chlorkalk, Benzin und Pyrogallussäure.

Jodwasserstoffsäure wurde in meiner Klinik zu 0·25—0·75 gr pro die, in 500 gr Wasser gelöst angewendet, jedoch ohne merklichen Erfolg. Vielleicht kommt die wohlthätige Wirkung des Jod hier deshalb nicht zur Geltung, weil Jodwasserstoffsäure sauer reagirt und Säuren, wie ich hier öfters hervorzuheben Gelegenheit hatte, Phthisikern schädlich sind.

Sulfonal befördert nur den Schlaf, wirkt aber gegen die Tuberkulose gar nicht.

Phenacetin übt ausser einer leichten Temperaturherabsetzung keine sonstige Wirkung aus.

Kieselwasserstoffsaures Fluor und kieselflourwasserstoffsaures Natron habe ich deshalb bei der Behandlung der Phthise versucht, weil diese Substanzen nach Villemin zu den wenigen Mitteln gehören, welche im Stande sind, Culturen von Tuberkelbacillen zu sterilisiren. Kieselwasserstoffsaures Fluor verordne ich zu 10—22 Tropfen auf 400 gr Wasser, und Kieselfluorwasserstoffsaures Natron zu 10—55 cgr pro die. — Leider haben sich diese Medicamente gegen alle schweren Symptome der Phthise als wirkungslos erwiesen. Die Zahl der Bacillen im Sputum wurde nicht vermindert. Dennoch erwiesen sich auch die auf die genannten Substanzen gesetzten Hoffnungen als trügerisch.

III.

Inhalationen.

Respiratoren.

Inhalationen werden nach verschiedenen Methoden und mit sehr verschiedenen Heilmitteln ausgeführt. Am einfachsten geschieht dieses mittels Respiratoren, welche mit flüchtigen Substanzen getränkt und vor dem Munde getragen werden (Curschmann'sche Maske, Hausmann'scher, Feldbausch'scher Apparat etc.). Die meisten Respiratoren haben den Fehler, dass sie nur für die Mundathmung, nicht aber für die Nasenathmung eingerichtet sind, welche doch bekanntlich der gewöhnliche Respirationsmodus ist. Ausserdem wird der Patient durch solche Respiratoren gezwungen, einen Theil der bereits einmal ausgeathmeten Luft wieder einzuathmen. Dadurch kommt eine Art respiratorisches Wiederkäuen zustande.

Um nun diese und andere Uebelstände, welche den gewöhnlichen Respiratoren anhaften, zu beseitigen und um ein fast ununterbrochenes bei Tag und bei Nacht fortdauerndes Einathmen der Medicamente zu ermöglichen, habe ich einen eigenthümlich gebauten Respirator erdacht, welcher von allen hier angegebenen Fehlern frei ist. Mein Respirator ist ausserordentlich leicht und bequem zu tragen, der Kranke kann mit demselben sowohl durch den Mund wie auch durch die Nase athmen und inspirirt nur reine Luft.

Wirkung der Inhalationen.

Zahlreiche Arzneimittel werden zu Inhalationen verwendet. In erster Reihe erwähne ich hier das Jodoform. Da nach Ansicht der meisten Forscher zerstäubte Flüssigkeiten nicht bis in die letzten Respirationswege gelangen, so muss man das Jodoform und andere Mittel in Dampfoder Gasform einathmen. Auf diese Weise dringt es sicherlich bis zu den äussersten Enden der Athmungswege und kann die Entwicklung der Tuberkelbacillen verlangsamen oder gänzlich verhindern. Von einer gänzlichen durch Inhalationen zu erzielenden Bekämpfung der Krankheit kann schon deshalb keine Rede sein, weil das antiseptische Medicament, wie Jod, Schwefelwasserstoff, Schwefelsäure etc. in das Lungengewebe so stark verdünnt eindringt, dass es die Vitalität des Krankheitskeimes nicht zu zerstören vermag. Die Tuberkelbacillen haben eine so zähe Widerstandskraft, dass die antiseptischen Substanzen viel eher die Träger derselben, die Patienten, als sie selbst schädigen können. Lässt man aber die Inhalationen ununterbrochen Monate lang gebrauchen, so kann sich wohl das organische Substrat langsam und mässig verändern, so dass dasselbe dann der Entwicklung der Bacille keinen günstigen Boden mehr darbietet.

Eine andere zu Gunsten der Inhalationen sprechende Erwägung ist folgende. Selbst zugegeben, dass es, nicht gelingt durch Inhalationen die Entwicklung der Tuberkelbacillen zu verhindern, weil diese eben ein gar zu zähes Leben haben, so ist es doch immerhin möglich, mit Einathmungen medicamentöser Stoffe günstig auf gewisse Krankheitszustände der Respiratioswege einzuwirken. In der That gelingt es, durch Inhalationen gewisse Hyperämien und intercurrirende Catarrhe der Schleimhäute zu beseitigen, und dem Kranken auf diese Weise eine sehr schätzenswerte Erleichterung zu verschaffen.

Meine in der Klinik und in der Privatpraxis gewonnenen Erfahrungen haben mich aber auch gelehrt, dass man sich auch hüten muss an die Wirkung von Inhalationen all zu grosse Hoffnungen zu knüpfen, dass man sich also von Inhalationen keinesfalls eine absolute und radicale Wirkung versprechen darf. Eine rationelle Phthisiotherapie erfordert eben eine combinirte Anwendung verschiedener Hilfsmittel. Unter den inneren Mitteln sind nach meinen klinischen Erfahrungen Naphthalin, kohlensaure Alkalien am wirksamsten. Diese können zusammen und auch gleichzeitig mit Inhalationen angewendet werden. Die auf ein einziges Heilmittel gesetzten Hoffnungen haben sich aber alle als trügerisch erwiesen.

Ich halte mich jedoch verpflichtet, hier hinzuzufügen, dass sich viele gegen die Zulässigkeit von Inhalationen erklärt haben. Hiller stellte z. B. durch zahlreiche Versuche fest, dass Inhalationen mit irgend einer Substanz weder die Zahl der Bacillen vermindern noch die Entwicklung des Krankheitsprocesses aufhalten. Hassal konnte nachweisen, dass durch jegliche Art von Inhalationen nur ganz minimale Mengen der verwendeten Quantitäten bis in die Lunge gelangen, dass manche antiseptische Substanzen wie Phenol, Creosot, Thymol sich so schwer verflüchtigen, dass nur sehr wenig von denselben bis in die Lunge hineindringen und dass selbst dieses Wenige in die Alveolen nur als ein unwirksames Gemisch verschiedener Substanzen schon deshalb nicht mehr antiseptisch wirken kann. Im Gegensatz zu diesen negativen Untersuchungsergebnissen konnte ich aber zahlreiche klinische Erfahrungen anführen, die in meiner Klinik, wie auch in vielen anderen Kliniken Frankreichs, Deutschlands und Englands gemacht wurden, und die die Wirksamkeit der Inhalation beweisen. Freilich halten sich die Erfolge noch in bescheidenen engen Grenzen.

Ozon.

Das grosse Vertrauen, welches auf das Ozon als ein sehr wirksames antiseptisches Mittel gesetzt wurde, und der Umstand, dass man die Heilwirkung mancher Klimate auf das Vorhandensein des Ozons zurückgeführt hat, gaben mir Veranlassung, dieses Heilmittel bei einer grossen Zahl der in meiner Behandlung stehenden Phthisiker zu versuchen.

Ich liess Ozoneinathmungen in der Weise machen, dass ich in einem 6 Betten enthaltenden abgeschlossenen Krankenzimmer zuerst 4—6 Mal täglich je eine halbe Stunde lang einen Apparat, wie er im Lehrbuch der Chemie von Roscoe und Schorlemmer beschrieben wird, wirken liess. Später liess ich das Ozon sich permanent 6—10 Stunden lang täglich entwickeln.

Ich habe das Ozon bei 21 Patienten verwendet, von welchen 2 an Diabetes und 13 an Tuberkulose litten. Auf die Zuckerharnruhr übte das Ozon gar keinen Einfluss aus. Bei den Tuberkulösen, welche längere Zeit hindurch Ozon eingeathmet hatten, liessen sich folgende Veränderungen wahrnehmen. Der Urin reagirte stark sauer, der Ernährungszustand besserte sich und das Körpergewicht stieg. Der Gebrauch von kohlensauren Alkalien erzengt aber bei denselben Patienten noch grössere günstige Veränderungen. Man kann deshalb nicht behaupten, dass die Ozoninhalationen irgend einen erheblichen Wert für Phthisiker hätten.

Salpeterdämpfe, Fluor etc.

In meiner Klinik liess ich auch Salpeterdämpfe von einigen Phthisikern einathmen. Die Salpeterdämpfe wurden in der Weise gewonnen, dass in eine 10—20 *gr* Salpetersäure enthaltende Schale 1 *gr* Eisenspäne geschüttet wurden. Mit Ausnahme einer Steigerung der Urinmenge zeigte sich keine merkbare Veränderung des Zustandes und der Verlauf der Krankheit blieb nach wie vor derselbe.

Einathmungen von Fluorwasserstoffsäure wurden vielfach bei Phthisikern als Heilmittel versucht, nachdem man die Beobachtung gemacht hatte, dass Gasarbeiter auffallend selten an Phthise erkranken. Die von Charcot und Bouchard im Jahre 1866 gemachten Untersuchungen ergaben aber keine so günstigen Resultate, dass man das Fluor noch weiter empfohlen hätte und so fiel dieses Mittel der Vergessenheit anheim. In den letzten Jahren wurde es aber wieder von mehreren Beobachtern versucht und empfohlen (Chevy, Seiler, Garcin, Raimondi, Arados etc.)

Arados wendete das folgende Verfahren an. Dem Rauminhalte des betreffenden Krankenzimmers entsprechend, mischte er eine bestimmte Menge von Fluorcalcium mit Schwefelsäure und erwärmte diese Mischung langsam.

Auf diese Weise entwickelten sich Fluordämpfe und sättigten die Luft des Krankenzimmers. Ampugnani und Sciolla gewannen die Fluordämpfe in einer anderen Weise. Sie verbanden nämlich einen Waldenburg'schen Apparat mit einer Wolf'schen Gummiflasche, welche 600 *gr* rauchende Salzsäure enthielt. Mittels Bleiröhren wurde die Flasche mit einer ca. 14 m^3 enthaltenden nicht ganz hermetisch abgeschlossenen Kammer in Verbindung gebracht. In diesem Raume brachte die Patientin 2—3 mal täglich eine Zeit lang zu, zuerst nur 15 Minuten, dann allmählich immer länger bis 1 Stunde. Die genannten Autoren sprechen sich zwar über die durch Fluor zu erzielenden Erfolge recht günstig aus; letztere treten aber nicht sofort auf, sind keinesfalls radical und auch nur im Beginn der Krankheit wahrnehmbar.

Auch die experimentellen Untersuchungen von Martin und von Villemin sprachen höchstens zu Gunsten eines relativ günstigen Einflusses des Fluors: eine sichere und vollständige Wirkung auf den phthisischen Process konnten auch diese Forscher nicht erzielen.

Schliesslich hat sich in diesem Sinne auch Raimondi in seinem im „Congress zur Erforschung der Tuberkulose (1888)“ gehaltenen Vortrage geäussert.

Ueber den Wert der Inhalation von Stickstoff und von Sauerstoff stimmen die Autoren nicht überein.

Einathmungen von Kalkstaub, Kohlenstaub, Borsäure, Pikrinsäure, ätherischen Oelen etc. wurden von vielen Aerzten lebhaft empfohlen. Wir wissen aber jetzt, dass die angebliche Immunität von Kohlen- und Kalkarbeitern gegenüber der Tuberkulose sich nicht bestätigt hat. Ich habe trotzdem in meiner Klinik Versuche mit Einathmungen von Kalk- und Kohlenstaub bei Phthisikern gemacht. Der Erfolg war aber ein derartiger, dass er mich nicht zur Fortsetzung dieser Behandlungsmethode ermuthigen konnte.

Warme und kalte Luft.

Unter all den vielen Mitteln, welche in den letzteren Jahren zur Zerstörung der Tuberkelbacillen vorgeschlagen worden sind, bot a priori kein einziges so viel Aussichten auf Erfolg wie die Einathmung von kalter und von warmer Luft. Nach Fränkel kann sich der Tuberkelbacillus bei einer Temperatur unterhalb 30° nicht mehr weiter entwickeln und stirbt bei einer 42° übersteigenden Temperatur ab. Am besten entwickelt er sich bei 37·5° und die geringste Veränderung dieser Temperatur genügt schon um die Vitalität des Bacillus zu schädigen. Deshalb versuchte zuerst Orth, später auch Halter, Krull und Weigert, die Einathmung von warmer Luft als therapeutisches Mittel gegen Lungenschwindsucht zu verwerten. Nach Weigerts Angaben gelangt die nach seiner Methode erwärmte Luft 45° warm zur Oberfläche der Lunge und zerstört so die Vitalität der Tuberkelbacillen. Worms empfiehlt andererseits kalte Luft sehr lebhaft und hält dieselbe für sehr wirkungsvoll, besonders wenn sich nicht um weit vorgeschrittene Processe handelt und wenn die Kälte systematisch lange Zeit hindurch angewendet wird.

Die in der Klinik von Bozzolo und in der von Cantani gemachten exacten Untersuchungen haben jedoch gezeigt, dass die Luft zur Lunge höchstens nur in einer Temperatur von 40° gelangt, dass also die Weigert'schen Angaben falsch sind.

Auch in meiner Klinik habe ich bei mehreren Phthisikern die Einathmung von kalter und von warmer Luft versucht und bin zu folgenden Ergebnissen gelangt:

1. 43—46° warme Luft erzeugt gar keine Veränderung. Die Kranken vertragen Einathmungen von 148—160° warme Luft sehr gut, manche sogar noch wärmere Luft bis 200°. Jede Einathmung kann ¹/₄—1 Stunde lang dauern und zwei Mal am Tage wiederholt werden.

2. Nach der Einathmung von warmer Luft haben die Kranken das Gefühl des Wohlbehagens und die Kräfte nehmen zu. Deshalb unterziehen sich die Patienten sehr gerne dieser Behandlung und verlangen sogar, dass man sie fortsetze.

3. Der Husten nimmt nach der Einathmung von warmer Luft ab, selbst dann, wenn er früher in sehr heftiger Weise aufgetreten war.

4. Der Puls- und die Athmungsfrequenz nimmt zu, auch steigt die Körpertemperatur. Gewöhnlich schwinden aber diese Veränderungen bald nachdem die Warmlufteinathmungen aufgehört haben.

5. Bei 4 Kranken beobachtete ich eine zum Theil sogar sehr erhebliche Gewichtszunahme; bei einem blieb das Körpergewicht unverändert und bei zweien nahm es ab. Eine Verminderung der Bacillen konnte nur bei zwei Patienten constatirt werden.

6. Eine einzige Patientin bekam während der Behandlung Bluthusten; dieselbe hatte aber schon früher an Hämoptoe gelitten.

7. Einathmungen von kalter Luft (0^0—10^0 unter Null) wurden $^1/_4$ bis 2 Stunden lang ausgeführt.

8. Unter 6 auf diese Weise behandelten Kranken erzielten 2 eine Zunahme des Körpergewichts, dieses nahm aber bei 4 anderen ab. Die Zahl der Bacillen erlitt keine Veränderung.

9. Vergleicht man die durch Einathmung von warmer Luft erzielten Resultate mit denen, welche durch Einathmung von kalter Luft gewonnen wurden, so kommt man zu dem Schlusse, dass beide Methoden zwar keinen radicalen Wert in der Behandlung der Tuberkulose haben, dass aber immerhin noch der warmen Luft kalte vorzuziehen ist.

IV.

Cutane und subcutane Behandlung.

Rectal-Injectionen.

Die meisten zur Behandlung der Tuberkulose empfohlenen Mittel wurden auch percutan und subcutan angewendet. Hierher gehören: Carbolsäure, Jod, Thymol, Creosot mit Pepton, Eucalyptol, arsensaures Strychnin etc. Diese subcutanen Injectionen müssen aber sehr sorgfältig ausgeführt werden, damit Schmerzen und Abscesse vermieden werden.

Nach den bisherigen Erfahrungen wird durch solche subcutane Injectionen wohl eine Besserung, nie aber eine dauernde Heilung des Krankheitsprocesses erzielt.

Eine eigenthümliche Behandlungsmethode wurde von Brémond und Gonël und später auch von Leven empfohlen. Der Patient befindet sich nämlich in einer hermetisch verschlossenen Kiste, während sein Kopf über dieselbe herausragt. In der Kiste werden Terpentindämpfe entwickelt, von der Haut resorbirt und dann an der Lungenoberfläche ausgeschieden.

Durch diese Behandlung haben die genannten Autoren sehr gute Resultate erzielt; in einem Falle sogar ein völliges Schwinden der Tuberkelbacillen im Blute. Brémond und Gouël glauben, dass durch diese Behandlung der Sauerstoff der Lunge in Ozon umgewandelt wird.

Die rectalen Injectionen wurden zuerst von Bergeon empfohlen, welcher eine von C. Bernard festgestellte Thatsache bei der Behandlung der Lungenschwindsucht verwertete. Führt man nämlich gasförmige Körper in das Rectum ein, so werden sie durch die Lungen ausgeschieden: die Resorption und die Ausscheidung geht so langsam vor sich, dass selbst toxische Substanzen keine Vergiftung erzeugen.

Bergeon zeigte nun, dass man eine unbegrenzte Menge von Kohlensäure sehr leicht in den Darm einführen kann, ohne auf denselben irgend einen Reiz anzuüben. Lässt man die Kohlensäure durch eine medicamentöse Substanz streichen, so wird dieselbe mit einem Theil der letzteren imprägnirt. So gelangt das Medicament zu den Lungenalveolen. Die besten Erfolge erzielte Bergeon auf diese Weise mit dem Schwefelwasserstoff.

Diese Behandlung der Phthise mit Kohlensäure und Schwefelwasserstoff gewann bald viele Anhänger und nur sehr wenige Gegner traten gegen dieselbe auf. Unter den ersteren verdienen namentlich erwähnt zu werden: Chantemesse, Morel, Bardet, Cornil, Jackson, Pepper, Dujardin-Beaumetz, Limousin. Sehr eingehende experimentelle und klinische Studien über diesen Gegenstand verdanken wir dem Prof. Petteruti. Dieser behauptet, dass man, um einen Erfolg zu erzielen, täglich 150—120 cm^3 Schwefelwasserstoffgas in das Rectum einführen müsse; eine geringere Quantität bringe keine specifische Wirkung hervor, eine grössere erzeuge aber locale Reizerscheinungen. Die Heilwirkung macht sich nach Petteruti besonders im Anfangsstadium der Tuberkulose geltend, indem das Fieber sinkt und manchmal ganz und gar schwindet. Auch nimmt der Husten ab und der Krankheitsprocess kommt zum Stillstand. Eine definitive Heilung konnte aber auch Petteruti nicht constatiren.

Da ich aus den bisher bekannt gewordenen Mittheilungen die Ueberzeugung gewonnen habe, dass die mit so grosser Emphase gerühmten Erfolge der Einführung von Schwefelwasserstoffgas hauptsächlich auf die Wirkung der miteingeführten Kohlensäure zurückzuführen sind, so machte ich in meiner Klinik nur mit der letzteren therapeutische Versuche und gelangte zu folgenden Ergebnissen:

1. Die rectalen Injectionen von Kohlensäure vermehren die Ausscheidung dieses Gases in der Exspirationsluft sehr erheblich, manchmal sogar auf das Doppelte.

2. Die bei tuberkulösen Meerschweinchen ausgeführten Untersuchungen zeigen, dass die Kohlensäure gar keinen Einfluss ausübt.

3. Bei Diarrhöe und anderen Darmstörungen, wie auch bei asphyctischen Erscheinungen wird die Kohlensäure sehr schlecht vertragen.

4. Die bei Menschen von mir gemachten Erfahrungen bestätigen durchaus nicht die Angaben Bergeons über die Heilwirkung von Kohlensäureinjectionen bei Phthisikern. Nur der Husten wird etwas gemildert.

V.

Chirurgische Behandlung.

Ich kann diesen Gegenstand sehr kurz behandeln, da bis jetzt nur von einfachen Versuchen die Rede ist, welche eine allgemeine Anwendung bis jetzt noch nicht gefunden haben.

Die chirurgische Behandlung der Tuberkulose wurde besonders in folgenden drei verschiedenen Arten ausgeführt.

1. Tracheale und intrapulmonale Injectionen;

2. Eröffnung von Cavernen;

3. Resection von kranken Lungentheilen.

Die italienische Medicin hat sich an diesen Versuchen durch die Arbeiten von Biondi, Ruggi, Casini, Riva etc. betheiligt.

Scheinbar am rationellsten und auch am leichtesten auszuführen sind die eben erwähnten Injectionen. Riva konnte auf Grund der von Anderen und von ihm selbst gemachten Versuche constatiren, dass Kranke intrapulmonare Injectionen sehr gut vertragen können. Eine Heilung der Phthise durch diese Behandlung konnte jedoch Riva selbst nicht constatiren.

Da wir jetzt wissen, dass der Tuberkelbacillus in das Blut und auch in andere Organe von Phthisikern übergeht, so schwindet auch die Hoffnung, dass es in Zukunft gelingen werde, durch irgend eine locale Behandlung die tuberkulöse Erkrankung der Lunge zu heilen. Da es sich um ein innerhalb des Thorax gelegenes Organ handelt, so ist ja ganz unmöglich, die alle in den Körper eingedrungenen Krankheitskeime vollkommen zu entfernen.

—

—

Symptomatische Behandlung.

Im Vergleich zu der hygienischen und specifischen Behandlung hat die symptomatische nur einen secundären Wert. Ich kann versichern, dass immer, wenn ich auf Wunsch des Kranken oder der Collegen nur eine rein symptomatische Behandlung eingeleitet habe, die Erfolge — von wenigen Ausnahmen abgesehen — sehr entmuthigend waren. Antifebrile Mittel bei hoher Temperatur und Adstringentien bei Diarrhöe haben gewöhnlich den allgemeinen Krankheitszustand verschlimmert und zur Verminderung des Körpergewichtes beigetragen. Demgemäss bespreche ich hier die symptomatische Behandlung nur ganz kurz.

Gegen das Fieber wendet man mit Vortheil an: tanninsaures, bromwasserstoffsaures und arseniksaures Chinin, weil diese Präparate weniger den Magen reizen als das schwefelsaure Chinin, und weil sie auch wirksamer als dieses. Auch sind subcutane Injectionen von Chinin und salicylsaurem Natron empfehlenswert, ferner: Naphthol, Naphthalin, Arsenik, Cairin, Antipyrin etc.

Um das Verdauungsfieber zu verhindern, ist es angemessen, die Mahlzeiten häufiger zu verabreichen, besonders flüssige Nahrungsmittel, namentlich Milch, zu verordnen und Alkoholica, Molken etc. trinken zu lassen.

Gegen die Diarrhöe muss man im Anfang eine blande hygienische und medicinische Behandlung verordnen, also gut ausgekochten Reis, Salbeiinfus., Bismuthum subnitricum, später auch Jod und Catechu und Potio gummosa. Auch Opium, intern oder per clysma, leistet, gute Dienste. Dasselbe darf jedoch nur selten genommen werden, weil es die Verdauung und den Ernährungszustand des Kranken beeinträchtigt. Als ganz besonders wirksam gegen die Diarrhöe der Phthisiker hat sich eine Mischung von verseiftem Leberthran mit Kalk erwiesen, minder wirksam sind aber die Cortex coto und das Cotein.

Da wir jetzt wissen, dass die Diarrhöe der Phthisiker auf Darmtuberkulose beruht, so scheint das Jod (10—12 Tropfen Jodtinctur in Wasser oder Stärkemehlabkochung) ein sehr rationelles Mittel zu sein. Auch empirisch hat sich dasselbe sehr gut bewährt.

Gegen die Schweisse sind Antifebrilia zu empfehlen, ausserdem aber noch : phosphorsaurer Kalk, Belladonna, Atropin, excitirende Abreibungen der Haut. Unter allen diesen Mitteln ist das schwefelsaure Atropin am wirksamsten. Nicht selten habe ich sehr gute Resultate durch ein als Volksmittel gebräuchliches Salbeiinfus. erzielt. Gegen Hämoptoe verordne man salicylsaueres Tannin, Kochsalz, Potio Choparti, Alkohol in starken Dosen, Säuren, Alaun, Ratania, Ferrum sexsquielhoratum (entweder innerlich oder subcutan), besonders aber subcutane Injectionen von Ergotin oder Segala. Die beiden letzteren, wie auch Tannin und die Chopart'sche Mixtur haben mir die besten Dienste geleistet.

Behandlung mit Tuberculin nach Koch.

Die Koch'sche Lymphe oder das Tuberculin ist eine bräunliche Flüssigkeit, welche ohne besondere Vorsichtsmaassregeln lange Zeit hindurch gut erhalten bleibt. Zum Gebrauch muss sie mehr oder weniger verdünnt werden, und zwar am besten mit Wasser, dem 0·5 % Phenol bei gefügt wird, um dadurch die Entwicklung von Bacterien zu verhindern. Das Mittel wirkt nur wenn es subcutan eingeführt wird. Bei gesunden oder selbst kranken, aber nicht tuberkulösen Individuen bringt das Tuberculin in einer Dosis von 1 centigr. gar keine Reaction zu Stande. Bei Tuberkulösen dagegen entsteht 4—5 Stunden nach der Injectoin ein Fieberfrost und die Temperatur steigt bis 40 und 41°. Gleichzeitig treten Gliederschmerzen und Husten auf und es können sich auch Erbrechen, ein leichter Icterus und eine Hauteruption an Brust und Hals hinzugesellen.

Koch erklärt die Wirkung seines Mittels, welches er als ein Glyceriuextract aus Reinculturen der Tuberkelbacillen bezeichnet, in folgender Weise. Die im lebenden Gewebe und auf künstlichem Nährboden sich entwickelnden Bacillen erzeugen gewisse Substanzen, welche die lebenden Elemente in der Umgebung der Zellen in verschiedener Weise und zwar wesentlich schädigend beeinflussen. Unter diesen ist eine Substanz vorhanden, welche in gewisser Concentration das lebende Protoplasma tödtet und eine andere, welche dasselbe in einen Zustand umwandelt, den Weigert als Coagulationsnekrose bezeichnet hat. In dem nekrotisirten Gewebe findet der Bacillus dann solche ungünstige Ernährungsverhältnisse, dass er sich nicht mehr weiter entwickeln kann und deshalb abstirbt.

Anstatt dieser auf der Coagulationsnekrose basirenden Theorie stellen Biedert, Köhler, Westphal u. a. die Theorie von der entzündlichen Reizung des perituberkulösen Gewebes auf. Dadurch soll die Zellwand verdickt und so eine günstige Vorbedingung zur Narbenschrumpfung geschaffen werden. Köhler und Westphal halten in Anbetracht verschiedener Erwägungen solche Dosen, welche eine deutlich ausgesprochene locale und allgemeine Reaction hervorrufen, als gefährlich und empfehlen daher sehr kleine Quantitäten zu injiciren. Diese müssen lang genug verwendet und dürfen nicht gesteigert werden.

Viele Autoren haben die Heilwirkung des Tuberculins ans theoretischen und klinischen Gründen auf das Fieber zurückgeführt. Nach meiner Meinung sind jedenfalls viele durch das Tuberculin erzeugten Erscheinungen durch das Fieber zu erklären, welches einige Stunden nach der Injection als Ausdruck der Allgemeinreaction aufzutreten pflegt. Ich habe nämlich auch bei Phthisikern, welche nicht nach der Koch'schen, sondern nach irgend einer anderen Methode behandelt wurden, regelmässig eine Zunahme der Bacillen im Sputum beobachtet, sobald die Temperatur aus irgend einer Ursache gestiegen war. Es zeigten sich also im Sputum dieselben Veränderungen, wie sie in Folge von Tuberculininjectionen entstehen.

Gegen die Verwendung von Tuberculin als Heilmittel erhoben sich bald zahlreiche gewichtige Stimmen. Virchow behauptete, dass in Folge von Tuberculininjectionen umfangreiche Entzündungsprocesse (Injectionspneumonie) sich entwickeln. Man beobachtete auch eine Eruption von submiliaren Tuberkeln, und es bildeten sich nekrotische Processe in den Respirationswegen und im Darme. Aehnliche Beobachtungen wurden auch von Orth, Bergmann, Marchand, Aufrecht u. a. gemacht. Fürbringer konnte durch eine statistische Untersuchung nachweisen, dass mehr oder weniger ausgebreitete Miliartuberkulose und schwere Formen von käsiger Pneumonie viel häufiger bei solchen Phthisikern, die nach der Koch'schen Methode behandelt wurden, als bei anderen Lungenschwindsüchtigen vorkommen, demnach muss der funeste Ausgang der Krankheit hauptsächlich auf die Einwirkung des Tuberculins zurückgeführt werden.

Einige Beobachter, besonders Köhler und Westphal, haben auf Gefahren hingewiesen, welche durch die Resorption lebender Tuberkelbacillen sowie durch Tuberculin entstehen und die zu einer acuten Miliartuberkulose führen können.

Der Koch'schen Methode wurde auch zum Vorwurf gemacht, dass man bei Ausführung derselben lebende Bacillen mit einimpft. In Kasan wurden lebende Tuberkelbacillen in der Lymphe selbst gefunden. Liebmann (Triest) fand Tuberkelbacillen auch im Blute solcher Patienten, bei welchen einige Tuberculininjectionen gemacht worden waren. Freilich wurden die Angaben Liebmanns von Kossel, Guttmann, Ehrlich, Hamerle, Lipari, Serafini u. a. mit negativem Erfolge nachgeprüft. Man muss hier in Erwägung ziehen, dass man die Koch'sche Lymphe nicht direct in das Blut, sondern in das subcutane Bindegewebe einimpft, dass, wenn dieselbe auch Bacillen enthält, diese sich nicht mehr im lebenden Zustande befinden und dass Tuberkelbacillen, wie schon mehrfach erwähnt wurde, auch im Blute mancher nicht nach der Koch'schen Methode behandelten Phthisiker vorkommen.

Der Urin zeigt bei den mit Tuberculin behandelten Patienten nach den von Combemale und di Lamy gemachten Untersuchungen folgende Veränderungen:

1. Die tägliche Menge ist vermindert:
2. das specifische Gewicht vermehrt:
3. die Harnstoffmenge vermindert, besonders nach der ersten injection:
4. man findet stets kleine Eiweissmengen:
5. gewisse nach der Diazoreaction von Ehrlich nachzuweisenden aromatischen Substanzen sind immer vermehrt.

Die Diazoreaction nach Cresafulli macht sich in den meisten Fällen nach den Injectionen etwas bemerkbar. Nach den Angaben Pribrams tritt diese Reaction in den Fällen gar nicht oder nur vorübergehend auf welche günstig verlaufen, bei schweren Krankheitsfällen erscheint dagegen die Diazoreaction mehr oder weniger constant.

Im Gegensatz zu den Untersuchungsergebnissen von Hirschfeld und Loewy haben Ooronedi und Stenico nachgewiesen, dass in Folge von Tuberculininjectionen eine Verlangsamung des Stoffwechsels stattfindet.

Prof. Reale fand (in meiner Klinik) Urobilinurie als constantes nach den Injectionen von Lymphe auftretendes Symptom. Nach seiner Meinung kann die Koch'sche Lymphe keine so erhebliche Hämoglobinämie hervorrufen, dass es zu einer wahren Hämoglobinämie käme. In den meisten Fällen aber ist nur die erstere wahrzunehmen und man findet dann im Blute nicht Hämoglobin, sondern das Umwandlungsproduct desselben: Urobilin. Castellino bestätigt diese Beobachtungen von Reale; er erklärt aber das Vorkommen von Urobilin, im Urin nicht als eine Folge der Zerstörung rother Blutkörperchen, sondern als den Ausdruck einer functionellen oder auch anatomischen Läsion der Leberzellen. Wie das Tuberculin auf die Nierenzellen deletär wirkt und so eine Albuminurie erzeugt, so übt es auch eine schädigende Wirkung auf die Leberzellen aus.

Kahler und Devoto fanden nach Tuberculininjectionen Pepton im Urin. Die Peptonurie rührt nicht etwa von dem im Tuberculin enthaltenen Pepton her, sondern sie ist eine Folge von der toxischen Wirkung, welche das Tuberculin auf das Protoplasma ausübt.

Die Untersuchungen von Crisafulli haben zu folgenden Resultaten geführt. Der Harnstoff beginnt schon bald nach den ersten Untersuchungen abzunehmen. Nach 10 Injectionen wird er stationär. Das Creatinin verhält sich wie der Harnstoff. Albuminurie wurde nur in einem Falle, Peptonerie dagegen in 50% der Fälle beobachtet. Urobilinurie fehlt nur selten. Nach den Injectionen, tritt gewöhnlich die Diazoreaction auf. Aceton wurde im Urin nie gefunden. Glycosurie nur in einem einzigen Falle bald nach der ersteren Injection constatirt. Aus zahlreichen Untersuchungen schliesst Crisafulli, dass die toxische Eigenschaft des Urins nach Tuberculininjectionen zunimmt.

Die Veränderungen, welche an den im Sputum enthaltenen Tuberkelbacillen nach den Koch'schen Injectionen wahrzunehmen sind, wurden besonders von Fräntzel und Runkowitz, von Pane, Bozzolo, Riegel, Silva, de Giovanni, Randi, Ammann, Gualdi und Forti etc. studirt. Nach den beiden erstgenannten Autoren zeigen die Bacillen folgende Veränderungen:

1. Die meisten Bacillen sind (gewöhnlich um die Hälfte) verkleinert und dünner;

2. ein Theil derselben zeigt eine Verdickung an beiden Enden (Bisquitform):

3. einige sind in der Mitte zerrissen;

4. von denjenigen Bacillen, die noch ziemlich lang geblieben sind, bestehen einige nur aus perlschnurartig angeordneten Fragmenten.

Die Untersuchungen von Pane (in meiner Klinik) haben gezeigt, dass die Bacillen zuerst an Zahl zunehmen und später abnehmen. Im Sputum sieht man wenige einzelne Bacillen, aber hie und da eine Anhäufung derselben. Auch Lipari und andere Forscher haben die Beobachtung Panes bestätigt, dass nämlich die Koch'sche Flüssigkeit nicht so sehr die Form, sondern nur die Zahl und Art ihrer Ausscheidung beeinflusst.

Die Bacillen, sagt Lipari, kommen in Zoogleaformen oder in Haufen angeordnet vor, während sie vor der Injection isolirt oder höchstens zu zweien oder dreien vereinigt liegen.

Ich will hier nicht auf alle die Untersuchungen näher eingehen, welche über die nach der Koch'schen Injection entstehenden Veränderungen der Bacillen gemacht worden sind, möchte aber doch noch auf die folgenden von vielen Forschern übereinstimmend gefundenen Untersuchungsresultate hinweisen.

1. Alle Veränderungen der Bacillen, welche nach vorausgegangenen Tuberkulininjectionen constatirt wurden, können auch bei andern, nicht nach der Koch'schen Methode behandelten Phthisikern vorkommen, und zwar nach meinen Untersuchungen gewöhnlich bei starkem Fieber. 2. Die Hauptveränderung, welche durch Tuberculin zustande kommt, besteht in der Vermehrung und in der zoogleaförmigen Anordnung der Bacillen. 3. Die Bacillen, welche man im Sputum von solchen Phthisikern findet, welche eine längere Koch'sche Cur durchgemacht haben, verlieren nicht ihre Virulenz. Wird das Expectorat auf Thiere überimpft, so sterben diese sehr schnell an Tuberkulose, weil die Zahl der Bacillen im Sputum nach Tuberculininjectionen vermehrt ist.

Ueber den diagnostischen Wert der Tuberculininjectionen sind die Meinungen getheilt.

Jaksch meint. dass die Koch'sche Methode einen hohen diagnostischen Wert habe. Wenn von der ganzen Methode auch nur diese eine Thatsache übrig bliebe, so hätte Koch sich dadurch schon einen durch alle Zeiten unvergänglichen Namen erworben. Peiper ist dagegen anderer Ansicht. Bei 23 nicht tuberkulösen Individuen konnte er Folgendes beobachten: keine Reaction in 4 Fällen, schwache Reaction in Form von leichtem Fieber und Uebelbefinden in 4 Fällen, erhebliche Temperatursteigerung in 14 Fällen. Auch Rietzkow zieht aus jenen Untersuchungen den Schluss, dass die Koch'schen Injectionen kein sicheres Mittel sind, um eine Tuberkulose der inneren Organe zu diagnosticiren. Zu denselben Resultaten gelangten auch Maragliano, Senn und Verneuil. Man muss aber immerhin zugeben. dass das Tuberculin in der Mehrzahl der Fälle als diagnostisches Hilfsmittel verwendet werden kann. Die Tuberkulose ist übrigens eine viel häufiger vorkommende Krankheit als man allgemein annimmt. Wenn also bei scheinbar gesunden Individuen nach Tuberculininjectionen eine Reaction erfolgt. so kann es sich in solchem Falle immer noch um eine latente Tuberkulose handeln. Es kann auch eine Tuberkulose der Bronchialdrüsen ohne gleichzeitige Mitaffection der Lunge vorhanden sein. Loemy fand namentlich in 40% der Fälle eine circumscripte Tuberkulose der Lymphdrüsen. Zu ähnlichen Resultaten gelangte auch Pizzini.

Die Meinungen über den Heilwert der Koch'schen Lymphe sind ebenso getheilt wie die über den diagnostischen Wert derselben. Jedenfalls steht aber die Thatsache fest, dass der Ausspruch Kochs „die beginnende Phthise kann sicher mittels der Lymphe geheilt werden" entschieden unhaltbar ist. Die italienische Schule hat das Tuberculin vom Anfang an vorurtheilslos geprüft, und sich hierbei ebenso fern von unvernünftigen Enthusiasmus wie von blindem Misstrauen gehalten. Die Untersuchungen von Baccelli, Maragliano, Bozzolo u. a. führen zu Schlüssen. welche zwischen beiden Extremen die Mitte halten.

Die von mir in Gemeinschaft mit Pane gemachten Thierversuche haben uns durch die gewonnenen Resultate die Ueberzeugung verschafft. dass das Koch'sche Mittel durchaus keinen Heilwert besitzt. In der Klinik habe ich 62 an Lungenschwindsucht und ausserdem noch mehrere an Tuberkulose der Haut, der Knochen und der Drüsen leidende Patienten behandelt. und bin durch die hierbei beobachtete Thatsache zu folgenden Schlüssen gekommen:

1. Die Injectionen der Koch'schen Lymphe erzeugen fast constant eine allgemeine Reaction bei solchen Patienten, welche an Tuberkulose der Lungen und anderer Organe leiden. Bei Hauttuberkulose pflegt die Reaction erst etwas später einzutreten.

2. Selbst wenn keine allgemeine Reaction eintritt, so entsteht doch eine locale, die sich dadurch manifestirt, dass die Temperatur steigt, das Volumen zunimmt und die respiratorische Capacität verringert wird.

3. Die Virulenz der Bacillen wird durch Tuberculin durchaus nicht abgeschwächt. Die bei Meerschweinchen ausgeführten Versuche ergaben keinerlei Heilwirkung.

4. Die Tuberculininjectionen müssen bei verschiedenen Kranken ganz verschieden ausgeführt werden; sie stellen keinesfalls ein für jedes Individuum in gleicher Weise wirkendes Heilmittel dar, denn die Reaction tritt in ganz verschiedener Weise auf, mag man die Injectionen in gleicher Dosis mit einem Male oder in kleinen Dosen langsam fortschreitend ausführen. Im Allgemeinen ist das folgende Verfahren am empfehlenswertesten. Man beginnt mit $\frac{1}{4}$—$\frac{1}{2}$ *mgr*, nimmt dann zuerst nur etwas grössere Dosen und kann später schneller fortschreiten, bis man bei 10 oder auch 15 *mgr* pro Injection angelangt ist. Am besten ist es, zwischen jeder Injection einen Tag ausfallen zu lassen.

5. Die Koch'sche Behandlung leistet bei manchen Kranken gute Dienste. Da wo sie wirkungslos bleibt, nützen auch andere Behandlungsmethoden nichts.

6. Bei der Koch'schen Behandlung müssen auch die hygienischen Bedingungen, in welchen der Patient lebt, möglichst günstig gestaltet und muss für eine passende Ernährung gesorgt werden.

7. Die Methode der Tuberculininjection stellt zwar einen wesentlichen Fortschritt in der Therapie der Lungenschwindsucht dar, ein sicheres und radical wirkendes Mittel gegen dieses Leiden ist jedoch bisher noch nicht entdeckt worden.

Andere Behandlungsmethoden.

(Tuberkulocidin, Sonnenberg'sche Behandlung, Behandlung durch Blutseruminjectionen, Behandlung nach Lannelongue und Achard, Liebreich'sche Behandlung, Behandlung mit Guajacol).

Tuberkulocidin. Man hat versucht, aus dem rohen Tuberculin verschiedene heilkräftige Substanzen zu extrahiren. Nach Strauss und Gameleia bewahren auch todte Bacillen einen grossen Theil ihrer für lebende Tuberkelbacillen charakteristischen pathogenen Eigenschaft. Die wesentliche Wirkung der abgestorbenen Bacillen besteht darin, dass sie an der Stelle, wo sie eingeimpft worden sind, Läsionen erzeugen, und dass sie keine allgemeine Reaction wie lebende Bacillen zur Folge haben. Mit todten Bacillen kann man also zunächst eine locale Läsion erzeugen. Es folgt aber dann fortschreitend Abmagerung, Cachexie und Tod.

Klebs fand, dass die Lymphe bei Meerschweinchen den Verlauf der Tuberkulose verlangsamt und in den afficirten Geweben eine günstige reparatorische Veränderung bewirkt, indem weisse Blutkörperchen auswandern und das Transsudat zunimmt. Klebs glaubt, dass im Tuberculin eine Substanz vorhanden ist, die auf Menschen schädlich wirkt, während Thiere sich gegen dieselbe als refractär erweisen. Denn bei Thieren werden manche unangenehmen Erscheinungen nicht beobachtet, welche beim Menschen nicht selten vorkommen. Deshalb versuchte dieser Autor die Lymphe dadurch zu reinigen, dass er mittels Chloroform die toxische Substanz aus derselben extrahirt. Das Residuum, dem Menschen beigebracht, erweist sich als unschädlich und heilsam und bewirkt nicht diejenigen schädlichen Erscheinungen, wie sie nach Injection von rohem Tuberkulin beobachtet werden. Das gereinigte Tuberkulin nennt Klebs Tuberkulocidin, weil es die Eigenschaft hat, die Tuberkelbacillen zu zerstören.

Neuerdings hat Klebs die durch sein Tuberkulocidin erzielten Resultate veröffentlicht: Bei Thieren bewirkt dieses Mittel eine Rückbildung der bereits vollkommen entwickelten Tuberkelknoten. Von 100 durch den Autor und andere Aerzte mit Tuberkulocidin behandelten Patienten waren 75 so weit, dass man sich ein Urtheil über das Endresultat bilden konnte: $18^0/_0$ derselben konnten als geheilt, $60^0/_0$ als gebessert, $18·6^0/_0$ als unverändert betrachtet werden; nur $2·6^0/_0$ starben.

Prof. Maragliano weist aber darauf hin, dass die experimentellen Beweise nicht sehr überzeugend sind, und dass auch die klinischen Thatsachen nicht das beweisen, was sie beweisen sollen, da die Beobachtungszeit noch viel zu kurz ist, um sich ein abschliessendes Urtheil erlauben zu dürfen. Dieser Ansicht schliesse auch ich mich an und meine, dass auch im Tuberkulocidin ein sicheres Mittel gegen Tuberkulose noch nicht gefunden ist.

Chirurgische Behandlung nach Sonnenburg. Prof. Sonnenburg hat den Versuch gemacht, die Koch'sche Behandlung mit der chirurgischen zu vereinen. Nach Koch haben nämlich Phthisiker mit grossen Cavernen deshalb keinen grossen Erfolg vom Tuberkulin zu erwarten, weil die nekrotisirten Massen nicht eliminirt werden können. Um nun der Natur zur Hilfe zu kommen und die abgestorbenen Gewebe zu entfernen, versuchte Sonnenburg chirurgisch einzugreifen.

Zu diesem chirurgischen Verfahren eignen sich besonders die Cavernen der Lungenspitzen. Das Operationsfeld wird begrenzt: oben von der Clavicula, innen von Manubrium sterni, aussen vom Pectoralis minor und unten von der zweiten Rippe. Das erste Spatium intercostale wird eröffnet und auch ein Theil der ersten Rippe entfernt. So gewinnt man einen freien Zugang zu der Caverne. Da die Lunge an dieser Stelle gewöhnlich adhärent ist, so ist die Entstehung eines Pneumothorax nicht zu fürchten. Dann wird die Pleura und die vordere Cavernenwand mit einem Thermocauter angestochen und mit demselben auch die Oeffnung erweitert und die innere Auskleidung verschorft. Nach dieser Operation zeigen die Patienten eine Besserung des localen Befindens und der allgemeinen Symptome und können dann die Tuberkulininjectionen besser vertragen.

Sonnenburg stellte in der Gesellschaft der Charitéärzte im Januar 1891 einen nach seiner Methode geheilten Patienten vor und bemerkte hierbei, dass sein Verfahren sich nicht für Patienten mit sehr weit vorgeschrittener Phthise eigne. Das Fieber sei aber keine Contraindication gegen die Operation.

Blutserum. Die Behandlung der Tuberkulose mit Serum von Hundeblut geht von Hypothesen aus. Sie stützt sich auf die bactericide Eigenschaft des Blutserum, und auf die Meinung, den Menschen dadurch immun gegen Tuberkulose zu machen, dass man ihm Blutserum von solchen Thieren injicirt, welche sich gegen diese Krankheit refractär verhalten. Die mikrobicide Eigenschaft des Blutserum wurde durch die Untersuchungen von Grohmann, Buchner, Lubarsch, Fodor, Charrin und Roger, Lucatello, Panc· etc. nachgewiesen; Verneuil, Pick. Berlin, Lépine, Langlois, Saint Hilaire, Bernheim, Semmola, Mussini impften Hundeblutserum auf Menschen um eine tuberkulöse Krankheit zu beseitigen.

Richet, Langlois und Héricourt machten bei tuberkulösen Individuen jeden 2. Tag subcutane Injectionen von 1—4 cm Hundeblutserum. Während der ganzen Behandlung wurden 20 cm nicht überschritten. Saint Hilaire und Coupard injicirten das Serum (4 cm) in die Trachea. Andere machten Transfusionen von Hunde- oder Ziegenblut in die Vene oder in das subcutane Zellgewebe. Lépine verwendete hierzu 80—100 ccm. Semmola empfiehlt neben den Injectionen von Hundeblutserum auch noch gleichzeitig Jodoform per os zu verabreichen.

Was die mit den hier angegebenen Behandlungsmethoden zu erzielenden Erfolge anbelangt, so müssen auch die begeistertsten Lobredner derselben zugeben, dass diese Methoden bei vorgeschrittener Tuberkulose durchaus wirkungslos sind. Ein Erfolg ist höchstens im Beginn der Affection zu erwarten, also in einer Periode, wo nach allgemeiner Erfahrung die Krankheit auch spontan zum Stillstand kommen kann. Selbst das Princip, auf welchem diese Behandlungsmethoden beruhen, ist durchaus nicht ganz einwandsfrei, da es durchaus nicht erwiesen ist, dass gewisse Thierspecies absolut refractirt gegen Tuberkulose sind; impft man nämlich eine grosse Menge von Tuberkelmassen auf Hunde, so werden diese tuberkulös, wie es unter gleichem Umstande bei Meerschweinchen der Fall ist.

Behandlung mit Zinkchlorür. Lannelongue und Achard machten in der jüngsten Zeit über diese Behandlungsmethode nähere Mittheilungen. Sie besteht nämlich darin, dass man die Flüssigkeit in die Umgebung des tuberkulösen Gewebes injicirt. Das Zinkchlorür fixirt die anatomischen Elementen und erzeugt eine Endarteritis, welche sich dann weiter ausbreitet.

In den ersten Tagen entsteht an den Injectionsstellen ein Zufluss von weissen Blutkörperchen, dann entwickelt sich eine Sclerose, welche von einer Gefässhautentzündung ausgeht. Die Verhärtung nimmt allmählich an Umfang zu. — Was die Technik der Injectionen anbelangt, so muss man in der Umgebung des pathologischen Gewebes jedesmal je 2—3 Tropfen an 4—5 verschiedenen Stellen machen. Die Injectionen müssen tief gemacht und Gelenke hierbei vermieden werden. Bei Gelenken verwenden die genannten Autoren eine Lösung von 1 : 10, bei der Lunge eine solche von 1 : 40.

Die Behandlungsmethode kann vielleicht bei äusserlicher Tuberkulose etwas leisten, bei der Lungentuberkulose ist sie aber schon mit Berücksichtigung der Ausbreitungsweise des Krankheitsprocesses gewiss vollkommen erfolglos.

Liebreich'sche Behandlung. Ich erwähne diese Behandlungsmethode nicht etwa deshalb, weil ich glaube, dass sie bei der Lungentuberkulose irgend einen Heilerfolg hat, sondern nur weil sie eine Zeit lang einen freilich nur sehr ephemeren Ruf genoss, und weil sie von einem sehr namhaften Beobachter empfohlen wurde. Liebreich machte hypodermatische Injectionen von kantharidinsaurem Kali in der Dosis von 1—2 *dmgr*. Heymann und Fränkel erzielten durch diese Behandlung recht gute Resultate. Dagegen sind die von mir, Carter, Guttmann, Herzfeld, Forlanini u. A. erzielten Erfolge durchaus nicht ermuthigend, ja geradezu als ungünstig zu bezeichnen. Das Mittel übt auf den phthisischen Process gar keine Heilwirkung aus, es kann sogar eine allgemein schädliche Reaction auf den Kranken und auf den Zustand der Nieren ausüben. Bei einem meiner Patienten entwickelten sich in Folge des kantharidinsauren Kalis die Symptome einer acuten Nephritis; man fand im Urin Eiweiss, Blut und Hyalin-Epithelcylinder. Aehnliche Erscheinungen wurden auch von Guttmann und von anderen constatirt. Den negativen Wert der Liebreich'schen Flüssigkeit habe ich auch durch Thierexperimente bestätigt gefunden.

Behandlung mit Guajacol. Das Guajacol (Metapyrocatechin oder Monomethylcatechin) ist der Hauptbestandtheil des Buchencreosots und wird durch Destillation gewonnen. Dasselbe stellt eine farblose stark lichtbrechende Substanz dar, welche sich im Wasser nur wenig löst, dagegen sehr leicht löslich in Alkohol, Aether und Puttölen ist und einen aromatischen nicht unangenehmen Geruch hat.

Sahli empfahl das Guajacol anstatt des Creosots. Auch viele andere Aerzte haben es gegen Tuberkulose angewendet, besonders in Form von hypodermatischen Injectionen (Picot, Pignon, Scarpa etc.). Gregg empfiehlt eine täglich zu applicirende Rectalinjection von $1/2$—2 gr Guajacol.

Picot'sche Lösung.

Rp. Guajacol 5,0
 Jodoformii 1,0
 Olei olivarum
 Vaselinae liquidae āā ad 100,0
M. d. s. Zu Injectionen.

Ich verordne:

Rp. Ol. amygdal. sterilis. 10,0
 Guajacol 1.0
 Jodoformii pulv. 0,2
M. d. s. täglich 1—2 Pravaz'sche
 Spritzen voll zu injiciren.

Die Erfolge haben jedoch meinen Erwartungen nicht entsprochen. Jedenfalls kann man mit Sicherheit behaupten, dass mit der zur Zeit üblichen Verordnungsart das Problem der Heilung der Lungenschwindsucht bisher nicht gelöst ist.

Eine neue Behandlungsmethode des Verfassers.

Da einerseits die neuen Heilmittel sich als erfolglos erwiesen und andererseits sowohl experimentelle wie klinische Erfahrungen gezeigt haben, dass die Jodpräparate sich sehr gut bei der Behandlung der Phthise bewähren, so habe ich mich bemüht, eine passende und geeignete Form zur Verordnung dieses Heilmittels zu finden. Ich lasse die tuberkulösen Patienten meiner Klinik täglich 150—500 gr (in Einzeldosen von 50 gr) von einer folgendermaassen zusammengesetzten Flüssigkeit nehmen.

Jodi puri 1,0
Kali jodati 3,0
Natri chlor. 6,0
Aquae dest. 1000,0

Der erste Erfolg dieser Medication zeigt sich in Polyurie und Steigerung des Appetits, dann nimmt das Fieber ab und auch die anderen Krankheitserscheinungen bessern sich.

Die leichten Erscheinungen von Jodismus, die nach Gebrauch dieses Mittels aufzutreten pflegen, sind von keiner erheblichen Bedeutung und pflegen übrigens bei weiterer selbst in steigender Dosit fortgesetzter Jodbehandlung zu schwinden.

Um das Fieber prompt herabzusetzen und ganz und gar zum Schwinden zu bringen lasse ich täglich 1—2 Clystiere von 1 gr Salicylsäure auf 500 gr Wasser machen. Salicylsäure löst sich in kochendem Wasser.

Salicylsäure und salicylsaures Wismuth, per os genommen, bewirken ebenfalls eine Temperaturherabsetzung.

Elektrische Behandlung der Lungenschwindsucht.

Im letzten Jahre habe ich zahlreiche Untersuchungen über die Behandlung der Infectionskrankheiten und namentlich der Lungenschwindsucht mittels des elektrischen Stromes angestellt. Es gelang mir, eine sehr einfache Methode zu finden, welche die Anwendung sehr starker Ströme ermöglicht, ohne irgendwie schädlich zu wirken oder gar Verletzungen herbeizuführen. Diese Methode besteht darin, dass man grosse Elektroden von Zink anwendet, welche mit dicken Baumwollenkissen versehen sind. Diese werden am positiven Pol mit einer 10% Bicarbonatlösung und am negativen mit einer 5% Weinsteinlösung getränkt. Man setzt die nassen Kissen mit den Elektroden in der Weise auf die Haut des Kranken auf, dass die Anode der afficirten Stelle entspricht. Ich konnte mit dieser Methode sogar sehr starke elektrische Ströme von 120 M. A. appliciren, ohne dem Patienten irgend welche Unbehaglichkeit zu verursachen. Der Strom hatte die Dichte von $1/_3 - 1/_2$, manchmal sogar die von $1/_1$; in den meisten Fällen verwendete ich eine Stromdichte von $1/_2$. Jede Sitzung dauerte ungefähr eine Stunde.

Bei Pleuritis, selbst bei der tuberkulösen Rippenfellentzündung, habe ich sehr günstige Resultate mit dieser Behandlung erzielt. Das Exsudat wurde leicht resorbirt.

Ich behandelte 36 mit Lungentuberkulose behaftete Patienten nach der hier angegebenen galvanischen Methode und brachte folgende Erfolge zu Stande: geheilt wurde 1, erheblich gebessert wurden 6, mässig gebessert 7, unverändert blieben 13, eine Verschlechterung erfuhren 4 und es starben 5.

Die elektrische Behandlung, wie sie hier beschrieben wird, wurde von allen Patienten sehr gut vertragen. Irgendwelche unangenehme Erscheinungen traten nie auf. Dagegen erlitten alle Patienten, welche aus eigenem Antriebe oder durch irgend eine andere Veranlassung die elektrische Behandlung aufgaben, eine sehr erhebliche Verschlimmerung ihres Krankheitszustandes. In denjenigen Fällen, wo die elektrische

Behandlung nichts nützte, war auch durch andere Mittel eine Besserung oder ein Stillstand im Krankheitsverlaufe nicht zu erzielen.

Als ein bemerkenswerter Erfolg der elektrischen Behandlung ist eine erhebliche Steigerung der Urinausscheidung und der organischen Oxydation zu constatiren. Die Harnmenge wird durchschnittlich um 4—500 *ccm* täglich vermehrt. Auch die Vermehrung der Verbrennung wurde übereinstimmend durch alle nach dieser Richtung hin angestellten Untersuchungen nachgewiesen. Auch wurde stets das Verhältnis zwischen Schwefelsäure und neutralem Schwefel erheblich verändert gefunden. Die Menge des extractiven Stickstoffes war vermindert, da der Stickstoff in Folge der gesteigerten Verbrennung zum grössten Theil im Harnstoff ausgeschieden wurde.

Durch die elektrische Behandlung wurde auch eine Gewichtssteigerung des Kranken erzielt: die Körperkräfte nahmen zu, das Fieber verringerte sich.

Freilich ist die Elektricität bis jetzt noch nicht im Stande, Tuberkulose im Allgemeinen zu heilen; wir haben aber durch Einführung dieses Heilmittels in die Phthisiotherapie einen bemerkenswerten Fortschritt gemacht, und das Problem der Heilung Lungenschwindsüchtiger dürfte vielleicht dann definitiv gelöst werden, wenn es gelungen sein wird, eine geeignetere Methode zur Anwendung der Elektricität zu finden.

www.ingramcontent.com/pod-product-compliance
Lightning Source LLC
Chambersburg PA
CBHW021506210326
41599CB00012B/1157